空间结构系列图书

空间结构振动特性与参数识别

鞠竹 柳明亮 孙国军 胡洁 惠存 编著
秦杰 吴金志 主审

中国建筑工业出版社

图书在版编目（CIP）数据

空间结构振动特性与参数识别/鞠竹等编著. —北京：中国建筑工业出版社，2022.7（2024.3重印）
（空间结构系列图书）
ISBN 978-7-112-27433-8

Ⅰ.①空…　Ⅱ.①鞠…　Ⅲ.①空间结构-结构振动-研究　Ⅳ.①TU399

中国版本图书馆CIP数据核字（2022）第093572号

本书主要描述了空间结构振动特性与参数识别，文中对空间结构概述和参数识别方法、空间结构振动理论进行了概述，并且结合实际工程及试验数据，详细介绍了空间结构模态识别方法、拉索索力识别方法以及空间网格结构损伤识别等方面的内容，且对各种识别方法得出的结果与实际情况进行比较分析，并得出结论。同时，本书得到了河北省土木工程灾变控制与灾害应急重点实验室的资助。

本书在实际应用方面具有很好的参考价值，可供从事相关工作的工程技术人员参考，也可作为相关专业的研究生以及高年级本科生的学习参考书。

责任编辑：高　悦　范业庶
责任校对：张　颖

空间结构系列图书
空间结构振动特性与参数识别
鞠　竹　柳明亮　孙国军　胡　洁　惠　存　编著
秦　杰　吴金志　主审
*
中国建筑工业出版社出版、发行（北京海淀三里河路9号）
各地新华书店、建筑书店经销
霸州市顺浩图文科技发展有限公司制版
建工社（河北）印刷有限公司印刷
*
开本：787毫米×1092毫米　1/16　印张：18¾　字数：463千字
2022年7月第一版　2024年3月第二次印刷
定价：**75.00**元
ISBN 978-7-112-27433-8
（39613）

空间结构系列图书

编审委员会

序 言

中国钢结构协会空间结构分会自1993年成立至今已有二十多年，发展规模不断壮大，从最初成立时的33家会员单位，发展到遍布全国各个省市的500余家会员单位。不仅拥有从事空间网格结构、索结构、膜结构和幕墙的大中型制作与安装企业，而且拥有与空间结构配套的板材、膜材、索具、配件和支座等相关生产企业，同时还拥有从事空间结构设计与研究的设计院、科研单位和高等院校等，集聚了众多空间结构领域的专家、学者以及企业高级管理人员和技术人员，使分会成为本行业的权威性社会团体，是国内外具有重要影响力的空间结构行业组织。

多年来，空间结构分会本着积极引领行业发展、推动空间结构技术进步和努力服务会员单位的宗旨，卓有成效地开展了多项工作，主要有：(1) 通过每年开展的技术交流会、专题研讨会、工程现场观摩交流会等，对空间结构的分析理论、设计方法、制作与施工建造技术等进行研讨，分享新成果，推广新技术，加强安全生产，提高工程质量，推动技术进步。(2) 通过标准、指南的编制，形成指导性文件，保障行业健康发展。结合我国膜结构行业发展状况，组织编制的《膜结构技术规程》为推动我国膜结构行业的发展发挥了重要作用。在此基础上，分会陆续开展了《膜结构工程施工质量验收规程》《建筑索结构节点设计技术指南》《充气膜结构设计与施工技术指南》《充气膜结构技术规程》等的编制工作。(3) 通过专题技术培训，提升空间结构行业管理人员和技术人员的整体技术水平。相继开展了膜结构项目经理培训、膜结构工程管理高级研修班等活动。(4) 搭建产学研合作平台，开展空间结构新产品、新技术的开发、研究、推广和应用工作，积极开展技术咨询，为会员单位提供服务并帮助解决实际问题。(5) 发挥分会平台作用，加强会员单位的组织管理和规范化建设。通过会员等级评审、资质评定等工作，加强行业管理。(6) 通过举办或组织参与各类国际空间结构学术交流，助力会员单位“走出去”，扩大空间结构分会的国际影响。

空间结构体系多样、形式复杂、技术创新性高，设计、制作与施工等技术难度大。近年来，随着我国经济的快速发展以及奥运会、世博会、大运会、全运会等各类大型活动的举办，对体育场馆、交通枢纽、会展中心、文化场所的建设需求极大地推动了我国空间结构的研究与工程实践，并取得了丰硕的成果。鉴于此，中国钢结构协会空间结构分会常务理事会研究决定出版“空间结构系列图书”，展现我国在空间结构领域的研究、设计、制作与施工建造等方面的最新成果。本系列图书拟包括空间结构相关的专著、技术指南、技术手册、规程解读、优秀工程设计与施工实例以及软件应用等方面的成果。希望通过该系列图书的出版，为从事空间结构行业的人员提供借鉴和参考，并为推广空间结构技术、推动空间结构行业发展做出贡献。

中国钢结构协会空间结构分会　理事长
空间结构系列图书编审委员会　主任
薛素铎
2018 年 12 月 30 日

序

建筑结构工程中常常存在着表面缺陷或破损，如梁板的裂缝、火灾后混凝土的过火、钢结构的开焊等。这些肉眼可见的破损或缺陷容易引起人们重视，可以及时采取措施加以修复。然而近年来建筑物突发事故频生，表明实际上随着使用年限的增加或地震、强风等自然灾害的影响，结构会退化，内部会出现有一定损伤，这些肉眼不易见的潜在损伤有时更具危险性，一旦到达临界点就会有事故突发。因此，如何能通过一定的监测手段分析判断结构有否损伤、发生在什么位置等成为一个新的研究领域。

记得 1995 年我到英国建筑科学研究院访学，结识了 B. R. Ellis 研究员，他的课题组接到英国皇室的项目，要求诊断白金汉宫的尖塔是否安全。他们使用激光测振仪远距离监测各尖塔在环境激励下产生的振动，试图根据多次采集数据的变化情况来判别尖塔的安全性，令我非常感兴趣。后来了解到，英国新建建筑很少，更多关注的是使用年久的建筑物能否继续安全使用，技术上就要研究解决如何判断老旧建筑物是否已经有损伤的问题，以便及时维修。这种技术当时称为系统识别（System Identification），是从航空、机械行业引进来的思想。经过一段时间的深入学习，我完成了一篇综述报告，中文译为“系统识别及其在建筑结构工程中的应用展望”，后来发表在《建筑结构》1998 年第 5 期。结合算例所作的一点点尝试，“结构缺陷识别的线性规划法”一文 1999 年发表在中国铁道出版社出版的《中国土木工程学会计算机应用分会第七届年会论文集》中。并陆续开始带领研究生在这个领域开展研究工作。

二十多年过去了，中国的许多建筑物也开始步入老龄化了，结构界已经广为接受引入系统识别的思想，并更加系统地发展成为结构健康监测理论。通过监测结构的响应来推断结构特性变化，进而诊断和评价结构的损伤及健康状况，希望把结构存在的问题在临界点到来之前提早识别出来。这里包括了几个方面的研究工作：①如何通过各种可能的、结构允许的测试手段和分析方法准确识别结构的关键性能指标；②如何依据识别获得的结构性能指标建立分析判断结构损伤是否发生、损伤发生的位置和损伤程度的方法；③如何结合结构特点建立包括传感器、数据采集与传输，可以对数据动态管理和分析的实时在线监测系统。显然，第一方面研究内容是能够顺利实现结构健康监测目标的基础。

一般倾向于认为结构动力特性（振型、频率和阻尼比）和动力响应（位移、速度、加速度）能够更好地反映整体结构而不仅是结构某个局部构件的性能，所以研究中多采用动力特性和响应作为结构关键性指标。然而，容易认识到：对在役的建筑物难以施加激励以获得结构动力特性，而环境激励引起结构整体振动的噪声较大，测到的数据也难以反映所有构件和节点的性能，如何根据能够测到的不完备数据分析识别出结构参数就是必须克服的难题。针对节点多、构件多、跨度大、体量庞大、体型各异的空间结构，上述难题就尤为突出。

看到本书稿后，感到非常欣喜。这些中青年学者在空间结构参数识别领域迎难而上，孜孜不倦地耕耘，在空间网格结构和索结构的参数识别中做了许多探索和尝试。结合作者们亲自组织的试验和工程实测，形成了一些适用于空间网格结构和索结构参数识别的方法，可以说这些工作代表着目前该领域的发展水平。作者们把自己多年的工作成果和经验整理成这本书，相信兴趣相投的读者会受益匪浅，得到启发，会希望与作者们一起研讨与合作，努力推动结构健康监测在空间结构中的应用。

2022年5月8日

前　言

经过二十多年的快速发展，我国空间结构整体水平已经迈入世界大国行列，众多建设规模居于世界领先水平的体育场馆、会展中心、机场枢纽等大型工程成功完成，国际空间结构领域各种类型结构体系在我国均有成功应用 。在经济快速发展的基础上 ，未来二十年将是我国空间结构由建设大国迈进创新强国的关键发展时期，其核心在于提升解决空间结构关键科学技术问题与研发空间结构先进体系的能力，这也是我国空间结构从业者努力的方向。

空间结构杆件与节点数量多、结构类型复杂多样。对空间结构杆件与节点安全性监测与检测和对整体结构的安全评价始终是一个难题，解决问题的关键在于如何获得空间结构的关键力学性能参数。采用常规方法可在单个受力构件布置静力传感器，但对于杆件数量巨大的实际工程却是难以实施的。不过，国内外研究与实践表明，基于结构动力特性对空间结构进行振动监测，对动力测试数据进行分析进而识别结构的模态参数是可行的，并可据此对结构局部和整体的安全性能作出一定程度的判别。

从这个思路出发，我们在 2008 年左右开始针对空间结构中应用比较广泛的空间索结构与空间网格结构进行了系列研究。空间索结构研究重点是拉索索力这个最关键的结构参数，使用动力测试技术，获得拉索振动的频率、振型等数据，通过振动算法实现拉索索力识别；空间网格结构的研究重点则是针对网格结构总体振动特性进行参数识别，对空间网格结构进行损伤识别、健康监测和动力响应分析，以期对总体结构安全性进行评判。本书是十余年来这两方面研究内容的总结。

本书共分为五章，第一章绪论部分对空间结构的主要类型以及模态参数识别的方法进行了回顾与总结，由惠存、柳明亮执笔；第二章对空间拉索结构索振动理论进行了研究，推导完成不同边界条件单跨拉索与多跨拉索的索力识别方程，解决索力测试基础理论问题，同时详细介绍了空间网格结构多自由度振动理论和振动特性，由鞠竹、柳明亮执笔；第三章详细阐述了频域法、时域法和时频域法三大类模态参数识别方法，研究了参数识别的影响因素，通过工程实例对不同识别方法的有效性进行验证和比较，由孙国军、胡洁执笔；第四章详细介绍了多阶频率拟合法和高阶振型波长法两种索力识别方法的理论基础、测试技术和工程实例，介绍了拉索安全监测系统，并提供索力测试实用技术，由鞠竹执笔；第五章对空间网格结构基于传统力学和数学方法以及基于智能算法的结构损伤识别方法进行了详细介绍，重点介绍了适用于空间网格结构的面向节点的损伤识别三步法和面向子结构的损伤识别方法，并通过算例和试验进行实证研究，由孙国军、胡洁执笔。全书由秦杰和吴金志审核。

虽然我们在空间索结构与空间网格结构方面进行了一些工作，但正如张毅刚教授在序中所指出的，空间结构节点多、构件多、跨度大、体量庞大、体型各异，进行参数识别尤其困难。我们通过十余年的研究与实践也认识到，基于动力特性的空间结构参数识别方法是与时俱进的，应紧随仪器设备精度的提高与计算算法的迭代，不断修正识别方法，才可能提高空间结构参数识别的准确性，也更接近获得结构的真实特性。本书作为空间结构振动特性参数识别的一本抛砖引玉的著作，在很多方面尚存在不足甚至谬误之处，敬请广大同仁批评指正，共同推进我国空间结构由大而强的发展。

本书研究成果得到“建筑安全与环境国家重点实验室/国家建筑工程技术研究中心”开放基金“基于拉索非线性振动的索力检测理论与技术研究（BSBE2021-10）”、国家自然科学基金“考虑屋面覆盖影响的大型空间结构有限元模型修正与健康监测（51278009）”、国家自然科学基金“考虑索杆损伤累积的弦支穹顶结构强震失效机理研究（51878013）”、2020年住房和城乡建设部科技计划项目“大型公共建筑安全智能监测与预警平台研发与应用（2020-K-126）”、河北省省级科技计划项目（22375410D）等项目的资助，在此一并表示感谢！

目　录

第一章 绪 论

1.1 空间结构概述

空间结构从材料上主要可以分为钢筋混凝土结构、钢结构、铝合金结构、索膜结构、木结构等类型；从结构体系上主要可以分为刚性空间结构、柔性空间结构、刚柔性组合空间结构三大类。空间结构受力合理，重量轻，跨度大，结构形式更是多种多样，经典的空间结构工程往往成为建筑美学与力学的集中体现。近年来，空间结构逐渐成为衡量一个国家建筑科技水平的重要标志，也是一个国家文明发展程度的象征。鉴于空间结构的特点，世界各国都十分注重大跨度空间结构的理论研究与工程实践，其应用范围已经扩展到体育场馆、展览馆、航站楼、影剧院、火车站房及雨篷结构、大型商场、飞机库、工厂车间、煤棚及仓库。

空间结构发展历史可分为：

(1) 20 世纪初叶（1925 年前后）以前为古代空间结构阶段，主要为拱券式穹顶；

(2) 20 世纪初叶以后为近代空间结构阶段，其标志性结构为薄壳结构、网格结构和一般悬索结构；

(3) 20 世纪末叶（1975 年前后）以后为现代空间结构阶段，其主要标志性结构为索膜结构、索杆张力结构、弦支穹顶结构等。

人类很早以前就认识到穹隆具有以最小的表面封闭最大空间的优势，效仿洞穴穹顶，人们建造了许多砖石穹顶。古罗马最著名的穹顶是万神殿（图 1.1-1），也是世界上现存最早的、最大跨度的空间结构，它是由砖、石、浮石、火山灰砌成的拱式结构，直径 43.5m，净高 43.5m，顶部厚度（最薄处）1.2m。半球根部支承在 6.2m 厚的墙体上，穹顶的平均厚度 370cm，直到 19 世纪末一直是世界上最大跨度的建筑。我国早期空间结构的代表工程是明洪武十四年（1381 年）用砖石砌成的南京无梁殿（图 1.1-2），平面尺寸 38m×54m，净高 22m。

图 1.1-1　古罗马万神殿

图 1.1-2　南京无梁殿

1.1.1　空间网格结构——网架与网壳

网架、网壳结构是多个轴心受力钢构件按照一定规律布置，然后通过节点把会交于此的杆件联系起来的空间结构形式，由于这类空间网格结构具有制作安装方便、受力合理、结构形式富于变化等特点，因此在近一二十年获得了很大发展。

1925 年德国耶拿 Schoff 玻璃工厂厂房采用的旋转对称的球壳屋顶，是第一个真正的球形薄壳结构，直径 40m 而壳面厚度仅 60mm；1957 年建成的罗马小体育馆（图 1.1-3）由著名建筑师维泰洛齐和工程师奈尔维设计，屋面直径 60m，由 1620 个钢筋混凝土预制菱形构件拼合而成，这些构件最薄的地方只有 25mm 厚，并采用外露的 Y 形斜柱把巨大的装配整体式钢筋混凝土球壳托起，组成了一个非常完整秀美的天顶图案，是结构力学与建筑美学的完美结合；法国巴黎的工业技术中心展览馆（图 1.1-4）是目前世界上跨度最大的薄壳结构，采用双层波形薄壁拱壳，其薄壳平面呈三角形，跨度达 218m，矢高 48m，厚度仅 6～12cm，厚度仅为跨度的 1/2000 左右。

图 1.1-3　罗马小体育馆

图 1.1-4　法国巴黎工业技术中心展览馆

对于跨度大、重量轻的空间结构来说，钢材作为建筑材料相对于混凝土具有明显的优势，因此网格结构逐渐成了最受欢迎的空间结构形式。图 1.1-5 所示的北京首都体育馆和图 1.1-6 所示的北京体院体育馆是国内早期网格结构的代表作。

1.1.2　悬索结构

悬索结构是以一系列受拉的索作为主要受力构件，并将其按一定规律排列组成各种形式的体系后，悬挂到相应的支撑结构上的结构形式。悬索结构按照索的布置方向和层数主

图 1.1-5　首都体育馆

图 1.1-6　北京体院体育馆

要可分为单层悬索结构、双层悬索结构、预应力索网结构。具有代表性的悬索结构主要有1964 年建成的日本东京代代木国立综合体育馆（图 1.1-7），采用高张力缆索为主体的悬索屋顶结构，创造出带有紧张感、力动感的大型内部空间，成为 20 世纪 60 年代建筑结构技术进步的象征；1957 年建成的华盛顿杜勒斯机场候机楼（图 1.1-8），是由 20 世纪中叶美国最具创造性的建筑师之一沙里宁设计的，悬索承托的顶棚和墙面全由玻璃覆盖，营造了流动舒展的内部空间，优美的结构造型让人不禁联想到候机大厅将和飞机一起腾空翱翔。悬索结构属于几何可变体系，因此必须施加预应力以确保其成为一个稳定的受力体系，竖向刚度主要来自于预应力所提供的几何刚度，为了使结构具备相当的刚度以保证在外荷载作用下不发生较大的变形，必须合理进行预应力大小的取值。

图 1.1-7　东京代代木国立综合体育馆

图 1.1-8　华盛顿杜勒斯机场候机楼

薄壳结构、网架网壳结构、悬索结构等近代空间结构在 1975 年后继续应用、发展和创新，特别是引入新技术、新概念后，派生出多种现代空间结构，例如组合网架结构、斜拉网格结构、树状结构和多面体空间刚架结构等。1975 年后，建筑材料科学得到了长足的发展，伴随着高强度预应力拉索及高性能膜材的出现，空间结构形式更加丰富多样。例如，薄膜结构、索杆张力结构、索穹顶等高性能现代空间结构。

1.1.3　薄膜结构

现代意义上的膜结构起源于 20 世纪初，1917 年英国人罗彻斯特提出了用鼓风机吹胀膜布用作野战医院的设想。20 世纪 50 年代，佛莱·奥托创立了预应力膜结构理论，并在帐篷制造公司的支持下完成了一系列张拉膜结构。虽然膜结构出现得相对较晚，但由于其具备特殊的优越性，所以近几十年来发展迅速。它主要是用性能良好的软组织物作为主要建材，能在柔然悬索或是刚性支撑下产生一定的预应力，并在此基础上具有一定刚度和稳定性的空间结构。空间结构自重轻、结构形式多样美观，是力与美的完美结合。而且施工简单、安全可靠、采光性能好。除此之外，它还具有抗震性能好、抗变形能力强等突出优点。目前世界上已有大量的膜结构建筑物，比较出名的有英国的千年穹顶（图 1.1-9），穹顶周长 1km，直径 365m，由 12 根高 100m 高桅杆、72 根钢索将膜屋顶吊起而成，这座穹顶集中体现了 20 世纪建筑技术的精华；我国首次将膜结构大面积应用到永久建筑上始于 1997 年建成的上海八万人体育场（图 1.1-10），最大跨度达到 288m，由 64 榀径向悬挑桁架组成的空间结构作为骨架，最大悬挑长度达 73.5m。

图 1.1-9　英国千年穹顶

图 1.1-10　上海八万人体育场

1.1.4　张拉整体结构

如果一个结构中所有构件均受拉力，那将一定是一个最经济的结构，因为它可以充分地利用材料的强度，因此特别适用于大跨度结构。建筑大师 Fuller 提出了关于“让压力成为张力海洋中的孤岛”的设想，他认为真正高效的结构体系应该是压力与拉力的自平衡体系。这便是“张拉整体”的概念。张拉整体是一组不连续的受压构件和一组连续的受拉构件组成的自应力与自支撑的空间结构，这种结构在没有施加预应力之前结构几乎是没有刚度的，因此初始预应力的大小决定结构的刚度和结构的外形。由于张拉整体结构最大限度地发挥了材料特性，所以这种结构可以实现用最少的钢材实现大跨度建筑。20 世纪 80 年代美国工程师 Geiger 和 Levy 进一步发展了张拉整体结构思想，提出了索穹顶结构体系，并将其应用于大跨度建筑中。由 Geiger 在 1986 年为 1988 年汉城奥运会设计的主赛馆，平面为直径 120m 的圆形，是世界上第一个索穹顶结构；图 1.1-11、图 1.1-12 为亚特兰大佐治亚穹顶，由联方型索网、三道环索、中间受拉桁架以及斜索和桅杆组成，跨度达到 240m。近年来，国内学者对索穹顶的结构形式进行了不断地创新，使索穹顶结构体系越发完善，主要包括 Geiger 型索穹顶、Levy 型索穹顶、Kiewitt 型索穹顶、鸟巢型索穹顶、混合Ⅰ型索穹顶（肋环型和葵花型组合）、混合Ⅱ型索穹顶（Kiewitt 型和葵花型组合）、刚性屋面索穹顶结构等。

将刚性构件与柔性索膜灵活结合起来，可以形成丰富多彩的轻型屋盖体系。张弦梁结构是一种上弦刚性构件和下弦柔性拉索通过中间撑杆连接的刚柔组合的杂交空间结构。张弦梁结构可充分发挥高强度拉索的抗拉性能，与压弯构件协调工作，发挥材料的最佳性能。1999 年建成的上海浦东国际机场航站楼（图 1.1-13）和 2002 年建成使用的广州国际

图 1.1-11　佐治亚穹顶外景

图 1.1-12　佐治亚穹顶内景

会展中心（图 1.1-14），跨度分别达到 81m 和 126m。为充分发挥单层网壳与索穹顶结构体系的特点，1993 年日本政法大学 Kawaguchi 教授提出了一种改进的新型杂交空间结构体系——弦支穹顶。该结构由上部刚性的单层网壳和下部索杆体系连接而成，可以看作刚性的上弦层取代索穹顶的柔性上弦层而得到，也可看作是用张拉整体的概念加强了单层网壳结构，以提高单层网壳结构的整体刚度与稳定性。

图 1.1-13　上海浦东国际机场

图 1.1-14　广州国际会展中心

1.1.5　开合屋盖结构

开合屋盖结构是一种近几年逐渐普及的新型建筑结构形式，通过移动部分或者整体屋盖实现屋顶的开启或闭合，建筑物可在室内空间与室外环境之间相互切换，具有不可代替的优势。它可以根据使用功能和天气环境情况随意地切换，实现了室内和室外空间阳光和空气等畅通地交流转换。开合屋盖初期应用以体育馆、游泳馆、网球馆等体育建筑为主，随着技术的发展，应用范围变广，逐渐扩大到普通楼宇、商场中庭、实验厂房等任何具有开放空间要求的建筑。但其又与普通大跨屋盖有较大的不同，技术复杂性更高，对支承结构设计提出了更高的要求，无论从抗震承载能力还是从变形方面都具有较严格的控制措施。目前开合屋盖的基本结构形式为网壳，由于其自身特点，它与固定屋盖相比有很多技术问题需要处理，如屋盖开合运动过程中对结构产生的冲击效应，整个屋盖的轨道设计，屋盖在运行中的故障检测和排除等。

现阶段，开合屋盖体系在国内外快速发展。国外如 1989 年建成的加拿大多伦多天空穹顶（图 1.1-15），是现代大型开合屋盖结构中的经典之作，美国 1998 年建成的菲尼克斯棒球场与亚利桑那州棒球场、2000 年建成的休斯顿棒球场和米勒棒球场，均为开合屋盖结构；国内也有规模较大的开合屋盖建筑，例如2000年建成的浙江黄龙体育场、2005年建成的上海旗忠网球馆（图1.1-16）、2006年建成的南通体育会展中心、2011年建成的鄂尔多斯体育场等。

图1.1-15　加拿大多伦多天空穹顶

图1.1-16　上海旗忠网球馆

1.2　参数识别方法

1.2.1　模态参数识别的意义

近年来随着国民经济的发展，体育馆、展览馆、航站楼、大剧院等大跨度空间结构正不断向大型化、复杂化方向发展。这些建筑一般都属于国家重大项目，社会影响力大，服役使用期限长，因此了解结构特性、实时监测结构健康状态、保证结构的安全极其重要。模态参数是结构体系固有的振动特性，具有物理概念清晰简明的特点。准确、及时地获取模态振动参数甚至时频信息对结构的实时健康监测、有限元模型的修正、已有结构的参数优化等都具有重要的意义。目前模态分析方法主要包括基于结构振动理论的经典模态参数识别方法，和基于现代信号处理技术的模态分解方法。

对于复杂、缺乏激励信息的响应信号，利用基于现代信号处理技术的模态分解方法是必要的。将混合信号分解为简洁、有物理意义的单分量信号，在这基础上对每一分量进行模态分析是有效的处理方式。它具有较强的适应性和灵活性，不同的信号和系统识别方法被用于振动分析、振动源分离和特征提取。

模态参数识别是了解结构动力特性和健康状态的重要手段。模态参数识别以结构动力实测为基础、是结合模态分析和系统识别理论的综合性工程动力学问题，是模态分析的一个重要研究部分。模态分析的应用至少可归结为以下几个部分。

（1）评价结构动力特性。

结构的动力性能分析的内容主要是结构模态参数分析，频响函数、脉冲响应函数分析，以及结合有限元手段的结构动力响应分析。其中，结构的固有频率、振型和阻尼等模态参数是其动力特性的最直接表达形式，在结构动力性能设计时常以结构基频远离工作频率为基本原则。结构的模态识别实验，通过对实际结构的动力实测得到结构的模态与非模态参数，以这些参数为基础可直接评估被测结构的动力特性，也可与理论分析结果作比较，验证结构的动力设计理论。

(2) 识别结构损伤，监测结构健康状态。

模态参数识别是结构故障诊断、健康监测的重要内容。基于结构模态参数的损伤识别方法根据“结构损伤引起结构的变化，从而造成结构模态参数模型以及非参数模型的改变”的特性来识别损伤，是目前应用最为广泛的结构整体损伤识别方法。相比于静力参数其他方法、基于结构的模态参数的损伤识别方法更容易实现，且具有操作简单、适用范围广、能够识别结构整体损伤等优点。通过结构模态参数的实时监测，可有效地监测结构的健康状态。

(3) 识别结构荷载，修正理论模型。

通过结构理论模态分析，并与实测的模态参数比较，可识别结构的荷载条件变化情况，并且已在航天等领域得到了应用。对于相对复杂的土木工程空间结构，通过识别结构的固有频率和振型变化，可有效地识别结构荷载情况。除此之外，通过将实测模态参数、频响函数等与理论模型的模态参数比较，可修正理论模型和实际结构间的偏差，从而得到更加准确可靠的理论模型。

但是模型参数识别往往受到实验条件和设备等的限制，影响了其在工程中的应用价值，因此，对模态参数识别方法和实测的研究工作势在必行。

1.2.2 模态分析理论

振动问题由输入的激励、振动的结构以及结构的响应输出三个部分组成，根据研究目的，可以分为以下三大类问题。

(1) 根据振动结构和激励输入，求对应的结构响应，该类问题是振动问题的正问题，一般用于验算设计好的结构在动力荷载条件下的位移、应力、应变等响应是否符合设计要求，目前对该类振动问题一般采用有限元方法分析求解。

(2) 根据振动结构和结构的振动响应，求该响应对应的激励输入，这是振动问题的一种反问题，也被称为荷载识别问题。常见的比如对引起结构振动的地震、风等激励的求解，但是由于这些激励的不确定性、很难有较好的模型来模拟，因此，一般来说这类振动问题比较难求解。

(3) 根据结构的响应输出和激励输入，求振动的结构，主要是求描述该结构的参数模型。振动结构的参数模型分为物理参数模型和模态参数模型，其中物理参数模型是以质量、阻尼、刚度为参数的数学模型，而模态参数模型则是以模态频率、振型、衰减系数以及模态质量、模态阻尼、模态刚度为参数的模型。除此之外，该类问题还关注结构的频响函数、传递函数、脉冲响应函数等非参数模型。

模态分析是以振动理论为基础、以模态参数为目标的分析过程。可分为理论模态分析和实验模态分析，理论模态分析是以数学模型为基础，研究激励、系统模型和响应三者间关系的理论；而实验模态分析以实验测得的激励和响应序列，识别系统的频响函数或传递函数、脉冲响应函数等非参数模型和频率、振型等模态参数的过程。

理论模态分析，传统分析方法大多基于经典的振动理论、首先将结构分为自由度、自由度体系，然后分别对单自由度、多自由度体系按照无阻尼、比例黏滞阻尼、比例结构阻尼、一般黏滞阻尼和一般结构阻尼再进行分类，在此分类基础上分析结构的固有频率与振型、自由振型响应、频响函数、传递函数、阻抗函数、脉冲响应函数等特性。

模态参数识别最早用于国外航空工程中的系统固有频率的确定，从 20 世纪四五十年代开始，至今已有 50 多年的历史。随着计算机技术、信号分析技术以及传感器技术的发展，模态参数识别技术得到了快速发展，已经逐渐地广泛应用在结构动力特性分析、振动与噪声控制、结构故障诊断和健康监测等领域、成为航空、机械、土木工程等行业设计和诊断的重要手段。

1.2.3 经典模态参数识别方法

经典模态参数识别方法主要分为时域、频域这两类方法。其中时域方法基于响应时程数据，建立数学模型并求解，从而获得模态参数，如随机子空间法（SSI），时间序列法（ARMA），ITD 法，特征系统实现法（ERA）等；频域方法经常是将时域响应转换到频域上，通过刻画频响函数或传递函数进行模态识别，如峰值法（PP）、频域分解法（FDD）。经典方法一般利用结构振动理论的相关知识，建立振动响应与模态参数关系的力学或数学模型，据此优化识别模态参数。经典方法具有力学意义明确、识别精度高的特点。

1. 特征系统实现法（ERA）

1985 年，Juang 等以离散状态模型为基础，以脉冲响应函数为分析数据，提出了特征系统实现法（ERA），该方法实现算法建立在系统矩阵、输入矩阵、输出矩阵的状态空间模型，是一种 MIMO 的时域分析方法，利用奇异值分解得到系统的最小实现，技术先进，计算快速，至今仍是最先进、最完善的模态参数识别方法之一。

2014 年，樊泽民利用数值模拟说明改进的相关特征系统实现算法（ERA/DC）相较 ERA 识别精度的优越性，并将研究成果用于大跨桥梁的断面颤振导数识别研究上，其中改进方法是以脉冲响应的互相关系数代替其构建 Hankel 矩阵。

2018 年，蒲黔辉等使用以新对称矩阵替代 Hankel 矩阵的快速特征系统实现算法（FERA），以四层框架数值模拟验证了环境激励下该方法在结构模态参数识别方面发挥的有效作用。

特征系统实现法被用来识别结构频率、阻尼比和模态振型，具备识别精度高的优点，但需要获取较多结构响应信息。

2. 对数衰减率法（LD）

对数衰减率法是一种时域上计算阻尼比的方法。任意两个相邻（或两个以上）振幅之比的自然对数为对数递减率，是无量纲量。

2017 年，黄永玖等利用对数衰减率识别实际桥梁结构拉索的阻尼比，并参与到三种实用型减振器性能研究中。

由于识别精度较高，被广泛用于单阶模态时域响应的阻尼比识别，另可采取分段平均处理提高识别准确率。当时域序列长度足够大时，也可采用更高级的阻尼比计算方式，比如指数拟合法或对数拟合法。

3. 峰值法（PP）

峰值法最初是基于结构自振频率在频域响应曲线上表现为峰值点的特性，识别结构特征频率，即 EMA-PP。对于随机振动，则需要以随机响应的功率谱密度函数曲线上的峰值判断特征频率，即 OMA-PP。

2019年，魏剑峰将该方法用于大跨度加劲悬索连续钢桁梁的模态参数识别中，并说明识别结果的可靠性。

该方法仅适用于实模态或比例阻尼的结构，不能用于密集模态系统的辨识中，在模态阻尼过大时会造成模态丢失。

4. 频域分解法（FDD）

频域分解法与峰值法相似，均利用频率响应函数（简称频响函数）在特征频率处产生峰值的特性识别函数。频域分解法是白噪声激励下的模态识别方法，克服了峰值法的一些缺陷。主要思想是对响应的功率谱进行奇异值分解（SVD），将功率谱分解为对应多阶模态的一组单自由度系统功率谱，即将响应分解为单自由度系统的集合，分解后的每一个元素对应于一个独立的模态。

2013年，夏祥麟以试验简支梁受环境激励和实际桥梁结构，对OMA-PP法和FDD方法均进行了应用研究和对比分析。

该方法必须建立在以下假设条件上：白噪声激励、弱阻尼的结构系统，另外当有密集模态时需是正交的。

增强型频域分解方法（EFDD）是对FDD的改进，使奇异值所在峰值的奇异值向量介入构建某阶模态的增强功率谱密度函数。

5. 半功率带宽法（HPB）

半功率带宽法是频域上计算阻尼比的一种主要方法。基于自功率谱峰值和两个半功率点的比值运算求取阻尼比，与对数衰减率法相比，无需限制为单阶模态。

在模态参数识别方法理论不断丰富的同时，实验模态分析的激励和测试也得到了较快的发展。

早期的模态分析激励主要采用正弦式稳态人工激励方式且一般为单点激励，以共振等方式识别模态参数，主要用于航空工业，相对于土木工程结构而言，这些结构一般体积较小、容易充分激励，因此有较好的识别效果和较高的精度，但是这种激励方式耗时耗力。20世纪70年代之后，由于新的模态识别技术的出现和计算机技术的发展，出现了各种瞬态激励等宽频带激励方式，由于其激励方式简单，一直沿用至今，但该激励方式仍采用单点激励，在对复杂结构进行测试时，由于激励能量较小，不能有效激励整个结构，使得输出响应较小，信噪比较低。20世纪80年代之后，随着各种多输入模态识别方法的发展，激励方式更加丰富，包括了瞬态激励，各种随机、伪随机激励，正弦扫描激励等多种激励手段，多点激励方式逐渐成为主流。

在人工激励方式发展的同时，基于环境的激励方式越来越受到重视。对大型空间结构而言，人工激励方式很难进行有效的、可控的激励，或者有效的激励可能会造成结构的损伤。环境激励主要来源于车辆引起的地面随机激励、风荷载、工作激励等，它引起的结构响应振幅小，涵盖的频率成分丰富，且采用环境激励的方式不需要复杂的激励装置，不影响结构的使用，也可用于长期监测和识别，具有较高实际意义和工程应用价值。

1.2.4 拉索索力识别方法

目前，工程中采用的索力测量方法主要分为施工阶段的索力测量和在役拉索索力的测量。在役拉索索力测量主要有：压力表测试法、压力传感器（锚索计）测试法、频率法、振动波法和弹性磁学（磁通量）法等。

1. 压力表测试法

拉索通常使用液压千斤顶张拉施工。该方法的原理是利用千斤顶油缸中的液压与千斤顶的张拉力成比例这一关系，通过测定油箱的液压，推算千斤顶的张拉力，并认为该张拉力等于拉索索力。一般是通过精密压力表或液压传感器测定液压，将油压表读数换算成千斤顶的张拉力直接读出。事先经过标定的千斤顶测试索力可以达到很高的精度，其精度可达到1%～2%。

压力表测试法比较直观，简单易行，不需要添置另外的仪器设备，是施工中控制索力最适用的方法。但该方法所用仪器比较笨重，移动不便。在施工的张拉阶段，一般采用压力表测试法来控制拉索索力。

2. 压力传感器（锚索计）测试法

压力传感器（锚索计）测试法测量索力的原理是：在千斤顶张拉活塞和连接杆螺母之间套一个穿心式压力传感器，在拉索张拉的过程中，通过连接杆的传递，可以将千斤顶的张拉力传递到拉索锚具上，传感器位于张拉活塞和连接杆的螺母之间，它受到拉力后，电讯号即可输出，这样就可以在配套的二次仪表上读出千斤顶的张拉力。在长期测试索力时，可将穿心式压力传感器放在锚具和索孔垫板之间，从而长期监测结构安全性。

这种方法精度可达0.5%～1.0%，但压力传感器尤其是大吨位的压力传感器售价高昂，加大了测量成本；大吨位的压力传感器，给测试操作带来极多不便、同时劳动强度极大。常用的压力传感器主要有弦振式压力传感器、电阻式压力传感器、压电式压力传感器、光纤光栅式压力传感器。

3. 频率法

频率法也叫振动法。将精密的仪器布置在结构的拉索上面，在激励（包括人工激励和环境激励两种方式）作用下采集其振动信号，再经过滤波、放大和频谱分析三个步骤，通过对频谱图的分析研究来确定振动频率，最后，再根据所得到的频率，分析其与索力之间的关系来确定索力。由此，在役拉索索力测量应用最广泛的一种方法即为频率法。

频率法测试拉索索力，设备可以重复使用。现有的仪器及分析手段，对于频率的测试具有极高的精度，可精确到0.001Hz。要想得到较高的索力测试精度，只要准确无误地建立起索力和频率之间的对应关系，利用频率法就能测得拉索索力。并且这种方法具有操作简单、费用低和设备可重复利用的优点，特别适用于对索力的复测和测试活载对索力的影响。

4. 振动波法

振动波法也称反弹波法或敲击法，它的作用原理是通过测定敲击拉索所产生的振动波传递速度来求索的张拉力。利用驻波形式的振动原理，将张紧索的两端固定起来，就好比是把弦张紧后利用外力进行敲击，这样就会产生振动现象，所产生的振动波沿着张紧的弦传递，在传递过程中，如遇到障碍物阻挡其继续传递，振动波即会反射回来。振动波是以一定的速度沿着承载索传递的，只要能测定出这个速度，并利用其与弦张力的对应关系，就能很容易地获得所要求到的张拉力。

5. 弹性磁学（磁通量）法

弹性磁学法又称磁通量法，将电磁传感器安装到拉索上，通过传感器的测量，得到拉索上磁通量的变化，并根据磁通量与索力、温度之间的函数关系进行推算，得到索力。此方法所用的仪器为电磁传感器，是一个由 2 个线圈组成的电磁感应系统。将直流电通入其中一个线圈（主要线圈）中。由于铁芯的存在，在通电的一瞬间产生电磁感应现象，实现了由电生磁的过程。由于磁通量的变化，会产生磁生电的现象，所以在另一个线圈中会有电流产生，称这个线圈为次要线圈，通电生磁的过程是极短的，所以在次要线圈中产生的为瞬时电流，瞬时电流的存在，导致了瞬时电压的产生。通过主要线圈和次要线圈组成的系统，通入直流电，可测得一个瞬时电压，由放大器的数据采集系统收集数据，得到一系列的电压值。

测量索力的方法还有很多，包括电阻应变片法、拉索伸长法等方法，虽然理论上可行，但操作起来十分复杂，实际操作困难，不适合实际应用。

通过试验和实际应用中总结的规律，目前来看有三种方法应用比较广泛。①压力表测试法。该方法可对正在张拉的拉索进行索力测试，检测过程中的变量，但是，对于在役拉索，就是已经完成张拉过程的拉索无法进行测试，也就没有办法得到在役拉索索力。②压力传感器法。由于测试索力精度较高，通常可以对张拉过程中的拉索索力进行测试，也可以对已张拉的拉索进行索力测试，这点弥补了压力表测试法的不足，但是，该方法需在每个拉索上都安置压力传感器，对于实际应用来说，操作复杂，而且耗资巨大，考虑到经济效益问题，不能满足实际生产需要。③频率法。该方法目前在实际中应用十分广泛，该方法因具有便携、操作简单、重复利用等优点，得到越来越多的关注。不仅如此，其测试结果的高精度也是得到人们重视的最主要原因。

1.2.5 空间网格结构损伤识别方法

经过海内外众多学者多年的研究与实践，学者们提出了多种结构损伤识别的方法，主要有：基于动力指纹法的结构损伤识别方法、基于小波变换的结构损伤识别方法、基于人工神经网络法的结构损伤识别方法、基于希尔伯特-黄变换的结构损伤识别法方法、基于模型修正的结构损伤识别方法等。

人工神经网络（Artificial Neural Network，ANN）简称神经网络，是计算机模拟人脑信息处理机制，通过学习和记忆，建立的高度非线性和自组织性的网络模型。神经网络可对每个输入情况给出一个合适的输出结果，本质就是一种非线性映射关系。基于神经网络的结构损伤识别方法，本质就是用神经网络反映出结构损伤情况与模态参数之间的非线性关系。

神经网络的形式包括感知器神经网络、线性神经网络、反向传播神经网络（简称 BP 网络）和径向基函数网络（简称 RBF 网络）等多种形式，但是在结构损伤识别领域最常用的是 BP 网络，根据文献统计，BP 网络占近年来研究的 90%以上。

BP 网络是指基于误差反向传播算法（BP 算法）的多层前馈型神经网络，是目前应用最为广泛的神经网络类型，可实现输入输出间的任意非线性映射，被广泛应用于模式识别、函数逼近等领域。

第二章 空间结构振动理论概述

2.1 空间拉索结构索振动理论

2.1.1 索振动基本理论

当空间拉索结构拉索截面较小、跨度较大时，索的自由振动可以按照弦振动理论进行计算；当拉索截面较大，需要考虑弯曲刚度影响时，通常可按照受轴向力作用的欧拉梁模型建立振动分析。本节根据工程中索的实际情况，介绍忽略垂度与索力变化对振动影响的拉索振动的基本方程。拉索模型如图 2.1-1 所示。

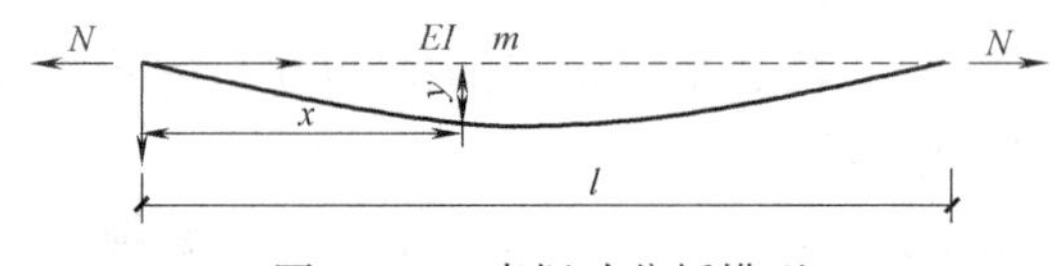

图 2.1-1 索振动分析模型

索拉力为 N，定义受拉为负；索弯曲刚度为 EI；索单位质量为 m；索长度为 l。有弯曲刚度的拉索在静荷载作用下的挠度微分方程为：

$$EI\frac{\partial^2 y}{\partial x^2}=M \tag{2.1-1}$$

若有轴向力 N 作用，索弯曲时轴向力将产生弯矩 Ny（图 2.1-1），因此总弯矩为：

$$M=M_q+Ny \tag{2.1-2}$$

其中，M_q 是竖向荷载 q 作用产生的弯矩。将式（2.1-2）代入式（2.1-1），再微分两次后，得到：

$$\frac{\partial^2}{\partial x^2}\left(EI\frac{d^2 y}{dx^2}\right)=q-N\frac{\partial^2 y}{\partial x^2} \tag{2.1-3}$$

在自由振动情况下，索竖向荷载就是惯性力 $q=-m\frac{\partial^2 y}{\partial t^2}$，代入式（2.1-3），得到自

由振动情况下索基本微分方程为：

$$\frac{\partial^2}{\partial x^2}\left(EI\frac{\mathrm{d}^2 y}{\mathrm{d}x^2}\right)+N\frac{\partial^2 y}{\partial x^2}+m\frac{\partial^2 y}{\partial t^2}=0 \tag{2.1-4}$$

考虑等截面索，EI 不变，式（2.1-4）变为：

$$EI\frac{\partial^4 y}{\partial x^4}+N\frac{\partial^2 y}{\partial x^2}+m\frac{\partial^2 y}{\partial t^2}=0 \tag{2.1-5}$$

分离变量法求解，设：

$$y(x,t)=Y(x)\cdot T(t) \tag{2.1-6}$$

代入式（2.1-5），得到：

$$EIY^{(4)}(x)T(t)+NY''(x)T(t)+mY(x)\ddot{T}(t)=0 \tag{2.1-7}$$

整理得到：

$$\frac{EI}{m}\frac{Y^{(4)}(x)}{Y(x)}+\frac{N}{m}\frac{Y''(x)}{Y(x)}=-\frac{\ddot{T}(t)}{T(t)}=\omega^2 \tag{2.1-8}$$

将式（2.1-8）分解成两个常微分方程：

$$\ddot{T}(t)+\omega^2 T(t)=0 \tag{2.1-9}$$

$$Y^{(4)}(x)+\frac{N}{EI}Y''(x)-\frac{\omega^2 m}{EI}Y(x)=0 \tag{2.1-10}$$

式（2.1-10）写成：

$$Y^{(4)}(x)+\alpha^2 Y''(x)-\lambda^4 Y(x)=0 \tag{2.1-11}$$

其中，$\alpha^2=\frac{N}{EI}$，$\lambda^4=\frac{\omega^2 m}{EI}$。

式（2.1-9）是简谐振动方程，表明索在时间历程上为简谐振动，频率为 ω。需要求解式（2.1-11）确定频率表达。

式（2.1-11）设其特解形式 $Y(x)=A\mathrm{e}^{Sx}$，代入得出特征方程：

$$S^4+\alpha^2 S^2-\lambda^4=0 \tag{2.1-12}$$

特征根为：

$$\begin{cases}S_{1,2}=\pm\gamma i\\ S_{3,4}=\pm\beta\end{cases} \tag{2.1-13}$$

其中，$\gamma=\sqrt{\left(\lambda^4+\frac{\alpha^4}{4}\right)^{\frac{1}{2}}+\frac{\alpha^2}{2}}$；$\beta=\sqrt{\left(\lambda^4+\frac{\alpha^4}{4}\right)^{\frac{1}{2}}-\frac{\alpha^2}{2}}$。

振动方程的通解为：

$$Y(x)=C_1\mathrm{ch}\beta x+C_2\mathrm{sh}\beta x+C_3\cos\gamma x+C_4\sin\gamma x \tag{2.1-14}$$

其中，$C_1 \sim C_4$ 为待定常数。

考虑刚度影响的单跨拉索振动的解析解如式（2.1-14）。从解表达的物理意义上来看，拉索振动的振型形式是由三角函数与双曲函数构成的曲线。需要根据边界条件来确定振动曲线形式。

2.1.2　单跨拉索结构索振动理论

单跨拉索两端边界约束情况不同，索振动模态会有所不同。特别是对于撑杆分割的拉索，需要根据工程实际情况确定单跨拉索两端约束条件。显然，由于振型表达式（2.1-14）是三角函数与双曲函数的组合形式，复杂边界条件得到的频率方程难以得到显式的索力与频率关系公式，需要采用近似方法建立。一般情况下，可以采用只有三角函数形式的振型表达式代替式（2.1-14），用能量法推导拉索索力与自振频率间的近似关系。

本节将介绍几种较好的近似形式，建立不同边界条件下索力与频率的关系。

1. 两端铰接拉索振动方程解析解与索力计算

两端铰接拉索（图2.1-2）边界条件为：

$$\begin{cases} Y(0)=0, Y''(0)=0 \\ Y(l)=0, Y''(l)=0 \end{cases} \tag{2.1-15}$$

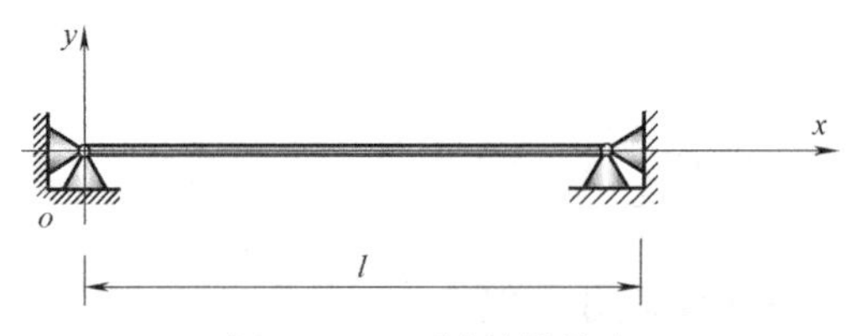

图2.1-2　两端铰接拉索

将 $Y(0)=0$，$Y''(0)=0$ 代入式（2.1-14），有：

$$\begin{cases} C_1+C_3=0 \\ \beta^2 C_1-\gamma^2 C_3=0 \end{cases} \tag{2.1-16}$$

可知，$C_1=0$，$C_3=0$。

式（2.1-14）变为：

$$Y(x)=C_2 \text{sh}\beta x+C_4 \sin\gamma x \tag{2.1-17}$$

同样，将 $Y(l)=0$，$Y''(l)=0$ 代入式（2.1-14），有：

$$\begin{cases} C_2 \text{sh}\beta h+C_4 \sin\gamma l=0 \\ C_2\beta^2 \text{sh}\beta h-C_4\gamma^2 \sin\gamma l=0 \end{cases} \tag{2.1-18}$$

建立特征方程为：

$$(\gamma^2+\beta^2)\text{sh}\beta l \sin\gamma l=0 \tag{2.1-19}$$

其中，$(\gamma^2+\beta^2)\text{sh}\beta l\neq 0$，所以有：

$$\sin\gamma l=0 \tag{2.1-20}$$

方程的根为：

$$\gamma_n=\frac{n\pi}{l}(n=1,2,\cdots) \tag{2.1-21}$$

自振频率为：

$$\omega_n=\frac{n^2\pi^2}{l^2}\sqrt{\left(\frac{EI}{m}-\frac{Nl^2}{n^2\pi^2 m}\right)}\quad (n=1,2,\cdots) \tag{2.1-22}$$

得到两端铰接拉索索力计算公式为：

$$T=-N=4\frac{mf_n^2 l^2}{n^2}-\frac{n^2\pi^2 EI}{l^2} \tag{2.1-23}$$

可简化为：

$$T=4mf_n^2L_n^2-\frac{\pi^2EI}{L_n^2} \tag{2.1-24}$$

其中，$L_n=\frac{l}{n}$，可被视作 n 阶频率对应的计算长度。

从式（2.1-24）可以看出，索弯曲刚度很小时，两端铰接拉索索力计算公式可简化为：

$$T=4mf_n^2\left(\frac{l}{n}\right)^2 \tag{2.1-25}$$

当已知 2 个阶次及以上频率值 f_{n1}、f_{n2} 时，可以校核索弯曲刚度：

$$EI=\frac{4m}{\pi^2}\frac{(f_{n1}^2L_{n1}^2-f_{n2}^2L_{n2}^2)}{\left(\frac{1}{L_{n1}^2}-\frac{1}{L_{n2}^2}\right)} \tag{2.1-26}$$

也可以不通过弯曲刚度计算索力：

$$T=\frac{4mf_{n1}^2L_{n1}^4-4mf_{n2}^2L_{n2}^4}{L_{n1}^2-L_{n2}^2} \tag{2.1-27}$$

2. 两端固定拉索振动方程解析解与索力计算

两端固定拉索（图 2.1-3）边界条件为：

$$\begin{cases}Y(0)=0,\ Y'(0)=0\\ Y(l)=0,\ Y'(l)=0\end{cases} \tag{2.1-28}$$

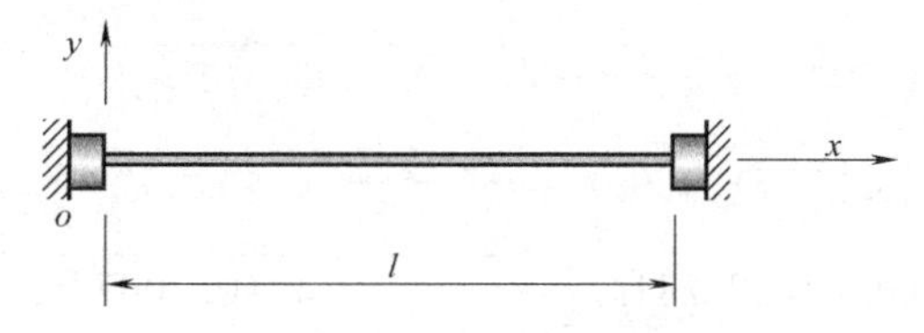

图 2.1-3　两端固定拉索

由 $Y(0)=0$，$Y'(0)=0$，得到：

$$\begin{cases}Y(0)=C_1+C_3=0\\ Y'(0)=C_2\beta+C_4\gamma=0\end{cases} \tag{2.1-29}$$

式（2.1-14）变为：

$$Y(x)=C_1\text{ch}\beta x+C_2\text{sh}\beta x-C_1\cos\gamma x-C_2\frac{\beta}{\gamma}\sin\gamma x \tag{2.1-30}$$

再由 $Y(l)=0$，$Y'(l)=0$，得到：

$$\begin{cases}C_1(\text{ch}\beta l-\cos\gamma l)+C_2\left(\text{sh}\beta l-\frac{\beta}{\gamma}\sin\gamma l\right)=0\\ C_1(\beta\text{sh}\beta l+\gamma\sin\gamma l)+C_2(\beta\text{ch}\beta l-\beta\cos\gamma l)=0\end{cases} \tag{2.1-31}$$

建立特征方程：

$$(\text{ch}\beta l-\cos\gamma l)(\beta\text{ch}\beta l-\beta\cos\gamma l)-\left(\text{sh}\beta l-\frac{\beta}{\gamma}\sin\gamma l\right)(\beta\text{sh}\beta l+\gamma\sin\gamma l)=0 \tag{2.1-32}$$

整理得到：

$$2\gamma\beta(1-\mathrm{ch}\beta l\cos\gamma l)+(\beta^2-\gamma^2)\mathrm{sh}\beta l\sin\gamma l=0 \tag{2.1-33}$$

这是一个超越方程，需要数值方法求解。

显然，γ、β 均不为 0，同时 γ、β 难以通过式（2.1-33）直接建立一个显式的关系表达。

通过数值方法建立 $(\alpha l)^2$ 与 $(\lambda l)^2$ 的关系如图 2.1-4 所示。

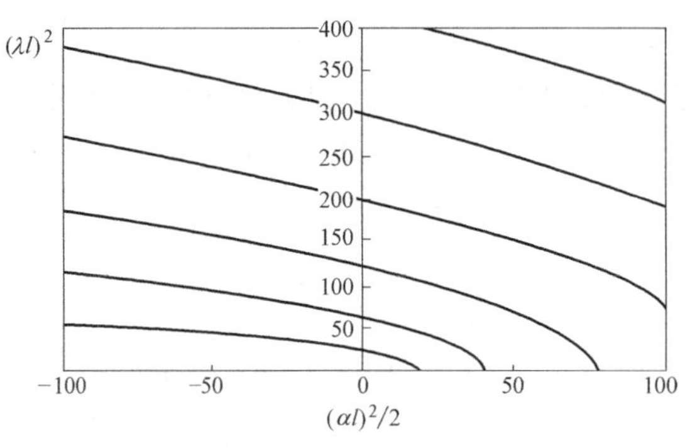

图 2.1-4　$(\alpha l)^2$ 与 $(\lambda l)^2$ 的关系

从图 2.1-4 可知，曲线代表每阶频率对应的 $(\alpha l)^2$ 与 $(\lambda l)^2$ 关系。我们最关心的是基频的关系，根据计算曲线构造曲线公式如下：

$$\begin{cases}\lambda_1^2(0.66418l)^2=\pi\sqrt{\pi^2-[\alpha^2(0.5l)^2]}\\ \lambda_2^2(0.4l)^2=\pi\sqrt{\pi^2-[\alpha^2(0.349578l)^2]}\\ \lambda_3^2(0.285713409l)^2=\pi\sqrt{\pi^2-[\alpha^2(0.25l)^2]}\\ \lambda_4^2(0.222222241l)^2=\pi\sqrt{\pi^2-[\alpha^2(0.206778l)^2]}\\ \lambda_5^2(0.181818178l)^2=\pi\sqrt{\pi^2-[\alpha^2(0.166667l)^2]}\end{cases} \tag{2.1-34}$$

统一形式为：

$$\lambda_n^2(b_n l)^2=\pi\sqrt{\pi^2-[\alpha^2(a_n l)^2]} \tag{2.1-35}$$

其中，a_n、b_n 可称作计算长度系数，见表 2.1-1。

计算长度系数　　**表 2.1-1**

n	a_n	b_n
1	0.5	0.664178761
2	0.349578	0.40003957
3	0.25	0.285713409
4	0.206778	0.222222241
5	0.166667	0.181818178

理论方程式（2.1-33）数值解曲线与拟合式（2.1-35）曲线对比如图 2.1-5 所示。可以看出式（2.1-35）拟合精度高，适宜应用。

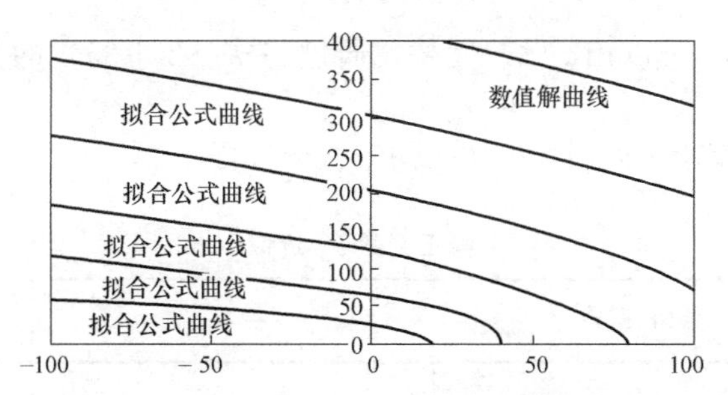

图 2.1-5　式（2.1-35）与理论方程数值解拟合

根据式（2.1-35），频率计算公式为：

$$\omega_n=\frac{\pi^2}{(b_n l)^2}\sqrt{\left\{\frac{EI}{m}-\left[\frac{N(a_n l)^2}{m\pi^2}\right]\right\}} \tag{2.1-36}$$

索力计算公式为：

$$T=\frac{4f_n^2 m(b_n)^4 l^2}{(a_n)^2}-\frac{\pi^2 EI}{(a_n l)^2} \tag{2.1-37}$$

根据式（2.1-35），可建立近似公式为：

$$\lambda_n^2\left(\frac{2}{2n+1}l\right)^2=\pi\sqrt{\pi^2-\left[\alpha^2\left(\frac{l}{n+1}\right)^2\right]} \tag{2.1-38}$$

索力近似计算公式为：

$$T=\frac{4f_n^2 m\left(\frac{2}{2n+1}\right)^4 l^2}{\left(\frac{1}{n+1}\right)^2}-\frac{\pi^2 EI}{\left(\frac{l}{n+1}\right)^2} \tag{2.1-39}$$

对比分析式（2.1-22）和式（2.1-36）可以看出，$a_n l$ 是当振动频率为零时两端固定索第 n 阶失稳计算长度；$b_n l$ 是轴力为零时两端固定索第 n 阶振型等效半波长（即同样的振动频率的两端铰接索振型半波长）。因此，a_n 可以通过将式（2.1-4）中的惯性力项 $m\frac{\partial^2 y(x,t)}{\partial t^2}$ 去掉计算得到；b_n 可以通过没有轴力时两端固定索的振动控制方程式（2.1-40）计算得到：

$$\mathrm{ch}\lambda l\cos\lambda l=1 \tag{2.1-40}$$

其中，$\lambda=\sqrt[4]{\frac{\omega^2 m}{EI}}$。

另外，将式（2.1-40）变换为 $\cos\lambda l=\frac{1}{\mathrm{ch}\lambda l}$，可以看出随着阶数的增大，频率逐渐增大，$\lambda$ 也随之增大，从而使 $\mathrm{ch}\lambda l$ 急剧增大，随着 b_n 与 $\frac{1}{n+\frac{1}{2}}$ 接近，式（2.1-40）可以近似为 $\cos\lambda l=0$。求解此式可得到：$\lambda l=\left(n+\frac{1}{2}\right)\pi$ 或者 $\frac{\lambda l}{\left(n+\frac{1}{2}\right)}=\pi$。写成 $\lambda b_n l=\pi$，因此

λ 大到一定程度时，b_n 可以由$\frac{2}{2n+1}$代替。通过与式（2.1-35）的数值解对比来看（表 2.1-2），当计算精度要求不高时，b_n 可以由$\frac{2}{2n+1}$代替。

修正系数 b_n 近似 **表 2.1-2**

n	数值解 b_n	$\frac{2}{2n+1}$	两者差值
1	0.664179	0.666667	0.002488
2	0.40004	0.400000	0.00004
3	0.285713	0.285714	0.000001
4	0.222222	0.222222	0
5	0.181818	0.181818	0

式（2.1-37）可作为任意边界条件下考虑弯曲刚度单索索力计算公式形式，需要做的是根据不同的边界条件确定修正系数 a_n、b_n。同时，式（2.1-37）是超越式（2.1-33）解的近似表达，随着索拉力变大，误差会有增大的趋势，需要修正 b_n，以适应工程应用。

3. 一端铰接一端固定拉索振动方程解析解与索力计算

一端铰接一端固定拉索（图 2.1-6）边界条件为：

$$\begin{cases} Y(0)=0, Y''(0)=0 \\ Y(l)=0, Y'(l)=0 \end{cases} \tag{2.1-41}$$

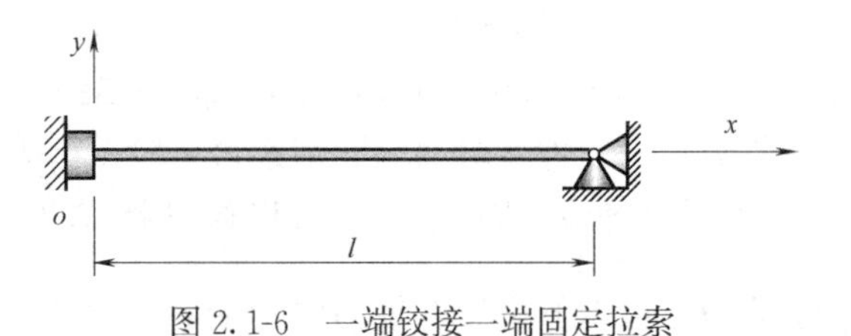

图 2.1-6　一端铰接一端固定拉索

将 $Y(0)=0$，$Y''(0)=0$ 代入式（2.1-5），可知 $C_1=0$，$C_3=0$。式（2.1-14）变为：

$$Y(x)=C_2\text{sh}\beta x+C_4\sin\gamma x \tag{2.1-42}$$

再由 $Y(l)=0$，$Y'(l)=0$，得到：

$$\begin{cases} Y(l)=C_2\text{sh}\beta l+C_4\sin\gamma l=0 \\ Y'(l)=C_2\beta\text{ch}\beta l+C_4\gamma\cos\gamma l=0 \end{cases} \tag{2.1-43}$$

建立特征方程：

$$\gamma\text{sh}\beta l\cos\gamma l-\beta\text{ch}\beta l\sin\gamma l=0 \tag{2.1-44}$$

显然，γ、β 均不为 0，同时 γ、β 难以通过式（2.1-44）直接建立一个显式的关系表达。同样需要按照上节方法进行数值求解并拟合公式（建立过程同第 2.1.2 2 两端固定拉索振动方程解析解与索力计算），得到第 1 阶频率表达式：

$$\omega_1=0.491669319\frac{\pi^2}{l^2}\sqrt{\left(1.022874293\pi^2-\left(\frac{Nl^2}{2EI}\right)\right)\frac{EI}{m}} \tag{2.1-45}$$

根据式（2-45），同样可计算出索力 $T=-N$。

2.1.3 多跨拉索结构索振动理论

1. 多跨索索单元振动理论模型研究

在前面讨论了不同边界条件下拉索的振动频率和索力的关系，并建立了特殊边界条件下的索力计算公式。但在实际工程中，拉索边界往往既不是理想的铰接边界，也不是理想的固定边界条件。特别是对于多跨索跨间索段，应该是介于对于铰接与固定之间的任意约束状态。因此本节讨论任意边界条件下索振动的情况。

（1）多跨索索单元振动模型建立

索振动模型建立按照前面章节定义，索拉力为 N，受拉为负；索弯曲刚度为 EI；索单位质量为 m；索长度为 l。

索振动位移表达式如式（2.1-14）：

$$Y(x)=C_1\text{ch}\beta x+C_2\text{sh}\beta x+C_3\cos\gamma x+C_4\sin\gamma x$$

其中，$C_1\sim C_4$ 为待定常数；$\gamma=\sqrt{\left(\lambda^4+\frac{\alpha^4}{4}\right)^{\frac{1}{2}}+\frac{\alpha^2}{2}}$；$\beta=\sqrt{\left(\lambda^4+\frac{\alpha^4}{4}\right)^{\frac{1}{2}}-\frac{\alpha^2}{2}}$；$\alpha^2=\frac{N}{EI}$；$\lambda^4=\frac{\omega^2 m}{EI}$。

索振动分析单元 AB 如图 2.1-7 所示。振动过程中索两端力 P 振动幅值分别为：弯矩幅值 M_A、M_B 和剪力幅值 Q_A、Q_B。两端位移 Δ 振动幅值为：转角位移幅值 φ_A、φ_B 和竖向位移幅值 Y_A、Y_B。

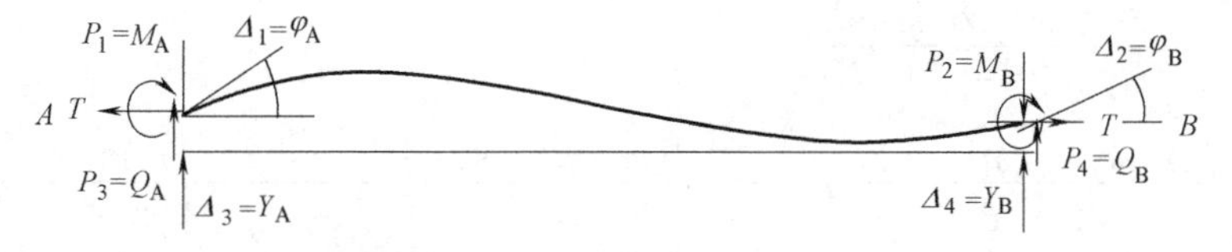

图 2.1-7 索振动分析单元

一般边界条件为：一端的弯矩和剪力振动频率为 ω，幅值为 M_0、Q_0；转角和挠度振动周期为 ω，幅值为 φ_0、Y_0。根据式（2.1-14），边界条件表达式为：

$$\begin{cases}Y(0)=Y_0\\Y'(0)=\varphi_0\\-EIY''(0)=M_0\\-EIY'''(0)=Q_0\end{cases} \tag{2.1-46}$$

正负规则：挠度向下为正，倾角顺时针方向为正，弯矩下侧受拉为正，剪力顺时针转向为正。

将式（2.1-14）代入式（2.1-46），得：

$$\begin{cases}Y_0=C_1+C_3\\ \varphi_0=C_2\beta+C_4\gamma\\ -\dfrac{M_0}{EI}=C_1\beta^2-C_3\gamma^2\\ -\dfrac{Q_0}{EI}=C_2\beta^3-C_4\gamma^3\end{cases}\tag{2.1-47}$$

联立求解得：

$$\begin{cases}C_1=\dfrac{Y_0\gamma^2-\dfrac{M_0}{EI}}{\beta^2+\gamma^2}\\ C_2=\dfrac{\varphi_0\gamma^2-\dfrac{Q_0}{EI}}{\beta\gamma^2+\beta^3}\\ C_3=\dfrac{Y_0\beta^2+\dfrac{M_0}{EI}}{\beta^2+\gamma^2}\\ C_4=\dfrac{\varphi_0\beta^2+\dfrac{Q_0}{EI}}{\gamma\beta^2+\gamma^3}\end{cases}\tag{2.1-48}$$

代入式（2.1-14），得：

$$Y(x)=\frac{\gamma^2\mathrm{ch}\beta h+\beta^2\cos\gamma x}{\gamma^2+\beta^2}Y_0+\frac{\gamma^3\mathrm{sh}\beta h+\beta^3\sin\gamma x}{\gamma\beta(\gamma^2+\beta^2)}\varphi_0+\frac{\cos\gamma x-\mathrm{ch}\beta h}{\gamma^2+\beta^2}\frac{M_0}{EI}+\frac{\beta\sin\gamma x-\gamma\mathrm{sh}\beta x}{\gamma\beta(\gamma^2+\beta^2)}\frac{Q_0}{EI}\tag{2.1-49a}$$

$$\varphi(x)=\frac{\beta\gamma^2\mathrm{sh}\beta h-\gamma\beta^2\sin\gamma x}{\gamma^2+\beta^2}Y_0+\frac{\gamma^2\mathrm{ch}\beta h+\beta^2\cos\gamma x}{\gamma^2+\beta^2}\varphi_0-\frac{\beta\mathrm{sh}\beta x+\gamma\sin\gamma x}{\gamma^2+\beta^2}\frac{M_0}{EI}+\frac{\cos\gamma x-\mathrm{ch}\beta h}{\gamma^2+\beta^2}\frac{Q_0}{EI}\tag{2.1-49b}$$

$$M(x)=-EI\left(\frac{\gamma^2\beta^2\mathrm{ch}\beta h-\beta^2\gamma^2\cos\gamma x}{\gamma^2+\beta^2}Y_0+\frac{\beta\gamma^2\mathrm{sh}\beta h-\gamma\beta^2\sin\gamma x}{\gamma^2+\beta^2}\varphi_0-\frac{\gamma^2\cos\gamma x+\beta^2\mathrm{ch}\beta h}{\gamma^2+\beta^2}\frac{M_0}{EI}-\frac{\gamma\sin\gamma x+\beta\mathrm{sh}\beta x}{\gamma^2+\beta^2}\frac{Q_0}{EI}\right)\tag{2.1-49c}$$

$$Q(x)=-EI\left(\frac{\beta^2\gamma^2(\beta^2\mathrm{sh}\beta+\gamma\sin\gamma x)}{\gamma^2+\beta^2}Y_0+\frac{\beta^2\gamma^2(\mathrm{ch}\beta x-\cos\gamma x)}{\gamma^2+\beta^2}\varphi_0+\frac{\gamma^3\sin\gamma x-\beta^3\mathrm{sh}\beta h}{\gamma^2+\beta^2}\frac{M_0}{EI}-\frac{\gamma^2\cos\gamma x+\beta^2\mathrm{ch}\beta h}{\gamma^2+\beta^2}\frac{Q_0}{EI}\right)\tag{2.1-49d}$$

考虑单跨索振动时，杆端力与杆端位移的刚度关系，对于长度为 l 的索 AB，有：

$$
\begin{cases}
Y_B=\dfrac{\gamma^2\mathrm{ch}\beta h+\beta^2\cos\gamma l}{\gamma^2+\beta^2}Y_A+\dfrac{\gamma^3\mathrm{sh}\beta h+\beta^3\sin\gamma l}{\gamma\beta(\gamma^2+\beta^2)}\varphi_A+\dfrac{\cos\gamma l-\mathrm{ch}\beta h}{\gamma^2+\beta^2}\dfrac{M_A}{EI} \\
\quad+\dfrac{\beta\sin\gamma l-\gamma\mathrm{sh}\beta l}{\gamma\beta(\gamma^2+\beta^2)}\dfrac{Q_A}{EI} & (2.1\text{-}50a) \\
\varphi_B=\dfrac{\beta\gamma^2\mathrm{sh}\beta h-\gamma\beta^2\sin\gamma l}{\gamma^2+\beta^2}Y_A+\dfrac{\gamma^2\mathrm{ch}\beta h+\beta^2\cos\gamma l}{\gamma^2+\beta^2}\varphi_A-\dfrac{\beta\mathrm{sh}\beta l+\gamma\sin\gamma l}{\gamma^2+\beta^2}\dfrac{M_A}{EI} \\
\quad+\dfrac{\cos\gamma l-\mathrm{ch}\beta h}{\gamma^2+\beta^2}\dfrac{Q_A}{EI} & (2.1\text{-}50b) \\
M_B=-EI\left(\dfrac{\gamma^2\beta^2\mathrm{ch}\beta h-\beta^2\gamma^2\cos\gamma l}{\gamma^2+\beta^2}Y_A+\dfrac{\beta\gamma^2\mathrm{sh}\beta h-\gamma\beta^2\sin\gamma l}{\gamma^2+\beta^2}\varphi_A\right. \\
\quad\left.-\dfrac{\gamma^2\cos\gamma l+\beta^2\mathrm{ch}\beta h}{\gamma^2+\beta^2}\dfrac{M_A}{EI}-\dfrac{\gamma\sin\gamma l+\beta\mathrm{sh}\beta l}{\gamma^2+\beta^2}\dfrac{Q_A}{EI}\right) & (2.1\text{-}50c) \\
Q_B=-EI\left(\dfrac{\beta^2\gamma^2(\beta^2\mathrm{sh}\beta+\gamma\sin\gamma l)}{\gamma^2+\beta^2}Y_A+\dfrac{\beta^2\gamma^2(\mathrm{ch}\beta c-\cos\gamma l)}{\gamma^2+\beta^2}\varphi_A+\dfrac{\gamma^3\sin\gamma l-\beta^3\mathrm{sh}\beta h}{\gamma^2+\beta^2}\dfrac{M_A}{EI}\right. \\
\quad\left.-\dfrac{\gamma^2\cos\gamma l+\beta^2\mathrm{ch}\beta h}{\gamma^2+\beta^2}\dfrac{Q_A}{EI}\right) & (2.1\text{-}50d)
\end{cases}
$$

由式（2.1-50a）及式（2.1-50b）解得 M_A、Q_A，将 M_A、Q_A 代入式（2.1-50c）和（2.1-50d），可得到 M_B、Q_B，结果为：

$$
\begin{cases}
M_A=i\left(D\varphi_A+E\varphi_B+F\dfrac{Y_A}{l}-G\dfrac{Y_B}{l}\right) \\
M_B=i\left(E\varphi_A+D\varphi_B+G\dfrac{Y_A}{l}-F\dfrac{Y_B}{l}\right) \\
Q_A=-\dfrac{i}{l}\left(H\varphi_A+G\varphi_B+K\dfrac{Y_A}{l}-R\dfrac{Y_B}{l}\right) \\
Q_B=-\dfrac{i}{l}\left(G\varphi_A+H\varphi_B+R\dfrac{Y_A}{l}-K\dfrac{Y_B}{l}\right)
\end{cases}
\tag{2.1-51}
$$

式中：

$$D=\frac{1}{\Pi}(\beta^{*2}+\gamma^{*2})(\beta^*\sin\gamma^*\mathrm{ch}\beta^*-\gamma^*\cos\gamma^*\mathrm{sh}\beta^*)$$

$$E=\frac{1}{\Pi}(\beta^{*2}+\gamma^{*2})(\gamma^*\mathrm{sh}\beta^*-\beta^*\sin\gamma^*)$$

$$F=\frac{1}{\Pi}\beta^*\gamma^*[2\beta^*\gamma^*\sin\gamma^*\mathrm{sh}\beta^*-(\beta^{*2}-\gamma^{*2})(1-\cos\gamma^*\mathrm{ch}\beta^*)]$$

$$G=\frac{1}{\Pi}\beta^*\gamma^*(\beta^{*2}+\gamma^{*2})(\mathrm{ch}\beta^*-\cos\gamma^*)$$

$$H=\frac{1}{\Pi}[\beta^*\gamma^*(\beta^{*2}-\gamma^{*2})(1-\cos\gamma^*\mathrm{ch}\beta^*)+(\gamma^{*4}+\beta^{*4})\sin\gamma^*\mathrm{sh}\beta^*]$$

$$K=\frac{1}{\Pi}\beta^*\gamma^*(\beta^{*2}+\gamma^{*2})(\gamma^*\mathrm{ch}\beta^*\sin\gamma^*+\beta^*\mathrm{sh}\beta^*\cos\gamma^*)$$

$$R=\frac{1}{\Pi}\beta^{*}\gamma^{*}(\beta^{*2}+\gamma^{*2})(\gamma^{*}\sin\gamma^{*}+\beta^{*}\mathrm{sh}\beta^{*})$$

$$\Pi=2\beta^{*}\gamma^{*}(1-\cos\gamma^{*}\mathrm{ch}\beta^{*})+(\beta^{*2}-\gamma^{*2})\mathrm{sh}\beta^{*}\sin\gamma^{*}$$

其中，$i=\frac{EI}{l}$为索的线刚度，$\beta^{*}=\beta l$，$\gamma^{*}=\gamma l$，$\Pi\neq0$；$\Pi=0$时，为两端固定索振动的特征方程，可写成一般形式：

$$\begin{cases}K_{11}\Delta_1+K_{12}\Delta_2+K_{13}\Delta_3+K_{14}\Delta_4=P_1\\K_{21}\Delta_1+K_{22}\Delta_2+K_{23}\Delta_3+K_{24}\Delta_4=P_2\\K_{31}\Delta_1+K_{32}\Delta_2+K_{33}\Delta_3+K_{34}\Delta_4=P_3\\K_{41}\Delta_1+K_{42}\Delta_2+K_{43}\Delta_3+K_{44}\Delta_4=P_4\end{cases}\tag{2.1-52}$$

其中，$\Delta_1=\varphi_A$；$\Delta_2=\varphi_B$；$\Delta_3=Y_A$；$\Delta_4=Y_B$；

$K_{11}=K_{22}=iD$；$K_{21}=K_{12}=iE$；

$K_{13}=-K_{24}=\frac{i}{l}F$；$K_{14}=-K_{23}=K_{32}=K_{41}=-\frac{i}{l}G$；

$K_{31}=K_{42}=-\frac{i}{l}H$；$K_{33}=-K_{44}=-\frac{i}{l^2}K$；

$K_{34}=-K_{43}=\frac{i}{l^2}R$

式（2.1-52）即为拉索单元的刚度方程。

式（2.1-52）表达了单元节点任意位移和反力的关系，因此可推导出单跨拉索振动频率方程。

（2）特殊边界情况验证

1）两端铰接情况（图2.1-8）

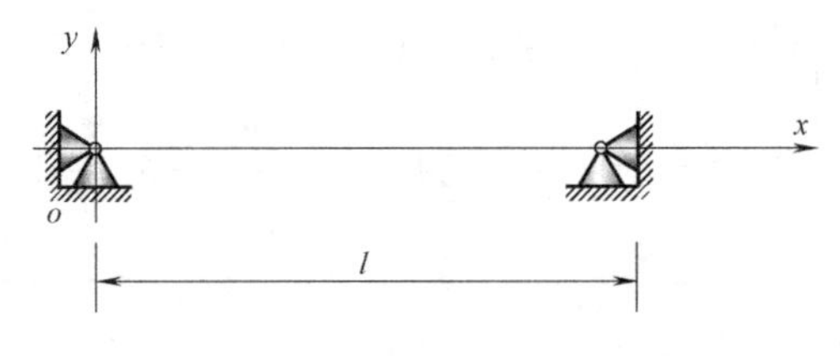

图2.1-8　两端铰接拉索

边界条件为：

$$\begin{cases}Y_A=0, Y_B=0\\M_A=0, M_B=0\end{cases}\tag{2.1-53}$$

代入式（2.1-51），得：

$$\begin{cases}D\varphi_A+E\varphi_B=0\\E\varphi_A+D\varphi_B=0\end{cases}\tag{2.1-54}$$

其特征方程为：

$$D^2-E^2=0\tag{2.1-55}$$

即：

$$\frac{1}{\Pi^2}(\beta^{*2}+\gamma^{*2})^2(\beta^*\sin\gamma^*\mathrm{ch}\beta^*-\gamma^*\cos\gamma^*\mathrm{sh}\beta^*)^2$$
$$-\frac{1}{\Pi^2}(\beta^{*2}+\gamma^{*2})^2(\gamma^*\mathrm{sh}\beta^*-\beta^*\sin\gamma^*)^2=0 \tag{2.1-56}$$

整理可得：

$$\frac{1}{\Pi}(\beta^{*2}+\gamma^{*2})^2\mathrm{sh}\beta^*\sin\gamma^*=0 \tag{2.1-57}$$

其中，$(\beta^{*2}+\gamma^{*2})^2\mathrm{sh}\beta^*\neq0$，$\Pi\neq0$（$\Pi=0$ 时，为两端固定索振动的特征方程，由后面的分析可得到），因此只能有：

$$\sin\gamma^*=0 \tag{2.1-58}$$

与式（2.1-20）一致。

2）两端固定情况（图 2.1-9）

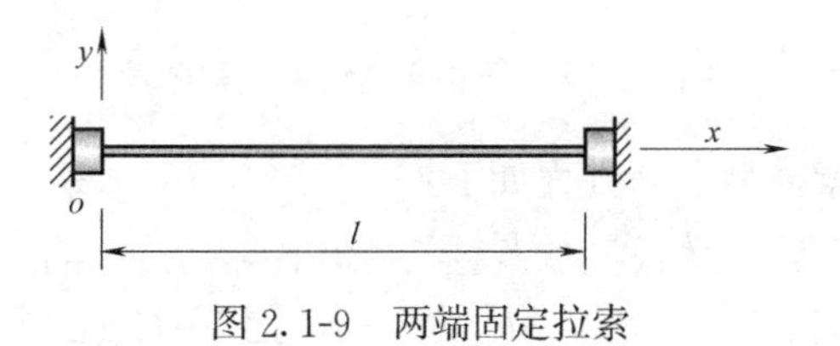

图 2.1-9　两端固定拉索

边界条件为：

$$\begin{cases}\varphi_A=0，\varphi_B=0\\ Y_A=0，Y_B=0\end{cases} \tag{2.1-59}$$

代入式（2.1-51），若 $\Pi\neq0$，得到 $M_A=0$，$M_B=0$，没有振动发生，不符合实际情况；因此只有 $\Pi=0$［Π 为 0，不放在式（2.1-51）分母位置，能满足 M_A、M_B 非零解］。

其特征方程为 $\Pi=0$，即：

$$2\beta^*\gamma^*(1-\mathrm{ch}\beta^*\cos\gamma^*)+(\beta^{*2}-\gamma^{*2})\mathrm{sh}\beta^*\sin\gamma^*=0 \tag{2.1-60}$$

与式（2.1-33）一致。

3）一端铰接一端固定情况

假设 A 端固定，B 端铰接（图 2.1-10）。

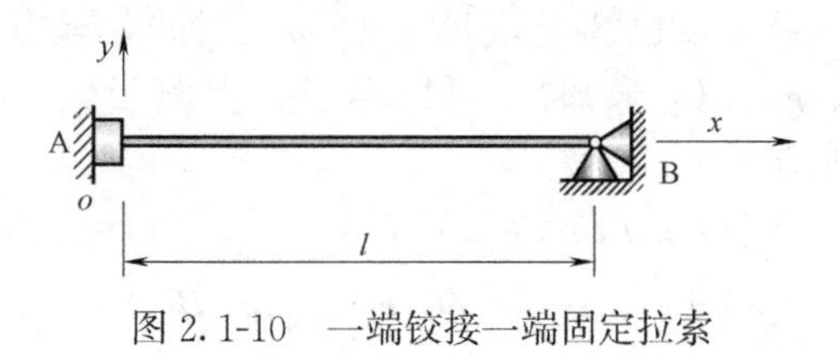

图 2.1-10　一端铰接一端固定拉索

边界条件为：

$$\begin{cases}\varphi_A=0，M_B=0\\ Y_A=0，Y_B=0\end{cases} \tag{2.1-61}$$

将式（2.1-61）代入式（2.1-51），得到：

$$D=\frac{1}{\Pi}(\beta^{*2}+\gamma^{*2})(\beta^{*}\operatorname{ch}\beta^{*}\sin\gamma^{*}-\gamma^{*}\operatorname{sh}\beta^{*}\cos\gamma^{*})=0 \tag{2.1-62}$$

由 $\Pi\neq0$，$(\beta^{*2}+\gamma^{*2})\neq0$，得到：

$$\beta^{*}\operatorname{ch}\beta^{*}\sin\gamma^{*}-\gamma^{*}\operatorname{sh}\beta^{*}\cos\gamma^{*}=0 \tag{2.1-63}$$

与式（2.1-44）一致。

从以上分析可以看出，式（2.1-51）是拉索振动方程的基本形式，具有普遍适用性。两端铰接或固定边界单索的频率方程是其特例。

2. 多跨索振动理论模型及索力计算方法研究

（1）任意弹性边界索力分析

建立任意弹性边界模型如图 2.1-11 所示。

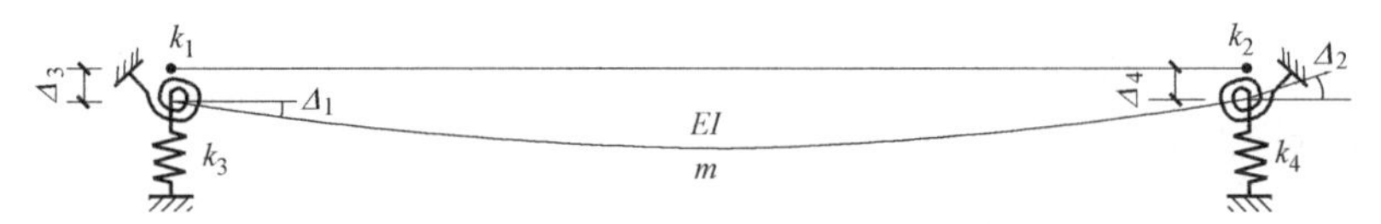

图 2.1-11 任意弹性约束拉索振动

任意弹性约束下拉索模型振动方程如下：

$$\begin{cases}(K_{11}+k_1)\Delta_1+K_{12}\Delta_2+K_{13}\Delta_3+K_{14}\Delta_4=0\\ K_{21}\Delta_1+(K_{22}+k_2)\Delta_2+K_{23}\Delta_3+K_{24}\Delta_4=0\\ K_{31}\Delta_1+K_{32}\Delta_2+(K_{33}+k_3)\Delta_3+K_{34}\Delta_4=0\\ K_{41}\Delta_1+K_{42}\Delta_2+K_{43}\Delta_3+(K_{44}+k_4)\Delta_4=0\end{cases} \tag{2.1-64}$$

频率方程（特征方程）为：

$$\begin{vmatrix}(K_{11}+k_1) & K_{12} & K_{13} & K_{14}\\ K_{21} & (K_{22}+k_2) & K_{23} & K_{24}\\ K_{31} & K_{32} & (K_{33}+k_3) & K_{34}\\ K_{41} & K_{42} & K_{43} & (K_{44}+k_4)\end{vmatrix}=0 \tag{2.1-65}$$

将频率方程（2.1-65）写为：

$$f(EI,l,m,\omega_n,T,k_1,k_2,k_3,k_4)=0 \tag{2.1-66}$$

根据频率方程（2.1-65），可以通过测定索振动多阶频率 ω 识别其他参数。例如，如果索弯曲刚度、索长、索线密度已知（即 EI、l、m 已知），索力、索边界约束刚度 5 个参数未知（T、k_1、k_2、k_3、k_4 未知），可以通过仪器测量索 5 个阶次以上频率（ω_1、ω_2、…、ω_n），建立频率方程组：

$$\begin{cases}f(EI,l,m,\omega_1,T,k_1,k_2,k_3,k_4)=0\\ f(EI,l,m,\omega_2,T,k_1,k_2,k_3,k_4)=0\\ f(EI,l,m,\omega_3,T,k_1,k_2,k_3,k_4)=0\\ f(EI,l,m,\omega_4,T,k_1,k_2,k_3,k_4)=0\\ f(EI,l,m,\omega_5,T,k_1,k_2,k_3,k_4)=0\\ \cdots\cdots\end{cases} \tag{2.1-67}$$

因此 5 个未知参数（T、k_1、k_2、k_3、k_4）可以通过多于 5 个频率方程建立的方程组

(2.1-67) 进行识别。

虽然在理论上给定一组频率值有可能由于阶次错位引起索力识别失真，但失真索力与真实索力差别很大。

以简支单索为例，简支单索索力计算公式为：

$$T=4mf_n^2\left(\frac{l}{n}\right)^2-\frac{\pi^2 EI}{\left(\frac{l}{n}\right)^2} \tag{2.1-68}$$

当采用 n 阶频率误认为是 k 阶频率时，计算索力误差为：

$$\begin{aligned}\Delta T_{mk} &=4mf_n^2\left[\left(\frac{l}{n}\right)^2-\left(\frac{l}{k}\right)^2\right]-EI\pi^2\left[\frac{1}{\left(\frac{l}{n}\right)^2}-\frac{1}{\left(\frac{l}{k}\right)^2}\right]\\ &=4mf_n^2 l^2\left[\left(\frac{k^2-n^2}{k^2 n^2}\right)\right]-\frac{EI\pi^2}{l^2}(n^2-k^2)\\ &=\frac{k^2-n^2}{k^2}\left[4mf_n^2 l^2\left(\frac{1}{n^2}\right)+\frac{EI\pi^2}{\left(\frac{l}{k}\right)^2}\right]\end{aligned} \tag{2.1-69}$$

相对误差值为：

$$\frac{\Delta T_{mk}}{T_{mk}}=\frac{k^2-n^2}{k^2}\left[4mf_n^2 l^2\left(\frac{1}{n^2}\right)+\frac{EI\pi^2}{\left(\frac{l}{k}\right)^2}\right]\Bigg/\left[4mf_n^2 l^2\left(\frac{1}{n^2}\right)-\frac{EI\pi^2}{\left(\frac{l}{n}\right)^2}\right] \tag{2.1-70}$$

显然如果频率阶次 n 较小时，即使相邻频率阶次 $k=n-1$ 也会使得索力差大于原索力 1 倍，当频率阶次高时，忽略索力刚度影响差异，即使相邻索力差也不会小于 1 倍。

因此，利用方程组 (2.1-67)，初选索力 T 大致的范围，可以正确地判定出真实的索力。

由于方程组 (2.1-67) 为超越方程组成，为方便求解可通过优化算法构造目标函数进行参数 T、k_1、k_2、k_3、k_4 的优化求解。其中，设定合理的索力初始值（在可能索力 0.5～2 倍范围内设定初值，一般可取索力设计值）进行优化计算。

这里利用最小二乘法构造目标函数：

$$obf=\sum_{n=1}^{5}\kappa f^2(EI,l,m,\omega_n,T,k_1,k_2,k_3,k_4) \tag{2.1-71}$$

其中，κ 为权值，用于计算收敛。

可以选用任一无约束优化算法进行目标函数最小条件下最优值的识别。下面给出一算例验证优化方法的适用性。

算例验证：

假定一简支拉索，线密度为 252.72kg/m，索长为 10m，索弯曲刚度为 $1.02\times10^7\text{N}\cdot\text{m}^2$，施加索力 680400N，根据有限元法计算其 1～5 阶频率分别为 4.09Hz、13.65Hz、29.46Hz、51.56Hz、79.98Hz、114.7Hz，按照图 2.1-12 进行索力计算，采用最优化方法按照目标函数 (2.1-71) 进行索力识别，结果见表 2.1-3。

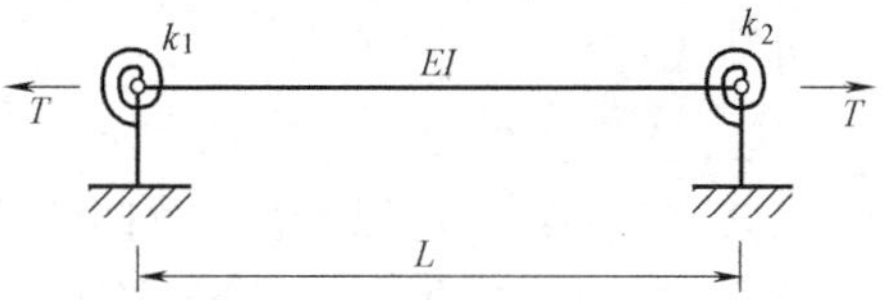

图 2.1-12　未知端部约束拉索

索力分析结果　　表 2.1-3

线密度(kg/m)	索长(m)	弯曲模量(N·m²)	1~5 阶频率(Hz)	理论索力(N)	优化索力(N)
252.72	10	1.02×10^7	4.09,13.65,29.46,51.56,79.98,114.7	680400	682016

识别刚度为 $k_1=7.16\times10^4$ N/m，$k_2=2.5\times10^4$ N/m。

从结果来看，索力误差为 0.2%，说明索力优化方法适用于单跨索索力计算，计算结果有足够的精度。

(2) 多跨索索力计算方法

通过拉索单元刚度方程，可以组合成多跨索的振动模型进行分析。图 2.1-13 为 n 跨索模型（k_1、k_2，…，k_n 为撑杆约束刚度）。

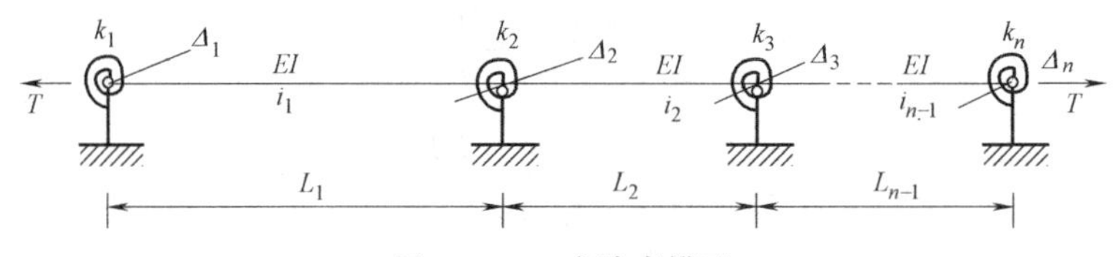

图 2.1-13　多跨索模型

可建立如下振动方程：

$$\begin{cases}(Z_{11}+k_1)\Delta_1+Z_{12}\Delta_2+Z_{13}\Delta_3+\cdots+Z_{1n}\Delta_n=0\\ Z_{21}\Delta_1+(Z_{22}+k_2)\Delta_2+Z_{23}\Delta_3+\cdots+Z_{2n}\Delta_n=0\\ Z_{31}\Delta_1+Z_{32}\Delta_2+(Z_{33}+k_3)\Delta_3+\cdots+Z_{3n}\Delta_n=0\\ \cdots\cdots\\ Z_{n1}\Delta_1+Z_{n2}\Delta_2+K_{n3}\Delta_3+\cdots+(Z_{nn}+k_n)\Delta_n=0\end{cases} \tag{2.1-72}$$

其中，刚度系数非零元素有：

$$Z_{11}=K_{11}^{(1)}$$

$$Z_{12}=K_{12}^{(1)};\ Z_{21}=K_{21}^{(1)};\ Z_{22}=K_{22}^{(1)}+K_{11}^{(2)};$$

$$Z_{23}=K_{12}^{(2)};\ Z_{32}=K_{21}^{(2)};\ Z_{33}=K_{22}^{(2)}+K_{11}^{(3)};$$

$$\cdots\cdots$$

$$Z_{(n-1)n}=K_{12}^{(n-1)};\ Z_{n(n-1)}=K_{21}^{(n-1)};\ Z_{nn}=K_{22}^{(n-1)}$$

建立相应的频率特征方程为：

$$\begin{vmatrix}Z_{11}+k_1 & Z_{12} & \cdots & 0\\ Z_{21} & Z_{22}+k_2 & \cdots & 0\\ \cdots & \cdots & \ddots & 0\\ 0 & 0 & \cdots & Z_{nn}+k_n\end{vmatrix}=0 \tag{2.1-73}$$

可写成：

$$f(T,k_1,k_2,\cdots,k_n)=0\quad(i=1,2,3\cdots) \tag{2.1-74}$$

从式 (2.1-74) 可以看出，如果知道多跨索弯曲刚度 EI、线密度 m 和各跨索长 l，通过测量整体索结构 $n+1$ 阶频率值可以确定索力和 n 个约束刚度系数（k_1、k_2，…，k_n），从而建立对索力 T 的识别。下面通过一个特殊边界条件验证多跨索模型的正确性。

假设一个长度为 $2l$，抗弯刚度为 EI 的拉索，受到的预应力为 N，两端固定，撑杆与拉索的连接情况为铰接，其模型如图 2.1-14 所示。

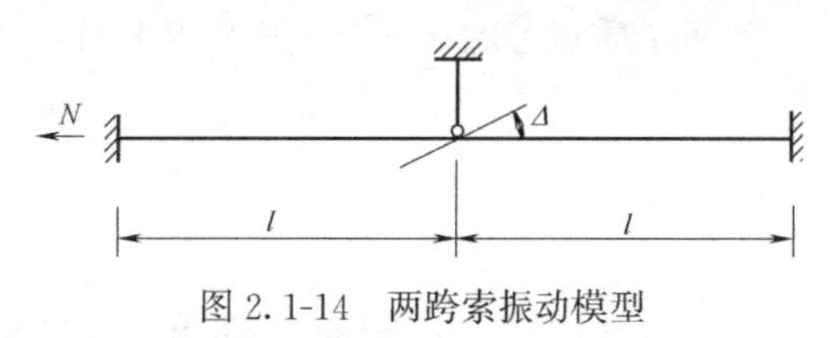

图 2.1-14　两跨索振动模型

假设撑杆处转角为 Δ，两端转角位移为 0，利用边界条件、式（2.1-72）和式（2.1-51），可以得到 $2D\Delta=0$，其中，$\Delta\neq 0$，只有 $D=0$，即 $D=\frac{1}{\Pi}(\beta^{*2}+\gamma^{*2})(\beta^{*}\sin\gamma^{*}\mathrm{ch}\beta^{*}-\gamma^{*}\cos\gamma^{*}\mathrm{sh}\beta^{*})=0$，最终结果为：

$$\beta^{*}\mathrm{ch}\beta^{*}\sin\gamma^{*}-\gamma^{*}\mathrm{sh}\beta^{*}\cos\gamma^{*}=0 \tag{2.1-75}$$

此式与边界条件为一端铰接一端固定的拉索自振特征方程（2.1-44）相同。从而验证建立多跨索振动方程的正确性。

2.2　空间结构振动理论

2.2.1　多自由度空间结构振动理论

由单自由度体系动力响应方程可推广到的多自由度空间结构动力响应方程为：

$$[M]\{\ddot{U}\}+[C]\{\dot{U}\}+[K]\{U\}=-[M]\{\ddot{U}_{\mathrm{g}}\} \tag{2.2-1}$$

其中，$[M]$ 为结构质量矩阵；$[C]$ 为结构阻尼矩阵；$[K]$ 为结构刚度矩阵；$\{\ddot{U}\}$、$\{\dot{U}\}$、$\{U\}$ 依次为质点相对加速度、相对速度和相对位移量；$\{\ddot{U}_{\mathrm{g}}\}$ 为地面加速度向量。$[M]$、$[C]$、$[K]$ 为空间结构体系的动力矩阵。

1. 质量矩阵

（1）集中质量矩阵

实际结构的质量均为连续分布，为了简化计算，需将质量集中，即将其物理模型简化成集中质量模型，从而将无限多自由度体系变为多自由度体系。

集中质量时，应尽量集中在结构各区域质量的质心，以便使计算模型更逼近实际结构，对于空间结构，均将质量集中到各节点上，质量集中可有各种等效办法。对于动力分析，以动能等效更为合理，但计算较繁复，而实际工程设计中常采用静力等效原则，将节点所辖区域内的荷载集中作用在该节点上。这样计算结果亦可以满足工程需要的精确度。

集中质量矩阵可表示为如下对角矩阵：

$$[M]=\begin{bmatrix}[M_1] & & & & & 0\\ & [M_2] & & & & \\ & & \ddots & & & \\ & & & [M_i] & & \\ & & & & \ddots & \\ 0 & & & & & [M_n]\end{bmatrix} \tag{2.2-2}$$

其中，$[M_i]$ 为对角矩阵，为相应的第 i 个质点的集中质量矩阵。

当每个质点考虑有 3 个平移自由度时：

$$[M_i]=\begin{bmatrix} m_i & & 0 \\ & m_i & \\ 0 & & m_i \end{bmatrix} \tag{2.2-3}$$

当质点考虑有 3 个平移自由度和 3 个转动自由度时：

$$[M_i]=\begin{bmatrix} m_i & & & & & \\ & m_i & & & 0 & \\ & & m_i & & & \\ & & & I_i & & \\ & 0 & & & I_i & \\ & & & & & I_i \end{bmatrix} \tag{2.2-4}$$

在空间结构工程计算中，常可忽略质点的转动惯量，则式（2.2-4）可转化为：

$$[M_i]=\begin{bmatrix} m_i & & & & & \\ & m_i & & & 0 & \\ & & m_i & & & \\ & & & 0 & & \\ & 0 & & & 0 & \\ & & & & & 0 \end{bmatrix} \tag{2.2-5}$$

说明：

1）m_i 称为质量影响系数。其物理意义是表示质点 i 有单位加速度时，在质点 i 该加速度方向产生的惯性力。在对角线上元素一般以 m_{ii} 表示，为简化起见称为 m_i，即 $m_i=m_{ii}$。

2）集中质量矩阵非对角线元素均为零。只是因为考虑任一质点的加速度只在这一点上产生惯性力，所以 $m_{ij}=0$。

3）由于集中质量矩阵为对角矩阵，电算时可用一维数组存储、求逆等，计算简便，节约计算时间，使动力分析大为简化，并能满足一般工程所需的精确度。所以集中质量矩阵在当今结构分析中应用最为普遍。

（2）一致质量矩阵

一致质量矩阵是从分布质量出发建立的质量矩阵。利用有限元概念，首先建立单元一致质量矩阵，而后组装成结构一致质量矩阵。与集中质量矩阵不同，一致质量矩阵的非对角线元素 m_{ij} 有很多非零项，致使计算工作量大大增加。对于空间连续分布质量的结构（如水坝等），考虑到计算结果精度的需要，常采用一致质量矩阵。

1）单元质量矩阵一般表达式

单元动能 T 的一般表达式为：

$$T=\frac{1}{2}\iiint_V \rho\{\dot{U}\}^{\mathrm{T}}\{\dot{U}\}\mathrm{d}v \tag{2.2-6}$$

其中，ρ 为单元材料密度，v 为单元体积，$\{\dot{U}\}$ 为单元内任一点速度向量。

速度向量 $\{\dot{U}\}$ 可表示为：

$$\{\dot{U}\}=[\varphi]\{\dot{\delta}\} \tag{2.2-7}$$

其中，$[\varphi]$ 为形函数矩阵；$\{\dot{\delta}\}$ 为单元节点速度向量。

形函数矩阵中的元素表示一个单元节点发生某一个单位位移，同时又将其他各节点位移约束时，所产生的变形曲线。这些位移曲线可根据不同精度要求选取，但必须满足节点内部连续条件。一般常近似取在各节点位移下，相应的等截面杆的变形曲线，此曲线常称为插值函数。

将式（2.2-7）代入动能表达式（2.2-6），由于连乘矩阵被转置时，等于倒换了顺序的各矩阵的转置矩阵的乘积，即：

$$\{\dot{U}\}^{\mathrm{T}}=\{\dot{\delta}\}^{\mathrm{T}}[\varphi]^{\mathrm{T}} \tag{2.2-8}$$

则：

$$T=\frac{1}{2}\iiint_{V}\rho\{\dot{\delta}\}^{\mathrm{T}}[\varphi]^{\mathrm{T}}[\varphi]\{\dot{\delta}\}\mathrm{d}v \tag{2.2-9}$$

所以单元动能为：

$$T=\frac{1}{2}\{\dot{\delta}\}^{\mathrm{T}}[m]\{\dot{\delta}\} \tag{2.2-10}$$

单元质量矩阵 $[m]$ 为：

$$[m]=\iiint_{V}\rho[\varphi]^{\mathrm{T}}[\varphi]\mathrm{d}v \tag{2.2-11}$$

在式（2.2-11）表达的单元质量矩阵中，由于 $m_{ij}=m_{ji}$，所以该矩阵为对称矩阵，一般是正定的。由于任一节点位移仅影响其相邻单元，所以与结构刚度矩阵相类似，由单元质量矩阵组装形成的结构质量矩阵亦表现出带状特征。

2）一维平面梁单元一致质量矩阵

有如图 2.2-1 所示的平面梁单元 AB，u_1、θ_1 表示 A 端的竖向位移及平面转角自由度，u_2、θ_2 表示 B 端的竖向位移及平面转角自由度。

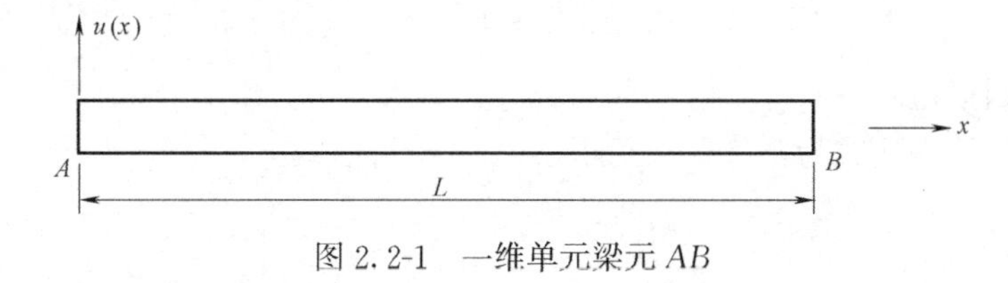

图 2.2-1　一维单元梁元 AB

由式（2.2-11）单元一致质量矩阵 $[m]$ 的表达式，可将平面梁元的质量系数 m_{ij} 写为：

$$m_{ij}=\int_{0}^{L}m(x)\varphi_i(x)\varphi_j(x)\mathrm{d}x \tag{2.2-12}$$

其中，$m(x)$ 为梁元单位长度的质量，等于等截面梁，则 $m(x)=\overline{m}$。

式（2.2-12）中的形函数 $\varphi(x)$ 应尽量逼近实际的振动曲线。现结构分析中，一般常取在相应节点位移下等截面梁的变形曲线来近似模拟振动曲线，即三次埃尔米特(Hermite）多项式。

对于平面梁元，取形函数 $\varphi(x)$ 如下：

$$\begin{aligned}
&\varphi_1(x)=1-3\left(\frac{x}{L}\right)^2+2\left(\frac{x}{L}\right)^3\\
&\varphi_2(x)=x\left(1-\frac{x}{L}\right)^2\\
&\varphi_3(x)=3\left(\frac{x}{L}\right)^2-2\left(\frac{x}{L}\right)^3\\
&\varphi_4(x)=\frac{(x)^2}{L}\left(\frac{x}{L}-1\right)
\end{aligned} \tag{2.2-13}$$

将式（2.2-13）代入式（2.2-12），即可推导出平面梁元的一致质量矩阵为：

$$[m]=\frac{\overline{m}L}{420}\begin{bmatrix}156 & 22L & 54 & -13L\\ 22L & 4L^2 & 13L & -3L^2\\ 54 & 13L & 156 & -22L\\ -13L & 3L^2 & -22L & 4L^2\end{bmatrix} \tag{2.2-14}$$

2. 阻尼矩阵

结构阻尼特性反映了体系在振动过程中能量耗散性能，是研究结构动力反应不可少的重要部分之一。近百年以来国内外对阻尼问题已形成了几种理论，如黏滞阻尼假设、复阻尼理论等。在此仅介绍空间结构动力分析中采用的黏滞阻尼理论建立的阻尼矩阵。

（1）阻尼矩阵一般表达式

黏滞阻尼理论的基本假设是，当运动速度不大时，质点受到的黏滞阻力与质点速度成正比，且方向相反。由此，动力方程式（2.2-1）中阻尼 $[C]$ 的一般形式为满阵，即：

$$[C]=\begin{bmatrix}c_{11} & c_{12} & \cdots & c_{1n}\\ c_{21} & c_{22} & \cdots & c_{2n}\\ \vdots & \vdots & \ddots & \vdots\\ c_{n1} & c_{n2} & \cdots & c_{nn}\end{bmatrix} \tag{2.2-15}$$

（2）广义阻尼矩阵

广义阻尼矩阵表达式为：

$$[\widetilde{C}]=\begin{bmatrix}\widetilde{C}_1 & & & & \\ & \widetilde{C}_2 & & 0 & \\ & & \ddots & & \\ & 0 & & \widetilde{C}_j & \\ & & & & \widetilde{C}_n\end{bmatrix} \tag{2.2-16}$$

为计算简化，动力分析中常引用对角阻尼矩阵，此处利用主振型关于质量矩阵与刚度矩阵具有正交性关系，采取以下假设：

1）假设主振型关于阻尼矩阵亦具有正交性；

2）假设阻尼矩阵是质量矩阵与刚度矩阵的函数。

由此可消除在求解动力反应方程中各振型间的耦合作用。

若以 $\{\phi\}$ 表示振型向量，利用正交性关系可以写出：

$$\{\phi\}_r^{\mathrm{T}}[M]([M]^{-1}[K])^q\{\phi\}_s=0$$
$$(r\neq s;q=\cdots,-2,-1,0,1,2,\cdots) \tag{2.2-17}$$

当取 $q=0$、1时，即可由式（2.2-17）得出主振型关于质量矩阵、刚度矩阵的正交情况。即：

$$\{\phi\}_r^{\mathrm{T}}[M]\{\phi\}_s=0(r\neq s)$$
$$\{\phi\}_r^{\mathrm{T}}[K]\{\phi\}_s=0(r\neq s)$$

由式（2.2-17），可将阻尼矩阵表达为：

$$[C]=\sum_{q=0}^{n-1}\alpha_q[M]([M]^{-1}[K])^q \tag{2.2-18}$$

与求广义质量矩阵、广义刚度矩阵相同，对式（2.2-18）两边各项分别左乘 $[\phi]_j^{\mathrm{T}}$、右乘 $[\phi]_j$，得到广义阻尼矩阵对角线元素 $\widetilde{C}_j$ 的表达式：

$$\widetilde{C}_j=2\zeta_j\omega_j\widetilde{M}_j=\sum_{q=1}^{n-1}\{\phi\}_j^{\mathrm{T}}\alpha_q[M]([M]^{-1}[K])^q \tag{2.2-19}$$

其中，$\widetilde{M}_j=\{\phi\}_j^{\mathrm{T}}\alpha_q[M]\{\phi\}_j$ 为广义质量矩阵对角线元素。

为使式（2.2-19）右边简单化，对 j 振型时的频率方程 $[K]\{\phi\}_j=\omega_j^2[M]\{\phi\}_j$ 两边乘以 α_q 后转置，再右乘 $([M]^{-1}[K])^q\{\phi\}_j$，得：

$$(\phi)_j^{\mathrm{T}}\alpha_q[M]([M]^{-1}[K])^q\{\phi\}_j=\omega_j^{2q}\alpha_q\widetilde{M}_j$$

故广义阻尼矩阵（2.2-16）中元素 $\widetilde{C}_j$ 的表达式为：

$$\widetilde{C}_j=2\zeta_j\omega_j\widetilde{M}_j=\sum_{q=0}^{n-1}\omega_j^{2q}\alpha_q\widetilde{M}_j \tag{2.2-20}$$

其中：

$$2\zeta_j\omega_j=\sum_{q=0}^{n-1}\omega_j^{2q}\alpha_q \tag{2.2-21}$$

（3）瑞利阻尼

实际动力分析中，常将上述广义阻尼矩阵进一步简化。将式（2.2-18）、式（2.2-19）中之 q 近似取 $q=0$、1两项，得：

$$[C]=\alpha_0[M]+\alpha_1[K] \tag{2.2-22}$$

$$2\zeta_j\omega_j=\alpha_0+\alpha_1\omega_j^2 \tag{2.2-23}$$

其中，ζ_i 为与第 j 个振型相应的阻尼比。

利用式（2.2-23）任意取两个相邻振型，可联解出 α_0 和 α_1 的表达式为：

$$\alpha_0=\frac{2\left(\frac{\zeta_j}{\omega_j}-\frac{\zeta_{j+1}}{\omega_{j+1}}\right)}{\frac{1}{\omega_j^2}-\frac{1}{\omega_{j+1}^2}},\alpha_1=\frac{2(\zeta_{j+1}\omega_{j+1}-\zeta_j\omega_j)}{\omega_{j+1}^2-\omega_j^2} \tag{2.2-24}$$

将式（2.2-24）中的 α_0 和 α_1 代入式（2.2-22），即可得瑞利阻尼矩阵。

说明：

1）瑞利阻尼矩阵是当今结构动力响应分析中应用最为广泛的表达式。

2）阻尼比只能由试验或实测得出。由于影响因素多，数值较离散，现工程结构动力分析中常忽略阻尼比值随振型的变化，而近似 1 来计算阻尼矩阵，其结果可满足工程要求的精确度。

3）结构动力分析中，对于混凝土结构取 $\zeta=0.05$，对于钢结构取 $\zeta=0.02$；对下部支承体系为混凝土结构的钢网格结构，阻尼比值宜作调整。

3. 刚度矩阵

在空间结构动力分析中，不同空间结构需要取不同单元。本节给出杆元与梁元的弹性刚度矩阵。

（1）空间杆单元弹性刚度矩阵

杆单元在局部坐标系中弹性刚度矩阵 $[k_e]$ 为：

$$[k_e]=\frac{EA}{L}\begin{bmatrix}1 & -1\\ -1 & 1\end{bmatrix}$$

其中，A、L 为杆元截面积与长度；E 为材料弹性模量。

相对于结构整体坐标，每个杆单元节点有 3 个平移自由度。将局部坐标系下杆单元刚度矩阵转化到整体坐标系，则在整体坐标系下杆单元刚度矩阵 $[k_e]$ 为：

$$[k_e]=\frac{EA}{l_{ij}}\begin{bmatrix}l^2 & & & & & \\ lm & m^2 & & \text{对} & & \\ ln & mn & n^2 & & \text{称} & \\ -l^2 & -lm & -ln & l^2 & & \\ -lm & -m^2 & -mn & lm & m^2 & \\ -ln & -mn & -n^2 & ln & mn & n^2\end{bmatrix} \tag{2.2-25}$$

其中，l、m、n 分别表示单元局部坐标系与整体坐标系 x、y 和 z 轴的方向余弦，即：

$$l=\frac{X_j-X_i}{L},m=\frac{Y_j-Y_i}{L},n=\frac{Z_j-Z_i}{L} \tag{2.2-26}$$

（2）空间梁单元弹性刚度矩阵

对于等截面直线空间梁单元，取单元局部坐标系中 x 轴为从节点 i 到节点 j，y 轴与 z 轴沿梁截面两个主惯性矩，局部坐标系符合右手定则。

空间梁单元每个节点有 3 个平移自由度与 3 个转动自由度，其节点位移向量为：

$$\{u_e\}=[u_i \quad v_i \quad w_i \quad \theta_{xi} \quad \theta_{yi} \quad \theta_{zi} \quad u_j \quad v_j \quad w_j \quad \theta_{xj} \quad \theta_{yj} \quad \theta_{zj}]^{\mathrm{T}} \tag{2.2-27}$$

空间梁单元在局部坐标系中的刚度矩阵为：

$$[k_e]=\begin{bmatrix}
\frac{EA}{L} & & & & & & & & & & & \\
 & \frac{12EI_z}{L^3} & & & & & & & & & & \\
 & & \frac{12EI_y}{L^3} & & & & & & & & & \\
 & & & \frac{GJ}{L} & & & & & & & & \\
 & & -\frac{6EI_y}{L^2} & & \frac{4EI_y}{L} & & & \text{对} & & & & \\
 & \frac{6EI_z}{L^2} & & & & \frac{4EI_z}{L} & & & & \text{称} & & \\
-\frac{EA}{L} & & & & & & \frac{EA}{L} & & & & & \\
 & -\frac{12EI_z}{L^3} & & & & -\frac{6EI_z}{L^2} & & \frac{12EI_z}{L^3} & & & & \\
 & & -\frac{12EI_y}{L^3} & & \frac{6EI_y}{L^2} & & & & \frac{12EI_y}{L^3} & & & \\
 & & & -\frac{GJ}{L} & & & & & & \frac{GJ}{L} & & \\
 & & -\frac{6EI_y}{L^2} & & \frac{2EI_y}{L} & & & & \frac{6EI_y}{L^2} & & \frac{4EI_y}{L} & \\
 & \frac{6EI_z}{L^2} & & & & \frac{2EI_z}{L} & & -\frac{6EI_z}{L^2} & & & & \frac{4EI_z}{L}
\end{bmatrix} \tag{2.2-28}$$

空间梁单元在整体坐标下的刚度矩阵 $[K_e]$ 为：

$$[K_e]=[R]^{\mathrm{T}}[k_e][R] \tag{2.2-29}$$

其中，$[R]$ 为转置矩阵。

2.2.2　空间结构振动特性

1. 网架结构

网架结构为多自由度铰接体系，每个节点上有 3 个自由度，由于它杆件多、节点多，动力特性极为复杂。

网架的频谱相当密集，这种特性反映了网架动力特性的复杂性。研究表明，改变网架中任何一个设计参数，都会引起频率的改变，且荷载越大，自振周期越大。对于网架结构的基本周期，边界约束越强，其值越小，但对其他自振周期则影响不大。随着网架形式及尺寸不同，竖向振型的序号也不相同。

周边简支网架的基频一般在 10～17（1/s），比相同跨度平面桁架的基本周期要短些，表明网架的刚度要大些。尽管相同跨度的网架网格大小与高度不同、杆件布置也不同，但基频大体上相近。

网架结构的竖向激励反应取决于正正对称的情况，所以一般网架只讨论正正对称的振型。研究表明，网架结构的振型大体可分为两类，一类是节点水平分量很大，而竖向分量较小的振型，显然是以水平振动为主的水平振型。他们当中有以水平 x 方向振动为主的，也有以 y 方向振动为主的。对于正方形平面网架，有时会有两个振型对应的频率相同的情况，即解多自由度振动方程可能会存在重根。另一类是各节点竖向分量很大而水平分量较小的振型，显然是以竖向振动为主的竖向振型。这两类振型掺杂在一起，参差出现。还有少数振型中各节点的竖向分量较大，水平分量也差不多大，而且其竖向振动的形状与频率相似的竖向振型相似，可称为近竖向振型。

2. 悬臂空间结构

随着建筑事业的飞速发展，像飞机库、体育场看台挑篷甚至入口雨篷需要采用悬臂结构的情况日益增多。由于造型自由，可悬挑长度大，空间刚度好，自重轻，制造方便，空间结构在悬臂结构中显示出了优越性，立体桁架、网架等均被广泛采用。

悬挑长度或荷载的改变，对此类结构自振频率有显著的影响。一般悬挑长度增加或荷载增大，会使结构变柔或质量变大，从而都会导致结构自振频率变小，且基频对设计参数变化极为敏感，荷载及悬挑长度的变化对振型形状没有影响。

悬臂立体桁架的振型分为两类：竖向振型和扭转振型。此类结构支座一般设在下弦节点，且上弦有较强的水平支撑及檩条，考虑了横向约束，因此不会出现横向振型。两类振型特点鲜明：竖向振型中，竖向分量远大于其他分量；扭转振型中，上弦节点的横向分量为零，纵向和竖向分量反对称于立体桁架截面的对称轴，下弦节点的竖向和纵向分量为零，横向分量较大。竖向振型和扭转振型出现。竖向振型以半个、一个半、两个半……波依序排列，扭转振型以一个、两个……波依序排列。

3. 网壳结构

由于网壳结构具有适用于各种曲面造型的优点，近年来在大跨度房屋中已越来越多地被采用，具有广阔的发展前景。本小节对三种典型网壳——单层球面网壳、双层圆柱面网壳、单层双曲抛物面网壳进行介绍。

单层球壳的自振周期远超过网架的密集程度，且有多个周期相同，这是由于结构有多个对称轴所致，相应的振型也有许多一样。单层球壳的基频随跨度的增加、荷载的增大而减小。其振型仍然可分为水平与竖向振型，但是其竖向振型不如网架竖向振型中 z 分量明显大于x、y 分量。

双层圆柱面网壳的频谱也相当密集，其基频略高于网架。即表明由于曲面特点，双层圆柱面网壳的刚度略大于网架。双层圆柱面网壳第一振型呈水平振动特性，以后的各个振型中，水平、竖向振型参差出现。研究表明：随着矢跨比的增大，网壳竖向刚度越来越大，而水平刚度则越来越小，所以基频会随矢跨比的增大而减小；基频随跨度的增大而降低，且呈线性变化；基频随厚度的增加而增大，随屋面荷载的增大而减小；随长宽比的增大，基频略有降低，这表明网壳长宽比逐步增大时，两端约束的作用对网壳刚度影响逐渐减小。

单层双曲抛物面网壳正交弦杆均受压，斜杆受拉，边梁从高点受拉逐步过渡为低点受拉。最大拉力位于高点附件的斜杆，最大压力位于低点附近的边梁。其自由振动特性具有以下特点：频谱密集且多为反对称振型；基本周期较单层球面网壳和双层球面网壳要长许多，说明其较柔；根据参数对比研究发现，单层双曲抛物面网壳的基本周期随边梁刚度的增加而缩短、随矢跨比的降低和网壳跨度增大而加长；其振型基本上都属于高阶振型，这是由于单层双曲抛物面网壳均有较大的边梁所致，但各阶振型中，节点的水平分量并不小，在水平激励作用下，仍可能发生较大反应。

4. 悬索结构

悬索结构是以拉力索为主要承重构件的体系。其结构振动特性具有以下特点：索网体系的频谱非常密集，各阶频率相差很小；各阶振型与网架结构均明显不同，第一振型呈反对称双半波，不是通常的对称半波，且第一个对称振型在较高频率才出现；由于索中初始预应力越大其自身刚度越大，所以其基频随初始预应力的增加而增大；基频随屋面静荷载的增大而非线性减小。

经过研究表明，哪个方向柔一些，哪个方向的振型就更容易激发的特点在悬索结构上更为明显。悬索结构自由振动以竖向振动为主，对于横向加劲单曲悬索体系，由桁架的刚度影响，造成频率成组出现。

5. 弦支穹顶结构

弦支穹顶结构的基频较小，属于频率密集结构。其振动复杂，表现为水平和竖向振动交替出现，个别振型伴随扭转振动，故仅由自振特性很难看出其在激励作用下的动力响应是以哪个方向为主，也不能确定结构的振动是以哪个振型为主。振型组合时对弦支穹顶结构应该考虑尽可能多些振型的叠加，一般取前 20 阶振型来计算。

对现有研究对弦支穹顶结构进行了参数化对照分析，从荷载、矢高、跨度、环向索预应力、支座约束 5 个参数变化来分析，总结弦支穹顶结构具有如下自振特性：

（1）弦支穹顶结构基频随荷载即质量的增加而减小，随矢跨比的增加先增大后减小，说明弦支穹顶结构应注意结构质量和刚度匹配，以及其存在一个矢跨比最优值，使得结构的基频能够达到最大值；

（2）弦支穹顶结构随跨度的增大而减小、其变化速率会随跨度的增加而减缓；

（3）弦支穹顶结构随环向索预应力的增大而减小，但减小的幅度非常小，弦支穹顶结构中预应力的有无对结构自振特性影响很大，但预应力的大小对结构自振特性的影响并不大，所以预应力起到的作用只是使结构形成一个整体共同参与工作；

（4）弦支穹顶结构的支座约束情况对其自振频率的影响很大。

2.3　本章小结

本章针对空间结构振动理论进行了介绍，主要包括以下四部分内容：

（1）基于单跨索结构，考虑不同边界条件和索刚度条件影响，研究其振动特性，进行了振动理论模型的解析求解，并建立了工程实用的索力计算公式；

（2）建立了索单元振动模型，并基于索单元模型进行多跨索振动模型的求解，确立了多跨索结构振动频率与索力的理论关系，研究了考虑撑杆情况的索结构索力计算模型，并确立了相应的索力计算优化方法；

（3）针对预应力钢结构多跨索索力计算问题，建立了预应力索单元的振动理论模型，得到了预应力索单元的刚度方程，并通过特殊边界条件的理论解验证了方程的正确性，基于此单元刚度方程，建立了由索单元组成的任意多跨索振动分析模型；

（4）对多自由度空间结构的动力矩阵（质量矩阵、阻尼矩阵、刚度矩阵）以及不同类型空间结构形式的振动特性进行了介绍。

第三章　空间结构模态识别方法

3.1　模态参数分析方法与发展

3.1.1　模态分析

以振动理论为基础、以模态参数为目标的分析方法，称为模态分析。模态分析理论结合了结构动力学、信号处理、数理统计和系统控制的一些研究思想，逐渐形成了一套独特的理论。

根据获取结构模态参数的方式的不同，模态分析分为三种：一是采用有限元技术，利用计算机进行数值模态分析（Finite Element Analysis，FEA）；二是输入、输出响应已知的实验模态分析（Experimental Modal Analysis，EMA）；三是在 EMA 的基础上发展起来的，仅利用结构运行状态下的输出响应来识别的运行模态分析（Operational Modal Analysis，OMA）。

FEA 主要是运用有限元对振动结构进行离散，建立系统特征值问题的数学模型，用各种近似方法求解系统特征值和特征向量。

EMA 是由实验测得激励和响应的时间历程，运用数字信号处理技术获得频响函数（传递函数）、脉冲响应函数、响应功率谱或相关函数，从而得到系统的非参数模型，运用参数识别方法，求得系统的模态参数。

OMA 是仅通过环境激励或自然激励下结构的响应，基于响应的功率谱或相关函数进行模态参数识别，包含频域识别、时域识别和时频域识别。

OMA 具有以下优点：①无需激励设备，仅测量结构在运行状态下的振动响应数据；②该方法识别的模态参数符合实际工况及边界条件，检测过程中不产生附加质量，能够反映结构真实的动力特性；③费用少，安全性好，而且可以避免激励设备可能对结构带来的损伤，不影响结构的正常使用。

3.1.2　运行模态分析发展历程

结构健康监测技术的发展可以大体分为四个阶段。

(1) 20世纪50年代（萌芽）。对机械、航空航天结构进行故障诊断，当时的监测正处于萌芽时期，检测的内容较少。

(2) 20世纪60—70年代（初步）。材料性能的检测，主要是以各种物理和化学的方法在现场检测设备或结构中的局部损伤及故障。

(3) 20世纪80年代（常规）。计算机＋传感器＋数据分析技术，基于信号测试及数据处理的诊断，广泛应用于军事、航天、船舶及核设备，后来引入到桥梁及建筑结构。

(4) 20世纪90年代至今（现代）。人工智能算法＋智能材料（结构）＋互联网＋BIM，形成多终端共享的监测网络系统。

经过半个多世纪的发展，模态参数识别已经成为振动工程中的一个重要分支。21世纪以后，基于环境激励或自然激励的运行模态分析得到快速发展和应用。模态参数识别方法按识别信号域分为：频域识别法、时域识别法和时频域识别法。

频域法识别结构模态参数的研究和应用时间较长，是在傅里叶变换（Faster Fourier Transformation，FFT）的基础上，将结构实测响应信号转化到频域内进行识别。频域法可以从实测的频响函数曲线上直观地判断结构的频率。主要的频域识别方法有：峰值法（Peak Picking，PP）、频域分解法（Frequency Domain Decomposition，FDD）和最小二乘复频域法（Least-Squares Complex Frequency-domain，LSCF）等。

时域识别方法只使用实测响应信号，无需FFT，因而可以在线分析，设备简单。根据计算过程的不同分为两种：一种是直接利用结构响应信号进行模态识别，有ITD法（Ibrahim Time Domain，ITD）、时间序列法（Auto Regressive and Moving Average Model，ARMA）和随机子空间方法（Stochastic Subspace Identification，SSI）等；另一种需要首先对信号进行预处理，得到响应信号的相关函数、自由衰减响应或脉冲响应等，然后再进行模态识别，前处理信号有随机减量法（Random Decrement Technique，RDT）和自然激励技术（Natural Excitation Technology，NExT）两种，然后利用最小二乘复指数法（Least Squares Complex Exponential method，LSCE）、特征系统实现方法（Eigensystem Realization Algorithm，ERA）进行识别。

时频域法是基于傅里叶变换，利用对结构响应信号的时间尺度特征进行分解，结合了频域分析和时域分析的一些优点，可比较有效地处理非平稳信号。主要的时频域识别方法有：小波变换（Wavelet Transform）、希尔伯特-黄变换（Hilbert-Huang Transform，HHT）等。

3.2 频域法模态参数识别

频域法是将实测的时域信号转化到频域内，然后进行频率、振型和阻尼的识别。频域法通常是根据结构传递函数或频响函数来识别结构模态参数的方法，其物理意义明确，基于快速傅里叶变换，频域法得以迅速发展完善。

3.2.1 峰值法（PP）

峰值法基于自振频率在其频响函数上会出现峰值的原理，利用平均正则化功率谱密度曲线的峰值直观地判断结构的频率，根据各测点互功率谱之间的相位关系确定振型形状，用半功率带宽法确定结构各阶模态的阻尼比。

1. 峰值法

根据线性结构系统识别理论，可以推导出一种基于频响函数的模态参数识别方法。其基本理论如下。

对于满足各态历经平稳随机过程的随机信号 $x(t)$ 和 $y(t)$，根据随机振动理论，自相关函数 $R_{xx}(\tau)$ 及互相关函数 $R_{xy}(\tau)$ 分别为：

$$R_{xx}(\tau)=E[x(t)x(t+\tau)]=\lim_{T\to\infty}\frac{1}{T}\int_{-\frac{T}{2}}^{\frac{T}{2}}x(t)x(t+\tau)\mathrm{d}t \tag{3.2-1}$$

$$R_{xy}(\tau)=E[x(t)y(t+\tau)]=\lim_{T\to\infty}\frac{1}{T}\int_{-\frac{T}{2}}^{\frac{T}{2}}x(t)y(t+\tau)\mathrm{d}t \tag{3.2-2}$$

其中，τ 为时间坐标的延迟移动值。分别对式（3.2-1）和式（3.2-2）进行傅里叶变换，得到自功率谱函数 $G_{xx}(\omega)$ 和互功率谱函数 $G_{xy}(\omega)$：

$$G_{xx}(\omega)=\int_{-\infty}^{+\infty}R_{xx}(\tau)\exp(-j\omega\tau)\mathrm{d}\tau \tag{3.2-3}$$

$$G_{xy}(\omega)=\int_{-\infty}^{+\infty}R_{xy}(\tau)\exp(-j\omega\tau)\mathrm{d}\tau \tag{3.2-4}$$

利用线性结构的振动特性，由随机振动的理论知识及数学推导可知，频响函数为自功率谱和互功率谱的一种权函数。因而对于激励信号无法测量的振动测试，可以利用功率谱之间的权函数对应关系，以响应频响函数来识别结构的模态参数，响应频响函数（FRF）如式（3.2-5）所示

$$H_{xy}(\omega)=\frac{G_{xy}(\omega)}{G_{xx}(\omega)} \tag{3.2-5}$$

其中，$G_{xx}(\omega)$ 表示响应信号中参考点的自功率谱，$G_{xy}(\omega)$ 表示响应信号中测试点与响应点之间的互功率谱。

由于自谱不包含相位信息，所以在确定某个振型两个位置之间的振动方向时，需进行互谱分析，第 x 点与第 y 点之间的相位角为：

$$\theta_{xy}(\omega)=\tan^{-1}\frac{G_{xy}(\omega)}{G_{xx}(\omega)} \tag{3.2-6}$$

当相位角 $\theta_{xy}(\omega)$ 在 0°附近时，说明两点位移同相位；相位角在±180°附近时，说明两点位移反相位。明确测点之间的相位关系即可确定振型形状。

经推导，两个测点间响应频响函数的表达式为：

$$\begin{aligned}H_{xy}(\omega)&=\sum_{r=1}^{N}\frac{\phi_{xr}\phi_{yr}}{M_r[(\omega_r^2-\omega^2)+j2\zeta_r\omega_r\omega]}\\&=\sum_{r=1}^{N}\frac{1}{K_{er}}\left[\frac{1-\overline{\omega}_r^2}{(1-\overline{\omega}_r^2)^2+(2\zeta_r\overline{\omega})^2}-\frac{2\xi_r\overline{\omega}}{(1-\overline{\omega}_r^2)^2+(2\zeta_r\overline{\omega})^2}\right]\end{aligned} \tag{3.2-7}$$

其中，$K_{er}=\omega_r^2M_{er}=\dfrac{K_r}{\phi_{xr}\phi yr}$ 为第 r 阶等效刚度，$M_{er}=\dfrac{M_r}{\phi_{xr}\phi_{yr}}$ 为第 r 阶等效质量，M_r、K_r、ζ_r 分别为第 r 阶模态质量矩阵、第 r 阶模态刚度矩阵和第 r 阶模态阻尼矩阵，$\overline{\omega}$ 为频率比或相对频率 $\overline{\omega}_r=\dfrac{\omega}{\omega_r}$。

当 ω 趋近于某阶模态的固有频率时，该阶模态起主导作用，成为主导模态，其余模态的影响可以用一个复常数来表示，对于第 r 阶的响应频响函数可以表示为：

$$H_{xy}(\overline{\omega})=\frac{1}{K_{er}}\left[\frac{1-\overline{\omega}_r^2}{(1-\overline{\omega}_r^2)^2+(2\zeta_r\overline{\omega})^2}-\frac{2\zeta_r\overline{\omega}}{(1-\overline{\omega}_r^2)^2+(2\zeta_r\overline{\omega})^2}\right]+(H_C^R+jH_C^I) \tag{3.2-8}$$

响应频响函数的实部和虚部可表示如下：

$$H_{xy}^R(\overline{\omega})=\frac{1}{K_{er}}\left[\frac{1-\overline{\omega}_r^2}{(1-\overline{\omega}_r^2)+(2\zeta_r\overline{\omega})^2}\right]+H_C^R \tag{3.2-9}$$

$$H_{xy}^I(\overline{\omega})=\frac{1}{K_{er}}\left[\frac{-2\zeta_r\overline{\omega}}{(1-\overline{\omega}_r^2)+(2\zeta_r\overline{\omega})^2}\right]+jH_C^I \tag{3.2-10}$$

由于剩余模态是一常数，与 ω 无关，故在实频图和虚频图上都相当于将横坐标平移了一定的距离。

（1）结构振动频率识别

当 $\overline{\omega}=1$ 时，结构的响应频响函数取到极值，固有频率可以根据响应频响函数的平均响应峰值来确定。

（2）阻尼比的识别

对于各阶阻尼比可以通过半功率带宽法来识别。对于黏性阻尼系统，半功率带宽识别阻尼比的公式为

$$\xi_i=\frac{\omega_b-\omega_a}{2\omega_r} \tag{3.2-11}$$

其中，ω_r 是第 r 阶峰值频率，其幅值为 A_i，ω_a 和 ω_b 分别为特征频率 ω_r 前后幅值 $A_2=A_1/\sqrt{2}$ 的频率值，称为半功率点。

（3）结构振型识别

识别出结构的固有频率后，可根据频响函数的虚部（不计剩余模态）识别出结构的振型。

对于各阶主模态，$\overline{\omega}=1$，$\{H_{xy}^I(\overline{\omega}=1)\}_r=-\frac{1}{2\zeta_r K_{er}}=-\frac{\phi_{xr}\phi_{yr}}{2\zeta_r K_r}$，从而：

$$\{H_{xy}^I(\overline{\omega}=1)\}_r=\left\{\frac{G_{xy}(\overline{\omega}=1)}{G_{xx}(\overline{\omega}=1)}\right\}=-\frac{\phi_{xr}\phi_{yr}}{2\zeta_r K_r} \tag{3.2-12}$$

分别将各测点的响应信号（$y=1，2，\cdots，n$）和参考点作互谱分析，由式（3.1-13）可得结构的第 r 阶振型系数矩阵：

$$\begin{Bmatrix} G_{x1}(\overline{\omega}=1) \\ G_{x2}(\overline{\omega}=1) \\ \vdots \\ G_{xn}(\overline{\omega}=1) \end{Bmatrix}=-\frac{\phi_{xr}}{2\zeta_r KG_{xx}(\overline{\omega}=1)_r}\begin{Bmatrix} \phi_{1r} \\ \phi_{2r} \\ \vdots \\ \phi_{nr} \end{Bmatrix}_r \tag{3.2-13}$$

对于单参考点，ϕ_{xr}、$G_{xx}(\overline{\omega}=1)_r$ 均为常数，利用式（3.2-6）得出测点之间的相位关系，从而响应信号的互谱函数可反映出结构的振动形状，采用参考点的振型系数，进行归一化，进而得到结构的振型。

由于土木工程结构尺寸都比较大，试验测点很多，为了包含所有测点的功率谱密度信息，

可以利用平均正则化功率谱密度（*ANPSDs*）来选取峰值，进行频率识别。计算公式如下：

$$ANPSD(f_e)=\frac{1}{l}\sum_{i=1}^{l}\frac{PSD_i(f_e)}{\sum_{e=1}^{n}PSD_i(f_e)} \tag{3.2-14}$$

其中，f_e 是第 e 阶频率，PSD_i 是第 i 个测点的功率谱密度函数，l 为总测点数。可以看出，平均正则化功率谱密度将所有测点的功率谱密度进行了合成，为多测点模态参数识别过程。

该算法的流程图如图 3.2-1。

2. 适用空间网格结构模态识别的改进功率谱峰值法

根据空间网格结构模态密集特点，对传统功率谱峰值法进行改进。提出在获得所有测点平均正则化功率谱基础上，结合结构的理论振型特点计算辅助正则化功率谱，分别拾取两曲线的峰值点对应的频率值，然后经过幅角和理论频率的筛选以及采用相位准则和振型准则剔除其虚假频率，最后取两条曲线并集为模态识别结果的方法。改进的功率谱峰值法可更好地避免模态遗漏及进行重叠频率的筛选。

该算法的流程图如图 3.2-2。

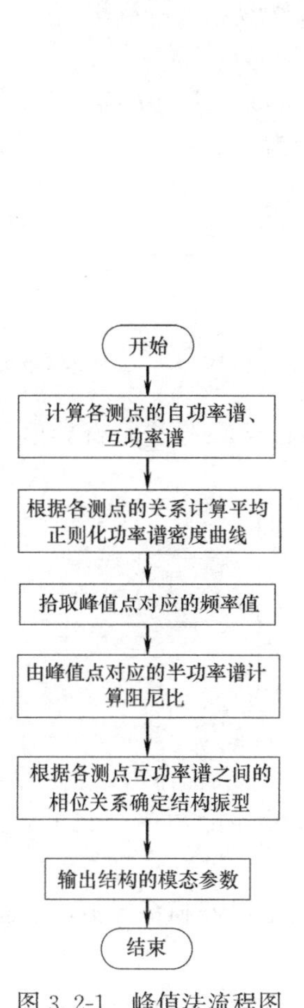

图 3.2-1　峰值法流程图

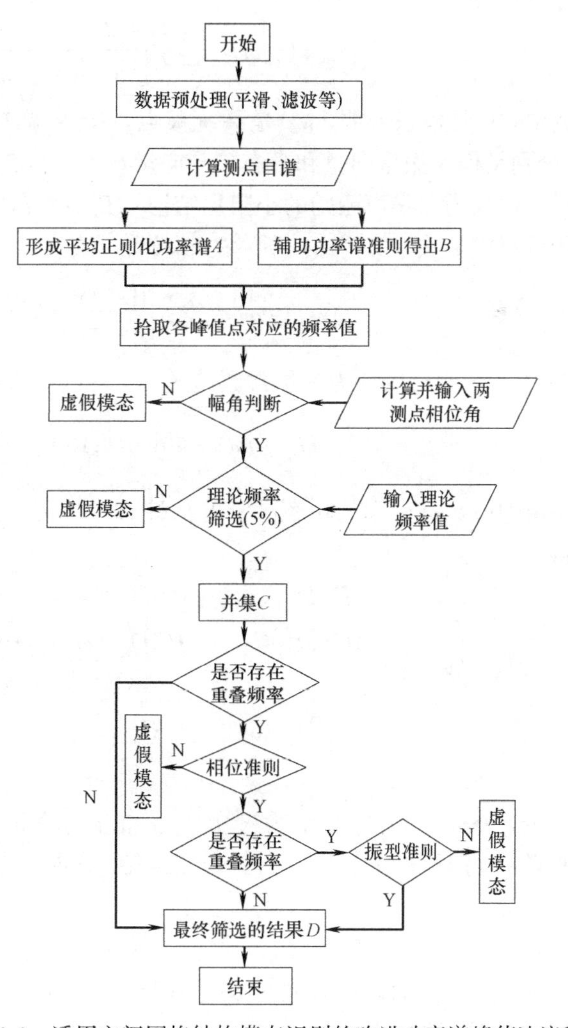

图 3.2-2　适用空间网格结构模态识别的改进功率谱峰值法流程图

3.2.2 频域分解法（FDD）

与 PP 法相比，频域分解法引入了奇异值分解技术，相当于对加窗平均后的功率谱密度函数又进行了一次滤波，进一步分离了噪声，提高了信号的信噪比。

1. 频域分解法

FDD 法是 PP 法的延伸，通过对响应信号的功率谱密度矩阵进行奇异值分解（Single Value Decomposition，SVD），将其分解为一组单自由度系统的自功率谱，各功率谱曲线峰值对应的频率就是系统的特征频率。其基本理论如下。

当信号被视为宽平稳过程时，输出信号响应 $y(t)$ 可以用未知输入 $x(t)$ 表示为：

$$G_{yy}(j\omega)=\overline{H}(j\omega)G_{xx}(j\omega)H(j\omega)^{\mathrm{T}} \tag{3.2-15}$$

其中，$G_{xx}(j\omega)$ 为 $r\times r$ 阶输入的功率谱密度矩阵，r 为输入点的数量；$G_{yy}(j\omega)$ 为 $m\times m$ 阶输出的功率谱密度矩阵，m 为输入点的数量；$H(j\omega)$ 为 $m\times r$ 频响函数矩阵，$\overline{H}(j\omega)$ 和 $H(j\omega)^{\mathrm{T}}$ 分别代表 $H(j\omega)$ 的复共轭转置。

频响函数可以写成如下的部分分式：

$$H(j\omega)=\sum_{k=1}^{n}\left[\frac{R_k}{j\omega-\lambda_k}+\frac{\overline{R}_k}{j\omega-\overline{\lambda}_k}\right] \tag{3.2-16}$$

其中，n 是模态个数，λ_k 是系统极点，$R_k=\phi_k\lambda_k^{\mathrm{T}}$ 是频响函数的 r 阶留数矩阵；ϕ_k 和 γ_k 分别是模态振型向量和模态参与向量。

对于输入为白噪声激励的小阻尼结构，其功率谱密度矩阵为常数，$G_{xx}(j\omega)=C$，当频响函数写成如式（3.2-16）所示的形式后，式（3.2-15）可表示为：

$$\underset{\omega\to\omega_k}{G_{yy}(j\omega)}=\sum_{k=1}^{n}\left[\frac{d_k\overline{\phi}_k\phi_k^{\mathrm{T}}}{j\omega-\lambda_k}+\frac{d_k\overline{\phi}_k\phi_k^{\mathrm{T}}}{-j\omega-\overline{\lambda}_k}\right] \tag{3.2-17}$$

其中，$d_k=\gamma_k^{\mathrm{T}}C\gamma_k$ 为标量常数。式（3.1-17）的矩阵形式为：

$$G_{yy}(j\omega)=\Phi\mathrm{diag}\left[2\mathrm{Re}\left(\frac{d_k}{j\omega-\lambda_k}\right)\right]\Phi^{\mathrm{H}} \tag{3.2-18}$$

将由响应数据得到的功率谱密度估计 $\hat{G}_{yy}(j\omega_i)$ 在离散频率 $\omega=\omega_i$ 处进行奇异值分解可得：

$$[\hat{G}_{yy}(\omega_r)]=\begin{bmatrix} PSD_{11}(\omega_r) & CSD_{12}(\omega_r) & \cdots & CSD_{1l}(\omega_r) \\ CSD_{21}(\omega_r) & PSD_{22}(\omega_r) & \cdots & CSD_{2l}(\omega_r) \\ \vdots & \vdots & \ddots & \vdots \\ CSD_{l1}(\omega_r) & CSD_{l2}(\omega_r) & \cdots & PSD_{ll}(\omega_r) \end{bmatrix}=U_r\Sigma_rU_r^{\mathrm{H}} \tag{3.2-19}$$

其中，PSD、CSD 分别为自功率谱和互功率谱密度函数，$U_r=[u_{r1},u_{r2},\cdots,u_{rl}]$ 为酉矩阵（奇异向量矩阵），$\Sigma_r=\mathrm{diag}(\delta_{r1}，\delta_{r2}，\cdots，\delta_{rl})$ 为奇异值矩阵，且 $\delta_{r1}\geqslant\delta_{r2}\geqslant\cdots\geqslant\delta_{rl}$。

$G_{yy}(\omega_r)$ 通过 SVD 分解后，按照频率 ω_r 进行重组，得到振型矩阵和奇异值，模态振型向量可以通过酉矩阵 U 的实部进行归一化确定。

FDD 法流程图如图 3.2-3。

2. 增强频域分解法

增强频域分解法（Enhanced Frequency Domain Decomposition，EFDD）是 FDD 法的改进，将 SVD 分解后的单自由度自功率谱进行逆傅里叶变换，变换到时域内，得到对应的自相关函数，从而通过对数衰减法拟合阻尼比，衰减系数 δ 和阻尼比 ξ 为：

$$\begin{cases}\delta=\dfrac{2}{k}\ln\left(\dfrac{r_0}{|r_k|}\right)\\ \xi=\dfrac{\delta}{\sqrt{\delta^2+4\pi^2}}\end{cases}\tag{3.2-20}$$

EFDD 法的流程图如图 3.2-4。

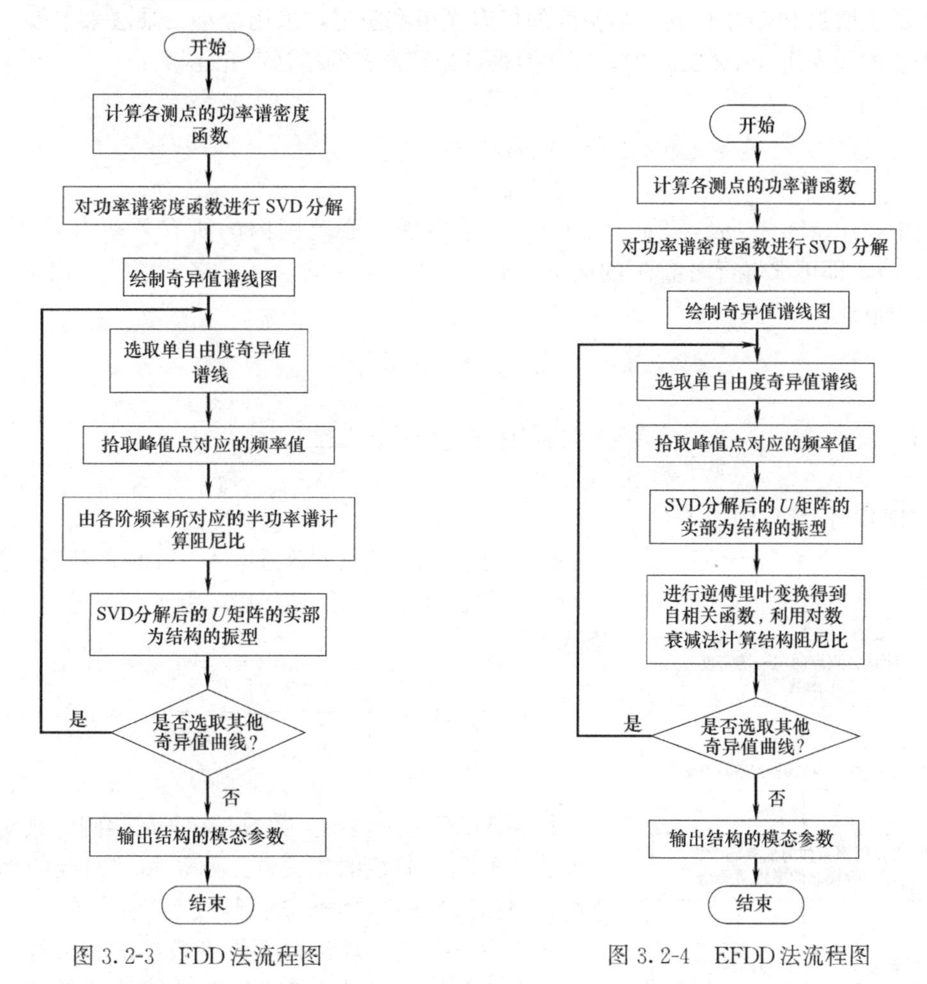

图 3.2-3　FDD 法流程图　　　　图 3.2-4　EFDD 法流程图

3. 频域空间域分解法（Frequency and Spatial Domain Decomposition，FSDD）

FSDD 可视为 EMA 的经典方法 CMIF（Complex Mode Indicator Function）在 OMA 中的扩展。CMIF 建立在对多参考点频响函数矩阵的奇异值分解基础上，最初仅作为确定系统模态阶次的指示因子，而后进一步发展为一种两步式的 MIMO（多进多出）的模态参数识别方法。第 1 步中，奇异值曲线的峰值点给出了系统的阻尼自然频率，相应地左奇异值向量与模态振型成比例，右奇异值向量则与模态参与向量成比例；第 2 步中，以上述的模态振型与参与向量作为加权函数，得到对应各模态的单自由度频响函数，在频域里以单自由度算法识别得到准确的自然频率与阻尼比。其基本理论如下。

在实际应用中，在所关心的窄频带内只有有限的几个模态占主导地位。第 r 阶模态的增强 PSD 可定义为：

$$G(j\omega)=u_r^{\mathrm{H}}G_{yy}^{\mathrm{T}}u_r \tag{3.2-21}$$

将式（3.2-21）代入式（3.2-19），可知这是一个单自由度 PSD 函数。在邻近谱线上，增强 PSD 函数恰由 u_r 对应的响应谱矩阵的奇异值组成：

$$G(j\omega)=2\mathrm{Re}\left(\frac{d_r}{j\omega-\lambda_r}\right) \tag{3.2-22}$$

为了从增强 PSD 中得到较高精度的模态频率和阻尼，采用最小二乘法来求解。将极点的表达式代入式（3.2-22）中，经变换得到矩阵形式的增强 PSD 函数：

$$A\begin{bmatrix}G\\ \omega G\\ 1\end{bmatrix}=-\omega^2 G \tag{3.2-23}$$

其中，$A=[\sigma_r^2+u_r^2\ \ -2u_r\ \ -2d_r\sigma_r]$。给定所关心范围内的所有频率点 ω_i（$i=1$，2，…，l），即可求得行向量 A 的最小二乘解，进而可由向量 A 的各元素计算相应的模态频率和阻尼比：

$$\begin{cases}f_r=\sqrt{\sigma_r^2+u_r^2}=\sqrt{A_{(1)}}\\ \xi_r=\dfrac{\sigma_r}{\sqrt{\sigma_r^2+u_r^2}}=\sqrt{1-\dfrac{A_{(2)}^2}{4A_{(1)}}}\end{cases} \tag{3.2-24}$$

FSDD 法的流程图如图 3.2-5。

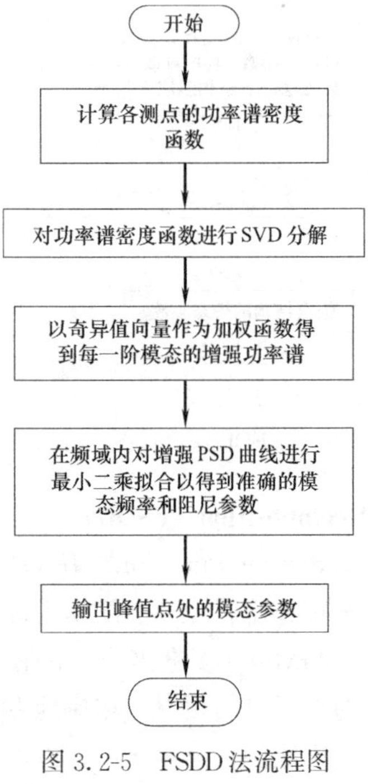

开始

计算各测点的功率谱密度函数

对功率谱密度函数进行SVD分解

以奇异值向量作为加权函数得到每一阶模态的增强功率谱

在频域内对增强PSD曲线进行最小二乘拟合以得到准确的模态频率和阻尼参数

输出峰值点处的模态参数

结束

图 3.2-5　FSDD 法流程图

4. 基于振型相关性的改进 MAC-FDD 自动识别算法

最大模态置信准则（MAC）用来判断振型间的相关性：

$$\mathrm{MAC}(t_j,A_j)=\frac{(\varphi_{A_j}^{\mathrm{T}}\varphi_{t_j})^2}{(\varphi_{A_j}^{\mathrm{T}}\varphi_{A_j})(\varphi_{t_j}^{\mathrm{T}}\varphi_{t_j})},j=1,2,\cdots,m \tag{3.2-25}$$

得到 MAC 为和输出点数数目相等的矩阵，其对角元表征着两条测试曲线的相关性。两条测试曲线的相关性越高，MAC 矩阵的对角元素值越接近于 1。

由于测试振型与理论振型具有较好的相关性，提出基于振型相关性的改进 MAC-FDD 自动识别算法。具体实现过程如下：

（1）计算或读取利用有限元软件分析的结构理论频率与振型，确定目标模态阶数和相应的频率搜索范围；

（2）计算在环境激励下所采集的结构振动信息 PSD 矩阵，对 PSD 矩阵进行 SVD 分解并获得振型矩阵 U 和只保留对角元素的奇异值矩阵 S，通常使用其对数矩阵

$S_{\lg}=\lg S$ 表示奇异值曲线，并在奇异值矩阵 S 中提取第一条奇异值曲线 S_1；

(3) 对于结构第 i 阶目标模态，在相应频率范围内依次搜索奇异值曲线 S_1 的所有峰值（含真实模态对应的峰值以及噪声和测试误差引起的峰值），并计算该阶理论振型 ϕ_{A_i} 与每个峰值所对应的实测分析振型 ϕ_{T_i} 的从 MAC_{ij}；

(4) 比较并求得所有 MAC_{ij} 中的最大值，则其对应的 ϕ_T 为第 i 阶主模态振型，相应的频率为该阶实测频率，即获得结构第 i 阶模态参数；

(5) 逐阶循环执行第 (3)、(4) 步，直至所有目标模态参数识别完毕；

(6) 将各阶实测频率值由低到高排序，即可获得各阶实测频率及振型，程序结束。

MAC-FDD 的流程图如图 3.2-6。

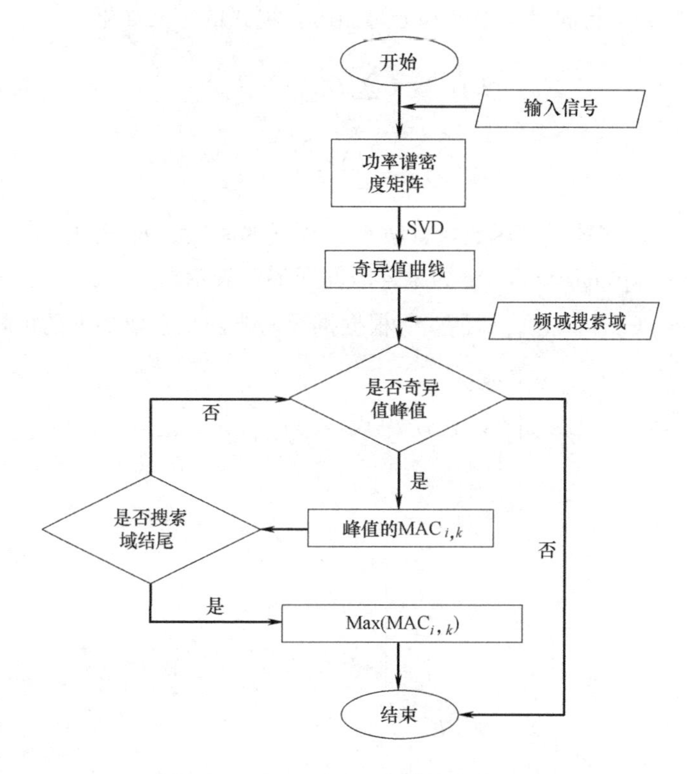

图 3.2-6　MAC-FDD 自动搜索流程图

3.2.3　最小二乘复频域法（LSCF）

起初，LSCF 是用来估计最大似然识别法的迭代初值，采用公分母模型，并在分子、分母中采用了 Z 域模型，使得正则方程的数值性得到了大幅改善，由于估计结果精度较高，计算量小，能得到清晰的稳定图，而得到广泛应用。为了解决 LSCF 在同分母模型进行 SVD 分解时，频响函数拟合效果下降以及初始稳定图中信息量不足的问题，又提出多参考最小二乘复频域法（LMS 公司将其称为 PolyMAX），通过使用频响函数的右矩阵分式模型代替 LSCF 中的公分母模型，将参与因子引入到稳定图中，可以将密集模态极点分离开来，避免模态遗漏，使得密集模态的识别有了较大提高。其基本理论如下。

1. 右矩阵分式模型

对于线性时不变系统，其传递函数在数学上可表述为两个多项式矩阵的比，即 $H(s)_{q\times p}=[B(s)_{q\times p}][A(s)_{q\times p}]^{-1}$，被称为右矩阵分式描述模型。

PolyMAX 法需要将测试信号的频响函数作为初始数据，相应地定义了右矩阵分式模型：

$$H(\omega)=[B(\omega)][A(\omega)]^{-1} \tag{3.2-26}$$

其中，$[H(\omega)]\in C^{l\times m}$ 为含有 m 个输入、l 个输出的频响函数矩阵；$B(\omega)\in C^{l\times m}$ 为分子矩阵多项式，$A(\omega)\in C^{m\times m}$ 为分母矩阵多项式。式（3.2-26）的任一行可写成如下形式：

$$\forall o=1,2,\cdots,l:\langle H_o(\omega)\rangle=\langle B_o(\omega)\rangle[A(\omega)]^{-1} \tag{3.2-27}$$

对于输出 o 的分子行向量多项式和分母矩阵多项式的定义如下：

$$\begin{aligned}\langle B(\omega)\rangle&=\sum_{r=0}^{p}\Omega_r(\omega)\langle\beta_{or}\rangle\\ [A(\omega)]&=\sum_{r=0}^{p}\Omega_r(\omega)[\alpha_r]\end{aligned} \tag{3.2-28}$$

其中，$\Omega_r(\omega)$ 为多项式基函数，且 p 为多项式的阶次。对于 $\Omega_r(\omega)$，通常用离散时域 Z 域［$\Omega_r(\omega)=\exp(j\omega\Delta tr)$，$\Delta t$ 为采样时间间隔］表示。

多项式系数 $\beta_{or}\in R^{l\times m}$、$\alpha_r\in R^{m\times m}$ 根据推导需要而组合成如下的矩阵形式：

$$\beta_o=\begin{pmatrix}\beta_{o0}\\ \beta_{o1}\\ \vdots\\ \beta_{op}\end{pmatrix}\in R^{(p+1)\times m}(\forall o=1,2,\cdots,l)$$

$$\alpha=\begin{pmatrix}\alpha_0\\ \alpha_1\\ \vdots\\ \alpha_p\end{pmatrix}\in R^{m(p+1)\times m}$$

$$\theta=\begin{pmatrix}\beta_1\\ \vdots\\ \beta_l\\ \alpha\end{pmatrix}\in R^{(l+m)(p+1)\times m} \tag{3.2-29}$$

2. 成本函数

为了求解式（3.2-27）中的矩阵多项式的系数，采用的方法是利用实测频响函数 $\hat{H}_o(\omega_k)$［其中 $\hat{\bullet}$ 为实测值、ω_k（$k=1$，2，…，N_f）为实测频响的离散特征频率］来拟合理论频响函数，即可得两者之间的误差，并得到非线性成本函数 $\ell_o^{\mathrm{NLS}}(\theta)$：

$$\ell_o^{\mathrm{NLS}}(\theta)=\sum_{o=1}^{l}\sum_{k=1}^{N_f}\mathrm{tr}\{[\varepsilon_o^{\mathrm{NLS}}(\omega_k,\theta)]^{\mathrm{H}}\varepsilon_o^{\mathrm{NLS}}(\omega_k,\theta)\} \tag{3.2-30}$$

$$\begin{aligned}\varepsilon_o^{\mathrm{NLS}}(\omega_k,\theta)&=\omega_o(\omega_k)[H_o(\omega_k,\theta)-\hat{H}_o(\omega_k)]\\ &=\omega_o(\omega_k)[B_o(\omega_k,\beta_o)A^{-1}(\omega_k,\alpha)-\hat{H}_o(\omega_k)]\end{aligned} \tag{3.2-31}$$

其中，$(\cdot)^{\mathrm{H}}$ 为矩阵共轭转置，$\mathrm{tr}(\cdot)$ 为矩阵的迹；标量加权函数 $\omega_o(\omega_k)$，其取值与系统频率和输出信号无关且考虑到了不同输出信号质量的差异性，用以表征某一通道数据质量对结果的影响：

$$\omega_o(\omega_k)=\frac{|\hat{H}_o(\omega_k)|}{\mathrm{var}[\hat{H}_o(\omega_k)]} \tag{3.2-32}$$

为了使成本函数 $\ell_o^{\mathrm{NLS}}(\theta)$ 最小，通常的数学方法是令未知数 θ 的偏导数等于零，然而当用误差方程表示时会得到非线性方程组，增加了求解的难度。可对式（3.2-31）右乘分母矩阵多项式 A，进而将非线性最小二乘问题近似转化为线性最小二乘问题，从而得到新的误差表达式 $\varepsilon_o^{\mathrm{NLS}}(\omega_k,\theta)$：

$$\begin{aligned}\varepsilon_o^{\mathrm{LS}}(\omega_k,\theta)&=\omega_o(\omega_k)[B_o(\omega_k,\beta_o)-\hat{H}_o(\omega_k)A(\omega_k,\alpha)]\\&=\omega_o(\omega_k)\sum_{r=0}^{p}[\Omega_r(\omega_k)\beta_{or}-\Omega_r(\omega_k)\hat{H}_o(\omega_k)\alpha_r]\end{aligned} \tag{3.2-33}$$

所有窗口离散频率 ω_1，ω_2，…，ω_{Nf} 的误差公式构成误差矩阵 $E_o^{LS}(\theta)$：

$$E_o^{\mathrm{LS}}(\theta)=\begin{bmatrix}\varepsilon_o^{\mathrm{LS}}(\omega_1,\theta)\\\varepsilon_o^{\mathrm{LS}}(\omega_2,\theta)\\\vdots\\\varepsilon_o^{\mathrm{LS}}(\omega_{Nf},\theta)\end{bmatrix}=(X_o\quad Y_o)\begin{bmatrix}\beta_o\\\alpha\end{bmatrix} \tag{3.2-34}$$

其中：

$$X_o=\begin{pmatrix}\omega_o(\omega_1)[\Omega_o(\omega_1) & \cdots & \Omega_p(\omega_1)]\\\vdots & \ddots & \vdots\\\omega_o(\omega_{Nf})[\Omega_o(\omega_{Nf}) & \cdots & \Omega_p(\omega_{Nf})]\end{pmatrix}\in C^{Nf\times(p+1)} \tag{3.2-35}$$

$$Y_o=\begin{pmatrix}-\omega_o(\omega_1)[\Omega_o(\omega_1) & \cdots & \Omega_p(\omega_1)]\otimes\hat{H}_o(\omega_1)\\\vdots & \ddots & \vdots\\-\omega_o(\omega_{Nf})[\Omega_o(\omega_{Nf}) & \cdots & \Omega_p(\omega_{Nf})]\otimes\hat{H}_o(\omega_{Nf})\end{pmatrix}\in C^{Nf\times m(p+1)} \tag{3.2-36}$$

其中，⊗表示 Kronecker 积。

3. 缩减正则方程

参照式（3.2-30）的形式，可构造加权线性最小二乘成本函数 $\ell_o^{\mathrm{NLS}}(\theta)$：

$$\ell_o^{\mathrm{LS}}(\theta)=\sum_{o=1}^{l}\sum_{k=1}^{Nf}\mathrm{tr}\{[\varepsilon_o^{\mathrm{LS}}(\omega_k,\theta)]^{\mathrm{H}}\varepsilon_o^{\mathrm{LS}}(\omega_k,\theta)\} \tag{3.2-37}$$

将式（3.2-34）、式（3.2-35）、式（3.2-36）代入式（3.2-37）中，可得到：

$$\begin{aligned}\ell^{\mathrm{LS}}(\theta)&=\sum_{o=1}^{l}\mathrm{tr}\{E_o^{\mathrm{LS}}(\theta)^{\mathrm{H}}E_o^{\mathrm{LS}}(\theta)\}\\&=\sum_{o=1}^{l}\mathrm{tr}\left\{(\beta_o^{\mathrm{T}}\quad\alpha^{\mathrm{T}})\begin{pmatrix}X_o^{\mathrm{H}}\\Y_o^{\mathrm{H}}\end{pmatrix}(X_o\quad Y_o)\begin{pmatrix}\beta_o\\\alpha\end{pmatrix}\right\}\\&=\mathrm{tr}\{\theta^{\mathrm{T}}J^{\mathrm{H}}J\theta\}\end{aligned} \tag{3.2-38}$$

其中，$J\in C^{lNf\times(l+m)(p+1)}$ 为雅克比矩阵（Jacobian Matrix），定义如下：

$$J=\begin{pmatrix} X_1 & 0 & \cdots & 0 & Y_1 \\ 0 & X_2 & \cdots & 0 & Y_2 \\ \vdots & \vdots & \ddots & \vdots & \vdots \\ 0 & 0 & \cdots & X_l & Y_l \end{pmatrix} \tag{3.2-39}$$

由于式（3-29）中已假定参数 θ 为实数，故式（3.2-38）中 $J^{\mathrm{H}}J$ 只有实部对结果有贡献［以角标 Re 表示，且 $\mathrm{Re}(J^{\mathrm{H}}J)\in R^{(l+m)(p+1)\times(l+m)(p+1)}$］，故可将成本函数改写为：

$$\ell^{\mathrm{LS}}(\theta)=\mathrm{tr}\{\theta^{\mathrm{T}}\mathrm{Re}(J^{\mathrm{H}}J)\theta\} \tag{3.2-40}$$

其中：

$$\mathrm{Re}(J^{\mathrm{H}}J)=\begin{pmatrix} R_1 & 0 & \cdots & 0 & S_1 \\ 0 & R_2 & \cdots & 0 & S_2 \\ \vdots & \vdots & \ddots & \vdots & \vdots \\ 0 & 0 & \cdots & R_l & S_l \\ S_1^T & S_2^T & \cdots & S_l^T & \sum\limits_{o=1}^{l} T_o \end{pmatrix}\in R^{(l+m)(p+1)\times(l+m)(p+1)} \tag{3.2-41}$$

其中：

$$\begin{aligned} R_o&=\mathrm{Re}(X_o^{\mathrm{H}}X_o)\in R^{(p+1)\times(p+1)} \\ S_o&=\mathrm{Re}(X_o^{\mathrm{H}}Y_o)\in R^{(p+1)\times m(p+1)} \\ T_o&=\mathrm{Re}(Y_o^{\mathrm{H}}Y_o)\in R^{m(p+1)\times m(p+1)} \end{aligned} \tag{3.2-42}$$

为了使 $\ell^{\mathrm{LS}}\in C^{m\times m}$ 最小，数学上的求解方法是使得目标函数对变量 θ 的偏导数等于零，因此：

$$\frac{\partial \ell^{\mathrm{LS}}}{\partial \beta_o}=2(R_o\beta_o+S_o\alpha)=0(\forall o=1,2,\cdots,l) \tag{3.2-43}$$

$$\frac{\partial \ell^{\mathrm{LS}}}{\partial \alpha}=2\sum_{0}^{l}(S_o^{\mathrm{T}}\beta_o+T_o\alpha)=0 \tag{3.2-44}$$

将式（3.2-43）代入式（3.2-44），得到

$$\left\{2\sum_{o=1}^{l}(T_o-S_o^{\mathrm{T}}R_o^{-1}S_o)\right\}\alpha=0$$

$$M\alpha=0 \tag{3.2-45}$$

此方程式为缩减正则方程，且 $M\in R^{m(p+1)\times m(p+1)}$，可以由实测的频响函数求得。与直接利用式（3.2-40）对 θ 求偏导，并令 $\mathrm{Re}(J^{\mathrm{H}}J)\cdot\theta=0$ 的做法相比，极大缩减了矩阵维数，提高了运算效率。

4. 模态参数识别

PolyMAX 法识别系统模态参数，实质上是求解上述的缩减正则方程，来得到分母多项式矩阵 α，即求得特征多项式 $A(\omega)=\sum\alpha_r\Omega_r(\omega)=0$ 的根。为了避免平凡解 $\alpha=0$，需要对系数矩阵 α 加以约束（如 $\alpha_p=I_m$，I_m 为 m 阶单位阵）来去除 RMFD 模型由于右乘

分母 A 而导致的参数冗余。

系统极点（主要是特征频率和阻尼比）和模态参与因子包含在分母多项式系数中，可由式（3.2-46）解出：

$$M(1:mp,1:mp)\begin{pmatrix}\alpha_0\\ \alpha_1\\ \vdots\\ \alpha_{p-1}\end{pmatrix}=-M[1:mp,(mp+1):m(p+1)] \tag{3.2-46}$$

可得 α 的计算结果为：

$$\alpha=\begin{bmatrix}-M^{-1}(1:mp,1:mp)\cdot M(1:mp,mp+1:m(p+1))\\ I_m\end{bmatrix} \tag{3.2-47}$$

求出分母多项式系数 α 后，系统的极点和模态参与因子满足下式的关系：

$$\sum_{r=0}^{p}\langle l\rangle[\alpha_r]\Omega_r(\lambda)=0 \tag{3.2-48}$$

特征多项式的根可以通过系数矩阵 α 的伴随矩阵的特征值分解求得。构建系数矩阵 α 的友伴随矩阵 C，对其进行特征值分解：

$$[C][V]=\begin{pmatrix}[0] & [I] & \cdots & [0] & [0]\\ [0] & [0] & \cdots & [0] & [0]\\ \vdots & \vdots & \ddots & \vdots & \vdots\\ [0] & [0] & \cdots & [0] & [I]\\ -[\alpha_0]^T & -[\alpha_1]^T & \cdots & -[\alpha_{p-1}]^T & -[\alpha_p]^T\end{pmatrix}[V]=[V][\Lambda] \tag{3.2-49}$$

其中，特征向量矩阵 $V\in C^{mp\times mp}$，特征值矩阵 $\Lambda\in C^{mp\times mp}$，其元素通常以共轭复数对的形式成对出现，$\Lambda=\mathrm{diag}(\lambda_i，\lambda_i^*)$。离散系统经 Z 变换后，系统极点（p_i，p_i^*）和特征值存在如下关系：

$$\lambda_i=e^{-\lambda_i\Delta t}\quad \lambda_i^*=e^{-\lambda_i^*\Delta t} \tag{3.2-50}$$

$$\lambda_i,\lambda_i^*=-\xi_i\omega_i\pm j\sqrt{(1-\xi^2)}\omega_i \tag{3.2-51}$$

系统极点 λ_i、λ_i^* 位于特征矩阵［Λ］的对角线上，模态参与因子为特征向量［V］的后 m 行。

由式（3.2-50）、式（3.2-51）可求解得出系统特征频率和阻尼比：

$$\begin{aligned}\omega_i&=|\ln(\lambda_i)|/\Delta t\\ \xi_i&=\mathrm{Re}[\ln(\lambda_i)]/|\ln(\lambda_i)|\end{aligned} \tag{3.2-52}$$

由 PolyMAX 法计算系统模态参数的理论可知，PolyMAX 法无法直接判定系统阶次，仅是在某一给定的多项式阶次 p 下计算模态参数。但阶次 p 需在合理的范围内选择，阶次过低将会导致模态遗漏，过高则会产生虚假模态。为得到良好估计的模态参数，可采用构建稳定图来判断系统极点计算的稳定性。

PolyMAX 的流程图如图 3.2-7。

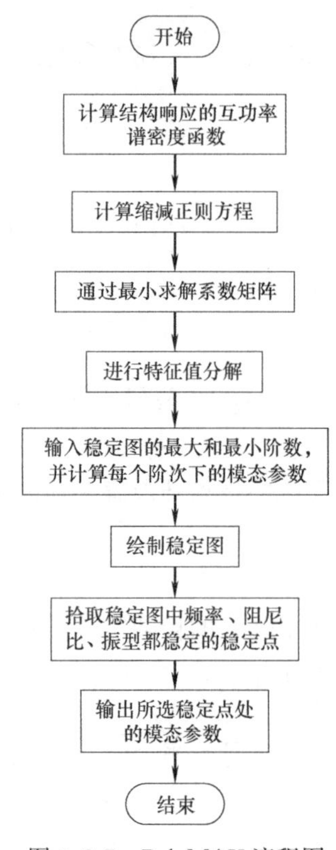

图 3.2-7　PolyMAX 流程图

3.3　时域法模态参数识别

时域法以运动方程 $M\ddot{x}+C\dot{x}+Kx=f(t)$ 为理论模型，以该运动方程的不同转换形式为基础，进行模态参数识别。

3.3.1　随机减量法（RDT）

1. 随机减量法

随机减量法是从结构的振动响应信号中提取自由衰减信号，是一种响应信号的预处理方法，该方法仅适用于白噪声激励的情况。其基本思想是：以某触发条件截取结构响应信号，得到相同长度的若干子样本，然后对各组子样本信号进行时域平均，最终可以得到一条自由衰减振动信号，然后结合其他模态识别方法来识别模态参数。

运行状态下的结构响应一般分为两部分：①确定性部分（脉冲信号）、②随机部分（均值等于零）。对响应信号进行足够多次叠加平均后，响应信号的随机部分被平均掉，只剩下确定性部分，即为自由衰减响应信号。其基本理论如下。

（1）单自由度系统

以单自由度系统为例，运动微分方程可以写成：

$$m\ddot{x}+c\dot{x}+kx=f(t) \tag{3.3-1}$$

对式（3.3-1）两边同时进行拉普拉斯变换，可以得到：

$$(ms^2+cs+k)X(s)=f(s)+m\dot{x}_0+(ms+c)x_0 \tag{3.3-2}$$

整理后可以得到：

$$X(s)=\frac{s+2\xi\omega_0}{s^2+2\xi\omega_0 s+\omega_0}x_0+\frac{1}{s^2+2\xi\omega_0 s+\omega_0^2}\dot{x}_0+\frac{F(s)}{m(s^2+2\xi\omega_0 s+\omega_0^2)} \tag{3.3-3}$$

再进行拉式逆变换后，得到：

$$x(t)=x_0 g(t)+\dot{x}_0 h(t)+\int_0^t \frac{F(\tau)}{m}h(t-\tau)=x_1(t)+x_2(t)+x_3(t) \tag{3.3-4}$$

其中：

$$h(t)=\frac{1}{\omega_d}e^{-\xi\omega_0 t}\sin\omega_d t \tag{3.3-5}$$

$$g(t)=\frac{1}{\sqrt{1-\xi^2}}e^{-\xi\omega_0 t}\cos(\omega_d-\varphi) \tag{3.3-6}$$

$$\omega_d=\sqrt{1-\xi^2}\,\omega_0 \tag{3.3-7}$$

$$\varphi=\tan^{-1}\left(\frac{\xi}{\sqrt{1-\xi^2}}\right) \tag{3.3-8}$$

其中，$x_1(t)$ 为初始位移的齐次解，即由初始位移 x_0 引起的响应，也叫作跃阶响应；$x_2(t)$ 为初始速度的齐次解，即由初始速度 $\dot{x}_0$ 引起的响应，也叫作脉冲响应；$x_3(t)$ 为外界激励 $f(t)$ 特解，即由随机激励引起的响应，也叫随机响应。

若将一个样本按一定的规律分成若干段后，再进行平均，那么经过够多的平均次数后，$x_3(t)=0$，只剩下 $x_1(1)$ 和 $x_2(t)$。为避免将信号的确定性部分平均掉，采样的时候必须要遵循如下的规律：①子样本的初值为一常数，②子样本的初值有正负斜率和零均值。

图 3.3-1（a）表示结构上一条随机响应信号 $x(t)$，选取某一幅值 A，过 A 的直线与信号曲线分别相交于对应的时间 t_i（$i=0, 1, 2, \cdots, N$），如将时间坐标原点移动到 t_i 后，则可以得到一系列的时移函数 $x_i(\tau)=x(t_i+\tau)$，$(\tau>0)$。其中每个函数的起点值均为 A，起点斜率则为两种 $\mathrm{d}x/\mathrm{d}t>0$ 或 $\mathrm{d}x/\mathrm{d}t<0$。

如果 $x(t)$ 是总的信号响应，N 是时移后参加平均的函数的总个数，$x_i(t)$ 为第 i 子样函数，将时移后的所有的函数求和平均，则得到了一个关于时间移动坐标 τ 的函数 $\delta(t)$：

$$\delta(t)=\frac{1}{N}\sum_1^N x(t_i+\tau) \tag{3.3-9}$$

图 3.3-1（b）绘出了 $x_1(\tau)$ 和 $x_2(\tau)$ 的时间历程曲线，$x_1(\tau)$ 表示以 t_1 时刻为起点并且带正斜率的一条曲线，经过多次这样的曲线叠加后，得到的曲线更加趋近于自由衰减曲线。

由以上分析可以得到，所有的阶跃响应都是相同的，而脉冲响应则有数值的变化，并且初始的斜率交替变化，在平均了足够多次后趋于零。所以，随机响应应在经过足够多次的平均后趋于消失，最终得到的曲线是自由衰减曲线。

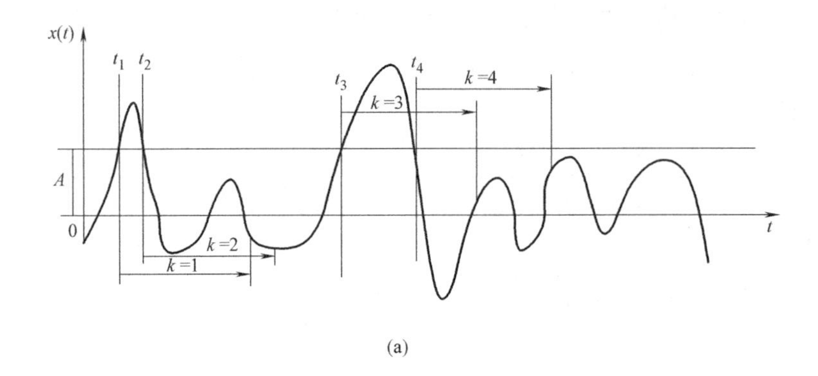

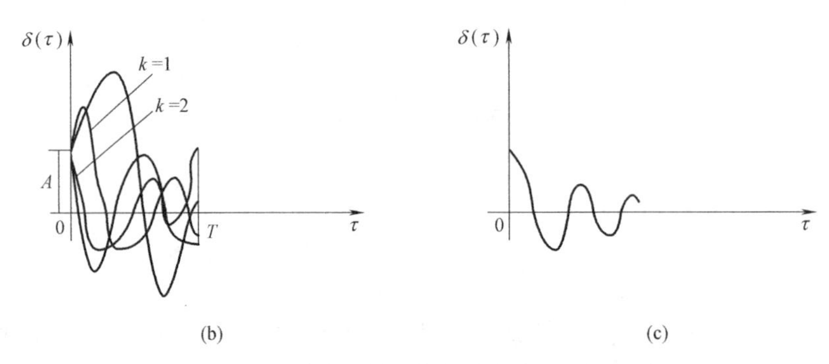

图 3.3-1　单自由度系统的随机减量法原理图

（2）多自由度系统

下面看多自由度体系，引入互随机减量特征概念后，也可用随机减量技术获得各测点的自由振动响应。基本思想是，任选一测点为基准点，对该点随机响应可获得某一初始条件下的自由响应和基准点初始条件下其他点的自由响应。这样，获得各测点的自由响应是相关的，具有相同的初始条件。

设已获得 n 个测点的随机位移响应信号 $x_e(t)(e=1,\ 2,\ \cdots,\ n)$，如图 3.3-2 所示。不妨取第 1 个测点为基准点，对该测点随机响应 $x_l(t)$ 应用随机减量技术的随机减量特征信号，得到：

$$\delta(\tau)=\frac{1}{N}\sum_{i=1}^{N}x(t_i+\tau) \tag{3.3-10}$$

对其他测点的随机响应信号 $x_e(t)(e=2,\ 3,\ \cdots,\ n)$，按照基准点 1 信号的取样本位置截取相同长度的样本 $x_e(t-t_i)(k=1,\ 2,\ \cdots,\ N)$，则：

$$\begin{aligned}x_e(t-t_i)=&x_1(t_i)D_{e1}(t-t_i)+x_e(t_i)D_e(t-t_i)+\dot{x}_e(t_i)v_e(t-t_i)\\&+\int_{t_i}^{t}h_e(t-\tau)f(\tau)\mathrm{d}\tau\,(i=1,2,\cdots,N)\end{aligned} \tag{3.3-11}$$

其中，$x_l(t_i)$ 表示基准点在 t_i 时刻的位移，$D_{e1}(t-t_i)$ 表示在基准点 1 仅作用单位初始位移引起第 e 点的自由位移响应，$x_e(t_i)$ 表示第 e 点在 t_k 时刻的位移，$D_e(t-t_i)$ 表示在 e 点仅作用单位初始位移引起该点的自由位移响应，$\dot{x}_e(t_i)$ 表示第 e 点在 t_k 时刻的速度，$v_e(t-t_i)$ 表示在第 e 点仅作用单位初始速度引起的该点自由位移响应，$h_e(t-\tau)$ 表示由单位脉冲激励［与 $f(t-\tau)$ 在同一点］引起的脉冲响应函数。

式（3.3-11）中除第一项外其他项均具有随机性质，且均值为零。对该式取平均得：

$$\delta_e(\tau)=\frac{1}{N}\sum_{i=1}^{N}x_e(t_i+\tau)=A_1D_{e1}(\tau)(e=2,3,\ldots,n) \tag{3.3-12}$$

其中，$A_1=E[x_1(t_i)]$。

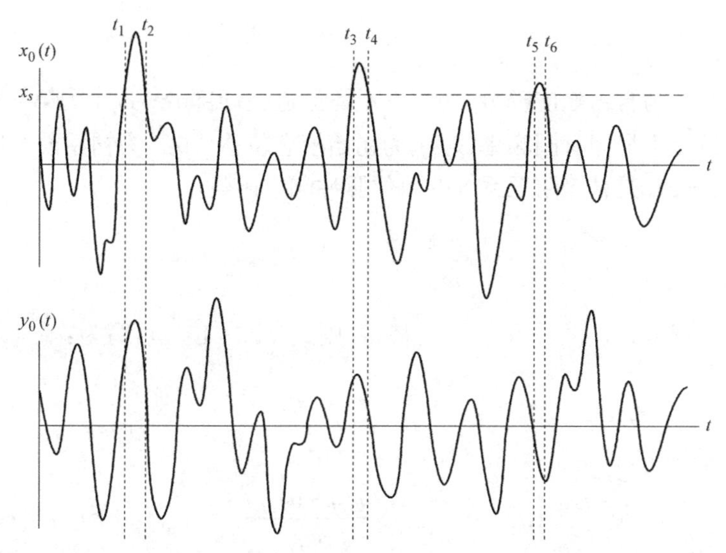

图 3.3-2　多自由度系统的随机减量法原理图

上述分析表明，只要同时获得各测点随机响应信号，$x_e(t)$（$e=2$，3，…，n），任取其中一个测点为基准点，按触发条件取样本，并对其他测点取相同时刻和相同长度的等量样本，对各组样本进行时域平均，即得到在基准点初始条件下所有测点的自由响应信号，即随机减量特征信号。

随机减量法的算法流程图如图 3.3-3。

2. 非平稳激励下的随机减量法

传统的随机减量法针对均值为零的平稳随机过程，将其扩展到非平稳随机过程。非平稳零均值随机激励 $f(t)$ 作用下的离散线性运动方程为：

$$M\ddot{x}(t)+C\dot{x}(t)+Kx(t)=f(t) \tag{3.3-13}$$

其中，M、C、K 分别为结构的质量、阻尼和刚度矩阵；$x(t)$、$\dot{x}(t)$、$\ddot{x}(t)$ 分别代表位移、速度和加速度向量，$f(t)$ 为零均值非平稳的外荷载向量。

第 i 自由度的位移响应可表示为多个模态位移响应的叠加，即：

$$x(t)=\Phi\cdot q(t)=\sum_{r=1}^{n}\phi_r\cdot q_r(t) \tag{3.3-14}$$

其中，Φ 表示复模态矩阵；$q(t)$ 表示模态位移响应向量；ϕ_r 表示第 r 阶振型；$q_r(t)$ 表示模态位移响应 $q(t)$ 的

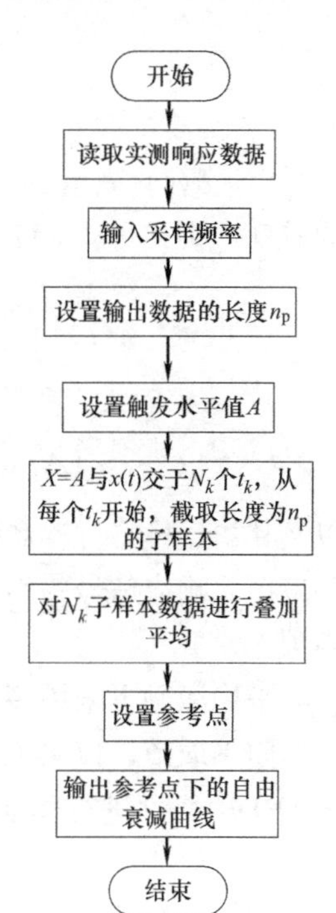

图 3.3-3　随机减量法流程图

第 r 阶成分；n 为模态阶次。式（3.3-14）中，$q_r(t)$ 还可以用齐次解 $q_{rh}(t)$ 和特解 $q_{rp}(t)$ 来表示，即：

$$q_r(t)=q_{rh}(t)+q_{rp}(t)=e^{-\xi_r\omega_r t}\left[q_{0r}\cos\omega_{dr}t+\frac{\dot{q}_{0r}+\xi_r\omega_r q_{0r}}{\omega_{dr}}\sin\omega_{dr}t\right]+\int_0^t\phi_r^{\mathrm{T}}f(\tau)h_r(t-\tau)\mathrm{d}\tau \tag{3.3-15}$$

其中，$q_{rh}(t)$ 为自由响应部分；$q_{rp}(t)$ 是强迫振动部分；ω_{dr} 为第 r 阶有阻尼圆频率；ω_r 为第 r 阶无阻尼固有圆频率；q_{0r} 为初始模态位移，$\dot{q}_{0r}$ 为初始模态速度；x_r 为第 r 阶阻尼；$h_r(t-\tau)$ 是粘滞阻尼系统的单位脉冲响应函数：

$$h_r(t-\tau)=\frac{1}{m\omega_{dr}}e^{-\xi_r\omega_r(t-\tau)}\sin\omega_{dr}(t-\tau) \tag{3.3-16}$$

对 $q_r(t)$ 进行微分，再采用 $t+\tau$ 代替 t，则式（3.3-15）可写为：

$$\begin{aligned}q_r(t+\tau)=&e^{-\xi_r\omega_r t}\left(q_{\tau r}\cos\omega_{dr}t+\frac{q_{\tau r}+\dot{\xi}_r\omega_r q_{\tau r}}{\omega_{dr}}\sin\omega_{dr}t\right)\\&-e^{-\xi_r\omega_r t}\left(q_{\tau rp}\cos\omega_{dr}t+\frac{\dot{q}_{\tau rp}\sin\omega_{dr}t}{\omega_{dr}}\right)+q_{rp}(t+\tau)\end{aligned} \tag{3.3-17}$$

式（3.3-17）中 $q_r(t+\tau)$ 作为随机减量法中响应的平均时间段。传统的随机减量法先将响应分为 N 个平均时间段，每段具有相同时间长度 τ，所有的时间段具有相同的初始条件，通过 N 段响应的叠加平均可以得到 $q_r(t)$ 的随机特性，即：

$$\delta(t)=\frac{1}{N}\sum_{i=1}^{N}q_r(t_i+\tau) \tag{3.3-18}$$

其中，$\delta(t)$ 表示 N 个时间段叠加平均得到的随机特征；t_i 表示随机信号通过阈值条件的时刻。将式（3.3-17）代入式（3.3-18），得到：

$$\delta(t)=e^{-\xi_r\omega_r\tau}\left(A_r\cos\omega_{dr}\tau+\frac{B_r+\xi_r\omega_r A_r}{\omega_{dr}}\sin\omega_{dr}\tau\right)+\Theta(\tau) \tag{3.3-19}$$

$\delta(t)$ 中 $e^{-\xi_r\omega_r\tau}\left(A_r\cos\omega_{dr}\tau+\frac{B_r+\xi_r\omega_r A_r}{\omega_{dr}}\sin\omega_{dr}\tau\right)$ 为自由衰减响应，仅与结构自身参数以及其初始模态位移和模态速度相关，$\Theta(\tau)$ 为强迫振动。值得注意的是，零均值非平稳环境振动响应信号的均值为 0，方差随 N 的增大逐渐减小，趋近于 0，故将 $\Theta(\tau)$ 视为噪声项。

非平稳激励下采用多个触发水平下取均值的形式进行触发。触发水平值从 x_{s_1} 到 x_{s_2} 区间等间隔取值，以各触发水平值触发得到随机减量特征（Random Decrement Signature，RDS），并进行调幅叠加平均，得到新的 RDS。具体为触发水平值从 x_{s_1} 取到 x_{s_2}，步长为 Δx_s，共 m 组，$m=\frac{x_{s_2}-x_{s_1}}{\Delta x_s}+1$，将每个触发水平值对应的 RDS 以初始值为 x_{s_1} 按比例调整为 δ'，其余进行加权平均得到新的 RDS，加权函数为：

$$\delta=\frac{1}{m}\sum_{i=1}^{m}(q_i\delta_i') \tag{3.3-20}$$

3.3.2 自然激励技术（NExT）

自然激励法也是一种预处理方法，环境激励下结构两点之间响应信号的互相关函数与脉冲响应函数极其相似，因此用响应信号之间的互相关函数代替传统时域模态辨识法中的自由振动响应或脉冲响应函数可以达到辨识目的。其基本理论如下。

对于 N 维自由度的线性系统，当系统的 k 点受到力 $f_k(t)$ 的作用时，系统 i 点的响应 $x_{ik}(t)$ 可以表示为：

$$x_{ik}(t)=\sum_{r=1}^{2N}\phi_{ir}a_{kr}\int_{-\infty}^{t}e^{\lambda_r(t-p)}f_k(p)\mathrm{d}p \tag{3.3 21}$$

其中，ϕ_{ir} 为第 i 测点的第 r 阶模态振型；a_{kr} 为仅同激励点 k 和模态振型 r 有关系的常数项。

当系统的 k 点受到单位脉冲的激励时，则可以得到系统 i 点的脉冲响应 $h_{ir}(t)$：

$$h_{ir}(t)=\sum_{r=1}^{2N}\phi_{ir}a_{kr}e^{\lambda_r t} \tag{3.3-22}$$

当系统 k 点在力 $f_k(t)$ 作用下，系统 i 点和 j 点的响应分别是 $x_{ik}(t)$ 和 $x_{jk}(t)$，则这两者之间的相关函数可以写为：

$$\begin{aligned}R_{ijk}(\tau)=E[x_{ik}(t+\tau)x_{jk}(t)]=\sum_{r=1}^{2N}\sum_{s=1}^{2N}\phi_{ir}\phi_{js}a_{kr}a_{ks}\\ \int_{-\infty}^{t}\int_{-\infty}^{t+\tau}e^{\lambda_r(t+\tau-p)}e^{\lambda_s(t-p)}E[f_k(p)f_k(q)]\mathrm{d}p\mathrm{d}q\end{aligned} \tag{3.3-23}$$

假设外界激励 $f_k(t)$ 是理想的白噪声，则根据相关函数的定义，有：

$$E[f_k(p)f_k(q)]=a_k\delta(p-q) \tag{3.3-24}$$

其中，$\delta(t)$ 是脉冲函数；a_k 是仅仅与激励点 k 有关系的常数项。

将式（3.3-22）代入式（3.3-21），并积分后，可以得到：

$$R_{ijk}(\tau)=\sum_{r=1}^{2N}\sum_{s=1}^{2N}\phi_{ir}\phi_{js}a_{kr}a_{ks}a_k\int_{-\infty}^{t}e^{\lambda_r(t+\tau-p)}e^{\lambda_s(t-p)}\mathrm{d}p \tag{3.3-25}$$

对式（3.3-25）的积分部分进行计算简化后，可以得到：

$$-\frac{e^{\lambda_r}\tau}{\lambda_r+\lambda_s}=\int_{-\infty}^{t}e^{\lambda_r(t+\tau-p)}e^{\lambda_s(t-p)}\mathrm{d}p \tag{3.3-26}$$

由式（3.3-25）、式（3.3-26）可得：

$$R_{ijk}(\tau)=\sum_{r=1}^{2N}\sum_{s=1}^{2N}\phi_{ir}\phi_{js}a_{kr}a_{ks}a_k\left(-\frac{e^{\lambda_r}\tau}{\lambda_r+\lambda_s}\right) \tag{3.3-27}$$

进一步简化处理可得：

$$R_{ijk}(\tau)=\sum_{r=0}^{2N}b_{jr}\phi_{ir}e^{\lambda_r}\tau \tag{3.3-28}$$

$$b_{jr}=\sum_{s=1}^{2N}\phi_{js}a_{kr}a_{ks}a_{k}\left(-\frac{1}{\lambda_{r}+\lambda_{s}}\right) \tag{3.3-29}$$

其中，b_{jr} 为仅与参考点 j 及模态阶次 r 有关的常数项。

将式（3.3-28）与式（3.3-29）对比可以发现，在白噪声激励下，线性系统中两点的互相关函数与脉冲激励下的脉冲响应具有完全一致的数学表达式，而当各测点的同阶模态阵型乘以相同一个常数时，并不改变模态阵型的特性。所以，完全可以将互相关函数代替脉冲响应函数，用于模态参数识别中。

NExT 法识别模态参数时首先要对振动响应数据进行互相关函数运算，一般选取响应较小的点作为参考点，来计算其他测点与参考点的互相关函数。

NExT 法有两种计算方法：

（1）利用时域内卷积算法直接求得；

（2）先计算结构响应信号的互功率谱密度函数，再由逆傅里叶变换得到互相关函数。

第二种方法在进行功率谱计算时引入了窗函数，虽然会引起频谱泄露，但由于采用了频域平均技术，所得到的互相关函数的信噪比有大幅度提升。

NExT 法两种计算方法的流程图如图 3.3-4。

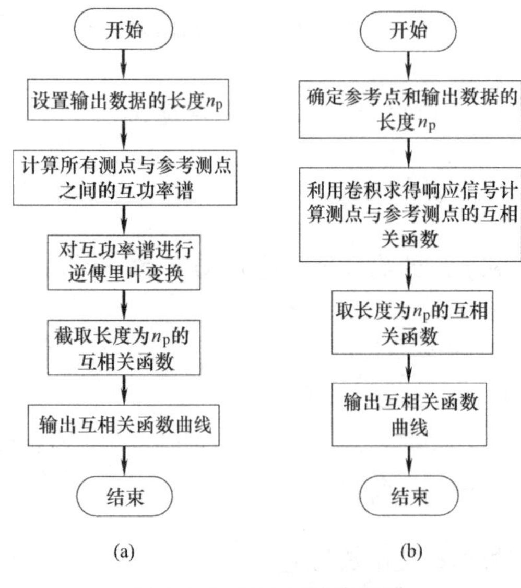

图 3.3-4 NExT 法流程图

(a) 第一种方法；(b) 第二种方法

3.3.3 时间序列法（ARMA）

时间序列法是对结构振动响应信号通过参数模型来进行处理，进而辨识出模态参数的方法。时间序列法只使用一个测点的响应数据构造 ARMA 模型来识别模态参数，属于局部识别法。

自回归滑动平均（ARMA）模型的基本形式：

设系统输入 $f(t)$ 的离散值为 $f(t_k)=f(k\Delta t)=f_k(k=0,1,2\cdots\cdots)$，输出 $x(t)$ 的离散值为 $x(t_k)=x(k\Delta t)=x_k$，Δt 为采样时间间隔。对确定性系统，系统输入输出有以下关系：

$$x_k-\sum_{l=1}^{p}a_l x_{k-l}=b_0 f_k-\sum_{l=1}^{q}b_l f_{k-l} \tag{3.3-30}$$

或写成：

$$x_k=\sum_{l=1}^{p}a_l x_{k-l}+b_0 f_k-\sum_{l=1}^{q}b_l f_{k-l} \tag{3.3-31}$$

式（3.3-30）或式（3.3-31）称为该系统的自回归滑动平均模型，即 ARMA 模型，其中，a_l（$l=1,2,\cdots,p$）、b_l（$l=1,2,\cdots,q$）分别被称为自回归系数和滑动平均系数，p、q 被称为 ARMA 模型的阶次，且 $p\geqslant q$。

对于确定性系统，自回归系数 a_l 和滑动平均系数 b_l 是确定性实数，因而 a_l、b_l 反映了系统的固有特性。

N 维自由度的黏性阻尼系统的传递函数为：

$$H_{ef}(s)=\frac{\alpha_0+\alpha_1 s+\cdots+\alpha_{2n-2}s^{2n-2}}{1+\beta_1 s+\cdots+\beta_{2n}s^{2n}}(e,f=1,2,\cdots,n) \tag{3.3-32}$$

ARMA 模型的传递函数为：

$$H(z)=\frac{X(z)}{F(z)}=\frac{b(z)}{a(z)}=\frac{b_0-\sum_{l=1}^{q}b_l z^{-l}}{1-\sum_{l=1}^{p}a_l z^{-l}} \tag{3.3-33}$$

由式（3.3-32）和式（3.3-33）可以看出，系统的传递函数与 ARMA 模型的传递函数等价。

首先由某测点的 ARMA 模型估算自回归系数 a_l 与滑动平均系数 b_l，再根据传递函数求极点和留数，进一步可得到各种模态参数。

设已得到单点激励下某测点的响应 $\widetilde{x}_k$ 和激励 $\widetilde{f}_k$。由式（3.3-31）建立系统的 ARMA 模型，其中，$p=2n$，$q=2n-2$，则：

$$x_k=\sum_{l=1}^{2n}a_l x_{k-l}+b_0 f_k-\sum_{l=1}^{2n-2}b_l f_{k-l} \tag{3.3-34}$$

在采样点 $k+2n$ 处有：

$$x_{k+2n}=\sum_{l=1}^{2n}a_l x_{k+2n-l}+b_0 f_{k+2n}-\sum_{l=1}^{2n-2}b_l f_{k+2n-l}=p_k^{\mathrm{T}}\theta \tag{3.3-35}$$

其中：

$$p_k=[x_{k+2n-1}\quad x_{k+2n-2}\quad\cdots\quad x_k\quad f_{k+2n}\quad -f_{k+2n-1}\quad -f_{k+2n-2}\quad\cdots\quad -f_{k+2}]^{\mathrm{T}} \tag{3.3-36}$$

$$\theta=[a_1\quad a_2\quad\cdots\quad a_{2n}\quad b_0\quad b_1\quad b_2\quad\cdots\quad b_{2n-2}]^{\mathrm{T}} \tag{3.3-37}$$

p_k、θ 均为（$4n-1$）阶矩阵。

令起始采样点号 $k=0$，1，2，…，m，得：

$$x=P\theta \tag{3.3-38}$$

其中：

$$x=[x_{2n}\quad x_{2n+1}\quad\cdots\quad x_{2n+m}]^{\mathrm{T}} \tag{3.3-39}$$

$$P=\begin{bmatrix}p_0^{\mathrm{T}}\\p_1^{\mathrm{T}}\\\vdots\\p_m^{\mathrm{T}}\end{bmatrix}=\begin{bmatrix}x_{2n-1} & x_{2n-2} & \cdots & x_0 & f_{2n} & -f_{2n-1} & -f_{2n-2} & \cdots & -f_2\\ x_{2n} & x_{2n-1} & \cdots & x_1 & f_{2n+1} & -f_{2n} & -f_{2n-1} & \cdots & -f_3\\ \vdots & \vdots & \ddots & \vdots & \vdots & \vdots & \vdots & \ddots & \vdots\\ x_{2n+m-1} & x_{2n+m-2} & \cdots & x_m & f_{2n+m} & -f_{2n+m-1} & -f_{2n+m-2} & \cdots & -f_{m+2}\end{bmatrix} \tag{3.3-40}$$

x 为（$m+1$）阶列阵，P 为（$m+1$）×（$4n-1$）阶矩阵。

设实际测得 $\widetilde{x}$ 和 $\widetilde{P}$，应用最小二乘法，由式（3.3-38）得误差函数：

$$\varepsilon=\widetilde{x}-\widetilde{P}\theta \tag{3.3-41}$$

总方差（目标函数）：

$$e=\varepsilon^{\mathrm{T}}\varepsilon=(\widetilde{x}-\widetilde{P}\theta)^{\mathrm{T}}(\widetilde{x}-\widetilde{P}\theta) \tag{3.3-42}$$

令$\frac{\partial e}{\partial \theta}=0$，设$m+1>4n+1$或$m>4n$，可解得$\theta$的最小二乘估计值：

$$\theta=(\widetilde{P}^{\mathrm{T}}\widetilde{P})^{-1}\widetilde{P}^{\mathrm{T}}\widetilde{x} \tag{3.3-43}$$

将上文估计出的θ即a_l、b_l代入特征方程：

$$a(z)=1-\sum_{l=1}^{p}a_l z^{-l}=0 \tag{3.3-44}$$

解得$2n$个共轭复根z_i，$z_i=e^{s_i\Delta t}$：

$$R_{efi}=\left.\frac{b(z)}{a'(z)}\right|_{z=z_i} \tag{3.3-45}$$

将z_i代入式（3.3-45），可解得该测点处各阶模态对应的留数R_{efi}（$i=1$，2，…，n）。对所有测点的ARMA模型重复上述估算过程，可求得R_{efi}（$e=1$，2，…，n；$i=1$，2，…，n），组成留数矩阵：

$$R=\begin{bmatrix} R_{1f1} & R_{1f2} & \cdots & R_{1fn} \\ R_{2f1} & R_{2f2} & \cdots & R_{2fn} \\ \vdots & \vdots & \ddots & \vdots \\ R_{nf1} & R_{nf2} & \cdots & R_{nfn} \end{bmatrix} \tag{3.3-46}$$

矩阵R中各列对应系统各阶复模态向量。

ARMA时序法的流程图如图3.3-5。

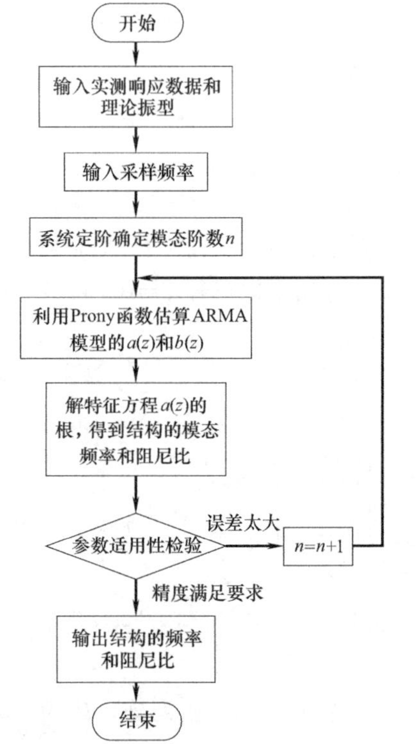

图3.3-5　ARMA法流程图

3.3.4　ITD法（ITD）

时域ITD方法利用各测点的自由响应（位移、速度、加速度之一），通过三次不同延时采样$X\xrightarrow{\Delta\tau}Y\xrightarrow{\Delta\tau}Z$，构造增广矩阵$D_{xy}=\begin{bmatrix}X\\Y\end{bmatrix}$、$D_{yz}=\begin{bmatrix}Y\\Z\end{bmatrix}$，然后根据多自由度自由响应的数学模型$x(t)=p\cdot e(t)$，建立特征方程$(A-\Delta_i I)\Psi_{xyi}=0$，求解出特征方程后，再估算各阶模态参数。

1. ITD法

ITD法的基本理论如下。

一个多自由度系统的自由振动响应微分方程可以写成：

$$[M]\{\ddot{x}(t)\}+[C]\{\dot{x}(t)\}+[K]\{x(t)\}=0 \tag{3.3-47}$$

此方程的解可以表示为：

$$\{x(t)\}_{N\times1}=[\varphi]_{N\times2N}\{e^{st}\}_{2N\times1} \tag{3.3-48}$$

其中：

$$\{x(t)\}=[x_1(t),x_2(t),\cdots,x_N(t)]^{\mathrm{T}} \tag{3.3-49}$$

$$[\varphi]=[\{\phi_1\},\{\phi_2\},\cdots,\{\phi_{2N}\}] \tag{3.3-50}$$

$$\{e^{st}\}=[e^{s_1t},e^{s_2t},\cdots,e^{s_{2N}t}]^{\mathrm{T}} \tag{3.3-51}$$

其中，$\{x(t)\}$ 为自由振动向量，$[\varphi]$ 为振型矩阵，s_r 为系统的第 r 阶特征值，N 为模态阶数。

将式（3.3-48）代入式（3.3-47），得：

$$(s^2[M]+s[C]+[K])[\varphi]=0 \tag{3.3-52}$$

特别对于小阻尼的线性系统，方程特征根 s_r 为一对共轭复数，即：

$$\begin{cases} s_r=-\xi_r\omega_r+j\omega_r\sqrt{1-\xi_r^2} \\ s_r^*=-\xi_r\omega_r-j\omega_r\sqrt{1-\xi_r^2} \end{cases} \tag{3.3-53}$$

其中，ω_r 是系统第 r 阶模态的固有频率；ξ_r 是系统的阻尼比。

于是，系统第 i 测点在第 t_k 时刻的自由振动响应可以用各模态单独响应集合的形式表示为：

$$x_i(t_k)=\sum_{r=1}^{N}(\phi_{ir}e^{s_rt_k}+\phi_{ir}^*e^{s_r^*t_k})=\sum_{r=1}^{M}\phi_{ir}e^{s_rt_k} \tag{3.3-54}$$

其中，ϕ_{ir} 为第 r 阶振型向量 $\{\phi_r\}$ 的第 i 分量，令 $\phi_{i(N+r)}=\phi_{ir}^*$，$s_{N+r}=s_r^*$，$M=2N$。

假设系统中有 n 个实际测点，共得到 L 个时刻的自由振动响应，且 L 比 M 大得多。一般情况下，实际测点数目往往小于系统自由度数的 2 倍（即 M）。甚至很多情况下只有一个测点。为了使测点数等于 M，我们需要通过延时来构造虚拟测点，延时可以采取时间间隔 Δt 的整数倍，本文取一倍，则虚拟测点可以表示为：

$$\begin{cases} x_{i+n}(t_k)=x_i(t_k+\Delta t) \\ x_{i+2n}(t_k)=x_i(t_k+2\Delta t) \end{cases} \tag{3.3-55}$$

用实际测点和虚拟测点组成 M 个测点 L 个时刻的自由振动响应矩阵建立响应矩阵 $[X]$：

$$[X]_{M\times L}=\begin{bmatrix} x_1(t_1) & x_1(t_2) & \cdots & x_1(t_L) \\ x_2(t_1) & x_2(t_2) & \cdots & x_2(t_L) \\ & \vdots & & \\ x_n(t_1) & x_n(t_2) & \cdots & x_n(t_L) \\ x_{n+1}(t_1) & x_{n+1}(t_2) & \cdots & x_{n+1}(t_L) \\ & \vdots & & \\ x_M(t_1) & x_M(t_2) & \cdots & x_M(t_L) \end{bmatrix} \tag{3.3-56}$$

令 $x_{ik}=x_i(t_k)$，将式（3.3-54）代入式（3.3-56），可以得到：

$$\begin{bmatrix} x_{11} & x_{12} & \cdots & x_{1L} \\ x_{21} & x_{22} & \cdots & x_{2L} \\ & \vdots & & \\ x_{M1} & x_{M2} & \cdots & x_{ML} \end{bmatrix} = \begin{bmatrix} \phi_{11} & \phi_{12} & \cdots & \phi_{1L} \\ \phi_{21} & \phi_{22} & \cdots & \phi_{2L} \\ & \vdots & & \\ \phi_{M1} & \phi_{M2} & \cdots & \phi_{ML} \end{bmatrix} \begin{bmatrix} e^{s_1 t_1} & e^{s_1 t_{1/2}} & \cdots & e^{s_1 t_L} \\ e^{s_2 t_1} & e^{s_2 t_2} & \cdots & e^{s_2 t_L} \\ & \vdots & & \\ e^{s_M t_1} & e^{s_M t_2} & \cdots & e^{s_M t_L} \end{bmatrix} \tag{3.3-57}$$

或者简写成：

$$[X]_{M\times L}=[\Phi]_{M\times M}[\Lambda]_{M\times L} \tag{3.3-58}$$

将包括虚拟测点在内的所有测点都延时 Δt 后，由式（3.3-54）可以得到：

$$\overline{x}_i(t_k)=x_i(t_k+\Delta t)=\sum_{r=1}^{2N}\phi_{ir}e^{s_r(t_k+\Delta t)}=\sum_{r=1}^{2N}\phi_{ir}e^{s_r\Delta t}e^{s_r t_k}=\sum_{r=1}^{2N}\overline{\phi}_{ir}e^{s_r t_k} \tag{3.3-59}$$

其中，$\overline{\phi}_{ir}=\phi_{ir}e^{s_r\Delta t}$。

由 M 个测点在 L 个时刻的响应延时 Δt 所构成的响应矩阵可以表示为：

$$[\overline{X}]_{M\times L}=[\overline{\Phi}]_{M\times M}[\Lambda]_{M\times L} \tag{3.3-60}$$

由式（3.3-26）和式（3.3-27）可以看出：

$$[\overline{\Phi}]_{M\times M}=[\Phi]_{M\times M}[\alpha]_{M\times M} \tag{3.3-61}$$

其中，$[\alpha]$ 为对角矩阵。

$[\alpha]$ 对角线上的元素为：

$$\alpha_r=e^{s_r\Delta t} \tag{3.3-62}$$

将式（3.3-60）代入式（3.3-58），可以看出：

$$[\overline{X}]=[\Phi][\alpha][\Lambda] \tag{3.3-63}$$

由式（3.3-58）和式（3.3-63）消去 $[\Lambda]$，经过整理后得到：

$$[A][\Phi]=[\Phi][\alpha] \tag{3.3-64}$$

式（3.3-64）中，矩阵 $[A]$ 为方程 $[A][X]=[\overline{X}]$ 的单边最小二乘解。

$[A]$ 一般有两种解法，其伪逆法求解表达式为：

$$[A]=[\overline{X}][X]^{\mathrm{T}}([X][X]^{\mathrm{T}})^{-1} \tag{3.3-65}$$

$$[A]=[\overline{X}][\overline{X}]^{\mathrm{T}}([X][\overline{X}]^{\mathrm{T}})^{-1} \tag{3.3-66}$$

式（3.3-64）是一个标准的特征值方程，矩阵 $[A]$ 的第 r 阶特征值为 $e^{s_r\Delta t}$，响应的特征向量为特征向量矩阵 $[\Phi]$ 的第 r 列。假设所求的特征值 V_r 为：

$$V_r=e^{s_r\Delta t}=e^{(-\xi_r\omega_r+j\omega_r\sqrt{1-\xi_r^2})\Delta t} \tag{3.3-67}$$

从而可以求得系统的模态频率和阻尼比分别为：

$$R_r=\ln V_r=s_r\Delta t \tag{3.3-68}$$

$$\omega_r=\frac{|R_r|}{\Delta t} \tag{3.3-69}$$

$$\xi_r=\sqrt{\frac{1}{1+\left(\frac{\mathrm{Im}(R_r)}{\mathrm{Re}(R_r)}\right)^2}} \tag{3.3-70}$$

为了降低噪声的影响，可以对矩阵 $[A]$ 采用双最小二乘解方法，此种方法实际上就是两种单边最小二乘法的平均值，即：

$$[A]=\frac{1}{2}[[\overline{X}][X]^{\mathrm{T}}([X][X]^{\mathrm{T}})^{-1}+[\overline{X}][\overline{X}]^{\mathrm{T}}([X][\overline{X}]^{\mathrm{T}})^{-1}] \tag{3.3-71}$$

为计算系统的模态振型，需要先求出留数。设测点 p 的第 r 阶模态留数为 A_{rp}，则由公式（3.3-57）可以看出：

$$\begin{bmatrix} e^{s_1t_1}e^{s_2t_1}\cdots e^{s_{2N}t_1} \\ e^{s_1t_2}e^{s_2t_2}\cdots e^{s_{2N}t_2} \\ \vdots \\ e^{s_1t_L}e^{s_2t_L}\cdots e^{s_{2N}t_L} \end{bmatrix} \begin{bmatrix} A_{1p} \\ A_{2p} \\ \vdots \\ A_{(2N)p} \end{bmatrix} = \begin{bmatrix} x_p(t_1) \\ x_p(t_2) \\ \vdots \\ x_p(t_L) \end{bmatrix} \tag{3.3-72}$$

或简写成：

$$[V]_{L\times 2N}\{\phi\}_{2N\times 1}=\{h\}_{L\times 1} \tag{3.3-73}$$

用伪逆法求解后得到最小二乘解。

振型向量可以通过对一系列测点的留数处理得到，对于一个有 M 个测点的结构，首先从 M 个对应的模态留数中找出虚部绝对值最大的点，假设该点是测点 m，那么对应的第 i 阶模态的归一化复数振型向量可以如下求得：

$$\{\phi_i\}=[A_{i1q},A_{i2q},\cdots,A_{iMq}]^{\mathrm{T}}/A_{imq} \tag{3.3-74}$$

对于一般的黏性比例阻尼结构，对应第 r 阶模态的归一化实数振型模态向量可以如下求得：

$$\{\phi_i\}=[V_{i1q},V_{i2q},\cdots,V_{imq}]/V_{imq} \tag{3.3-75}$$

ITD 法的流程图如图 3.3-6。

最小二乘法拟合特征方程 A 的两种方法为：

(1) $A=D_{yz}D_{xy}^{\mathrm{T}}(D_{xy}D_{xy}^{\mathrm{T}})^{-1}$；

(2) $A=D_{yz}D_{xy}^{\mathrm{T}}(D_{xy}D_{xy}^{\mathrm{T}})^{-1}$、$A=D_{yz}D_{yz}^{\mathrm{T}}(D_{xy}D_{yz}^{\mathrm{T}})^{-1}$ 求平均。

大跨空间结构的自由度数 n 较高，测点数 M 往往达不到系统的自由度数 n，在测点数小于系统自由度数的情况下，可通过延时采样补充虚拟测点，使得 $M=n$。在大跨空间结构中，结构自由度数不可知，需进行多次延时来得到所需的响应数据，实现比较困难。并且在计算之前需提前知道结构的模态阶次，若输入有误，对最后的计算结果影响较大。

2. STD 法

省时 Ibrahim 时域法（Spare Time Domain，STD）是直接构造 Hessenberg 矩阵，避免对特征值 A 进行 QR 分解，降低计算量，节省内存。其基本理论如下。

STD 法求解过程和 ITD 法一样，同样需要构造自由振动响应矩阵 $[X]$ 和延时矩阵 $[\overline{X}]$。假设 Δt 为时间间隔，则包括实际测点和虚拟测点的 $M(2N)$ 个测点，L（$>2N$）个时刻的自由振动响应矩阵可以表示为：

$$[X]_{M\times L}=[\Phi]_{M\times M}[\Lambda]_{M\times L} \tag{3.3-76}$$

延时后的振动延时响应矩阵可以表示为：

$$[\overline{X}]_{M\times L}=[\overline{\Phi}]_{M\times M}[\Lambda]_{M\times L} \tag{3.3-77}$$

其中：

$$\overline{x}_i(t_k)=x_i(t_k+\Delta t)=x_i(t_{k+1}) \tag{3.3-78}$$

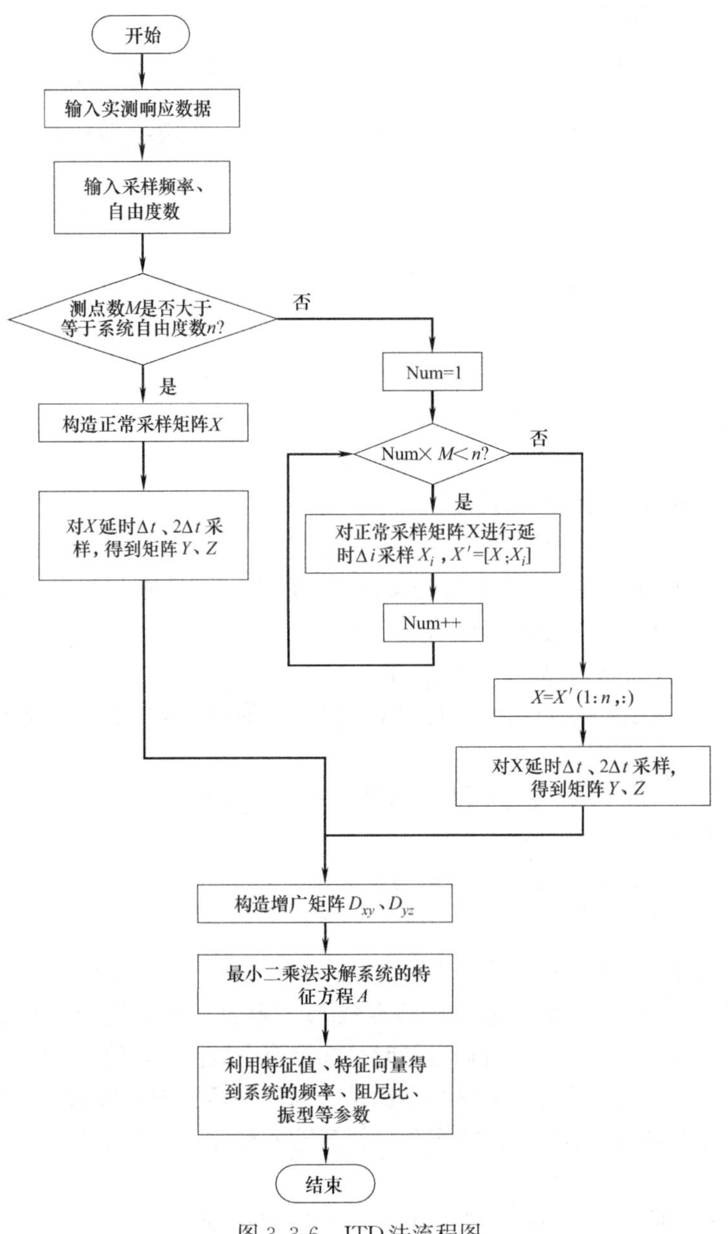

图 3.3-6　ITD法流程图

式（3.3-76）和式（3.3-77）等号两边分别右乘 $[\Lambda]^{-1}$，得到：

$$[\Phi]=[X][\Lambda]^{-1} \tag{3.3-79}$$

$$[\overline{\Phi}]=[\overline{X}][\Lambda]^{-1} \tag{3.3-80}$$

将式（3.3-79）、式（3.3-80）代入式（3.3-63），可以得到：

$$[\overline{X}][\Lambda]^{-1}=[X][\Lambda]^{-1}[\alpha] \tag{3.3-81}$$

根据式（3.3-81）可以看出 $[\overline{X}]$ 和 $[X]$ 之间存在线性关系，即：

$$[\overline{X}]=[X][B] \tag{3.3-82}$$

由式（3.3-78）可知，矩阵 $[B]$ 具有如下形式：

$$B=\begin{bmatrix}0&0&0&\cdots&0&b_1\\1&0&0&\cdots&0&b_2\\0&1&0&\cdots&0&b_3\\\vdots&\vdots&\vdots&\ddots&\vdots&\vdots\\0&0&0&\cdots&1&b_M\end{bmatrix} \tag{3.3-83}$$

所以我们可以看出矩阵［B］是一个只有一列位置元素的 Hessenberg 矩阵，为了求解这列未知元素，由式（3.3-78）可得：

$$[X]\{b\}=\{\overline{x}\}_M \tag{3.3-84}$$

其中，$\{b\}=[b_1,\ b_2,\ b_3,\ \cdots,\ b_{2N}]^{\mathrm{T}}$，而 $\{\overline{x}\}_M$ 是矩阵 $[\overline{X}]$ 的第 M 列元素，用最小二乘法求解矩阵 $\{b\}$ 后，可得

$$\{b\}=([X][X]^{\mathrm{T}})^{-1}[X]^{\mathrm{T}}\{\overline{x}\}_M \tag{3.3-85}$$

将求得的 $\{b\}$ 代入后，得到［B］，将式（3.3-82）代入式（3.3-81），整理后得

$$[B][\Lambda]^{-1}=[\Lambda]^{-1}[\alpha] \tag{3.3-86}$$

式（3.3-86）是一个标准的特征方程。由矩阵［B］的特征值 $e^{s_r\Delta t}$（$r=1,\ 2,\ \cdots,\ 2N$），求出模态频率和阻尼比。按式（3.3-74）和式（3.3-75）可获得结构的振型。

STD 法的运算流程图如图 3.3-7。

3.3.5　最小二乘复指数法（LSCE）

最小二乘复指数法是利用系统的单个脉冲响应函数与留数、极点间的关系来求结构的模态参数，也属于局部识别法。将对脉冲响应模型中复频率的识别转化为与之等效的自回归模型中自回归系数的识别。两种模型由 Prony 多项式相联系，而自回归系数可通过求解一组线性方程组得到，进而求得复频率。

复指数法的最大优点是将一个非线性拟合的问题变成线性问题，它不依赖于模态参数的初始估计值，而且需要的原始数据较少。但它的缺点在于要选择正确的模态阶数，需要多次假定，所以有时候很耗时间。

1. 最小二乘复指数法

复指数法的基本理论如下。

由基本的动力学知识我们知道，当在 q 点作用一个力时，对于黏性阻尼的线性系统来说，p 点的位移频响函数可以表示为：

$$H_{pq}(j\omega)=\sum_{r=1}^{N}\left(\frac{A_{rpq}}{j\omega-s_r}+\frac{A_{rpq}^{*}}{j\omega-s_r^{*}}\right) \tag{3.3-87}$$

其中，A_{rpq} 是第 r 阶模态的留数，与模态振型有关；N 是自由度，j 是虚数位，* 代表共轭，s_r 是第 r 阶模态的极点，与模态频率和阻尼比有关：

$$s_r=-\xi_r\omega_r+j\omega_r\sqrt{1-\xi_r^2} \tag{3.3-88}$$

ω_r 为系统固有频率，ξ_r 是系统的阻尼比，这两者是我们要识别的对象。将式（3.3-87）简化后可以表示为：

$$H(\omega)=\sum_{r=1}^{2N}\frac{A_r}{j\omega-s_r} \tag{3.3-89}$$

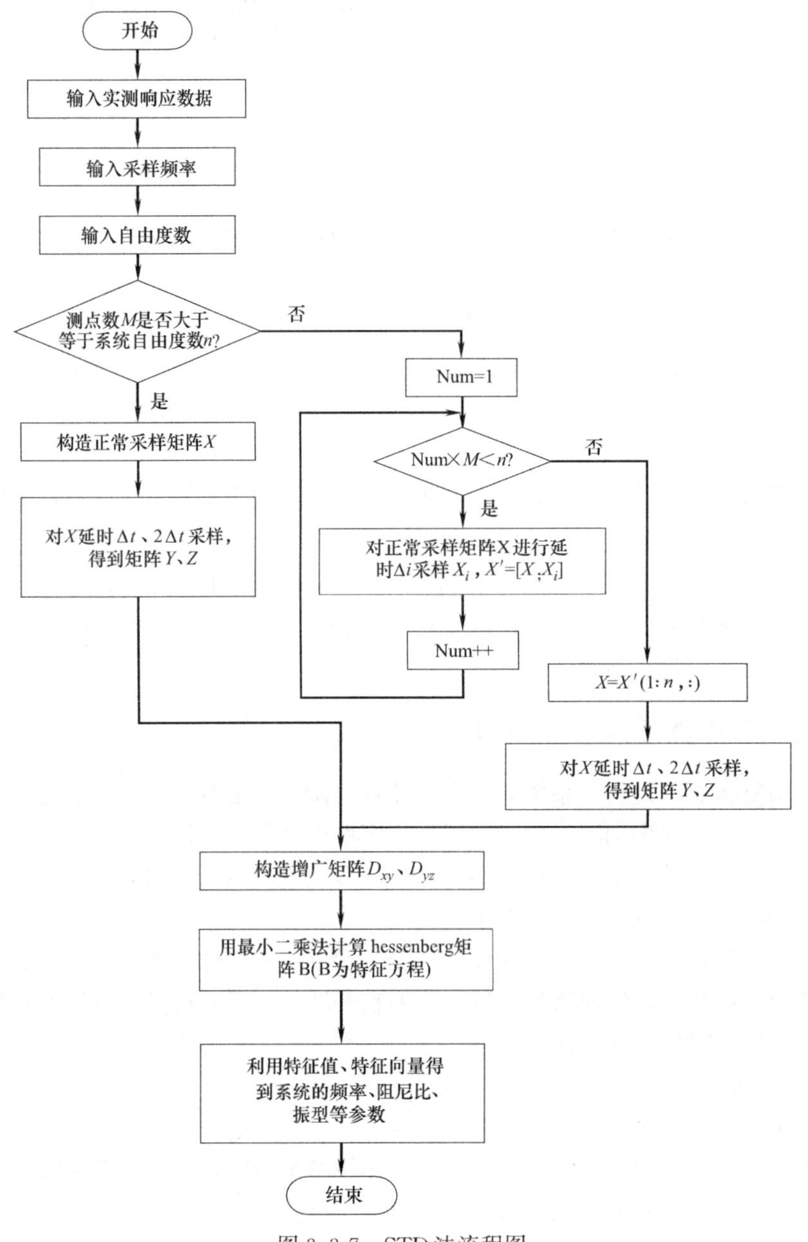

图 3.3-7　STD 法流程图

若将式（3.3-89）进行逆 FFT 变换，即可得到脉冲响应函数：

$$h(t)=\mathrm{Re}\sum_{r=1}^{2N}A_re^{s_rt} \tag{3.3-90}$$

其中，Re 表示求复数的实部。

将实测的离散脉冲响应函数变更后，在 $t_k=k\Delta t$ 时刻：

$$h_t=h(k\Delta t)=\sum_{r=1}^{2N}A_re^{s_rk\Delta t}=\sum_{r=1}^{2N}A_rV_r^k,\ (k=0,1,2,\cdots,L) \tag{3.3-91}$$

其中，$V_r=e^{s_r\Delta t}$。

列成方程组形式可以表示为：

$$\begin{cases} h_0=\sum_{r=1}^{2N}A_rV_r^0=A_1+A_2+\cdots+A_{2N} \\ h_1=\sum_{r=1}^{2N}A_rV_r^1=A_1V_1+A_2V_2+\cdots+A_{2N}V_{2N} \\ h_2=\sum_{r=1}^{2N}A_rV_r^2=A_1V_1^2+A_2V_2^2+\cdots+A_{2N}V_{2N}^2 \\ h_L=\sum_{r=1}^{2N}A_rV_r^L=A_1V_1^L+A_2V_2^L+\cdots+A_{2N}V_{2N}^L \end{cases} \tag{3.3-92}$$

如何求解式（3.3-92）中的 V_r 是问题的关键，我们可以将 V_r 看作是一个具有实系数 β_k（自回归系数）的 $2N$ 阶的多项式方程的根，即：

$$\sum_{k=0}^{2N}\beta_kV^k=\prod_{r=1}^{N}(V-V_r)(V-V_r^*)=0 \tag{3.3-93}$$

显然，$\beta_{2N}=1$，为了求出 β_k，将式（3.3-91）两边都乘以 β_k 后，再将所有方程累加，可以得到：

$$\sum_{k=0}^{2N}\beta_kh_k=\sum_{k=0}^{2N}\beta_k\sum_{r=1}^{2N}A_rV_r^k=\sum_{k=0}^{2N}A_r\sum_{r=1}^{2N}\beta_kV_r^k \tag{3.3-94}$$

因为 $\sum_{k=0}^{2N}\beta_kV^k=0$，并且 $\beta_{2N}=1$，所以式（3.3-94）可以简化成：

$$\sum_{k=0}^{2N-1}\beta_kh_k=-h_{2N} \tag{3.3-95}$$

为了计算自回归系数，需要构造方程组，按时间序号每次偏移一个 Δt，依次从 h_k 中取出 $2N+1$ 个数据后，代入式（3.3-95），可以得到：

$$\begin{cases} \sum_{k=0}^{2N-1}\beta_kh_k=\beta_0h_0+\beta_1h_1+\cdots+\beta_{2N-1}h_{2N-1}=-h_{2N} \\ \sum_{k=0}^{2N-1}\beta_kh_{k+1}=\beta_0h_1+\beta_1h_2+\cdots+\beta_{2N-1}h_{2N}=-h_{2N+1} \\ \sum_{k=0}^{2N-1}\beta_kh_{k+M-1}=\beta_0h_{M-1}+\beta_1h_M+\cdots+\beta_{2N-1}h_{L-1}=-h_L \end{cases} \tag{3.3-96}$$

其中，$M=L-2N$。

将式（3.3-96）写成矩阵形式后即为：

$$\begin{bmatrix} h_0 & h_1 & h_2 & \cdots & h_{2N-1} \\ h_1 & h_2 & h_3 & \cdots & h_{2N} \\ \vdots & \vdots & \vdots & \ddots & \vdots \\ h_{M-1} & h_M & h_{M+1} & \cdots & h_{L-1} \end{bmatrix}\begin{Bmatrix} \beta_0 \\ \beta_1 \\ \vdots \\ \beta_{2N-1} \end{Bmatrix}=-\begin{Bmatrix} h_{2N} \\ h_{2N+1} \\ \vdots \\ h_L \end{Bmatrix} \tag{3.3-97}$$

或者简写成：

$$[h]_{M\times 2N}\{a\}_{2N\times 1}=\{h\}_{M\times 1} \tag{3.3-98}$$

由于 $M>2N$，a 为 Prony 多项式，用违逆法求此方程组的最小二乘解：

$$\{a\}=([h]^{\mathrm{T}}[h])^{-1}([h]^{\mathrm{T}}\{h'\}) \tag{3.3-99}$$

将式（3.3-99）增加一个元素 $\beta_{2N}=1$，代入式（3.3-96），即：

$$\sum_{k=0}^{2N}\beta_k V^k=\beta_0+\beta_1 V+\beta_2 V^2+\cdots+\beta_{2N-1}V^{2N-1}+V^{2N}=0 \tag{3.3-100}$$

从而可以求出多项式的根 V_r，进而求出模态频率和阻尼比，即：

$$R_r=\ln V_r=s_r\Delta t \tag{3.3-101}$$

$$\omega_r=\frac{|R_r|}{\Delta t} \tag{3.3-102}$$

$$\xi_r=\sqrt{\frac{1}{1+\left(\frac{\mathrm{Im}(R_r)}{\mathrm{Re}(R_r)}\right)^2}} \tag{3.3-103}$$

然后求出每个测点的留数 A_r，即将式（3.3-94）改写成：

$$\begin{bmatrix}1 & 1 & 1 & \cdots & 1\\ V_1 & V_2 & V_3 & \cdots & V_{2N}\\ \vdots & \vdots & \vdots & \ddots & \vdots\\ V_1^L & V_2^L & V_3^L & \cdots & V_{2N}^L\end{bmatrix}\begin{Bmatrix}A_1\\ A_2\\ \vdots\\ A_{2N}\end{Bmatrix}=\begin{Bmatrix}h_0\\ h_1\\ \vdots\\ h_L\end{Bmatrix} \tag{3.3-104}$$

简写成：

$$[V]_{(L+1)\times 2N}\{A\}_{2N\times 1}=\{h\}_{(L+1)\times 1} \tag{3.3-105}$$

振型向量也可以由测点的留数求得。对于一个有 M 个测点的结构，首先从 M 个对应的模态留数中找出虚部绝对值最大的点，假设该点是测点 m，那么对应的第 i 阶模态的归一化复数振型向量可以按如下方式求得：

$$\{\phi_i\}=[V_{i1q},V_{i2q},\cdots,V_{iMq}]/V_{imq} \tag{3.3-106}$$

LSCE 法的流程图如图 3.3-8。

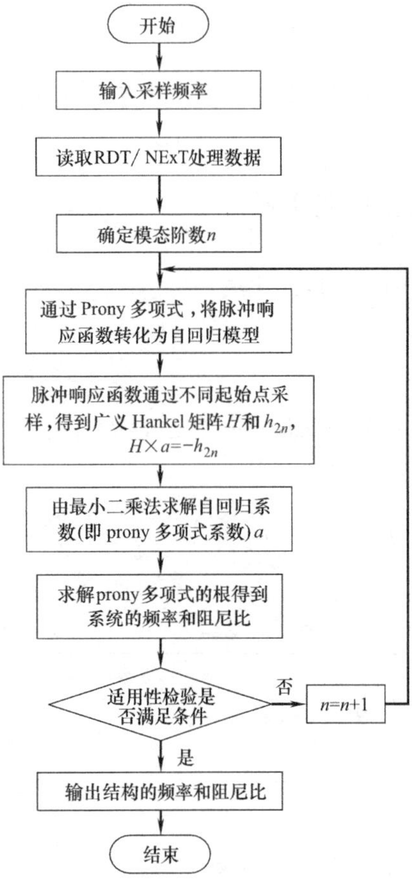

开始
输入采样频率
读取RDT/ NExT处理数据
确定模态阶数n
通过 Prony 多项式，将脉冲响应函数转化为自回归模型
脉冲响应函数通过不同起始点采样，得到广义 Hankel 矩阵H和 h_{2n}，$H\times a=-h_{2n}$
由最小二乘法求解自回归系数(即 prony 多项式系数) a
求解prony多项式的根得到系统的频率和阻尼比
适用性检验是否满足条件
否
n=n+1
是
输出结构的频率和阻尼比
结束

图 3.3-8　LSCE 法流程图

2. 多参考点最小二乘复指数法

后来在 LSCE 法的基础上提出了多参考点最小二乘复指数法（Poly-reference Complex Exponential，PRCE），PRCE 是多输入多输出的整体识别法。其基本理论如下。

PRCE 中脉冲响应序列的 AR 模型为：

$$\overline{A}H=R \tag{3.3-107}$$

其中：

$$H=[H_1\quad H_2\quad \cdots\quad H_M] \tag{3.3-108}$$

$$R=[R_1 \quad R_2 \quad \cdots \quad R_M] \tag{3.3-109}$$

$$H_e=[h_{e0} \quad h_{e1} \quad \cdots \quad h_{em}]=\begin{bmatrix} h_e(0) & h_e(1) & \cdots & h_e(m) \\ h_e(1) & h_e(2) & \cdots & h_e(m+1) \\ \vdots & \vdots & \ddots & \vdots \\ h_e(s-1) & h_e(s) & \cdots & h_e(m+s-1) \end{bmatrix} \tag{3.3-110}$$

H_e 为广义 Hankel 矩阵，$\overline{A}$ 的最小二乘解为

$$\overline{A}=-RH^{\mathrm{T}}(HH^{\mathrm{T}})^{-1} \tag{3.3-111}$$

PRCE 的算法流程图如图 3.3-9。

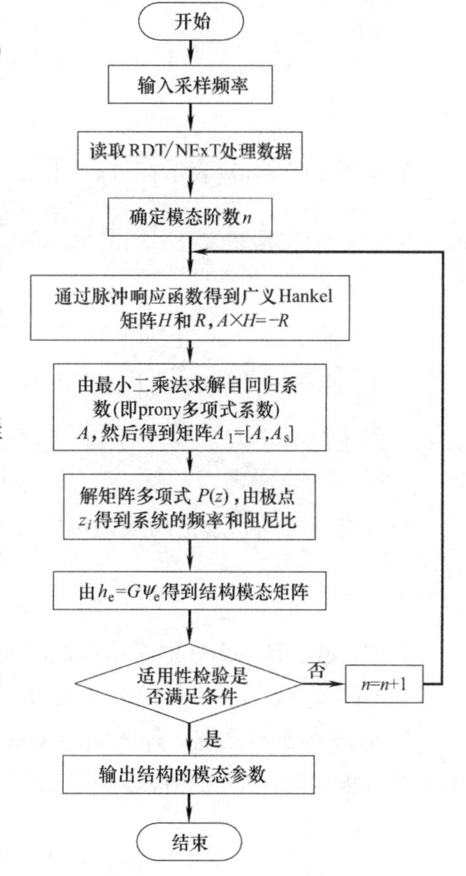

图 3.3-9　PRCE 法流程图

3.3.6　特征系统实现法（ERA）

特征系统实现法以脉冲响应函数为基本模型，与离散状态空间模型相结合，构造 Hankel 矩阵，然后对其进行奇异值分解，得到系统的最小实现。其基本理论如下。

1. 系统状态空间模型

对于一个 n 个自由度的线性体系，振动方程可以表示为：

$$M\ddot{\omega}(t)+C\dot{\omega}(t)+K\omega(t)=f(t) \tag{3.3-112}$$

引入一个辅助方程：

$$\dot{\omega}(t)=0\times\omega+I\times\dot{\omega}+0\times f(t) \tag{3.3-113}$$

两式可以合并写为：

$$\begin{Bmatrix}\dot{\omega}\\ \ddot{\omega}\end{Bmatrix}=\begin{bmatrix}0 & I\\ -M^{-1}K & -M^{-1}C\end{bmatrix}\begin{Bmatrix}\omega\\ \dot{\omega}\end{Bmatrix}+\begin{Bmatrix}0\\ M^{-1}\end{Bmatrix}f(t) \tag{3.3-114}$$

设 x 是输出向量即位移向量和速度向量，A 是系统矩阵，B 是控制矩阵，即：

$$A=\begin{bmatrix}0 & I\\ -M^{-1}K & -M^{-1}C\end{bmatrix},B=\begin{Bmatrix}0\\ M^{-1}\end{Bmatrix},x=\begin{Bmatrix}\omega\\ \dot{\omega}\end{Bmatrix} \tag{3.3-115}$$

则系统的连续时间状态空间模型可以写成：

$$\begin{cases}\dot{x}(t)=Ax(t)+Bf(t)\\ y(t)=Gx(t)\end{cases} \tag{3.3-116}$$

其中，G 是观测矩阵，输出向量 y 可以是位移、速度或者加速度。

因为在实际测试中，信号的测量都是离散的时间点，所以需要把连续的时间模型转换成离散的时间模型。假设初始时间为 $t=t_0$，则式（3.3-116）的一般解可以写成：

$$x(t)=e^{A(t-t_0)}x(t_0)+\int_0^t e^{A(t-\tau)}Bf(\tau)\mathrm{d}\tau,\ t\geqslant t_0 \tag{3.3-117}$$

假设以 Δt 等间隔采样，即采样点分别为 $t=t_0+k\Delta t$，$k=0$，1，2，…，那么上式可以化为：

$$x(k\Delta t)=e^{Ak\Delta t}x(t_0)+\int_0^{t_0+k\Delta t}e^{A(t_0+k\Delta t-\tau)}Bf(t)\mathrm{d}\tau \tag{3.3-118}$$

$$\begin{aligned}x[(k+1)\Delta t]&=e^{A(k+1)\Delta t}x(t_0)+\int_0^{t_0+(k+1)\Delta t}e^{A[t_0+(k+1)\Delta t-\tau]}Bf(\tau)\mathrm{d}\tau\\&=e^{A\Delta t}e^{Ak\Delta t}x(t_0)+e^{A\Delta t}\int_0^{t_0+k\Delta t}e^{A(t_0+k\Delta t-\tau)}Bf(\tau)+\int_{k\Delta t}^{(k+1)\Delta t}e^{A[t_0+(k+1)\Delta t-\tau]}Bf(\tau)\mathrm{d}\tau\\&=e^{A\Delta t}x(k\Delta t)+\int_0^{t\Delta t}e^{A[(k+1)\Delta t-\tau]}Bf(\tau)\mathrm{d}\tau\end{aligned} \tag{3.3-119}$$

如果用 $x(k+1)$ 表示在 $(k+1)\Delta t$ 时刻的系统向量，且令 $s=(k+1)\Delta t-\tau$，则：

$$x(k+1)=e^{A\Delta t}x(k)+\int_0^{\Delta t}e^{As}\mathrm{d}sBf(k) \tag{3.3-120}$$

简写成：

$$x(k+1)=\overline{A}x(k)+\overline{B}f(k) \tag{3.3-121}$$

其中，$\overline{A}=e^{A\Delta t}$，$\overline{B}=\left(\int_0^{\Delta t}e^{As}\mathrm{d}s\right)B$。

类似地：

$$y(k)=Gx(k) \tag{3.3-122}$$

所以离散时间状态空间模型可以写为：

$$\begin{cases}x(k+1)=\overline{A}x(k)+\overline{B}f(k)\\y(k)=Gx(k)\end{cases} \tag{3.3-123}$$

其中，$\overline{A}$、$\overline{B}$、G 分别表示离散时间的系统矩阵、控制矩阵和观测矩阵。k 为采样点序号，矩阵 $[\overline{A},\overline{B},G]$ 构成系统的一个实现，反映系统的固有特性。

2. 脉冲响应与系统矩阵之间的关系

系统单位脉冲响应和传递函数之间服从 Z 变换，即：

$$H(z)=\sum_{k=0}^{\infty}h(k)z^{-k} \tag{3.3-124}$$

其中，$z=e^{s\Delta t}$，为 Z 变换因子，$s=\sigma+j\omega$ 为复数域（拉式变换域），$H(z)$ 为 Z 变换的传递函数，$h(k)$ 为脉冲响应函数矩阵，可以表示为：

$$h(k)=\begin{bmatrix}h_{11}(k)&h_{12}(k)&\cdots&h_{1P}(k)\\h_{21}(k)&h_{22}(k)&\cdots&h_{2P}(k)\\\vdots&\vdots&\ddots&\vdots\\h_{L1}(k)&h_{L2}(k)&\cdots&h_{LP}(k)\end{bmatrix} \tag{3.3-125}$$

其中，$h_{ij}(k)$ 为 j 点激励点响应的脉冲响应函数。P、L 分别是激励点和测量点的总数。

对离散时间状态空间模型进行 Z 变换，可以得到：

$$\begin{cases}zX(z)=\overline{A}X(z)+\overline{B}F(z)\\Y(z)=GX(z)\end{cases} \tag{3.3-126}$$

整理得：

$$\begin{cases} X(z)=(zI-\overline{A})^{-1}\overline{B}F(z) \\ Y(z)=z^{-1}G(I-z^{-1}\overline{A})^{-1}\overline{B}F(z) \end{cases} \tag{3.3-127}$$

从而传递系数为：

$$H(z)=z^{-1}G(I-z^{-1}\overline{A})^{-1}\overline{B} \tag{3.3-128}$$

并且将 $(I-z^{-1}\overline{A})^{-1}=\sum_{k=0}^{\infty}(z^{-1}\overline{A})^k=\sum_{k=0}^{\infty}\overline{A}^k z^{-k}$ 代入式（3.3-128），可得

$$H(z)=z^{-1}G\sum_{k=0}^{\infty}\overline{A}^k z^{-k}\overline{B}=\sum_{k=0}^{\infty}G\overline{A}^k\overline{B}z^{-k-1}=\sum_{k=1}^{\infty}G\overline{A}^{k-1}\overline{B}z^{-k} \tag{3.3-129}$$

通过比较式（3.3-124）和式（3.3-128），可以得出：

$$h(0)=0,\ h(k)=G\overline{A}^{k-1}\overline{B} \tag{3.3-130}$$

式（3.3-130）即为结构的 Markov 参数，从而建立了脉冲响应函数与系统矩阵之间的联系。

3. 系统的最小实现

首先介绍一下 Hankel 矩阵，经典的 Hankel 矩阵是由 Markov 参数矩阵构成的：

$$H(k-1)=\begin{bmatrix} h(k) & h(k+1) & h(k+2) & \cdots & h(k+s-1) \\ h(k+1) & h(k+2) & h(k+3) & \cdots & h(k+s) \\ h(k+2) & h(k+3) & h(k+4) & \cdots & h(k+s+1) \\ \vdots & \vdots & \vdots & \ddots & \vdots \\ h(k+r-1) & h(k+r) & h(k+r+1) & \cdots & h(k+r+s-2) \end{bmatrix} \tag{3.3-131}$$

其中，$r=1、2、3\cdots$，$s=1、2、3\cdots$，矩阵中的每一个元素均为 $L\times P$ 维矩阵，因此矩阵 $H(k-1)$ 的阶数是 $rL\times sP$。理论上 $H(k-1)$ 的秩不变，且应该正好等于系统的阶次，但是由于噪声等因素的影响，实际测得的数据生成的 $H(k-1)$ 必然有秩的亏损。当 r、s 的值足够大以后，矩阵的秩才会保持不变，所以应该适当的选取 r、s 以获得这个不变秩，同时使矩阵 $H(k-1)$ 的阶数最小。

将式（3.3-131）代入式（3.3-130），整理得到：

$$H(k-1)=P_g\overline{A}^{k-1}Q_k \tag{3.3-132}$$

其中，$P_g=\begin{bmatrix} G \\ G\overline{A} \\ \vdots \\ G\overline{A}^{r-1} \end{bmatrix}$ 是可观性矩阵，而 $Q_k=[\overline{B}\quad \overline{A}\ \overline{B}\quad \cdots\quad \overline{A}^{s-1}\overline{B}]$ 是可控性矩阵，r、s 被称为客观性、可控性系数。

对于式（3.3-132）中，当 $k=1$ 时有 $H(0)=P_gQ_k$，对 $H(0)$ 进行奇异值分解，可以得到：

$$H(0)=U\Sigma V^{\mathrm{T}} \tag{3.3-133}$$

其中，Σ 是 $2N\times 2N$ 阶对角矩阵，即 $\Sigma=diag\,[\sigma_1,\sigma_2,\cdots,\sigma_{2N}]$，$\sigma_i^2$（$i=1,2,\cdots,2N$）是 $H^{\mathrm{T}}(0)H(0)$ 是非零特征值，U 和 V 分别是左右奇异向量矩阵，且都是 $2N$ 阶列正交矩阵。

设 $E_L^{\mathrm{T}}=[I_L \quad 0_L \quad \cdots \quad 0_L]_{(L\times rL)}$、$E_P^{T}=[I_P \quad 0_P \quad \cdots \quad 0_P]_{(P\times sP)}$，其中，$0_L$，$I_L$ 分别是 L 阶零矩阵和单位矩阵，0_P、I_P 分别是 P 阶零矩阵和单位矩阵。

由式（3.3-131）可以得出：

$$\begin{aligned}h(k+1)&=E_L^{\mathrm{T}}H(k)E_p\\&=E_L^{\mathrm{T}}U\Sigma^{\frac{1}{2}}(\Sigma^{\frac{1}{2}}U^{\mathrm{T}}H(1)V\Sigma^{\frac{1}{2}})^k\Sigma^{\frac{1}{2}}V^{\mathrm{T}}E_p\end{aligned} \tag{3.3-134}$$

$$\left.\begin{aligned}\overline{A}&=\Sigma^{\frac{1}{2}}U^{\mathrm{T}}H(1)V\Sigma^{\frac{1}{2}}\\\overline{B}&=\Sigma^{\frac{1}{2}}V^{\mathrm{T}}E_P\\G&=E_L^{\mathrm{T}}U\Sigma^{\frac{1}{2}}\end{aligned}\right\} \tag{3.3-135}$$

式（3.3-135）确定的［A，B，G］即为系统的最小实现，进而用于进行模态参数辨识。

4. 模态参数识别

系统的模态参数可以由系统矩阵 A 的特征值及特征向量来确定。

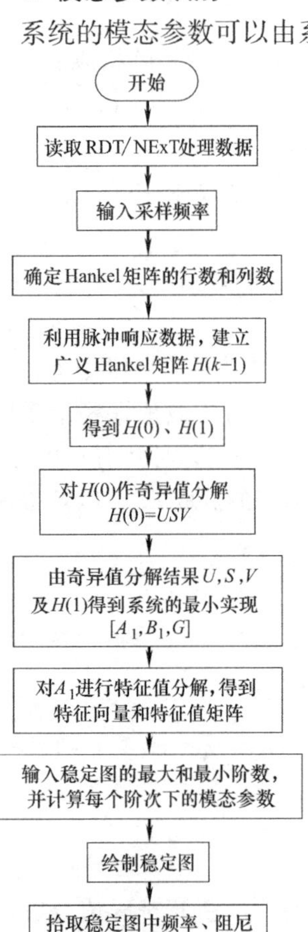

图 3.3-10　ERA 算法的流程图

设 A 的特征值矩阵为 $\Lambda=\mathrm{diag}[\lambda_1 \quad \lambda_2 \quad \cdots \quad \lambda_{2N}]$，而其特征向量矩阵为 $\Phi=[\varphi_1 \quad \varphi_2 \quad \cdots \quad \varphi_{2N}]$，均为 $2N\times 2N$ 阶，那么：

$$A=\Phi\Lambda\Phi^{-1} \tag{3.3-136}$$

代入式（3.3-121），可以得到

$$\overline{A}=e^{A\Delta t}=e^{\Phi\Lambda\Phi^{-1}\Delta t}=\Phi e^{\Lambda\Delta t}\Phi^{-1} \tag{3.3-137}$$

$$\Phi^{-1}\overline{A}\Phi=e^{\Lambda\Delta t} \tag{3.3-138}$$

所以 $\overline{A}$ 和 A 的特征矢量是相同的，而其特征值之间的关系是：

$$Z=e^{\Lambda\Delta t} \tag{3.3-139}$$

其中，Z 为 $\overline{A}$ 的特征值矩阵，对角元素为 $z_i=e^{\lambda_i\Delta t}$，且 z_i，λ_i 均为复数。

所以得到：

$$\lambda_i=\frac{\ln z_i}{\Delta t} \tag{3.3-140}$$

从而可以求得：

$$\omega_i=\sqrt{\mathrm{Re}(\lambda_i)^2+\mathrm{Im}(\lambda_i)^2} \tag{3.3-141}$$

$$\xi_i=\frac{\mathrm{Re}(\lambda_i)}{\omega_i} \tag{3.3-142}$$

$$\Phi=G\overline{\Phi} \tag{3.3-143}$$

其中，$\overline{\Phi}$ 为矩阵 $\overline{A}$ 特征矢量矩阵。

ERA 算法的流程图如图 3.3-10。

3.3.7　随机子空间法（SSI）

环境激励下的随机子空间法（Stochastic Subspace

Identification，SSI）包括基于协方差驱动的随机子空间方法（SSI-COV），基于数据驱动的随机子空间方法（SSI-DATA）两种。

1. 基于协方差驱动的随机子空间方法

SSI-COV 法是根据离散随机状态空间模型，通过结构响应数据构造广义 Hankel 矩阵，得到协方差矩阵（Toeplitz 矩阵），然后进行奇异值分解，进而求得系统的状态矩阵，进而辨识出结构的模态参数。其基本理论如下。

（1）Hankel 矩阵

副对角线元素都相等的矩阵称为 Hankel 矩阵，如式（3.3-144）所示，可根据结构的响应数据构造得到：

$$Y_{0|2i-1}=\frac{1}{\sqrt{j}}\begin{pmatrix} y_0 & y_1 & \cdots & y_{j-1} \\ y_1 & y_2 & \cdots & y_j \\ \vdots & \vdots & \ddots & \vdots \\ y_{i-1} & y_i & \cdots & y_{i+j-2} \\ \hline y_i & y_{i+1} & \cdots & y_{i+j-1} \\ y_{i+1} & y_{i+2} & \cdots & y_{i+j} \\ \vdots & \vdots & \ddots & \vdots \\ y_{2i-1} & y_{2i} & \cdots & y_{2i+j-2} \end{pmatrix}=\left(\frac{Y_{0|i-1}}{Y_{0|2i-1}}\right)=\left(\frac{Y_p}{Y_f}\right)\frac{\text{"past"}}{\text{"future"}} \tag{3.3-144}$$

Hankel 矩阵 $Y_{0|2i-1}$，是大小为 $2i$ 块行、j 列的矩阵。每一个元素由 l 行组成，l 为输出通道数，也就是测点数。根据 Hankel 矩阵的形式可以将其分成过去和将来两部分，如式（3.3-144）所示。

另一种分法，即将“过去”和“将来”的边界向下移动一个行块，可得：

$$Y_{0|2i-1}=\left(\frac{Y_{0|i}}{Y_{i+1|2i-1}}\right)=\left(\frac{Y_p^{\ +}}{Y_f^{\ -}}\right)\frac{\text{"past"}}{\text{"future"}} \tag{3.3-145}$$

（2）Toeplitz 矩阵

SSI-COV 法的基本模型为随机状态空间模型，输出数据的协方差定义为：

$$R_i=E[y_{k+i}y_k^{\mathrm{T}}]=\lim_{j\to\infty}\frac{1}{j}\sum_{k=0}^{j-1}y_{k+i}y_k^{\mathrm{T}} \tag{3.3-146}$$

根据式（3.3-146）得出：

$$T_{1|i}=Y_f(Y_p)^{\mathrm{T}}=\begin{pmatrix} R_i & R_{i-1} & \cdots & R_1 \\ R_{i+1} & R_i & \cdots & R_2 \\ \vdots & \vdots & \ddots & \vdots \\ R_{2i-1} & R_{2i-2} & \cdots & R_i \end{pmatrix} \tag{3.3-147}$$

协方差矩阵最重要的作用是能缩减数据量且保留原有数据的所有有用信息。因为实际中数据不是趋于无穷大，输出协方差 $\hat{R}_i$ 一般可以估算为：

$$\hat{R}_i=\frac{1}{j}\sum_{k=0}^{j-1}y_{k+1}y_k^{\mathrm{T}} \tag{3.3-148}$$

（3）协方差矩阵分解

将$R_i=CA^{i-1}G$代入式（3.3-146）后，得到：

$$T_{1|i}=\begin{pmatrix} R_i & R_{i-1} & \cdots & R_1 \\ R_{i+1} & R_i & \cdots & R_2 \\ \vdots & \vdots & \ddots & \vdots \\ R_{2i-1} & R_{2i-2} & \cdots & R_i \end{pmatrix}=\begin{pmatrix} CA^{i-1}G & CA^{i-2}G & \cdots & CG \\ CA^iG & CA^{i-1}G & \cdots & CAG \\ \vdots & \vdots & \ddots & \vdots \\ CA^{2i-2}G & CA^{2i-3}G & \cdots & CA^{i-1}G \end{pmatrix}$$

$$=\begin{pmatrix} C \\ CA \\ \vdots \\ CA^{i-1} \end{pmatrix}(A^{i-1}G \quad \cdots \quad AG \quad G)=O_i\Gamma_i \tag{3.3-149}$$

其中：

$$O_i=(C \quad CA \quad \cdots \quad CA^{i-1})^T \tag{3.3-150}$$

$$\Gamma_i=(A^{i-1}G \quad \cdots \quad AG \quad G) \tag{3.3-151}$$

将 Toeplitz 矩阵进行奇异值分解：

$$T_{1|i}=USV^{\mathrm{T}}=(U_1 \quad U_2)\begin{pmatrix} S_1 & 0 \\ 0 & S_2=0 \end{pmatrix}\begin{pmatrix} V_1^{\mathrm{T}} \\ V_2^{\mathrm{T}} \end{pmatrix}=U_1S_1V_1^{\mathrm{T}} \tag{3.3-152}$$

其中，U、V是正交矩阵，即$UU^{\mathrm{T}}=U^{\mathrm{T}}U=I_{1i}$，$VV^{\mathrm{T}}=V^{\mathrm{T}}V=I_{1i}$。

$$S=\begin{pmatrix} S_1 & 0 \\ 0 & S_2=0 \end{pmatrix};\ S_1=\mathrm{diag}[\sigma_i],\sigma_1\geqslant\sigma_2\geqslant\cdots\geqslant\sigma_n\geqslant 0 \tag{3.3-153}$$

（4）模态参数识别

比较式（3.3-149）和式（3.3-152），得到矩阵：

$$\begin{cases} O_i=U_1S_1^{1/2}T \\ \Gamma_i=T^{-1}S_1^{1/2}V_1^{\mathrm{T}} \end{cases} \tag{3.3-154}$$

式（3.3-154）中T是一个非奇异矩阵，其功能可以看作是相似变换矩阵，为了计算简单，取 T=1，于是式（3.3-154）变成：

$$\begin{cases} O_i=U_1S_1^{\frac{1}{2}} \\ \Gamma_i=S_1^{1/2}V_1^{\mathrm{T}} \end{cases} \tag{3.3-155}$$

由式（3.3-150）和式（3.3-151）可以很容易得出C和G，写为 MATLAB 表达方式：

$$\begin{cases} C=O_i(1:l,:) \\ G=\Gamma_i[:,l(i-1):li] \end{cases} \tag{3.3-156}$$

最关键的状态转换矩阵 A，可以通过特征分解块 Toeplitz 矩阵：

$$T_{2|i+1}=O_iA\Gamma_i \tag{3.3-157}$$

其中，$T_{2|i+1}$和$T_{1|i}$有相同的结构，只是其包含的协方差R_k时延从 2 到$2i$。将式（3.3-155）代入式（3.3-157）中，求解矩阵A得到：

$$A=O_i^{-1}T_{2|i+1}\Gamma_i^{-1}=S_1^{\frac{1}{2}}U_1^{\mathrm{T}}T_{2|i+1}V_1S_1^{-\frac{1}{2}} \tag{3.3-158}$$

$(\cdot)^{-1}$ 表示矩阵的广义逆。

此时 SSI-COV 法的关键问题已经得到解决。由式（3.3-155）中不为零奇异值数量得到系统阶数 n，系统矩阵 A、G、C、R_0 可以由式（3.3-156）和式（3.3-157）或式（3.3-158）计算得到，R_0 是零时延输出协方差矩阵。矩阵 A、G 就可以计算系统模态参数，由已知连续状态矩阵 A_c 为：

$$A_C = \Psi_C \Lambda_C \Psi_C^{-1} \tag{3.3-159}$$

矩阵 A 同样可以进行特征值分解：

$$A = \Psi \Lambda \Psi^{-1} \tag{3.3-160}$$

其中，$\Lambda = \mathrm{diag}[\mu_i]$ 是一个对角矩阵，由离散时间复特征值 μ_i 组成，Ψ 是以特征向量为列向量组成的矩阵。又已知：

$$A = \exp(A_C \Delta t) \tag{3.3-161}$$

将式（3.3-159）代入式（3.3-161），得到：

$$A = \exp[\Psi_C(\Lambda_C \Delta t)\Psi_C^{-1}] = \Psi_C \exp(\Lambda_C \Delta t)\Psi_C^{-1} \tag{3.3-162}$$

比较可以发现，A 和 A_C 具有相同的特征向量，两者特征值的关系为：

$$\mu_i = \exp(\lambda_i \Delta t) \Leftrightarrow \lambda_i = \frac{\ln \mu_i}{\Delta t} \tag{3.3-163}$$

其中，λ_i 表示系统特征值，Δt 表示采样时间间隔。

系统特征值 λ_i 与系统固有频率 ω_i 以及系统模态阻尼比 ξ_i 的关系为：

$$\lambda_i, \lambda_i^* = -\xi_i \omega_i \pm j\sqrt{1-\xi_i^2}\,\omega_i \tag{3.3-164}$$

计算结构的固有频率 ω_i、阻尼比 ξ_i、振型 $\Phi_i \in R^{l \times 1}$，分别为：

$$\begin{cases} f_i = \dfrac{\sqrt{|\lambda_i|}}{2\pi} \\ \xi_i = \dfrac{\lambda_i + \lambda_i^*}{2\sqrt{\lambda_i \lambda_i^*}} \\ \Phi_i = C\Psi_i \end{cases} \tag{3.3-165}$$

SSI-COV 法的流程图如图 3.3-11。

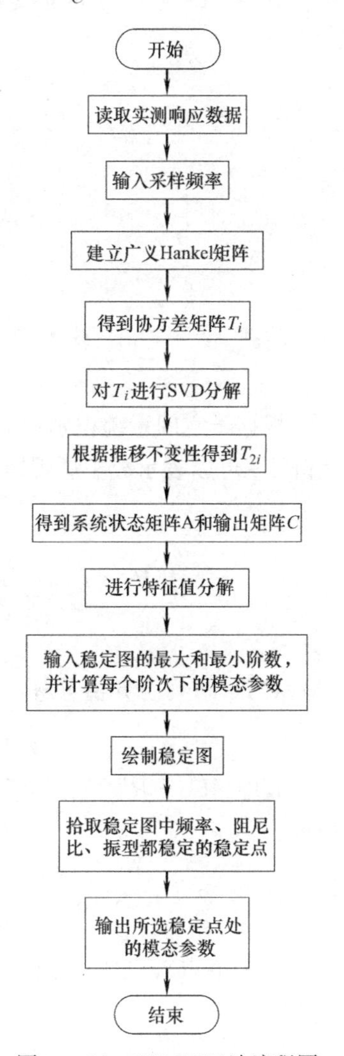

图 3.3-11　SSI-COV 法流程图

2. 基于数据驱动的随机子空间方法

SSI-DATA 法是对 Hankel 矩阵进行 QR 分解，完成数据缩减，然后对投影矩阵进行 SVD 分解，得到扩展的可观测矩阵和卡尔曼滤波状态序列，将卡尔曼滤波状态序列和结构响应数据代入状态空间方程，得到系统的状态矩阵，进而辨识出系统的模态参数。其基本理论如下。

SSI-DATA 法正是将 Hankel 矩阵的前 i 行组成的矩阵 Y_p 投影到 Hankel 矩阵第 $i+1 \sim 2i$ 行组成的矩阵 Y_f 上，通过正交投影变换，在保留了 Y_f 中所有信息的同时，还可

以去除 Y_p 中的观测噪声。

定义投影后的矩阵：

$$P_i = Y_f / Y_p = Y_f Y_p^{\mathrm{T}} (Y_p Y_p^{\mathrm{T}})^{-1} Y_p \tag{3.3-166}$$

其中，Y_f / Y_p 表示 Y_f 的行空间向 Y_p 的行空间进行正交投影；$(Y_p Y_p^{\mathrm{T}})^{-1}$ 为 $Y_p Y_p^{\mathrm{T}}$ 的广义逆矩阵。

在实际振动环境下的结构模态识别中，由于采样的时间比较长，因此所得的观测数据庞大，也就是说其组成的 Hankel 矩阵列数很大。然而，我们由式（3.3-166）可以看出，要得到投影矩阵，所需的计算量庞大，也是非常耗时的。因此，我们必须对 Hankel 矩阵进行数据缩减。SSI-DATA 方法，是通过对 Hankel 矩阵的 QR 分解来完成数据缩减的。

对 Hankel 矩阵进行 QR 分解：

$$Y_{0|2i-1} = \begin{pmatrix} Y_p \\ \hline Y_f \end{pmatrix} = RQ^{\mathrm{T}} \tag{3.3-167}$$

其中，Q 为 $j \times j$ 的正交矩阵，R 为 $2li \times j$ 的下三角矩阵。

$$\begin{pmatrix} Y_p \\ \hline Y_f \end{pmatrix} = \begin{matrix} li\{ \\ li\{ \end{matrix} \begin{pmatrix} \overbrace{R_{11}}^{li} & \overbrace{0}^{li} & \overbrace{0}^{j-2li} \\ R_{21} & R_{22} & 0 \end{pmatrix} \begin{pmatrix} \overbrace{Q_1^{\mathrm{T}}}^{j \to \infty} \\ Q_2^{\mathrm{T}} \\ Q_3^{\mathrm{T}} \end{pmatrix} \begin{matrix} \}li \\ \}li \\ \}j-2li \end{matrix} \tag{3.3-168}$$

$$= \begin{pmatrix} R_{11} & 0 \\ R_{21} & R_{22} \end{pmatrix} \begin{pmatrix} Q_1^{\mathrm{T}} \\ Q_2^{\mathrm{T}} \end{pmatrix}$$

将式（3.3-168）代入式（3.3-166），得

$$P_i = R_{21} Q_1^{\mathrm{T}} \tag{3.3-169}$$

根据子空间系统识别理论，SSI-DATA 法所需用到的一个非常关键的结论就是投影矩阵 P_i 可以表示成扩展观矩阵 O_i 和卡尔曼滤波状态序列 $\hat{X}_i$ 的乘积，即

$$P_i = Y_f / Y_p = O_i \hat{X}_i = \begin{bmatrix} C \\ CA \\ \vdots \\ CA^{i-1} \end{bmatrix} [\hat{x}_i \quad \hat{x}_{i+1} \quad \cdots \quad \hat{x}_{i+j-1}] \tag{3.3-170}$$

对 P_i 进行奇异值分解，有：

$$P_i = O_i \hat{X}_i = USV^{\mathrm{T}} = U_1 S_1 V_1^{\mathrm{T}} \tag{3.3-171}$$

其中，$U_1 \in R^{li \times n}$，$S_1 \in R^{n \times n}$，$V_1 \in R^{li \times n}$，S 的对角线元素即为奇异值，按降序排列：

$$S = \begin{pmatrix} S_1 & 0 \\ 0 & S_2 = 0 \end{pmatrix}; \ S_1 = \mathrm{diag}[\sigma_i], \sigma_1 \geqslant \sigma_2 \geqslant \cdots \geqslant \sigma_n \geqslant 0 \tag{3.3-172}$$

与 SSI-COV 方法类似，我们可以找到一个非奇异矩阵 W，使得：

$$O_i = U_1 S_1^{\frac{1}{2}} W \tag{3.3-173}$$

由式（3.3-171）得：

$$\hat{X}_i = O_i^{-1} P_i = W^{-1} S_1^{-\frac{1}{2}} U_1^{\mathrm{T}} P_i \tag{3.3-174}$$

根据时移不变性得到：

$$P_{i-1} = Y_{f-}/Y_{p+} = Y_{f-} Y_{p+}^{\mathrm{T}} (Y_{p+} Y_{p+}^{\mathrm{T}})^{-1} Y_{p+} \tag{3.3-175}$$

类似地，可以得到：

$$P_{i-1} = O_{i-1} \hat{X}_{i+1} \tag{3.3-176}$$

$$O_{i-1} = O_i [1 : l(i-1), :] = U_{1-} S_1^{\frac{1}{2}} W \tag{3.3-177}$$

其中：

$$U_{1-} = U_1 [1 : l(i-1), :] \tag{3.3-178}$$

则：

$$\hat{X}_{i-1} = O_{i-1}^{-1} P_{i-1} = W^{-1} S_1^{-\frac{1}{2}} U_{1-}^{\mathrm{T}} P_{i-1} \tag{3.3-179}$$

再由 SSI-DATA 法的理论模型，可得：

$$A = \hat{X}_{i+1} \hat{X}_i^{+} = W^{-1} S_1^{-\frac{1}{2}} U_{1-}^{\mathrm{T}} P_{i-1} U_1 S_1^{\frac{1}{2}} W \tag{3.3-180}$$

$$C = Y_{i|i} U_1 S_1^{\frac{1}{2}} W \tag{3.3-181}$$

令 $W=I$，得到：

$$\grave{A} = S_1^{-\frac{1}{2}} U_{1-}^{+} P_{i-1} U_1 S_1^{\frac{1}{2}} \tag{3.3-182}$$

$$\grave{C} = Y_{i|i} U_1 S_1^{\frac{1}{2}} \tag{3.3-183}$$

通过 $\grave{A}$ 和 $\grave{C}$，就可以求得结构的频率、阻尼比和振型，其求解的具体过程与 SSI-COV 方法一样。

SSI-DATA 的算法流程图如图 3.3-12。

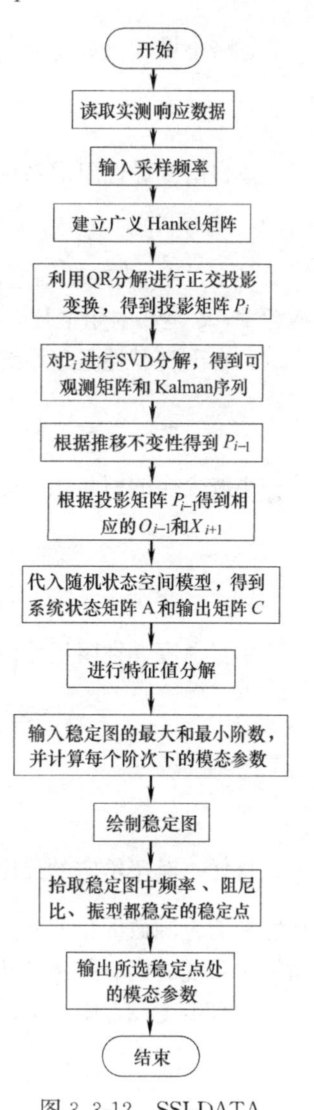

图 3.3-12　SSI-DATA 法流程图

3.4　时频域法模态参数识别

大多数频域、时域识别方法要求环境激励是白噪声或非白噪声平稳激励，然而工程实际不能总是满足，而时频分析方法能同时在时域和频域内分析信号的变化，研究响应信号的局部时频特征，因此对于平稳和非平稳信号均适用。而且时频方法能识别时变系统和一类非线性问题。

3.4.1　小波变换

小波变换识别模态参数的一般过程为：首先应用随机减量技术或者自然激励技术，从响应信号中提取结构的自由衰减响应或者脉冲响应函数等信息，然后对自由响应信号进行连续小波变换，从中提取小波脊线，识别出结构模态所对应的尺度信息，进而根据小波系数幅值和相位信息的拟合数据，识别出系统的所有模态参数。小波变换在非平稳信号处理中占据着重要的地位。其基本理论如下。

考虑一渐近单频信号 $x(t)=A(t)\cos(\omega t)$，利用 Hilbert 变换得到其解析信号为：

$$x_a(t)=x(t)+jH[x(t)]=A(t)e^{j\omega t} \tag{3.4-1}$$

其中，$H[x(t)]$ 是 $x(t)$ 的 Hilbert 变换。

$$H[x(t)]=x(t)^{*}\ \frac{1}{\pi t}=\frac{1}{\pi}\int_{-\infty}^{+\infty}x(\tau)\ \frac{1}{t-\tau}\mathrm{d}\tau \tag{3.4-2}$$

Hilbert 变换后的解析信号与原信号具有相同的幅值和频率范围，其中包含了原始数据的相位信息。信号 $x(t)$ 与其解析信号 $x_a(t)$ 的小波变换的关系是：

$$W_a(a,b)=\frac{1}{2}W_{x_a}(a,b) \tag{3.4-3}$$

小波函数 $\psi_{a,b}(t)$ 具有紧支撑性，可以将 $A(t)$ 在 $t=b$ 附近泰勒级数展开：

$$W_a(a,b)=\frac{1}{2\sqrt{a}}\int_{-\infty}^{+\infty}\{A(b)+o[A(b)]\}\psi^{*}\left(\frac{t-b}{a}\right)e^{j\omega t}\,\mathrm{d}t \tag{3.4-4}$$

忽略小量 $o[A(b)]$，得到：

$$W_a(a,b)=\frac{\sqrt{a}}{2}A(b)\psi^{*}(a\omega)e^{j\omega b} \tag{3.4-5}$$

单自由度黏性阻尼系统脉冲响应函数可以表示为：

$$x(t)=A_0e^{-\zeta\omega_n t}\cos(\omega_d+\varphi_0) \tag{3.4-6}$$

其中，A_0 为振动幅值，ω_n、$\omega_d=\sqrt{1-\zeta^2}\,\omega_n$ 分别是系统在无阻尼和有阻尼情况下的圆频率，ζ 是相对阻尼比，φ_0 是初始相位。

单自由度黏性阻尼系统脉冲响应函数的小波变换为：

$$W_x(a,b)=\frac{\sqrt{a}}{2}A_0e^{-\zeta\omega_n b}\psi^{*}(a\omega_d)e^{j(\omega_d b+\varphi_0)} \tag{3.4-7}$$

小波变换的模与相位分别是：

$$\begin{cases}|W_a(a,b)|=\dfrac{\sqrt{a}}{2}Ae^{-\zeta\omega_n b}\,|\hat{\psi}^{*}(a\omega_d)|\\ \mathrm{Arg}[W_x(a,b)]=\omega_d b+\varphi_0\end{cases} \tag{3.4-8}$$

单自由度黏性阻尼系统脉冲响应函数经过小波变换后，由其模及相位可以得到：

$$\begin{cases}\zeta\omega_n=-\dfrac{\mathrm{d}}{\mathrm{d}b}[\ln|W_x(a,b)|]\\ \omega_d=\dfrac{\mathrm{d}}{\mathrm{d}b}\{\mathrm{Arg}[W_x(a,b)]\}\end{cases} \tag{3.4-9}$$

这样，对于给定的尺度参数 a，特别是当 $a=\dfrac{\omega_0}{\omega_d}$（$\omega_0$ 是小波函数中心圆频率）时，从脉冲响应函数的小波变换模在单对数坐标中直线斜率以及小波变换幅角的直线斜率即可估算出系统的固有频率和相对阻尼比。

多自由度黏性阻尼振动系统脉冲响应函数可以写成：

$$h(t)=\sum_{i=1}^{N}A_i(t)\cos(\omega_{di}t+\varphi_i),A_i(t)=A_{0i}e^{-\zeta\omega_{ni}t} \tag{3.4-10}$$

其中，N 是需要考虑的模态阶数，A_{0i}、ω_{ni}、$\omega_{di}=\sqrt{1-\zeta_i^2}\,\omega_{ni}$ 和 ζ_i 分别是系统第 i

阶振幅、无阻尼情况固有频率、有阻尼情况固有频率和相对阻尼比。

多自由度黏性阻尼振动系统脉冲响应函数作小波变换：

$$W_h(a,b)=\int_{-\infty}^{+\infty}\sum_{i=1}^{N}A_i(t)\cos(\omega_{d_i}t+\varphi_i)\psi_{a,b}^{*}(t)\mathrm{d}t \tag{3.4-11}$$

小波变换是线性变换，可以交换式（3.4-11）积分和求和的运算顺序。同时将 $A_i(t)$ 在 $t=b$ 附近泰勒级数展开并忽略小量 $o[A_i(b)]$，得到：

$$W_h(a,b)=\sum_{i=1}^{N}\frac{\sqrt{a}}{2}A_{0i}e^{-\zeta_i\omega_{ni}b}\hat{\psi}^{*}(a\omega_{di})e^{j(\omega_{di}b+\varphi_i)} \tag{3.4-12}$$

不同尺度的小波变换相当于用一组带通滤波器对信号进行带通滤波处理，选择不同的尺度参数 a 值使小波基的频窗中心近似等于某阶模态频率即可实现模态滤波，系统实现解耦，式（3.4-12）中该阶模态给出主要贡献。式（3.4-12）重写为：

$$W_h(a_i,b)=\frac{\sqrt{a_i}}{2}A_{0i}e^{-\zeta_i\omega_{ni}b}\hat{\psi}^{*}(a_i\omega_{di})e^{i(\omega_{di}b+\varphi_i)} \tag{3.4-13}$$

根据式（3.4-13），多自由度黏性阻尼系统脉冲响应函数经过小波变换后，由其模及相位可以得到：

$$\begin{cases}\zeta_i\omega_{ni}=-\dfrac{\mathrm{d}}{\mathrm{d}b}[\ln|W_h(a_i,b)|]=-k_i\\[2mm]\omega_{di}=\dfrac{\mathrm{d}}{\mathrm{d}b}\{\mathrm{Arg}[W_h(a_i,b)]\}\end{cases} \tag{3.4-14}$$

解得：

$$\begin{cases}\omega_{ni}=\sqrt{k_i^2+\omega_{di}^2}\\[2mm]\zeta_i=\dfrac{-k_i}{\sqrt{k_i^2+\omega_{di}^2}}\end{cases} \tag{3.4-15}$$

小波变换的流程图如图 3.4-1。

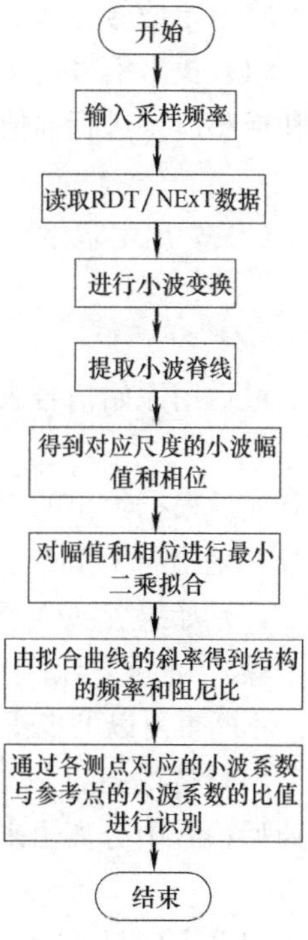

开始
输入采样频率
读取RDT/NExT数据
进行小波变换
提取小波脊线
得到对应尺度的小波幅值和相位
对幅值和相位进行最小二乘拟合
由拟合曲线的斜率得到结构的频率和阻尼比
通过各测点对应的小波系数与参考点的小波系数的比值进行识别
结束

图 3.4-1　小波变换流程图

3.4.2　希尔伯特-黄变换

希尔伯特-黄变换（Hilbert-Huang Transform，HHT）主要由经验模态分解（Empirical Mode Decomposition，EMD）和希尔伯特变换（Hilbert Transform，HT）两部分组成。该方法的基本过程是先将时间信号进行 EMD 分解，产生一组具有不同特征时间尺度的固有模态函数（Intrinsic Mode Function，IMF），然后再对每一个 IMF 分别作 Hilbert 变换，得到各自的瞬时振幅和瞬时频率。把瞬时振幅表示在时间一频率平面上，就得到了 Hilbert 谱，该谱能够准确地描述信号的能量随时间和频率的变化规律。

在 HHT 方法中，一般是用信号的 Hilbert 变换来获得瞬时频率信息的。

对于任一时间序列 $X(t)$，其 Hilbert 变换 $Y(t)$ 定义为：

$$Y(t)=\frac{1}{\pi}P\int_{-\infty}^{+\infty}\frac{X(\tau)}{t-\tau}\mathrm{d}\tau \tag{3.4-16}$$

由原始的时间序列 $X(t)$ 与其 Hilbert 变换 $Y(t)$ 可以构造一个解析信号：

$$Z(t)=X(t)+iY(t)=a(t)e^{i\theta(t)} \tag{3.4-17}$$

其中：

$$a(t)=[X^2(T)+Y^2(t)]^{\frac{1}{2}}$$
$$\theta(t)=\arctan\left[\frac{Y(t)}{X(t)}\right] \tag{3.4-18}$$

1. 经验模式分解

经验模式分解方法的本质是将非平稳信号分解为一系列固有模态函数（IMF）和一个残余函数。对其中的固有模式函数（IMF），Huang 给出了定义，一个固有模式函数（IMF）是满足以下两个条件的函数：

（1）整个函数的极值点个数与零点的个数最多只能相差 1 个；

（2）在函数的任何一点上，局部极大值和局部极小值拟合后得到的上下包络线均值都要为零。

将原始信号分解成多个 IMF 并进行 Hilbert 变换。

（1）找出信号 $x(t)$ 的最大值和最小值，通过三次样条曲线方法对所有得到的极大值点和极小值点进行插值处理，得到信号的上下包络线 $e_{\max}(t)$ 和 $e_{\min}(t)$，满足：

$$e_{\min}(t)\leqslant x(t)\leqslant e_{\max}(t) \tag{3.4-19}$$

（2）算出上包络线与下包络线的平均值：

$$m(t)=\frac{e_{\max}(t)+e_{\min}(t)}{2} \tag{3.4-20}$$

最后用原始信号去减上下包络线的平均值可以得到：

$$h_1(t)=x(t)-m_1(t) \tag{3.4-21}$$

然后根据给出的判别条件判断 $h_1(t)$ 是否为需要的 IMF，如果满足此条件，则认为 $h_1(t)$ 是第一个 IMF。

（3）如果 $h_1(t)$ 不满足 IMF 的判别条件，那么把 $h_1(t)$ 作为原始数据代入步骤（1）和步骤（2）重复计算上下包络线均 $m_{11}(t)$，接着判别 $h_{11}(t)=h_1(t)-m_{11}(t)$ 是否满足条件。不断重复以上步骤，直至所得的 $h_{1k}(t)=h_{1(k-1)}(t)-m_{1k}(t)$符合 IMF 判别条件为止。

（4）将得到的 $h_{1k}(t)$ 记为 $c_1(t)$，当作原始信号 $x(t)$ 的第一个 IMF，并将 $c_1(t)$ 从原始信号中分离出来：

$$r_1(t)=x(t)-c_1(t) \tag{3.4-22}$$

对分离信号的余下部分 $r_1(t)$ 继续按照上面方法进行 EMD 分解，直到最后剩余部分是单调函数或者它的值小于某一个设定值时，分解才结束。

通过这种方式，最终可以将信号 $x(t)$ 自适应地分解为从高频到低频的 n 个 IMF 和趋势项 $r(t)$：

$$x(t)=\sum_{k=1}^{n}c_k(t)+r(t) \tag{3.4-23}$$

对 EMD 分解所得的 $c_k(t)$ 进行 Hilbert 变换，有：

$$d_k(t)=\frac{1}{\pi}P\int_{-\infty}^{+\infty}\frac{c_k(\tau)}{t-\tau}\mathrm{d}\tau \tag{3.4-24}$$

将 $c_k(t)$ 和 $d_k(t)$ 组成解析信号：

$$Z_k(t)=c_k(t)+id_k(t)=a_k(t)e^{j\theta_k(t)} \tag{3.4-25}$$

各个 IMF 的瞬时频率：

$$\omega_k(t)=\frac{\mathrm{d}\theta_k(t)}{\mathrm{d}t} \tag{3.4-26}$$

对系统脉冲激励下的信号或是自由响应作 EMD 分解，分解出的 IMF 可以表示成：

$$\mathrm{IMF}_i(t)=A_{i0}e^{-\xi_i\omega_i t}\cos(\omega_{di}t+\theta_{i0}) \tag{3.4-27}$$

对得到的 IMF 进行 Hilbert 变换，可求得 $\mathrm{IMF}_i(t)$ 的各个解析信号：

$$z_i=\mathrm{IMF}_i(t)+jH[\mathrm{IMF}_i(t)]=A_i(t)e^{-j\theta_i(t)} \tag{3.4-28}$$

如果阻尼小到可以忽略时，瞬时幅值与瞬时相位分别写成：

$$A_i(t)=A_{i0}e^{-\xi_i\omega_i t} \tag{3.4-29}$$

$$\theta_i(t)=\omega_{di}t+\theta_{i0} \tag{3.4-30}$$

接着对瞬时幅值两边取对数并且对瞬时相位两边进行微分得：

$$\ln A_i(t)=-\xi_i\omega_i t+\ln A_{i0} \tag{3.4-31}$$

$$\omega(t)=\omega_{di}=\frac{\mathrm{d}\theta_i(t)}{\mathrm{d}t} \tag{3.4-32}$$

根据式（3.4-33）可以得到各个 IMF 的幅值环境对数曲线，根据式（3.4-31）可得瞬时频率曲线，再对瞬时频率曲线以及幅值环境对数曲线进行线性拟合，依据拟合曲线的参数和模态参数的关系就可识别系统的固有频率和阻尼比。

2. 希尔伯特-黄变换

HHT 方法将初始信号 $x(t)$ 分解为一系列 IMF 分量和一个残余函数后，对各个 IMF 分量 $c_i(t)$ 进行 Hilbert 变换，实际的信号处理应用中，连续信号 $x(t)$ 的希尔伯特变换则定义为：

$$H[x(t)]=\frac{1}{\pi}\int_{-\infty}^{+\infty}\frac{x(\tau)}{t-\tau}\mathrm{d}\tau=\frac{1}{\pi}\int_{-\infty}^{+\infty}\frac{x(\tau-t)}{t}\mathrm{d}\tau=x(t)\frac{1}{\pi t} \tag{3.4-33}$$

在对 IMF 分量进行 Hilbert 变换前，首先要对各个 IMF 分量进行转换：

$$z(t)=c(t)+jH[c(t)] \tag{3.4-34}$$

进一步表示为：

$$c(t)=a(t)\cos\phi(t) \tag{3.4-35}$$

其中：

$$a(t)=\sqrt{c^2(t)+H^2[c(t)]} \tag{3.4-36}$$

$$\phi(t)=\arctan\{H[c(t)]/c(t)\} \tag{3.4-37}$$

得到瞬时频率的定义式：

$$\omega(t)=\frac{\mathrm{d}\phi(t)}{\mathrm{d}t} \tag{3.4-38}$$

最后，将残余函数 $r(t)$ 省去后，原始数据 $x(t)$ 可以表示为：

$$x(t)=\mathrm{Re}\sum_{i=1}^{n}a_i(t)e^{j\phi_i(t)}=H(\omega,t) \tag{3.4-39}$$

$H(\omega, t)$ 就是 Hilbert 幅值谱，简称 Hilbert 谱。将 Hilbert 谱沿时域积分即为边际谱：

$$h(\omega)=\int_0^T H(\omega,t)\mathrm{d}t \tag{3.4-40}$$

EMD 加上 Hilbert 变换就构成了完整的 HHT 理论体系。

HHT 法参数识别流程如图 3.4-2。

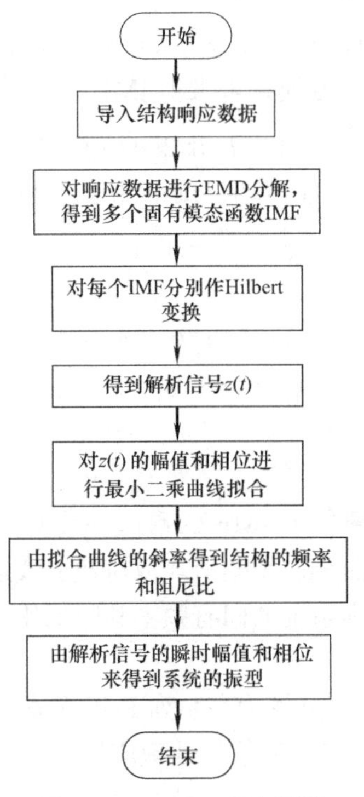

图 3.4-2　HHT 法流程图

3.5　模态参数影响因素

多自由度体系结构的动力方程为：

$$[M]\{\ddot{x}\}+[C]\{\dot{x}\}+[K]\{x\}=\{P\} \tag{3.5-1}$$

其中，$[M]$、$[C]$ 和 $[K]$ 分别为结构的质量、阻尼和刚度矩阵，$\{x\}$、$\{\dot{x}\}$ 和 $\{\ddot{x}\}$ 分别为结构的位移、速度和加速度，$\{P\}$ 为激振力。

当不考虑阻尼时，结构振动的特征值方程可表示为：

$$([K]-\omega^2[M])\{\phi_i\}=\{0\} \tag{3.5-2}$$

其中，ω_i 与 $\{\phi_i\}$ 分别是结构第 i 阶频率和正则化振型向量。

由上述公式可知，当不考虑结构阻尼时，结构模态参数与其质量、刚度有关。结构构件的材料特性和构件尺寸的改变均将引起单元刚度的变化，进而导致结构模态频率发生改变。另外，不同的节点刚度假定、约束假定以及设计分析中未考虑的附属结构同样会引起结构刚度的变化，从而改变结构的模态参数。

除上述结构因素影响其自身模态参数外，服役期间的结构必然会受到环境因素（例如温度、湿度、风等）的影响，并会导致结构模态参数的变化。

此外，针对实测结构响应时程采用不同的模态识别方法得到的模态参数也不尽相同。

综上所述，结构模态参数的影响因素可分为结构因素、环境因素以及模态参数识别影响三个方面。

3.5.1　结构因素影响

影响结构模态参数的结构因素包括：材料特性、构件尺寸、节点刚度、下部支承结构刚度以及檩条、屋面等次结构和附属结构。

1. 材料特性影响

杆件的材料特性主要表现为密度、弹性模量、泊松比等方面。随着结构服役时间的增长，结构的材料会出现徐变、松弛以及老化等现象，材料特性会随之发生改变；另外常用材料本身在加工制作过程中也具有一定的离散性，这些都会导致杆件的材料特性发生变化。

结构模态参数的灵敏度分析是研究结构模态参数与材料特性参数之间关系的有效方法。基于ANSYS灵敏度分析方法分析模态参数对材料特性的敏感程度，发现材料特性中的弹性模量对结构模态频率的影响最为显著，二者呈正相关关系。在实际工程中，可以考虑通过杆件的材性试验获得材料真实的弹性模量分布，基于此对结构有限元模型进行修正，以得到结构正常使用时的模态参数。另一方面，基于弹性模量对模态频率的影响，在损伤识别中，结构及构件的弹性模量可通过取样或局部检测获得，通过弹性模量折减来模拟刚度折减，进而修正模型或损伤识别。

2. 构件尺寸影响

结构的构件在生产制作过程中会产生偏差，如混凝土梁柱的截面、钢管的直径和壁厚等，在结构施工过程中，也会产生施工安装偏差。相关规范对结构构件制作与安装过程中的允许偏差作了相应规定。如在网架结构中，不仅杆件长度可以存在允许偏差，螺栓球或焊接球的直径也存在允许偏差。这样，杆件的轴心长度偏差就是二者之和。

现有基于实际杆件加工状况的调查，认为杆件长度偏差在规范允许范围内符合正态分布的统计特征。已有研究认为杆件长度误差的存在相当于对杆件安装过程中施加预应力，可据此对结构进行数值模拟分析。杆件长度误差的存在会对结构静力参数、模态参数造成影响，甚至会降低结构的极限承载力。也就是说，即使结构杆件误差符合国家规范要求，其模态参数与理论计算值仍会有明显的差别，在实际的计算与监测中应考虑这些误差带来的影响。

另外，结构构件的损伤也会导致结构模态参数改变，这也是以构件截面的削弱来模拟并进行结构损伤识别的基础。已有的对网壳模型进行损伤识别试验研究发现，单根杆件截面完全破坏时，结构模型1阶模态频率变化约2.0%，但随着结构规模增大、杆件数量增多，单根杆件破坏对模态频率的影响越来越不明显。基于模态参数的损伤识别是目前使用最广泛的损伤识别方法，而实际中制造安装误差等因素引起结构模态参数的改变可淹没结构损伤所造成的改变，因此在结构有限元模型分析时应充分考虑构件尺寸偏差的影响。

3. 节点刚度假定影响

实际工程结构的构件之间的连接节点是复杂的，现有的结构有限元分析模型中一般只有构件而没有节点，将节点进行了刚接或铰接等形式的简化。比如，现行《空间网格结构技术规程》JGJ 7 指出，网架的结构分析可忽略节点刚度的影响，假定节点为铰接，杆件只承受轴向力。实际上，无论是螺栓球还是焊接空心球网架节点均具有一定的轴向刚度和弯曲刚度。

在对实际结构进行有限元模型分析时，应考虑采用精细化及多尺度有限元分析和试验研究可以得出的节点刚度对结构整体刚度的影响。以网架为例，对于焊接球节点宜采用轴力柔度系数及弯曲刚度的回归公式来考虑节点刚度，对螺栓球节点通常采用弯矩—转角关系来描述节点刚度。

4. 下部支承结构的刚度影响

对屋盖结构分析时，要求所取约束条件与实际相符。在下部结构较简单或计算能力较低时，分析中一般不考虑下部结构，直接假定为简支、固定或弹簧支座。但是不合理的假定不仅会导致理论分析模态参数与实际工程有所差别，严重的可能引起工程事故。另外，同一屋盖结构采用不同形式和参数的支座时，也会使得整个结构的模态参数发生变化。

随着分析软件能力和计算机速度的提高，目前多采用上下部结构整体分析的方法。不过，对整个建筑结构采用精细化的有限元分析是不现实的，需要采用多尺度的有限元分析方法，结果会与实际更加相符，这也相当于进行了结构有限元模型修正。因此，采用合理的支座假定，并采用考虑上下部结构共同工作的多尺度有限元方法进行结构分析，是充分考虑这一影响的有效措施。

5. 檩条、屋面等次结构和附属结构影响

在目前的结构设计计算模型中，一般不考虑非承重墙、屋面檩条及屋面板等次结构和围护构件，只将相应荷载（质量）施加到主体结构上，屋面檩条等作为非主体受力构件单独进行设计。而实际中，支托、檩条及屋面板参与结构整体受力和变形，会在一定程度上增大结构整体刚度，并改变结构整体受力性能，使得理论模型分析出来的结构模态参数与实际有明显差别。

考虑檩条、屋面板等次要结构的整体建模方法和试验研究可以得出屋面覆盖对结构整体刚度的影响。以单层柱面网壳为对象进行试验研究表明，考虑屋面板时试验模型的前 3 阶模态频率分别比不考虑屋面板模型的大 9.5%、10.2% 和 6.2%。屋面板每增厚 0.2mm，前 3 阶模态频率平均增大 10.0%、7.0%和 5.0%；在一定范围内，随着檩条尺寸的增加，各阶频率依次增大。可见，考虑附属结构作用的整体有限元模型与结构实际情况更为相符。

3.5.2 环境因素影响

环境因素又包括温度效应、湿度效应以及风效应。

1. 温度效应的影响

国内外学者先后在桥梁结构、建筑结构以及空间结构领域进行大量工程实测，认为温度对结构模态频率改变的影响方式主要有 3 种：①温度变化引起材料弹性模量发生变化；②温度变化引起基础边界条件改变；③温度变化引起结构的受力状态及几何形状发生变化，进而引起模态频率变化。

而对于模态振型和阻尼比的研究发现，温度改变时，结构振幅有的随温度升高而减小，有的随温度升高而增大，各阶模态振型的变化趋势不一致，模态振型、阻尼比与温度变化的相关性不高。

另外，目前大部分的研究在温度效应方面只考虑整体温度变化的影响，而这对于杆件众多、受力路径复杂的结构是远不够的，更需要考虑温度场的影响。基于 ASHRAE 晴空模型和热分析有限元理论可以模拟太阳辐射作用下杆件温度场的日变化及温度场的分布规律。但由于 ASHRAE 晴空模型具有局域性的特点，普适性不强，现有模型并不能覆盖所有地区，要在实际监测中充分考虑温度场的影响，还需构造更多区域的 ASHRAE 晴空模型。

2. 湿度效应的影响

环境中的水分分布在结构表面，并透过空隙渗透其内部，湿度改变会影响结构内部水分的分布，水分也会随着温度的降低而结冰，从而改变结构的承载力和动力特性。

环境湿度的改变常常伴随着温度的改变，此时模态参数的改变并不能确定是由哪种因素造成的，采用主成分分析方法构建模态频率与温湿度之间的关系模型，能够分析各因素对结构模态参数的影响程度。一般可以认为，湿度对砌体结构和木结构是有明显影响的，但对钢结构的影响可以忽略。不过，在湿度较大且有腐蚀性物质时，需要注意其对结构锈蚀或腐蚀性的影响。

3. 风效应的影响

除强风致使结构破坏并改变其模态参数外，风是引起结构振动的重要环境因素。作用于结构的风的特征会引起结构不同形式及幅度的振动，从而会使不同风激励情况下的结构模态参数有所不同。

风振效应对大跨度桥梁有着重要的影响，当桥梁在风中振动时，风致振动输入能量要大于耗散阻尼的能量，会导致颤振和抖振。在结构健康监测系统中，一定要有对风特征的监测，并需要深入分析风对结构的影响。

3.5.3　模态参数识别方法影响

频域方法是将实测的响应信号利用傅里叶变换转化到频域内，通过功率谱密度函数来识别模态参数。采用频域平均技术，在一定程度上抑制了噪声的影响，使模态定阶问题容易解决，但存在频率泄漏、离线分析等不足。相比频域方法，时域方法直接利用实测的响应信号，无需傅里叶变换，因而可以实时在线分析，但由于不使用平均技术，无法有效剔除分析信号中的噪声干扰。时频域方法是利用响应信号的时域和频域信息，同时在时域和频域内分析信号的变化，可以有效地处理非平稳信号，但其识别效率较低，在目前实际监测项目中应用较少。各方法由于其基本理论的不同，识别结果也不尽相同。

3.5.4　网架模型模态参数影响试验

根据场地条件，该网架试验模型网格尺寸为 1.2m×1.2m，厚度为 0.848m，纵向网格数为 11，长度为 13.2m，横向网格数为 6，宽度为 7.2m。由于网架结构的自振频谱相当密集，结构对称时会出现重频现象，而基于环境激励的模态识别方法对网架结构重频现象的识别效率较低，为尽量减小模态参数识别时的误差，本文设计网架结构模型为不完全对称结构，采用下弦点支承方式，纵向分为两跨，一跨长 6.0m，另一跨长 7.2m。纵向两跨柱距不等，这就有效避免了重频现象的出现。网架结构模型如图 3.5-1 所示。试验模型如图 3.5-2 所示。

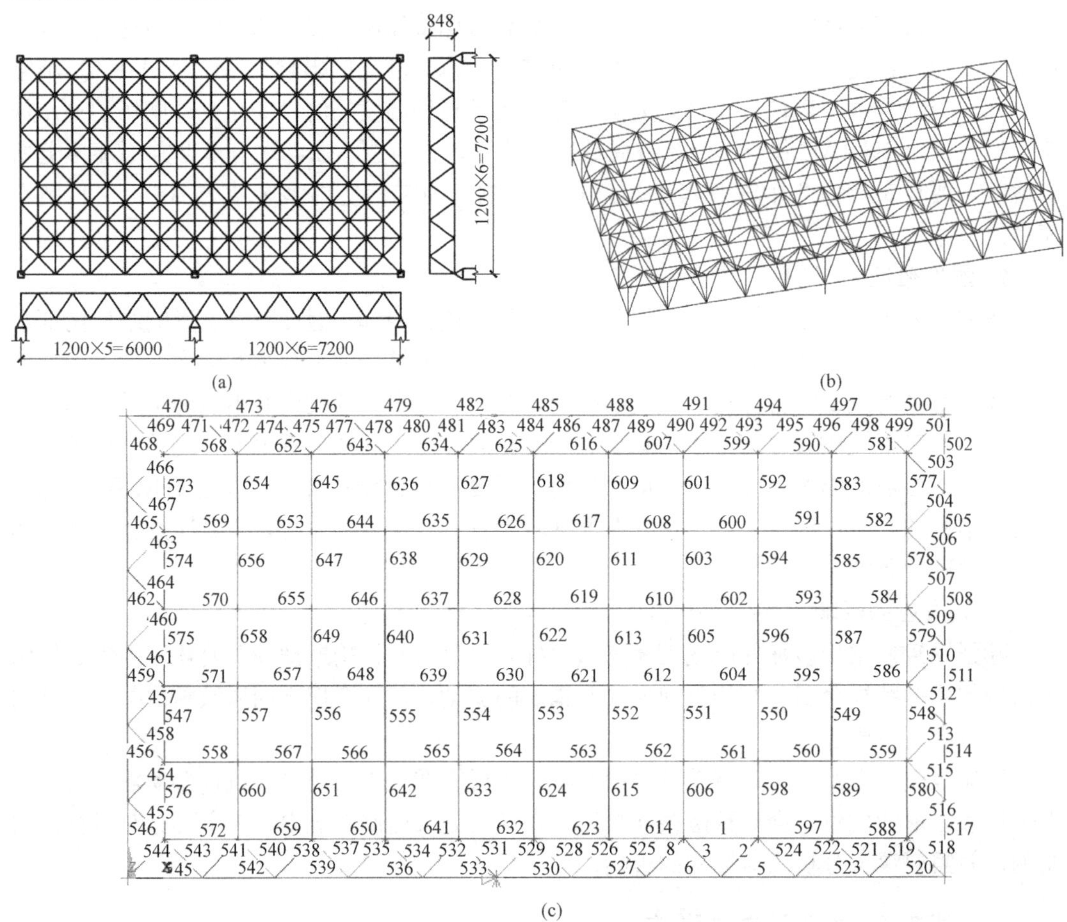

图 3.5-1 网架结构模型

(a) 平面图；(b) 轴测图；(c) 上弦杆件单元编号

图 3.5-2 网架试验模型

本次试验采用力锤激励和环境激励两种激振方式进行。试验中同时采用两种不同的激励方法，可进行相互比较分析，提高试验结果的准确性。

力锤激励，即采用一力锤分别敲击网架结构各节点，拾取力脉冲信号和各点的响应时程信号。这一激励法可较准确得到结构模态参数，但受结构形状、大小的制约。

环境激励，即是以大地产生的微小振动为振源，通过分析各点的响应时程信号从而获得结构模态参数。它适用于任意结构，但其记录的信噪比较低，试验所需时间较长。

为获得试验模型在长轴和短轴方向的模态信息以及局部振动的特点，根据铰接杆系模型的动力特性分析得到的模态振型，依据可测性原理，选取振型峰值点作为测点，另在结构中间布设了若干参考点。并考虑到网架试验模型的特点，在试验模型下弦同时安装垂直向和水平向拾振器实测结构的时程响应信号，测点布置图如图3.5-3所示。

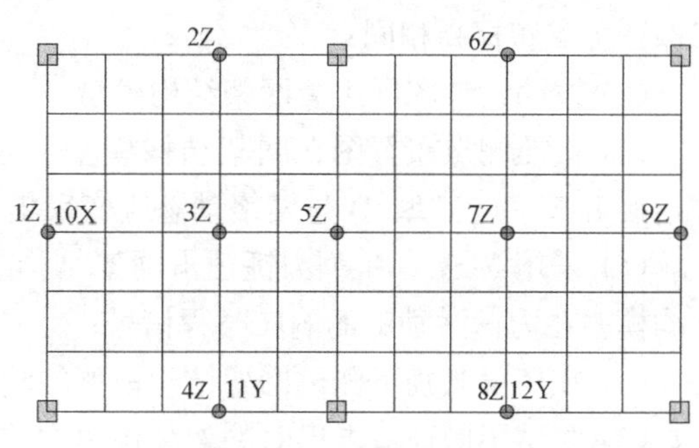

图 3.5-3　测点布置图

图 3.5-4　传感器的安装

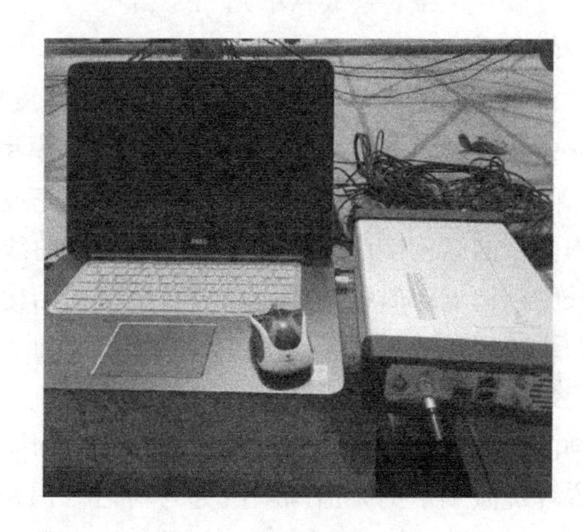

图 3.5-5　数据采集装置

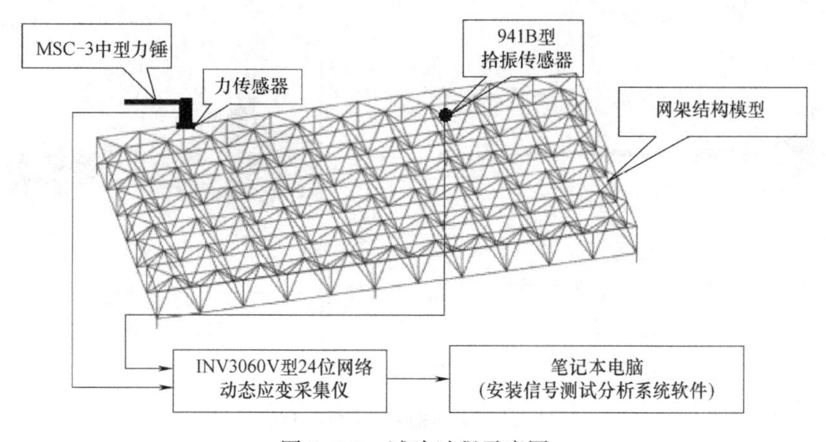

图 3.5-6　试验过程示意图

为了更准确地了解网架结构模型的动力特性，分析各因素对其模态参数的影响程度，本次试验主要在纯网架结构模型状态下进行。此时支座、杆件均已安装完成，网架结构模型除了支座约束外没有其他外部约束，网架除了自身重力外，没有其他外部荷载作用，测得的网架结构模型的模态参数能更好地反映结构本身的固有特性。

具体试验过程如下（图 3.5-4～图 3.5-6）：

（1）选取试验场地，用水准仪抄平地面标高，确定各支座节点位置，通过垫钢板的形式保证各支座标高相同；

（2）按照设计图纸组装网架结构模型；

（3）按照测点布置图在网架结构模型下弦处布置水平和竖向的 941B 型拾振传感器，并连接 INV3060V 型 24 位网络动态应变采集仪；

（4）采用 MSC-3 中型力锤锤击网架结构上弦锤击点，采集激励力锤时程信号和网架结构模型在力锤激励下的响应时程信号；

（5）在环境激励下测试网架结构模型的响应时程信号；

（6）测试不同环境温度时网架结构模型的响应时程信号；

（7）拆卸上弦敏感单元 625 和 632，分别在环境激励下测试网架结构模型的响应时程信号；

（8）通过调节 3 号支座下钢板的厚度模拟支座高度偏差，分 3 级沉降，每级沉降 5mm，分别在环境激励下测试网架结构模型的响应时程信号。

在试验过程中，网架结构模型组装完成后，分别采用力锤激励和环境激励测试网架结构模型的结构响应时程，结构响应时程曲线如图 3.5-7 所示。选取两种激励方式下相同时长的结构响应时程，相比环境激励网架结构模型在受到力锤激励时结构响应时程呈现明显的衰减现象。采用第 3.3.6 节介绍的特征系统实现法（ERA）识别两种激励方式下的网架结构模型的模态参数，频谱图如图 3.5-8 所示。由频谱图可以看出，力锤激励和环境激励两种激励方式下的频谱图峰值明显，均能识别出结构 6 阶模态频率，且相比力锤激励来说环境激励下的频谱图幅值更为均匀，识别效果更好。这是由于试验选用 MSC-3 中型力锤，虽然适用于中型结构的激励，但也受限于结构的大小，一点锤击时难以在多点产生共振，以至于测试效果不如环境激励理想。因此，在对此类结构进行振动检测时，宜采用环

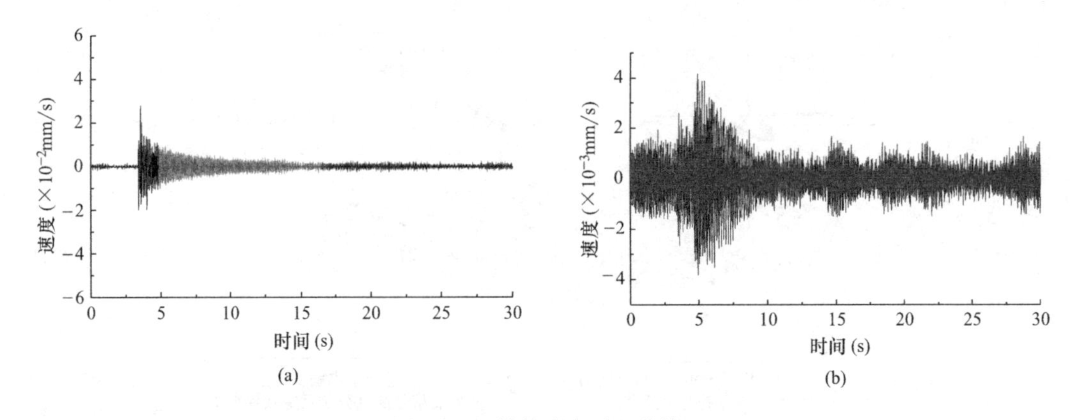

图 3.5-7　结构响应时程曲线

（a）力锤激励下结构响应时程；（b）环境激励下结构响应时程

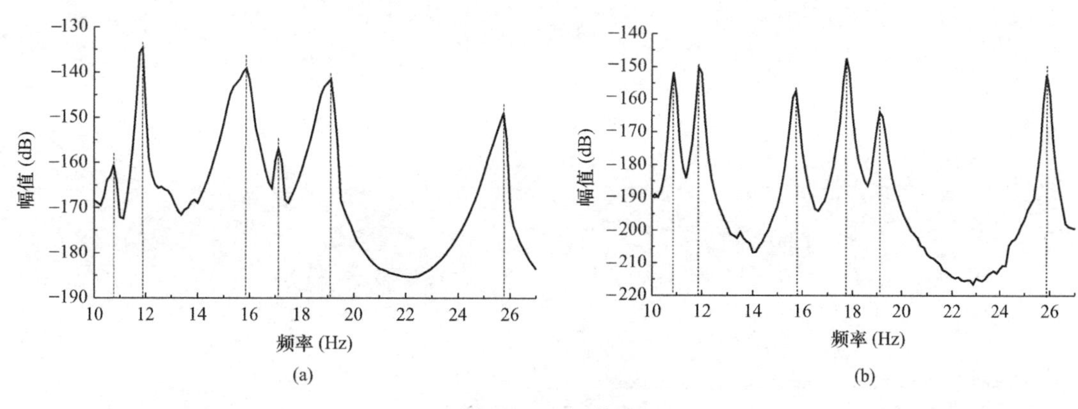

图 3.5-8 频谱图

(a) 力锤激励下频谱图；(b) 环境激励下频谱图

境激励对其激励并测其结构响应时程。

试验过程中采用 941B 型拾振传感器获取结构水平向响应数据时，拾振器在自身重力作用下会产生竖向振动，而结构水平振动幅度较小，所以拾振器获取的结构水平向响应数据中掺杂了其自身的竖向振动响应，在水平向模态参数识别过程中产生影响，所以未能识别出水平向振动的模态参数。

由于本次试验是在纯网架结构模型状态下进行的，即在只考虑结构自身重力作用下结构的模态参数。实测结构前 6 阶模态频率见表 3.5-1，因测点主要布置在网架结构模型下弦，实测振型为网架结构模型下弦平面以及对应下弦平面理论振型，如图 3.5-9 所示。比较理论频率与实测频率发现，网架结构模型前 6 阶频率的最大误差可达到 12.65%，最小误差是 1.68%，实测结构前 6 阶振型均以竖向振动为主。损伤工况下的结构前 6 阶模态频率见表 3.5-2 和表 3.5-3，拆除上弦杆件单元模拟损伤的造成频率改变的实测值要大于理论值，这主要是由于在拆卸杆件的过程中相连杆件会产生松动，导致结构刚度降低，实测频率改变大于理论频率改变。

另外，纯网架结构在完好状态下，前 6 阶频率的理论值与实测值间的误差最大可达到 12.65%，而损伤状态下，无论是理论频率变化值还是实测频率变化值都远远小于这一误差，由此可见，有限元模型计算的理论频率与实测频率之间的误差可淹没由损伤所造成的结构频率的改变。因此，基于实际情况对有限元模型进行修正就尤为重要。

结构前 6 阶实测模态频率 **表 3.5-1**

阶次	理论值		实测值		误差(%)
	频率(Hz)	周期(s)	频率(Hz)	周期(s)	
1	12.02	0.08	10.88	0.09	−9.48
2	13.60	0.07	11.88	0.08	−12.65
3	15.49	0.06	15.75	0.06	1.68
4	18.34	0.05	17.75	0.06	−3.22
5	18.59	0.05	19.13	0.05	2.90
6	21.96	0.05	25.65	0.04	16.80

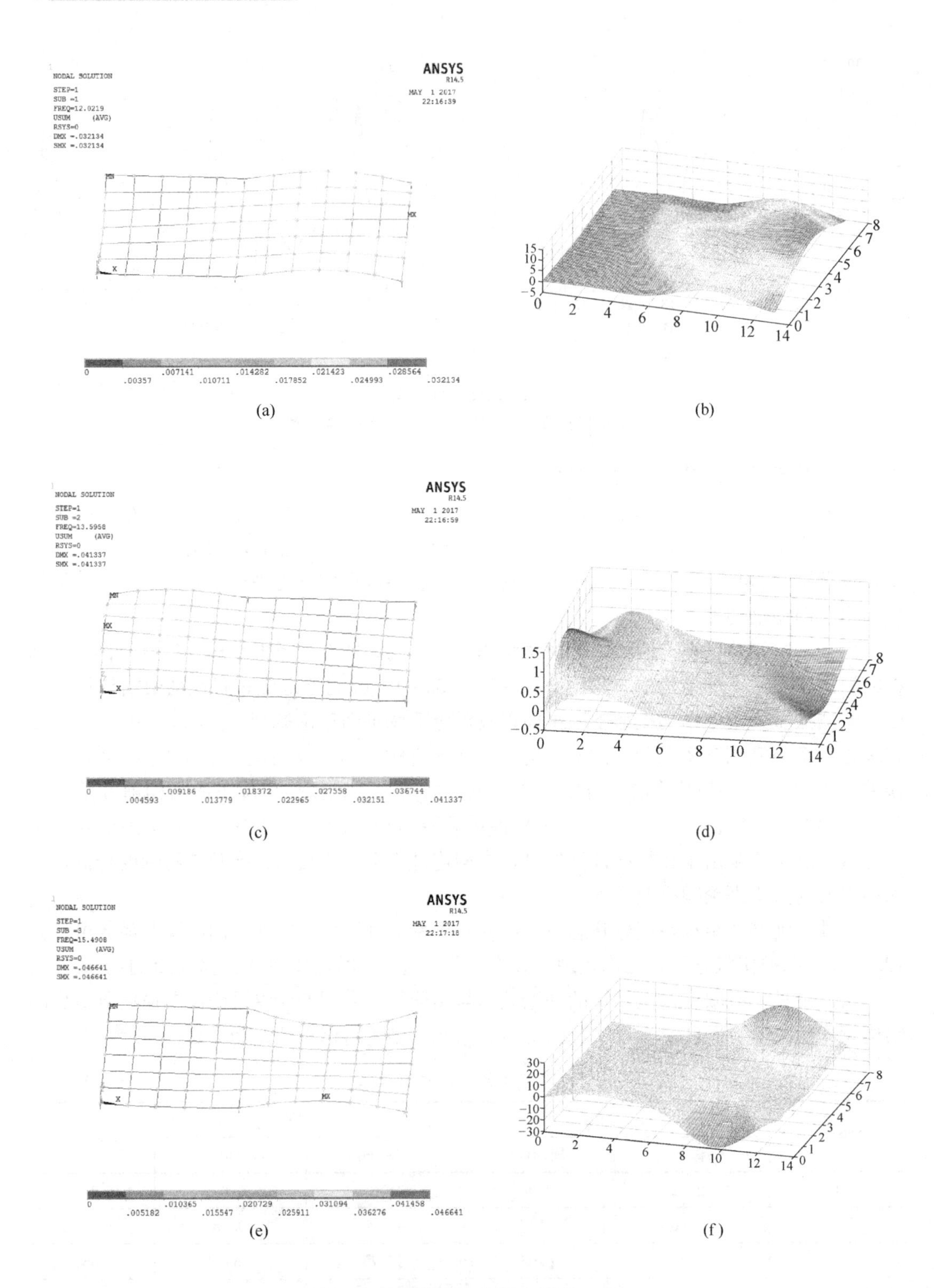

图 3.5-9 结构前 6 阶模态振型（一）

(a) 1 阶理论振型；(b) 1 阶实测振型；(c) 2 阶理论振型；(d) 2 阶实测振型；(e) 3 阶理论振型；(f) 3 阶实测振型

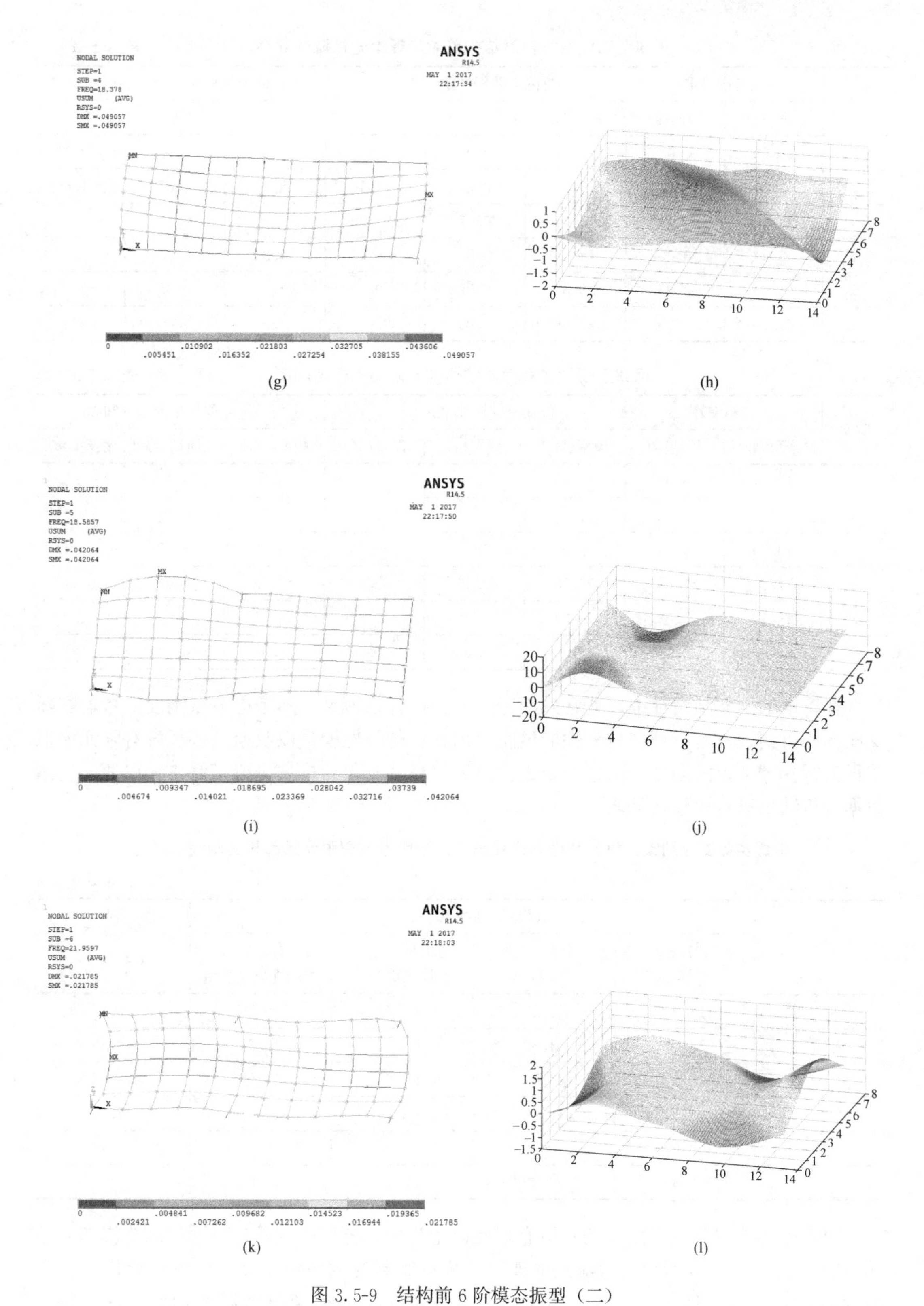

图 3.5-9　结构前 6 阶模态振型（二）

(g) 4 阶理论振型；(h) 4 阶实测振型；(i) 5 阶理论振型；(j) 5 阶实测振型；(k) 6 阶理论振型；(l) 6 阶实测振型

拆卸上弦敏感杆件时结构前 6 阶理论分析模态频率　　表 3.5-2

阶次	只考虑自重		拆除上弦杆件单元 625			拆除上弦杆件单元 625 和 632		
	频率(Hz)	周期(s)	频率(Hz)	周期(s)	误差(%)	频率(Hz)	周期(s)	误差(%)
1	12.02	0.08	11.84	0.08	−1.46	11.68	0.09	−2.83
2	13.60	0.07	13.45	0.07	−1.10	13.37	0.07	−1.69
3	15.49	0.06	15.25	0.07	−1.55	14.92	0.07	−3.68
4	18.34	0.05	18.33	0.05	−0.05	18.31	0.05	−0.16
5	18.59	0.05	18.53	0.05	−0.32	18.45	0.05	−0.75
6	21.96	0.05	21.96	0.05	0.00	21.96	0.05	0.00

拆卸上弦敏感杆件时结构前 6 阶实测模态频率　　表 3.5-3

阶次	结构完好		拆除上弦杆件单元 625			拆除上弦杆件单元 625 和 632		
	频率(Hz)	周期(s)	频率(Hz)	周期(s)	误差(%)	频率(Hz)	周期(s)	误差(%)
1	10.88	0.09	10.42	0.10	−4.22	10.30	0.10	−5.33
2	11.88	0.08	11.73	0.09	−1.23	11.57	0.09	−2.61
3	15.75	0.06	15.63	0.06	−0.75	15.16	0.07	−3.74
4	17.75	0.06	17.75	0.06	0.02	17.79	0.06	0.21
5	19.13	0.05	19.07	0.05	−0.33	18.75	0.05	−2.00
6	25.65	0.04	25.52	0.04	−0.52	25.36	0.04	−1.15

在正常的网架结设计中，通常采用理想的铰接杆系模型，不考虑节点刚度。考虑实际支座的约束情况、基于杆件材料性能试验得出材料的弹性模量以及通过多尺度有限元模拟获得的螺栓球节点的刚度，从这三个方面对铰接杆系有限元模型进行了修正，以便与实测数据分析结果进行比较，见表 3.5-4。

考虑实际支座约束、材料特性和螺栓球节点半刚性的有限元频率与实测频率对比

表 3.5-4

阶次	有限元分析频率(Hz)				实测频率(Hz)
	铰接杆系模型	考虑支座约束修正模型	考虑材料特性修正模型	考虑螺栓球节点半刚性修正模型	
1	12.02	10.22	9.77	10.76	10.88
2	13.60	11.59	11.08	12.21	11.88
3	15.49	14.70	14.05	15.67	15.75
4	18.34	16.64	15.91	17.63	17.75
5	18.59	19.34	18.48	20.60	19.13
6	25.65	24.28	23.19	25.85	25.65

以考虑螺栓球节点半刚性的整体有限元模型为例，分析温度效应对网架结构模态参数的影响，如图 3.5-10 所示。考虑到网架试验模型组装时的环境温度，设置初始模型参考温度为 10℃。环境温度从−20℃逐渐均匀升温至 50℃，网架整体温度均匀变化，每隔 10℃计算一次网架结构模型静力特性及动力特性，并输出杆件应力及结构模态参数。

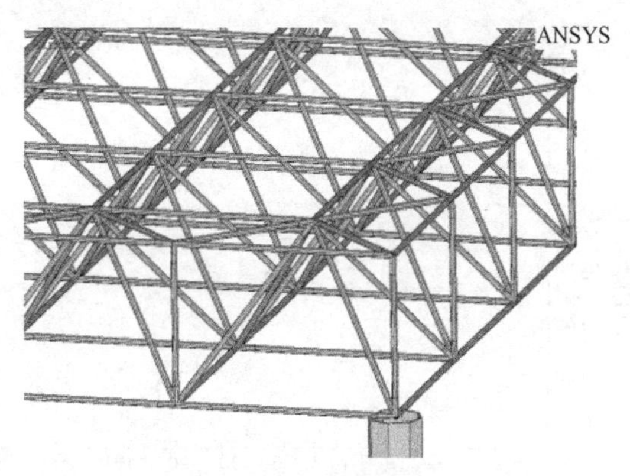

图 3.5-10　考虑螺栓球节点半刚性的整体有限元模型

分别从网架结构的上弦、腹杆及下弦中选取轴向应力绝对值最大的杆件作为网架结构模型的关键杆件，关键杆件应力计算结果如图 3.5-11 所示。当温度逐渐升高时，网架的上弦和下弦关键杆件的应力由拉应力逐渐变为压应力，腹杆中关键杆件的应力由压应力逐渐变为拉应力，且下弦关键杆件的应力变化率最大，上弦次之，腹杆关键杆件的应力变化率最小。结构前 6 阶模态频率计算结果见表 3.5-5 和图 3.5-12，当环境温度从−20℃逐渐均匀升温至 50℃时，各阶模态频率均与温度呈负相关关系，减小幅度依次为−2.94%、−2.27%、−2.22%、−1.86%、−1.78%、−1.35%。由此可见，当温度升高时，网架结构模型杆件整体受到轴向压应力，轴向应力的存在使结构挠度增大，几何刚度下降，结构前 6 阶模态频率均减小，且低阶模态频率变化率大于高阶模态频率变化率。这一网架结构模型数值模拟结果与之前的理论分析一致，验证之前理论的正确性。

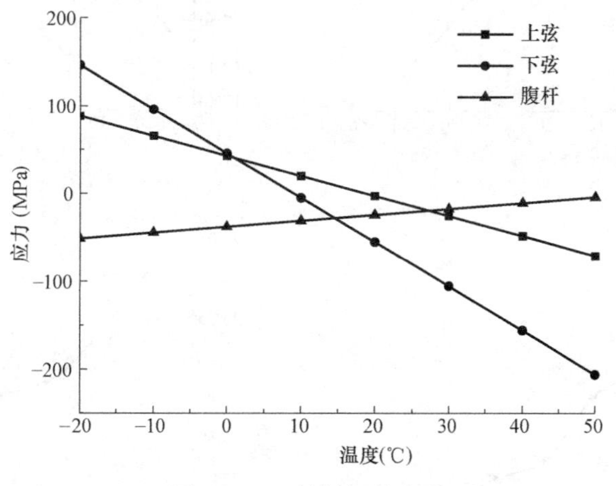

图 3.5-11　关键杆件应力

温度变化时结构前 6 阶计算模态频率值　　**表 3.5-5**

温度(℃)	模态频率(Hz)					
	1 阶	2 阶	3 阶	4 阶	5 阶	6 阶
−20	10.88	12.33	15.80	17.77	20.75	26.00
−10	10.83	12.29	15.74	17.69	20.69	25.93
0	10.80	12.26	15.70	17.65	20.63	25.87
10	10.76	12.21	15.67	17.63	20.60	25.85
20	10.73	12.16	15.60	17.59	20.52	25.80
30	10.63	12.12	15.57	17.54	20.50	25.77
40	10.60	12.10	15.51	17.50	20.45	25.73
50	10.56	12.05	15.45	17.44	20.38	25.65

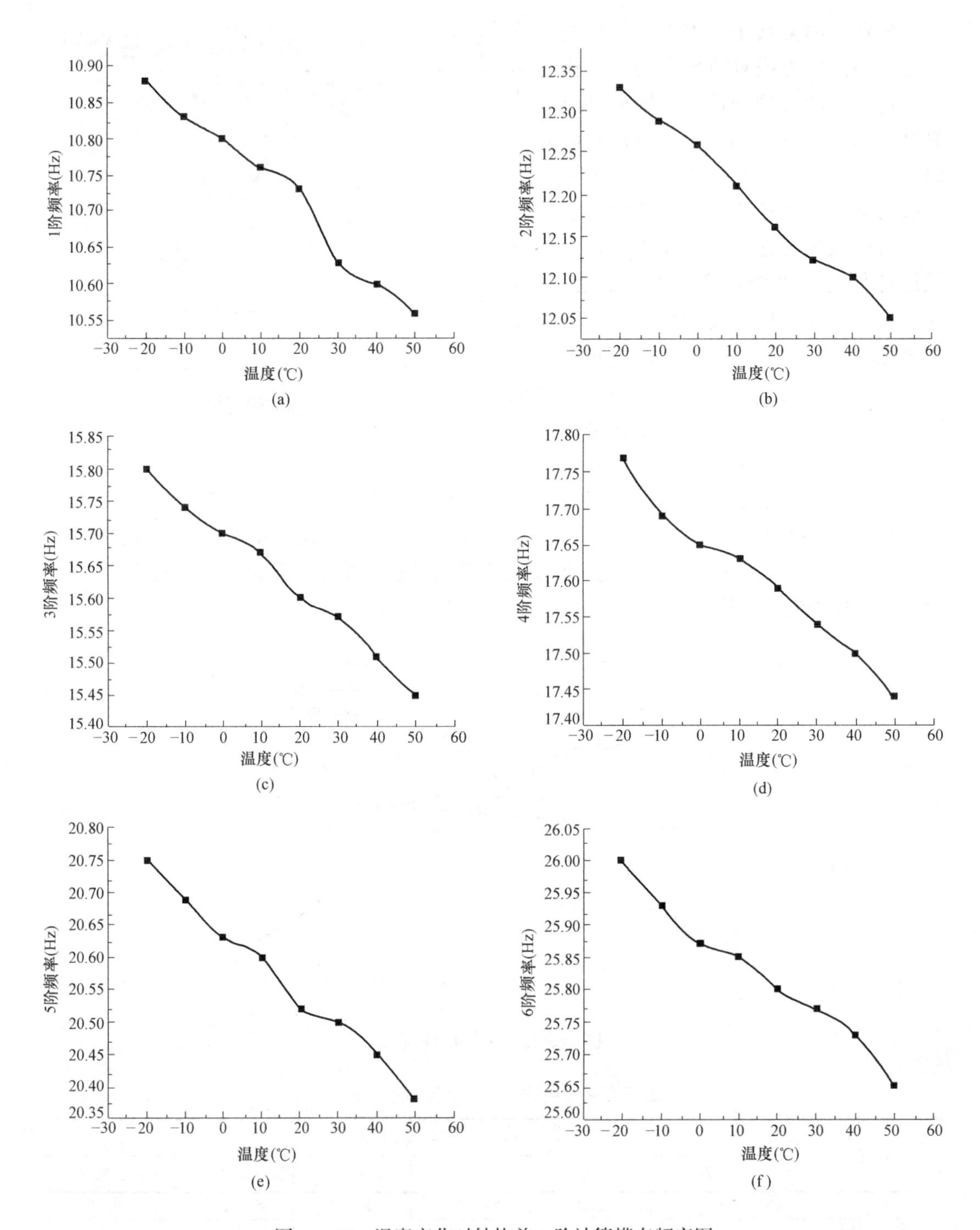

图 3.5-12 温度变化时结构前 6 阶计算模态频率图

(a) 1 阶模态频率；(b) 2 阶模态频率；(c) 3 阶模态频率；(d) 4 阶模态频率；(e) 5 阶模态频率；(f) 6 阶模态频率

网架结构模型组装完成后，在振动响应检测试验期间，采集网架结构响应时程的同时采用红外测温仪记录当时的环境温度，如图 3.5-13 所示。试验期间采集的温度最低为 9.8℃，最高为 28.8℃。

纯网架状态下结构完好时共采集实测响应时程数据 12 小时，以采样时长 20 分钟的实测数据为一组，每 20 分钟识别一次结构模态频率，共获得 36 组结构实测模态参数。由于环境激励的非平稳性，以及模态参数识别过程中参数选取的误差，实测结构模态参数存在一定的离散性。网架结构模型振动响应检测试验期间的实测结构模态参数与温度见表 3.5-6。将网架结构模型前 6 阶实测模态频率对温度作最小二乘线性回归拟合，拟合结果如图 3.5-14 所示。当环境温度变化接近 20℃时，前 6 阶实测模态频率变化幅度依次为 −1.72%、−0.99%、−2.05%、−1.10%、−1.06%、−0.95%，均与温度呈负相关关系。由理论分析可知，当温度变化时，低阶模态频率变化率大于高阶模态频率变化率，根据网架结构模型实测结构模态频率与温度拟合情况来看，这一规律并不明显，这可能是由振动响应检测试验持续时间较短，采样以及试验数据处理时的偶然性导致的。但实测结构模态频率与温度拟合曲线与理论分析拟合曲线走向一致。

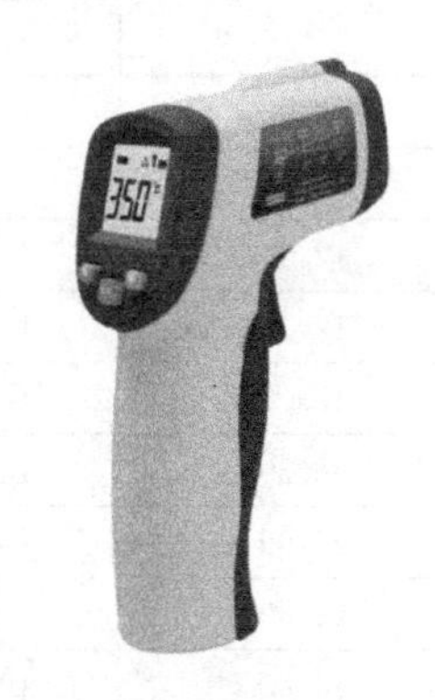

图 3.5-13　红外测温仪

温度变化时结构前 6 阶实测模态频率值　　**表 3.5-6**

温度(℃)	模态频率(Hz)					
	1 阶	2 阶	3 阶	4 阶	5 阶	6 阶
9.80	10.98	11.88	15.75	17.75	19.13	25.65
9.80	11.13	11.86	15.74	17.74	19.12	25.64
13.30	11.19	11.72	15.58	17.73	19.10	25.60
10.50	11.11	11.87	15.66	17.79	19.09	25.63
13.90	11.08	11.71	15.68	17.66	19.05	25.58
17.50	11.06	11.67	15.28	17.67	18.95	25.57
19.00	10.88	11.77	15.23	17.65	18.99	25.51
23.50	10.94	11.77	15.22	17.59	18.96	25.48
23.10	10.92	11.74	15.20	17.59	18.95	25.47
16.00	10.85	11.71	15.90	17.81	19.00	25.52
16.50	10.91	11.75	15.88	17.84	19.00	25.52
18.00	11.00	11.72	15.69	17.82	18.99	25.51
17.60	10.92	11.81	15.71	17.81	19.03	25.55
15.60	11.01	11.84	15.64	17.65	19.12	25.64
16.20	11.00	11.81	15.69	17.66	19.05	25.57
17.60	10.95	11.75	15.60	17.66	19.06	25.58
14.30	10.89	11.84	15.67	17.62	19.10	25.62
15.30	11.10	11.90	15.72	17.67	19.10	25.62
15.50	11.01	11.84	15.68	17.67	19.11	25.63
16.10	11.00	11.86	15.62	17.66	19.03	25.55
15.50	11.16	11.87	15.84	17.82	19.12	25.64

续表

温度(℃)	模态频率(Hz)					
	1阶	2阶	3阶	4阶	5阶	6阶
16.90	10.96	11.81	15.72	17.74	19.05	25.57
16.50	10.93	11.85	15.73	17.77	19.03	25.55
17.30	11.04	11.80	15.77	17.74	19.01	25.53
19.10	10.95	11.73	15.77	17.74	18.98	25.50
17.00	10.89	11.73	15.68	17.58	18.95	25.49
18.60	10.88	11.75	15.65	17.58	19.01	25.53
25.60	10.80	11.75	15.52	17.66	18.87	25.49
28.80	10.81	11.69	15.52	17.66	18.97	25.49
18.00	10.87	11.68	15.50	17.56	18.99	25.51
21.40	10.86	11.68	15.49	17.57	18.96	25.48
20.00	10.86	11.71	15.49	17.58	18.97	25.49
21.00	10.90	11.70	15.51	17.58	18.99	25.51
21.50	10.87	11.73	15.46	17.54	19.09	25.61
21.70	10.89	11.73	15.47	17.54	19.04	25.56
21.00	10.86	11.69	15.45	17.58	19.09	25.61

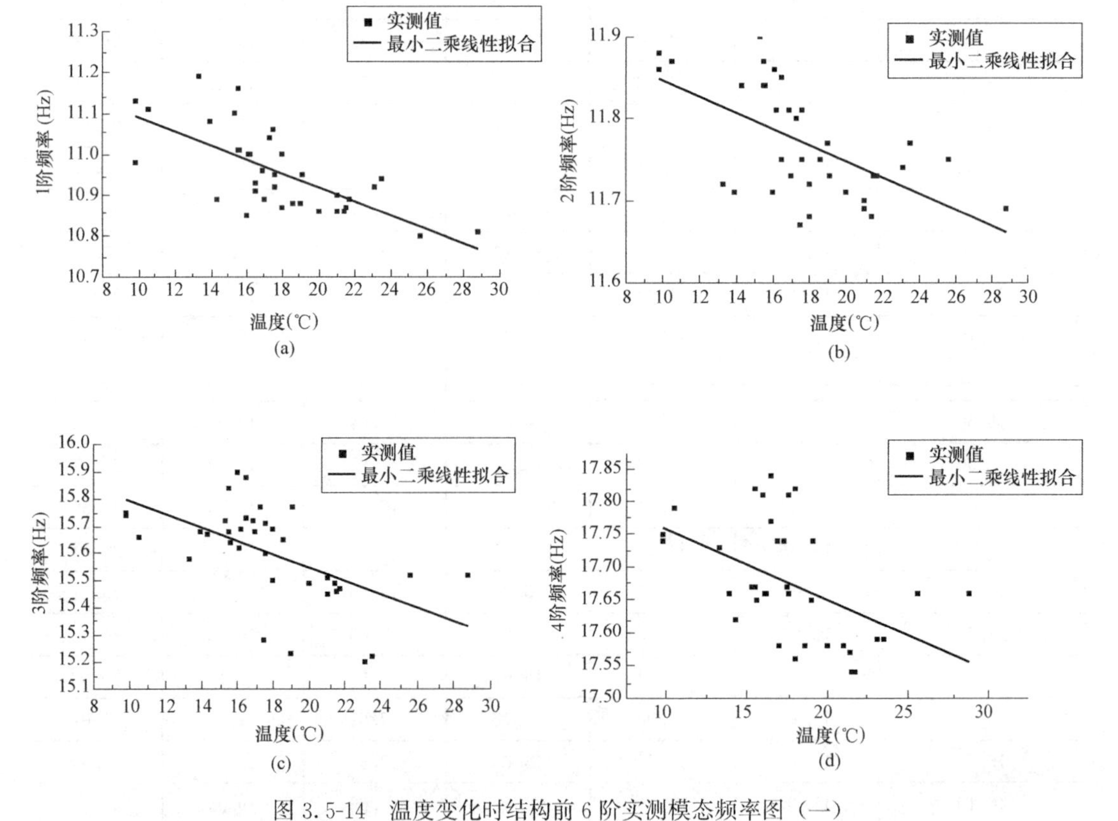

图 3.5-14 温度变化时结构前6阶实测模态频率图（一）

(a) 1阶模态频率；(b) 2阶模态频率；(c) 3阶模态频率；(d) 4阶模态频率

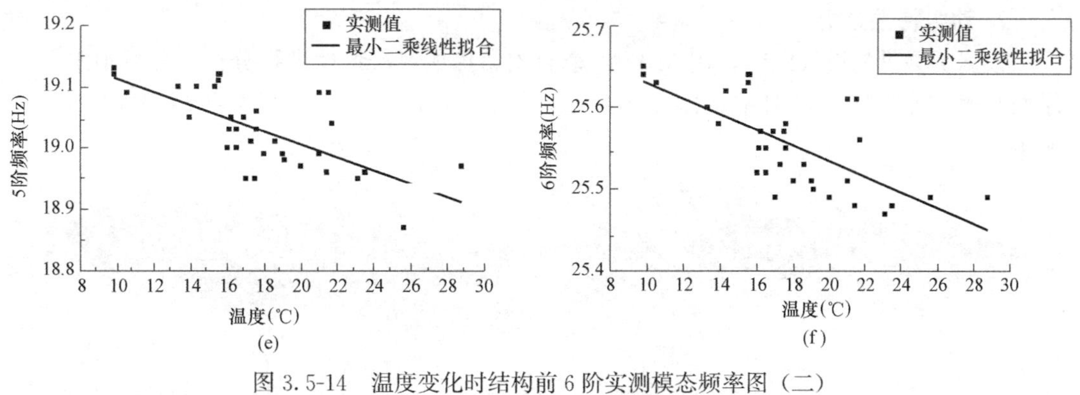

图 3.5-14　温度变化时结构前 6 阶实测模态频率图（二）
（e）5 阶模态频率；（f）6 阶模态频率

3.6　工程应用实例

对西安咸阳某机库网架、徐州市某厂房网架、乌鲁木齐新客运站屋盖网架和石家庄裕彤体育中心罩棚网架四个实际工程进行了基于环境激励的振动检测，给出 4 个工程的理论动力特性分析结果和测点布置情况，利用前文所述方法对其模态参数进行了识别，验证各方法对实际大型工程模态参数识别的适用性。综合四个实际工程的实测结果，对比分析得出适于大跨空间结构的模态参数识别方法。

本章 4 个实际工程现场监测选用 941B 型超低频传感器和低频 ICP 压电型加速度传感器，采用 INV3060V 型网络动态应变采集仪和中国地震工程局工程力学研究所采集仪进行采集。

3.6.1　西安咸阳某机库网架

1. 工程概况

西安咸阳某机库为三层的斜放四角锥网架，长 138.6m，宽 63.7m，高 30m，大门开口处采用四层边桁架加强，节点采用焊接空心球节点，支座采用抗震球形铸钢支座，网架沿一个长边和两个短边方向支撑在下部混凝土柱上（图 3.6-1）。

图 3.6-1　西安咸阳某机库网架

2. 动力特性分析

根据所提供的设计资料，用MIDAS软件对机库的自振特性进行分析，分析中未考虑屋面及檩条等附属结构对结构刚度的影响，结构的前10阶理论频率和振型如图3.6-2所示。

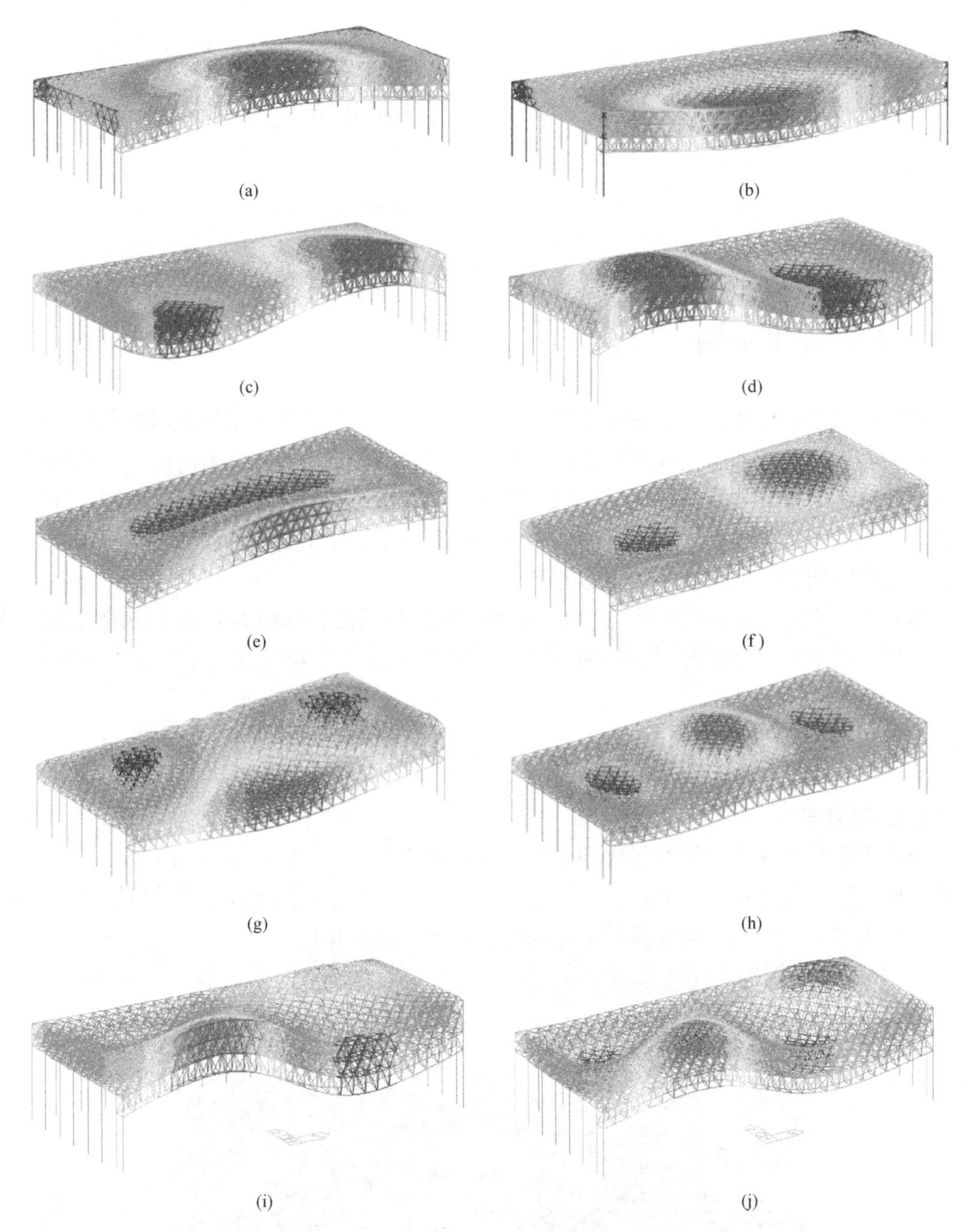

图3.6-2 机库前10阶理论频率和振型

(a) 第1阶（1.7192Hz）；(b) 第2阶（1.8417Hz）；(c) 第3阶（2.2121Hz）；(d) 第4阶（2.8250Hz）；(e) 第5阶（3.3070Hz）；(f) 第6阶（3.5730Hz）；(g) 第7阶（4.2644Hz）；(h) 第8阶（4.7983Hz）；(i) 第9阶（5.2734Hz）；(j) 第10阶（5.8183Hz）

3. 测点布置方案

测点布置是结构动力检测工作中的重要内容，合理的测点布置能够帮助获得准确的数据信息，为结构实测振型的分析奠定基础。根据本工程的实际特点和可测性原理，选取振型峰值点作为测点，另在结构中间布设了若干参考点，将传感器布置在最下层的下弦节点上，测点布置图如图 3.6-3，其中竖向传感器 14 个，横向与纵向传感器各 1 个，共 16 个。

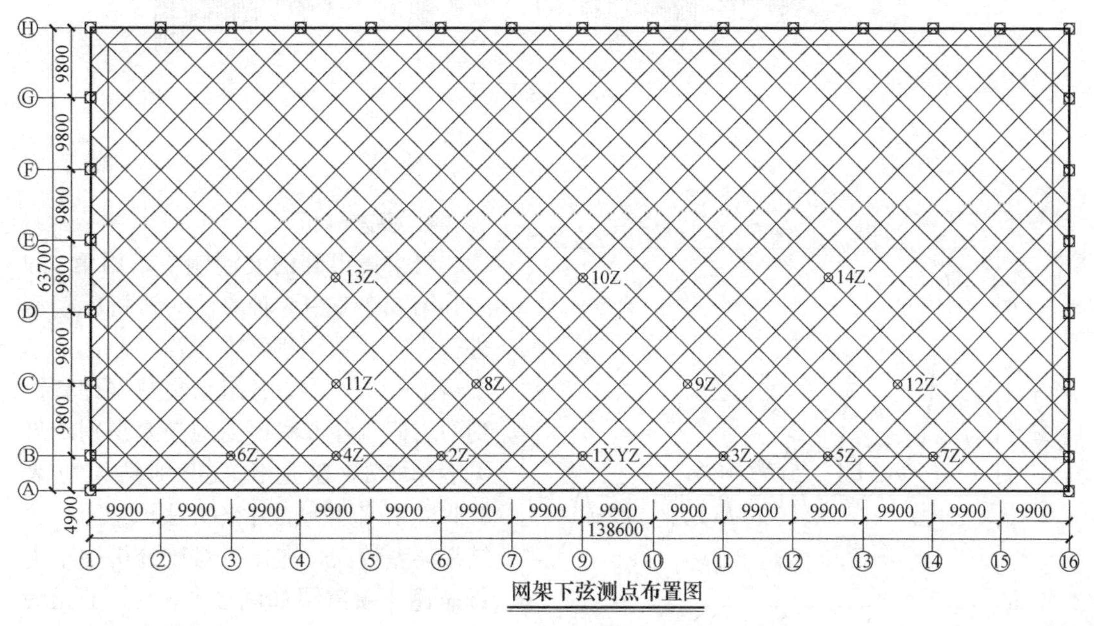

图 3.6-3 测点布置图

激励主要是风荷载、地脉动等环境激励。检测过程中有屋面外墙檩条施工和地面施工等，数据采集受现场工作环境的影响，产生不同程度的噪声影响，该机库监测共采集数据 16 组。结构实测速度响应信号如图 3.6-4 所示。

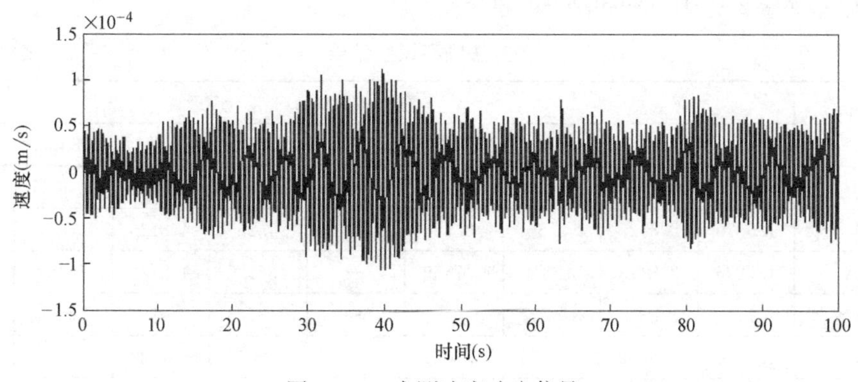

图 3.6-4 实测速度响应信号

对上述实测速度响应信号进行频域积分，得到结构的实测位移响应信号，如图 3.6-5 所示。

从图 3.6-5 可以看出，在环境激励下，实测的位移响应信号幅值最大可达 0.5mm，结构响应不明显，受现场施工噪声影响较大。

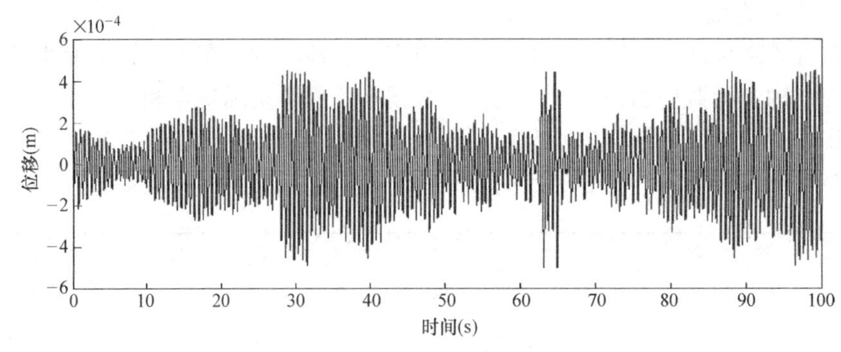

图 3.6-5　实测位移响应信号

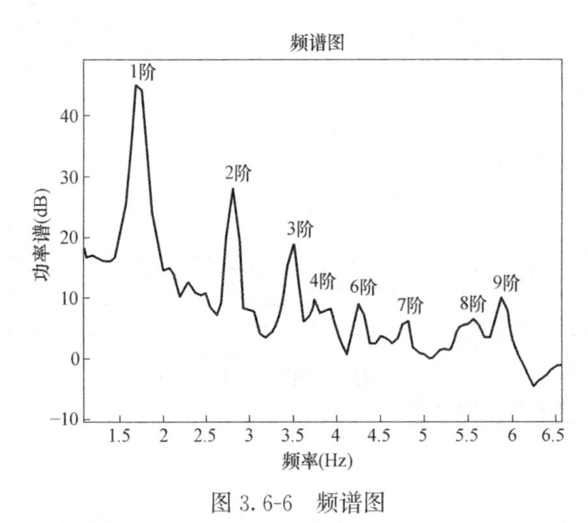

图 3.6-6　频谱图

4. 模态分析

对采集得到的实测响应，用第 3.2 节和第 3.3 节中多种方法对该机库模型进行模态参数识别，限于篇幅原因，本书给出的结果均为各组采集数据计算得到的均值。各方法得到的频率识别结果见表 3.6-1，阻尼比的识别结果见表 3.6-2，由于频域法中各方法识别阻尼比结果误差较大，在以下对比分析中不进行描述。频谱图如图 3.6-6，由于无法将各个方法得到的三维振型图绘制在一张图上，并且空间结构三维振型图由线性插值拟合得到，在绘图过程中振型幅值经过缩放，无法比较其相对大小，限于篇幅，本书只给出一种方法的振型图，如图 3.6-6 所示。振型识别结果如图 3.6-7 所示。

各方法频率识别结果　　表 3.6-1

模态分析方法	模态效率(Hz)								
	1 阶	2 阶	3 阶	4 阶	5 阶	6 阶	7 阶	8 阶	9 阶
PP	1.6875	2.8125	3.5	3.75	—	4.25	4.8125	5.5625	5.875
FDD	1.6875	2.8125	3.5	3.75	—	4.25	4.8125	5.5625	5.875
ARMA	1.7226	2.8113	3.2316	3.7459	—	4.2168	4.8226	5.283	5.821
ITD	1.7218	2.8529	3.6222	—	—	4.3743	5.0142	5.5394	5.9115
STD	1.7230	2.8892	3.5978	3.7039	—	4.5652	5.1722	—	5.9115
LSCE	1.7168	2.7632	3.4685	—	—	—	4.6311	5.4221	5.7933
PRCE	1.7181	2.7722	3.4735	—	—	—	4.483	5.2051	5.5725
ERA	1.7136	2.8492	3.2771	—	—	—	4.4402	5.2982	5.613
SSI-DATA	1.7230	2.8379	3.6547	3.957	—	4.2985	4.6021	5.4789	5.6818
SSI-COV	1.7148	2.8167	3.4933	3.8059	—	4.2985	4.8352	5.2121	5.7369

各方法阻尼比识别结果　　表 3.6-2

模态分析方法	阻尼比(%)								
	1 阶	2 阶	3 阶	4 阶	5 阶	6 阶	7 阶	8 阶	9 阶
ARMA	1.78	1.365	4.825	16.62	—	17.04	2.36	8.4	2.61
ITD	0.24	1.718	3.098	—	—	7.274	6.759	13.689	7.964
STD	0.298	3.356	3.533	4.952	—	8.69	9.698	—	13.689
LSCE	0.396	3.058	1.229	—	—	—	5.849	5.957	4.878
PRCE	0.871	1.833	5.47	—	—	—	4.478	2.036	3.77
ERA	0.1	3.65	7.98	—	—	—	11.94	20.82	27.75
SSI-DATA	0.26	3.87	5.81	5.96	—	6.78	11.15	13.33	7.562
SSI-COV	0.5	1.59	3.48	6.71	—	5.96	9.02	12.65	7.21

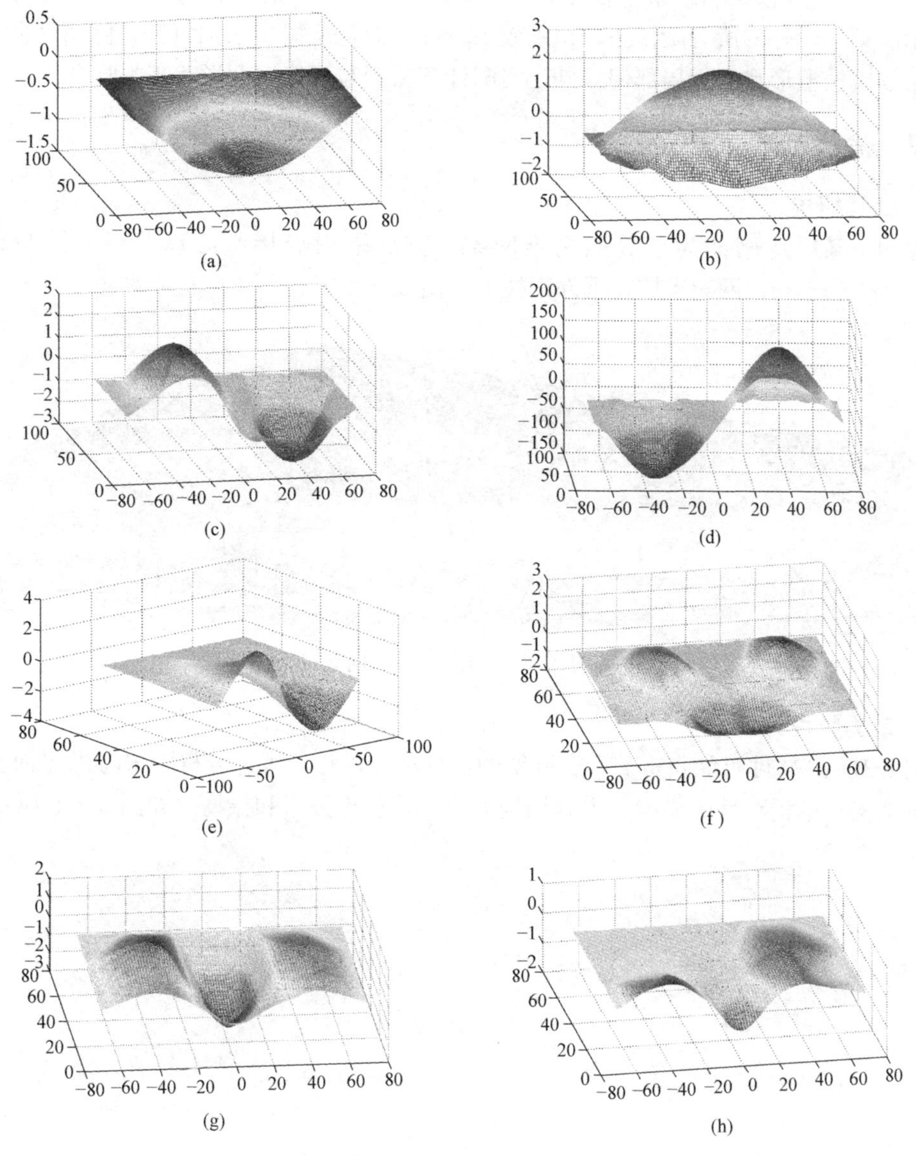

图 3.6-7　振型识别结果

(a) 第 1 阶；(b) 第 2 阶；(c) 第 3 阶；(d) 第 4 阶；(e) 第 6 阶；(f) 第 7 阶；(g) 第 8 阶；(h) 第 9 阶

从表 3.6-1 中可以看出，大部分方法得到的结构的实测频率高于理论分析频率，说明结构的实际刚度大于理论分析模型的刚度。主要是由于在结构设计和理论分析中不考虑实际工程中的主次檩条、金属屋面板以及马道等对结构的刚度贡献，而实际上这些次结构会参与结构整体工作并增大结构的刚度。本书利用实测振型与理论振型之间的相关性，确定实测计算模态所在的阶数。

由表 3.6-1 和表 3.6-2 可知，上述各方法可识别出该机库网架 1～4 阶和 6～9 阶模态频率和阻尼比，但第 5 阶无法识别。大跨空间结构，杆件众多，模态密集，由频谱图 3.6-6 可知，前 3 阶模态能量较高，其余阶能量较低，容易被噪声淹没。结构质量大、很难通过力锤或激振器来激发结构模态，后期可考虑其他安全有效的激励措施。由上述识别结果可知，4～6 阶模态识别结果不稳定，SSI-DATA、SSI-COV、ARMA、PP 和 FDD 法可识别出除第 5 阶外的所有阶模态，识别效果较好，而且从振型识别可知，除第 3 阶、第 6 阶和第 9 阶振型形状出现局部偏差外，实测计算振型与理论振型形状基本吻合。

3.6.2 徐州市某厂房网架

1. 工程概况

徐州市某厂房网架为正放四角锥网架，节点采用焊接空心球节点，长 96m，宽 87.6m，高 11.1m，网架支撑在下部钢柱上（图 3.6-8）。

图 3.6-8　徐州某厂房网架

2. 动力特性分析

用 MIDAS 软件对徐州市某厂房网架的自振特性进行分析，分析中未考虑屋面及檩条等附属结构对结构刚度的影响，得到结构的前 8 阶理论频率和振型，如图 3.6-9 所示。

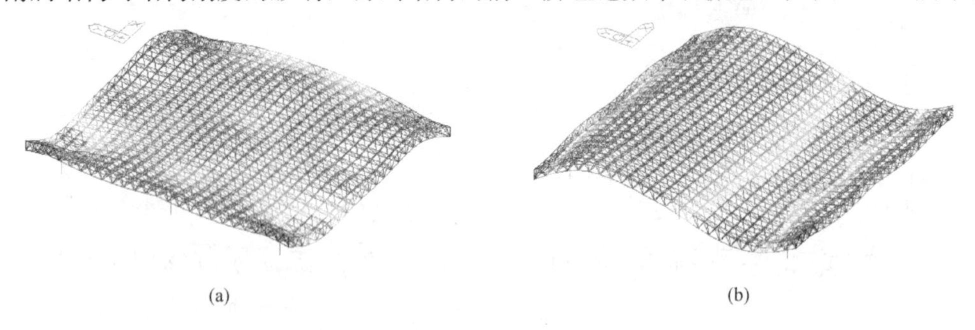

(a)　　　　(b)

图 3.6-9　网架前 8 阶理论频率和振型（一）

(a) 第 1 阶（2.4850Hz）；(b) 第 2 阶（2.5655Hz）

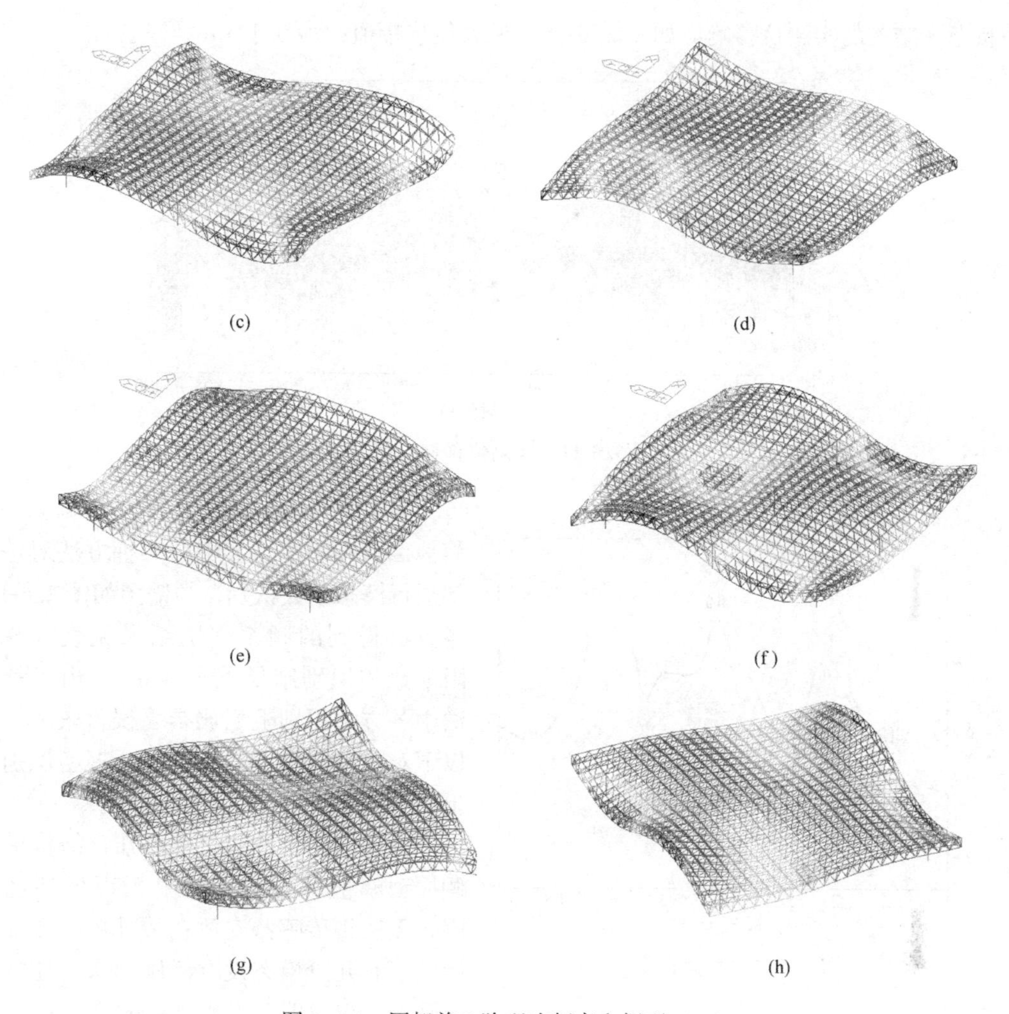

图 3.6-9 网架前 8 阶理论频率和振型（二）

(c) 第 3 阶 (3.1223Hz)；(d) 第 4 阶 (5.3303Hz)；(e) 第 5 阶 (6.4293Hz)；
(f) 第 6 阶 (6.8553Hz)；(g) 第 7 阶 (9.8747Hz)；(h) 第 8 阶 (11.0695Hz)

3. 测点布置方案

根据结构的自振特性分析和本工程的实际特点，将传感器布置在下弦节点上，检测过程中因受大雨天气和现场监测环境影响，无法将传感器安放在振幅较大的网架结构最外侧。测点布置图如图 3.6-10，其中竖向传感器 14 个，横向与纵向传感器各 1 个，共 16 个。检测过程中有大雨，地面有叉车装货，数据采集受现场工作环境的影响，产生不同程度的噪声影响。

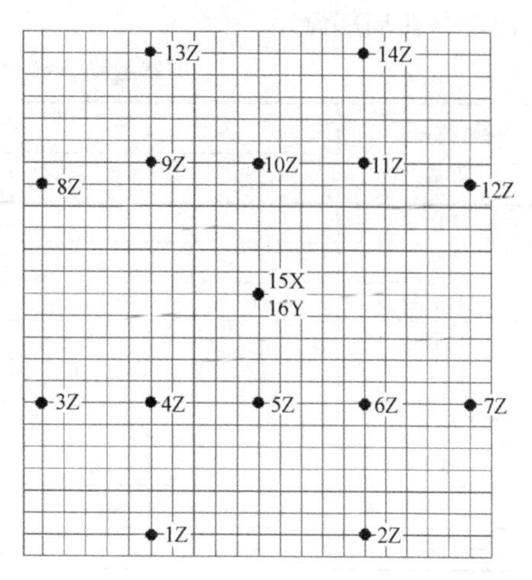

图 3.6-10 测点布置图

4. 自然激励状态下模态参数识别结果

在自然激励状态下，结构主要受风荷载、地脉动、大雨天气及地面车辆等激励，自然激励状态下结构的实测位移响应如图 3.6-11，最大位移幅值约为 0.1mm。

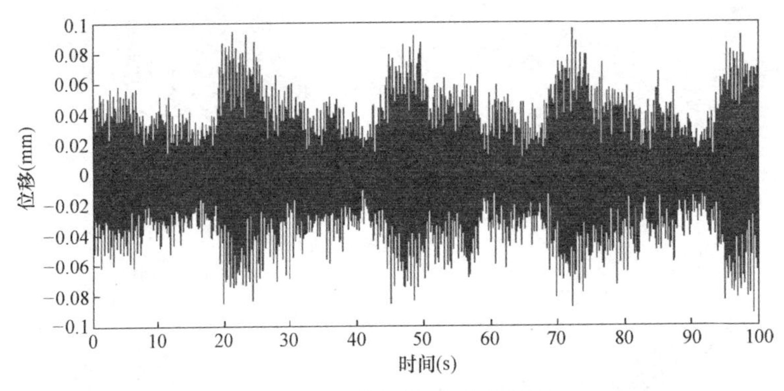

图 3.6-11　实测位移响应信号

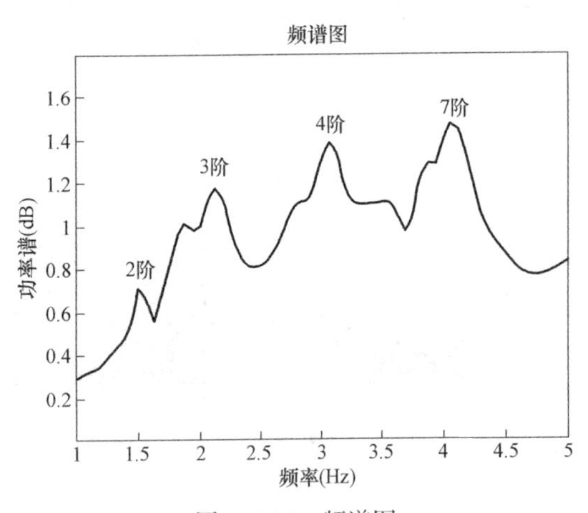

图 3.6-12　频谱图

对采集得到的各测点的实测响应，用第 3.2 节和第 3.3 节中的多种方法对该网架进行模态参数识别，频谱图如图 3.6-12，各方法得到的频率识别结果见表 3.6-3，阻尼比的识别结果见表 3.6-4，由于频域法中各方法识别阻尼比结果误差较大，在以下对比分析中不进行描述。振型识别结果如图 3.6-13 所示。

由理论振型图 3.6-9 可知，结构最外侧振动幅值较明显，但由于现场环境原因，无法将传感器安放在最外侧，在环境激励下有几阶模态没有激励出来，在自然激励下，仅仅能激发出结构的第 2～4 和 7 阶模态，各方法频率识别结果较为接近，阻尼比识别结果方差较大。由图 3.6-13 可知，第 3 阶和第 4 阶实测振型与理论振型形状基本吻合，第 2 阶和第 7 阶实测振型与理论振型相比，存在局部偏差。

自然激励下徐州某厂房网架的频率识别结果　　表 3.6-3

模态分析方法	模态频率(Hz)						
	1 阶	2 阶	3 阶	4 阶	5 阶	6 阶	7 阶
PP	—	1.5	3.0625	2.125	—	—	4.0625
FDD	—	1.5	3.0625	2.125	—	—	4.0625
ARMA	—	1.4637	3.0215	—	—	—	4.0223
ITD	—	1.5199	3.0616	1.9296	—	—	4.0238
STD	—	1.4697	3.1798	1.9936	—	—	4.0238
LSCE	—	1.4879	3.0024	2.0042	—	—	4.0186
PRCE	—	1.5332	3.0433	2.0025	—	—	4.0057
ERA	—	1.6494	3.1472	2.0025	—	—	3.9261
SSI-DATA	—	1.6178	3.1374	2.0425	—	—	4.0339
SSI-COV	—	1.607	3.1077	2.0272	—	—	3.9684

自然激励下徐州某厂房网架的阻尼比识别结果　　表 3.6-4

模态分析方法	阻尼比(%)						
	1阶	2阶	3阶	4阶	5阶	6阶	7阶
ARMA	—	9.0686	5.5035	—	—	—	3.7646
ITD	—	6.1445	6.7325	2.6797	—	—	2.8147
STD	—	9.6747	3.0589	6.1445	—	—	2.1003
LSCE	—	6.5074	4.9955	6.8477	—	—	4.8132
PRCE	—	11.2303	2.2920	2.2248	—	—	3.2207
ERA	—	2.23	1.84	7.46	—	—	1.19
SSI-DATA	—	6.39	2.55	6.02	—	—	7.21
SSI-COV	—	6.77	2.16	6.07	—	—	5.39

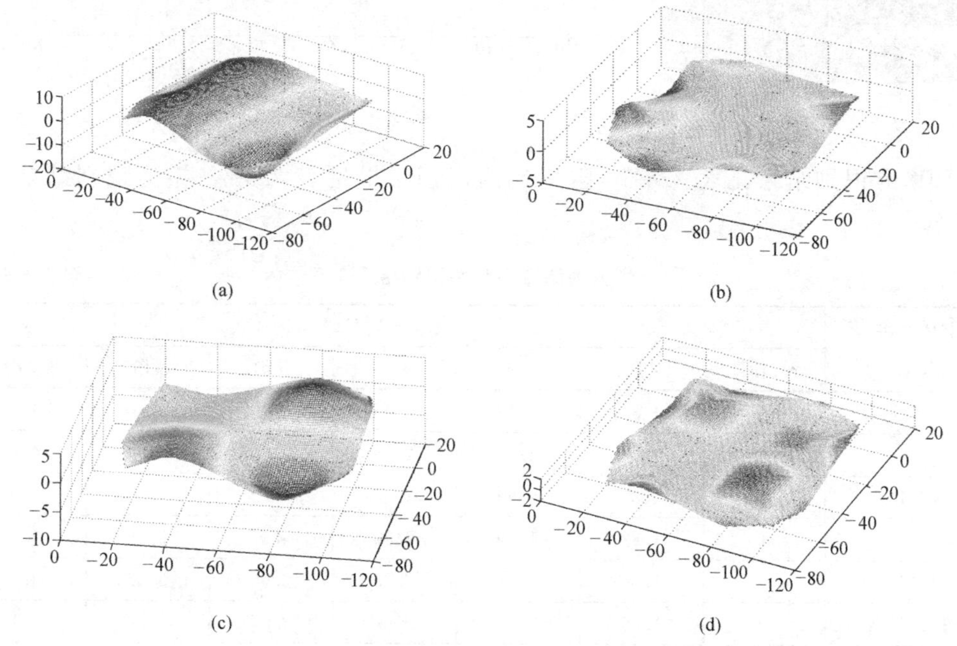

图 3.6-13　自然激励状态下振型识别结果

(a) 第2阶；(b) 第3阶；(c) 第4阶；(d) 第7阶

5. 人为激励状态下模态参数识别结果

网架在自然工作状态下的模态能量小，特别是对于大跨空间结构，许多阶模态没有被激发，振幅较小不容易测量。因此，在测试过程中，除对结构在自然工作状态下进行检测外，在测点3附近，悬吊175kg钢球进行人为激励，人为激励如图3.6-14，人为激励下结构的实测位移响应信号如图3.6-15。

将图3.6-11和图3.6-15对比可以看出，在自然激励下，结构最大位移约为0.1mm，在人为激励下，最大位移可达4mm，人为激励下的结构响应远远大于环境激励下的结构响应，人为激励可以对环境激励进行补充，尽量激发出在工作状态下能量较低的模态。

对人为激励下结构的响应信号，用第3.2节和第3.3节中的多种方法进行模态参数识

图 3.6-14　人为激励

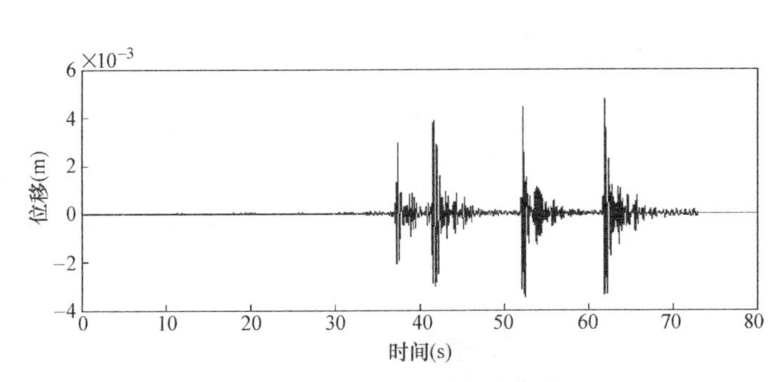

图 3.6-15　实测位移响应信号

别，频率的识别结果见表 3.6-5，阻尼比的识别结果见表 3.6-6，振型识别结果如图 3.6-16。

人为激励下频率识别结果　　　　表 3.6-5

模态分析方法	模态频率(Hz)						
	1阶	2阶	3阶	4阶	5阶	6阶	7阶
PP	—	1.88	2.13	2.75	3.00	3.50	4.13
FDD	—	1.88	2.13	2.75	3.00	3.50	4.13
ARMA	—	1.87	1.99	2.87	3.02	—	4.02
ITD	—	1.82	1.99	2.86	3.07	3.46	4.02
ERA	—	1.86	2.11	2.75	3.06	3.42	4.06
SSI-DATA	—	1.86	2.08	2.80	3.07	3.33	4.13
SSI-COV	—	1.84	2.08	2.81	3.10	3.42	4.05

人为激励下阻尼比识别结果　　　　表 3.6-6

模态分析方法	阻尼比(%)						
	1阶	2阶	3阶	4阶	5阶	6阶	7阶
ARMA	—	2.85	6.24	6.14	5.50	—	3.76
ITD	—	6.14	2.68	6.73	6.73	3.57	2.81
ERA	—	6.43	3.63	2.69	1.72	4.37	1.22
SSI-DATA	—	4.92	2.94	3.43	2.59	3.45	3.53
SSI-COV	—	4.32	2.41	2.85	2.65	4.37	2.85

由表 3.6-5 可知，对人为激励下的结构响应信号进行模态参数识别，除 ARMA 法外，

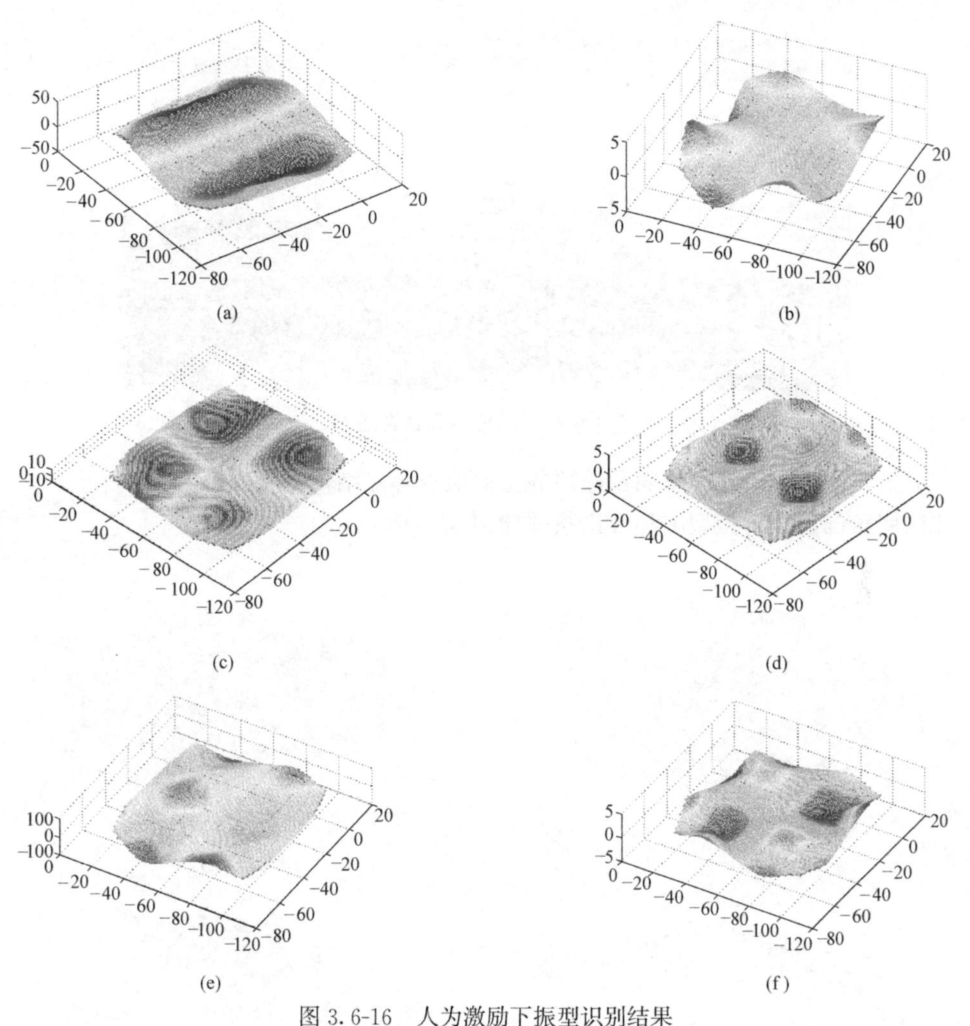

图 3.6-16　人为激励下振型识别结果

(a) 第 2 阶；(b) 第 3 阶；(c) 第 4 阶；(d) 第 5 阶；(e) 第 6 阶；(f) 第 7 阶

其余方法均可识别出自然激励下无法识别出的第 5 阶和第 6 阶模态，但第 1 阶模态仍无法识别。通过理论分析、实际检测以及对实测数据的分析，可以得到，徐州某厂房网架结构的实测频率明显低于理论分析频率，说明现在结构的实际刚度退化较明显，需进行进一步测试及加固处理。

3.6.3　乌鲁木齐新客运站网架

1. 工程概况

乌鲁木齐新客运站站房屋盖为大跨度拱形钢结构屋盖，结构长 343m，宽 254m，在中间位置设置防震缝。屋盖最高点标高为 40.204m。整个屋盖支承于钢管混凝土框架柱上。屋盖钢结构采用多点支撑的正交正放焊接球节点网架，屋盖采光天窗处杆件抽空，支座采用抗震球形支座（图 3.6-17）。

2. 动力特性分析

基于所提供的设计资料，用 MIDAS 软件对乌鲁木齐客运站北区、南区结构的自振特

图 3.6-17　乌鲁木齐新客运站

性进行分析，分析中未考虑屋面及吊顶的主次檩条等对结构刚度的影响。

北区屋盖的前 6 阶振型图和理论频率如图 3.6-18 所示。

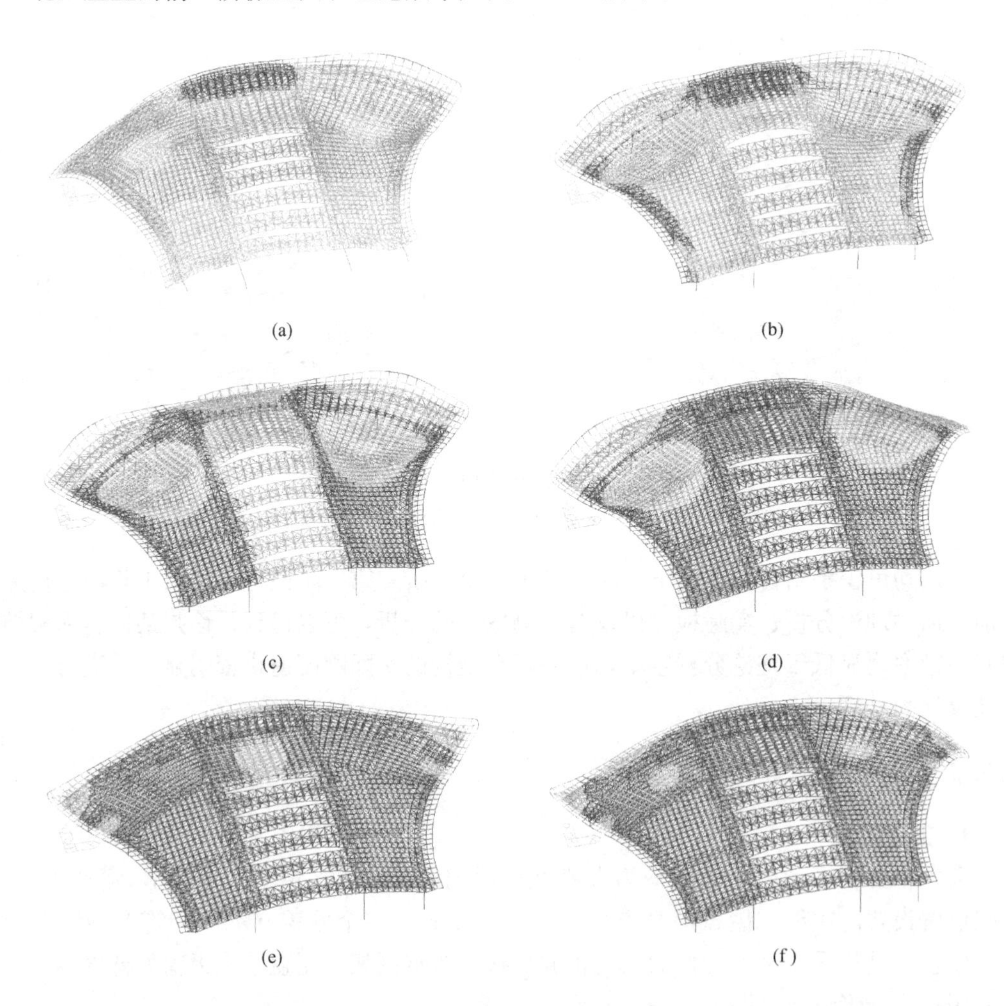

图 3.6-18　北区前 6 阶振型

(a) 北区 1 阶振型 (1.2900Hz)；(b) 北区 2 阶振型 (1.3518Hz)；(c) 北区 3 阶振型 (1.3867Hz)；(d) 北区 4 阶振型 (1.4664Hz)；(e) 北区 5 阶振型 (1.6675Hz)；(f) 北区 6 阶振型 (1.7081Hz)

南区屋盖的前 6 阶振型图和理论频率如图 3.6-19 所示。

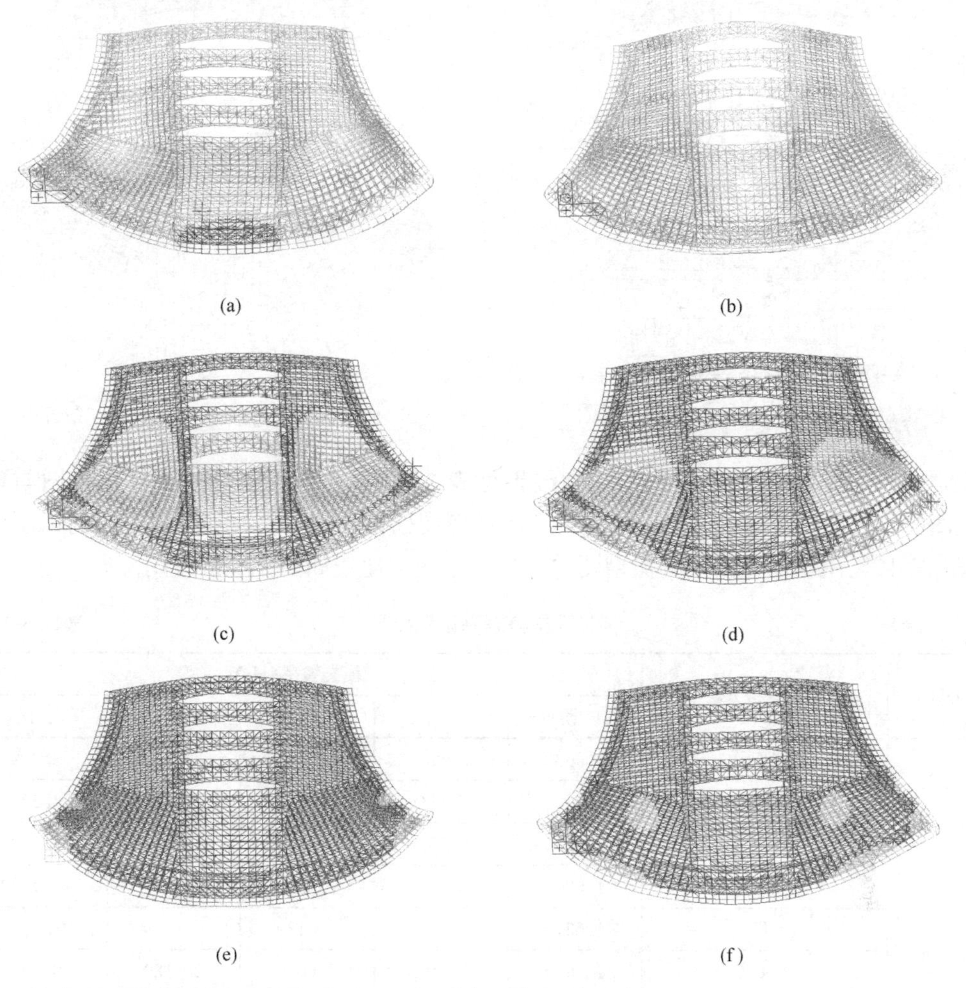

(a)　　(b)

(c)　　(d)

(e)　　(f)

图 3.6-19　南区前 6 阶振型

(a) 南区 1 阶振型 (1.2928Hz)；(b) 南区 2 阶振型 (1.3491Hz)；(c) 南区 3 阶振型 (1.3658Hz)；(d) 南区 4 阶振型 (1.4697Hz)；(e) 南区 5 阶振型 (1.6272Hz)；(f) 南区 6 阶振型 (1.677Hz)

3. 测点布置方案

由于结构跨度太大、传感器数量及数据线长度有限，无法对结构所有测点统一测试，故将北区屋盖的动力监测分为 A、B、C、D、E 五个测区，测点布置图如图 3.6-20 所示。根据动力特性分析结果及设计资料可知，南区及北区结构布置及振型状态基本一致，因此屋盖南区只测量振动幅值较大的屋盖外侧区域，测点布置图如图 3.6-21 所示。检测中将传感器布设在下弦节点上。

4. 实测模态与理论模态对比

检测期间，有 5～6 级东南风，局部风力达 7～8 级，有工人进行施工作业，并有火车经过，环境激励不平稳，噪声较大。

对采集得到的各测点的实测响应，用第 3.2 节和第 3.3 节中的多种方法对乌鲁木齐新客运站南区和北区屋盖结构进行模态参数识别，北 1 区～北 5 区屋盖利用各方法得到的频

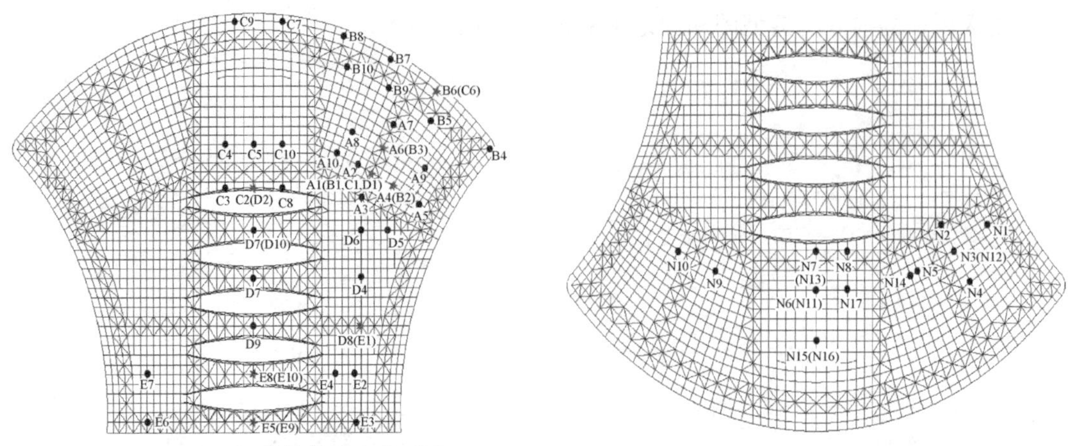

图 3.6-20　北区屋盖结构测点布置图

图 3.6-21　南区屋盖结构测点布置图

率识别结果见表 3.6-7，阻尼比的识别结果见表 3.6-8，北区屋盖的实测总振型图与理论振型图的比较如图 3.6-22 所示。南区屋盖的频率识别结果见表 3.6-9，阻尼比的识别结果见表 3.6-10，南区屋盖的实测振型图与理论振型图的比较如图 3.6-23 所示。

北区屋盖频率识别结果　　表 3.6-7

分区	模态分析方法	模态频率(Hz)				
		1 阶	2 阶	3 阶	4 阶	5 阶
北 1 区	PP	1.5625	1.9531	2.5391	2.8320	3.2227
	FDD	1.5625	1.9531	2.5391	2.8320	3.2227
	ARMA	1.5208	1.9651	2.6388	—	3.1822
	ITD	1.5203	1.9652	2.6390	—	3.1822
	STD	1.6272	2.0133	2.6189	—	3.1304
	LSCE	1.5584	1.9465	2.6056	2.8189	3.2558
	PRCE	1.5289	1.8938	2.4939	2.8556	3.2945
	ERA	1.5901	2.0091	2.5783	2.7961	3.2381
	SSI-DATA	1.7774	—	2.5416	2.6932	3.2550
	SSI-COV	—	1.8692	2.5116	3.0444	—
北 2 区	PP	1.5625	1.9531	2.3438	2.8320	3.1250
	FDD	1.5625	1.9531	2.3438	2.8320	3.1250
	ARMA	1.5615	2.0085	2.5448	2.7655	3.2695
	ITD	1.5616	2.0090	2.5400	2.7655	3.2690
	STD	1.5587	2.0379	—	2.7488	3.2413
	LSCE	1.5588	2.0312	—	2.7160	3.1860
	PRCE	1.5703	2.0218	2.5363	2.8740	3.1720
	ERA	1.5665	1.9095	2.2628	2.8851	3.0968
	SSI-DATA	1.5685	1.9360	2.5132	2.8370	3.2971
	SSI-COV	1.5702	1.9913	2.6069	2.8507	3.3196

续表

分区	模态分析方法	模态频率(Hz)				
		1阶	2阶	3阶	4阶	5阶
北3区	PP	1.5625	1.9531	2.3438	2.9297	3.4180
	FDD	1.5625	1.9531	2.5391	2.9297	3.4180
	ARMA	1.5379	1.9309	2.2974	2.8116	3.227
	ITD	1.5398	1.9566	2.3977	2.8788	3.2997
	STD	1.5586	1.9862	2.3940	2.8433	3.1663
	LSCE	1.4314	1.8941	2.0742	—	3.2626
	PRCE	1.3698	—	2.250	—	3.3151
	ERA	1.5447	1.9039	2.2774	2.8212	3.2643
	SSI-DATA	1.5274	1.8174	2.3924	2.9156	3.2054
	SSI-COV	1.5776	1.9191	2.3698	2.8743	3.1155
北4区	PP	1.5625	2.0020	2.4902	2.7832	3.2715
	FDD	1.5625	2.0020	2.4902	2.7832	3.3203
	ARMA	1.5821	1.9824	2.4059	2.7931	3.2904
	ITD	1.5325	2.0990	2.2329	2.6214	3.2614
	STD	1.5774	1.9858	2.4868	2.7999	3.4424
	LSCE	1.5370	1.9774	2.1880	2.8360	3.3164
	PRCE	1.5218	1.9009	2.1817	2.7045	3.3535
	ERA	1.5993	1.9986	2.4455	2.7788	3.2494
	SSI-DATA	1.5900	2.0040	2.4271	2.7719	3.1313
	SSI-COV	1.5830	1.9585	2.4774	2.7552	3.1581
北5区	PP	1.6113	1.8555	2.2949	2.7344	3.2715
	FDD	1.6113	1.8555	2.2949	2.7344	3.2715
	ARMA	1.5824	2.0387	2.3709	2.8790	3.2417
	ITD	1.5654	2.0878	—	2.7494	3.1004
	STD	1.5640	2.0902	2.4858	2.8696	3.2172
	LSCE	1.7124	2.0142	—	2.6944	3.4292
	PRCE	1.5823	2.1559	2.5316	2.7031	3.3393
	ERA	1.7987	1.9175	2.2974	2.7341	3.2921
	SSI-DATA	1.571	1.8624	2.4272	2.8495	3.1833
	SSI-COV	1.5744	1.9938	2.3933	2.6568	3.1779

北区屋盖阻尼比识别结果　　**表 3.6-8**

分区	模态分析方法	阻尼比(%)				
		1阶	2阶	3阶	4阶	5阶
北1区	ARMA	8.42	7.89	3.29	—	2.98
	ITD	8.41	7.88	3.28	—	2.98

续表

分区	模态分析方法	阻尼比(%)				
		1阶	2阶	3阶	4阶	5阶
北1区	STD	10.22	7.57	2.77	—	4.06
	LSCE	3.05	9.50	21.21	2.55	2.69
	PRCE	3.56	3.98	3.47	1.59	3.35
	ERA	3.553	6.443	5.23	3.61	3.70
	SSI-DATA	29.71	—	19.25	9.82	9.88
	SSI-COV	—	13.40	2.22	39.80	—
北2区	ARMA	0.96	7.62	2.94	2.72	2.94
	ITD	0.97	7.69	2.94	2.71	2.93
	STD	1.21	3.15	—	2.14	4.14
	LSCE	2.05	2.27	—	4.61	2.09
	PRCE	2.09	1.16	1.04	6.11	2.27
	ERA	1.69	6.98	4.89	4.66	2.40
	SSI-DATA	2.33	2.64	4.15	3.33	6.60
	SSI-COV	1.42	6.80	9.52	2.43	2.33
北3区	ARMA	4.93	3.65	4.96	2.65	3.64
	ITD	1.92	6.24	4.22	2.83	4.51
	STD	2.41	3.69	2.48	2.51	5.71
	LSCE	6.62	4.72	6.58	—	4.88
	PRCE	8.68	—	9.33	—	6.21
	ERA	6.42	3.48	7.40	2.29	4.45
	SSI-DATA	6.99	1.95	9.47	6.03	4.21
	SSI-COV	7.67	2.90	3.51	3.17	5.32
北4区	ARMA	1.41	3.60	9.19	2.90	8.55
	ITD	4.40	3.16	10.67	3.32	9.63
	STD	1.36	4.67	14.90	3.78	3.70
	LSCE	6.55	4.34	5.87	5.92	3.56
	PRCE	1.07	1.73	7.39	2.98	2.50
	ERA	2.37	4.20	2.30	5.46	6.50
	SSI-DATA	2.64	2.17	4.31	6.62	6.86
	SSI-COV	2.67	2.72	8.32	5.30	3.26
北5区	ARMA	1.63	3.85	6.15	2.66	2.54
	ITD	3.51	2.75	—	11.09	8.20
	STD	3.05	2.76	10.73	4.98	4.14
	LSCE	3.36	3.61	—	7.33	6.53
	PRCE	9.54	2.95	4.82	9.72	7.66
	ERA	1.91	10.06	13.91	9.5	3.92
	SSI-DATA	4.46	6.46	3.14	5.44	7.14
	SSI-COV	1.88	2.57	12.64	5.15	5.91

由结构的动力特性分析结果可知，结构左侧与右侧振型或为对称或为反对称，在振型图绘制时，将 5 个测区的实测振型对应到相应北区左侧屋盖。图 3.6-22 中，红色星点为测区之间的公共点，利用公共测点之间的相关性来绘制振型图。

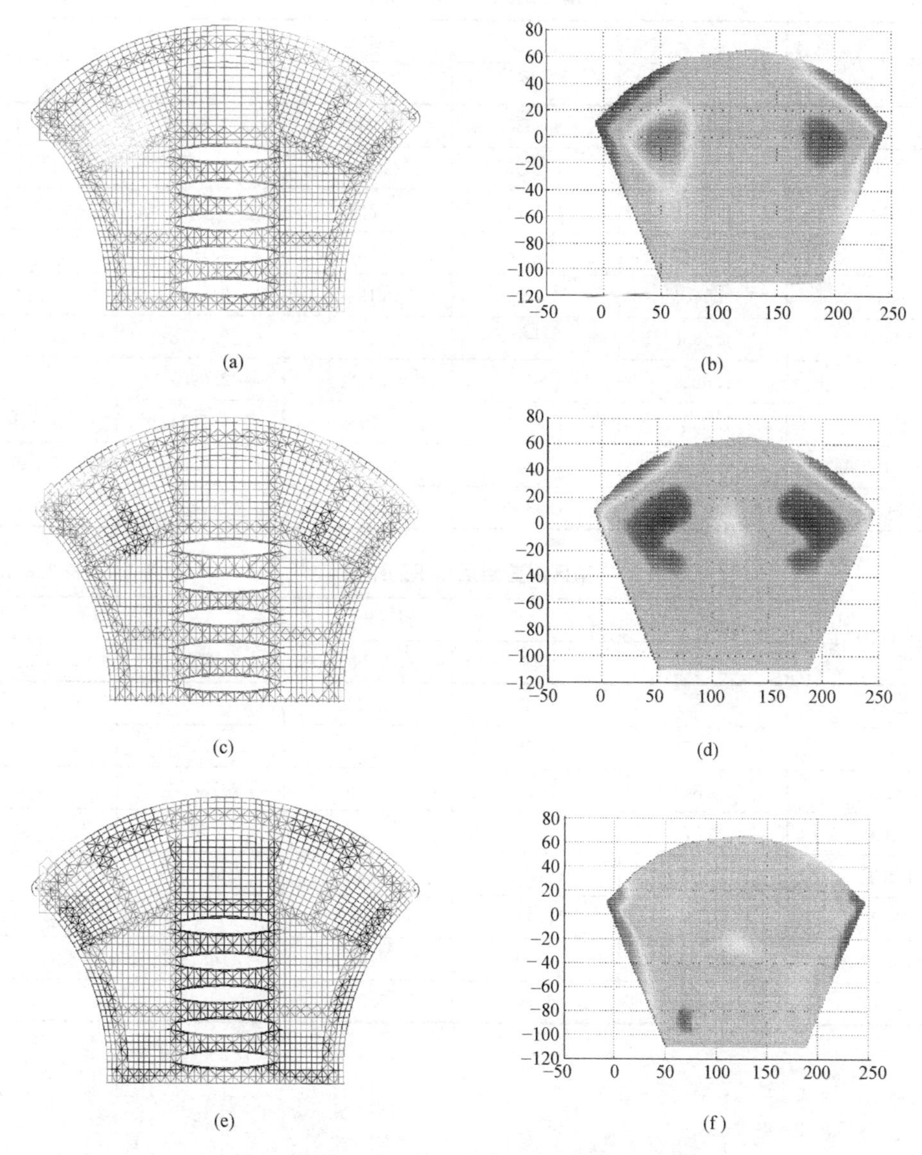

图 3.6-22　北区屋盖实测振型与理论振型

(a) 1 阶理论振型；(b) 1 阶实测振型；(c) 2 阶理论振型；(d) 2 阶实测振型；(e) 5 阶理论振型；(f) 5 阶实测振型

由上述识别结果可知，北区 5 个测区每阶模态得到的对应频率和阻尼比互不相同，但大致范围相同。1 阶模态所对应的频率在 1.5～1.6Hz 之间，2 阶模态对应的频率在 1.9～2.0Hz 之间，3 阶模态所对应的频率在 2.2～2.5Hz 之间，4 阶模态所对应的频率在 2.7～3.0Hz 之间，5 阶模态在 3.1～3.3Hz 之间。阻尼比识别结果离散性较大。

首先分别计算出北区 5 个测区的振型，并利用各个测区之间的公共测点，对振型进行归一化，得到北区屋盖的总振型。由图 3.6-22 可知，本书可识别出第 1 阶、第 2 阶和第 5 阶模态振型，实测振型与理论振型形状吻合较好。

南区屋盖频率识别结果 **表 3.6-9**

模态分析方法	模态频率(Hz)				
	1 阶	2 阶	3 阶	4 阶	5 阶
PP	1.5625	1.8555	2.2461	2.8809	3.0762
FDD	1.5625	1.8555	2.2949	2.8809	3.125
ARMA	1.5418	1.9574	2.3343	—	3.1173
ITD	1.5187	1.9126	2.2849	2.7984	—
STD	1.5481	1.9003	2.1912	2.7446	3.1095
LSCE	1.5656	—	2.1076	2.6673	3.1488
PRCE	1.6234	—	2.2628	2.9909	3.0409
ERA	1.5607	1.8724	2.2782	2.7714	3.0946
SSI-DATA	1.6587	1.8448	2.1402	2.7832	3.0853
SSI-COV	1.6281	1.9348	2.3278	2.7233	3.1898

南区屋盖阻尼比识别结果 **表 3.6-10**

模态分析方法	阻尼比(%)				
	1 阶	2 阶	3 阶	4 阶	5 阶
ARMA	8.89	6.34	3.38	—	3.22
ITD	8.77	7.45	2.06	3.16	—
STD	7.84	5.86	7.98	7.87	2.52
LSCE	8.57	—	5.49	4.88	6.33
PRCE	8.51	—	3.37	5.97	4.70
ERA	3.85	6.44	3.61	5.50	3.47
SSI-DATA	7.22	9.49	6.41	4.18	5.29
SSI-COV	7.64	6.74	5.91	5.37	2.81

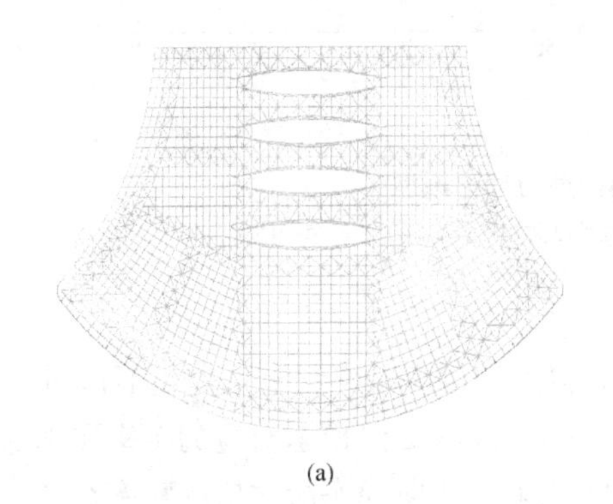

(a)

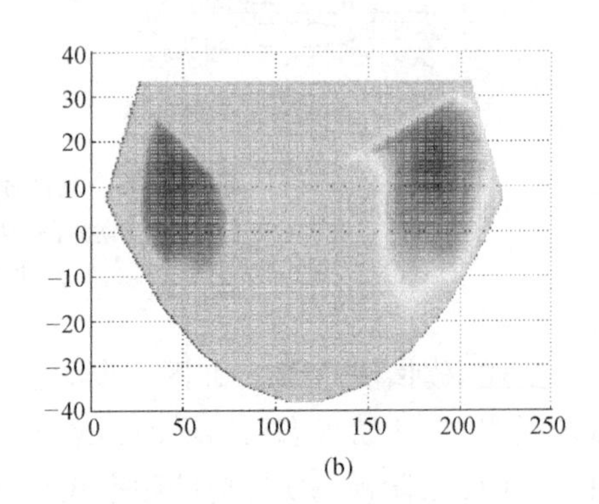

(b)

图 3.6-23 南区屋盖实测振型与理论振型（一）

(a) 1 阶理论振型；(b) 1 阶实测振型

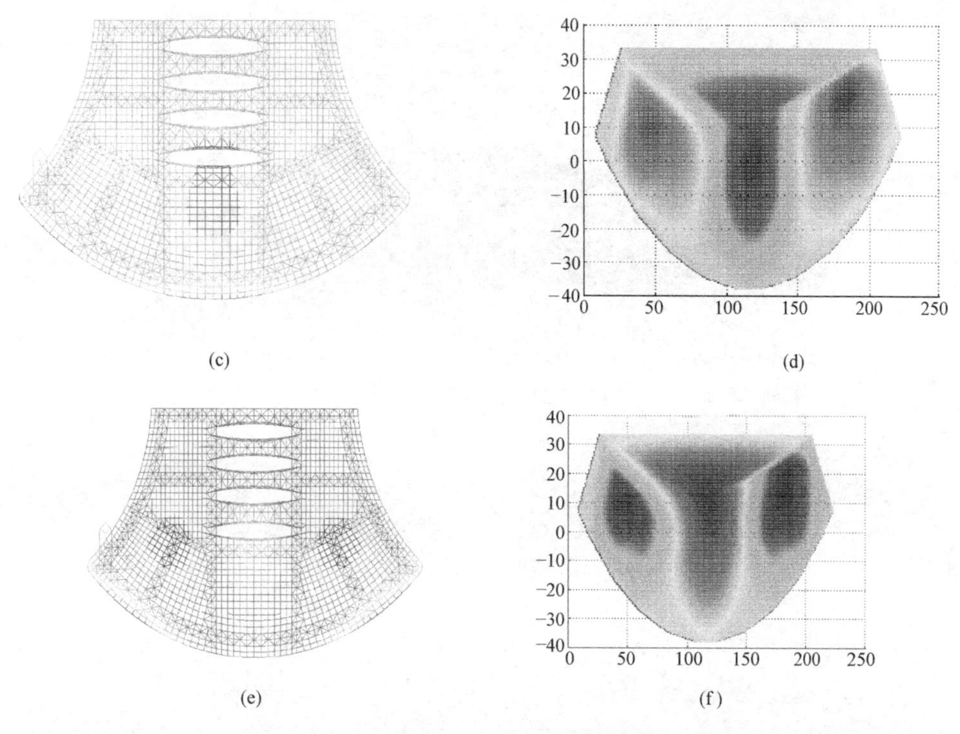

图 3.6-23 南区屋盖实测振型与理论振型（二）

(c) 2 阶理论振型；(d) 2 阶实测振型；(e) 3 阶理论振型；(f) 3 阶实测振型

从表 3.6-9 和表 3.6-10 给出各种方法识别的频率和阻尼比的结果可以看出，除 ARMA、ITD、LSCE 和 PRCE 法外，其余方法均能识别出前 5 阶频率，各阶频率均在小幅度范围内波动。阻尼比识别结果离散型较大，第 1 阶阻尼比除 ERA 法外其余各方法识别结果较为接近。因南区只在中间部位布置传感器，屋盖边缘的振型无法识别，因此，本书只给出振型比较明显的前三阶模态。

通过理论分析、实际检测以及对实测数据的分析，可以得到，屋盖结构前几阶振型明显且均为结构整体振动，频率间具有明显的差别，表明网架结构刚度分布比较均匀。

3.6.4 石家庄裕彤体育中心罩棚网架

1. 工程概况

体育场屋盖为悬挑的正放四角锥网架，网架形状为稍带弯曲的矩形，节点为焊接空心球节点，网架长 120.28m，宽 41.4m，网架的外侧沿长边支承在混凝土柱上，悬挑顶标高达 47m（图 3.6-24）。

2. 动力特性分析

根据设计资料，使用 SAP2000 建立结构模型。将置于下部钢筋混凝土结构上的支座假定为固定铰支座，对网架屋盖单独进行分析；根据所给球节点规格，确定网架结构自重系数为 1.3，网架结构上弦的檩条和单层屋面板形成的恒荷载考虑为杆件自重，由软件自动计算；结构的前 8 阶理论频率和振型如图 3.6-25 所示。

图 3.6-24　体育场东区网架

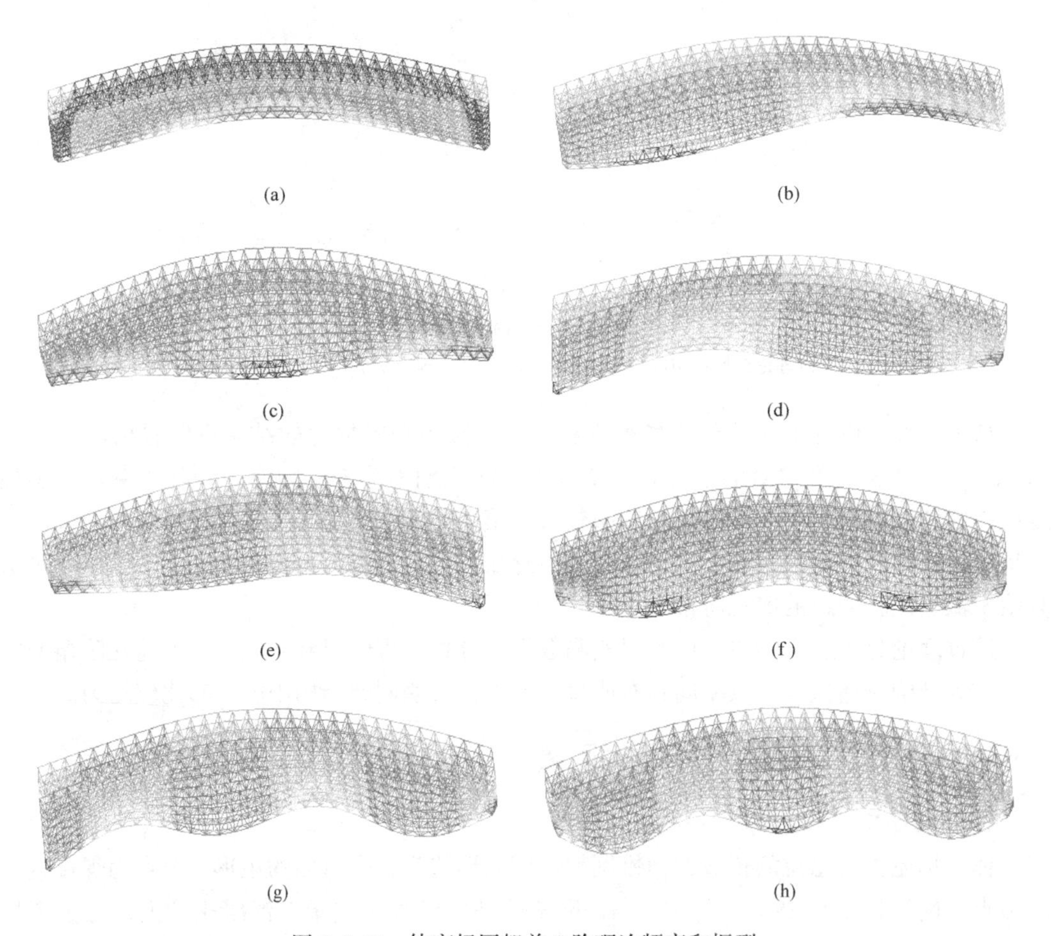

(a)　(b)　(c)　(d)　(e)　(f)　(g)　(h)

图 3.6-25　体育场网架前 8 阶理论频率和振型

(a) 第 1 阶 (1.904Hz)；(b) 第 2 阶 (1.978Hz)；(c) 第 3 阶 (2.220Hz)；(d) 第 4 阶 (2.441Hz)；
(e) 第 5 阶 (2.594Hz)；(f) 第 6 阶 (3.043Hz)；(g) 第 7 阶 (4.003Hz)；(h) 第 8 阶 (5.251Hz)

3. 测点布置方案

下弦节点编号及传感器布置如图 3.6-26 所示，其中竖向传感器 12 个，横向与纵向传感器各 2 个，共 16 个。

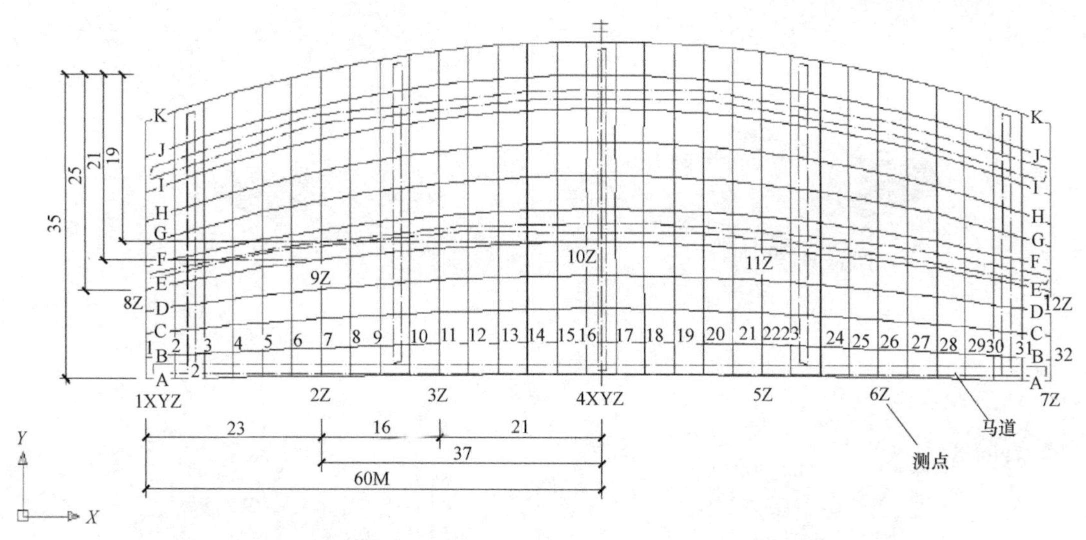

图 3.6-26　测点布置图

4. 实测模态与理论模态对比

动力检测的激励主要来自于风载激励，数据的采集可能受现场工作环境的影响，如人为的走动、施工振动等引起的采集系统和加速度传感器接头的不稳定，进而影响测得的信号强度。利用第 3.2 节和第 3.3 节中的多种方法进行识别，频率识别结果见表 3.6-11，阻尼比识别结果见表 3.6-12，振型识别结果如图 3.6-27。

体育场模态频率识别结果　　**表 3.6-11**

模态分析方法	模态频率(Hz)					
	1 阶	2 阶	3 阶	4 阶	5 阶	6 阶
PP	2.00	2.25	3.06	3.50	3.94	4.38
FDD	2.00	2.25	3.06	3.50	3.94	4.38
ARMA	1.83	2.24	3.08	3.46	4.08	4.29
ITD	1.89	2.25	3.03	3.50	4.06	4.35
ERA	1.99	2.33	3.02	3.46	3.85	4.32
SSI-DATA	1.92	2.21	3.00	3.48	3.94	4.35
SSI-COV	1.92	2.26	3.01	3.47	4.05	4.33

体育场模态阻尼比识别结果　　**表 3.6-12**

模态分析方法	阻尼比(%)					
	1 阶	2 阶	3 阶	4 阶	5 阶	6 阶
ARMA	12.70	1.12	5.05	1.90	7.96	1.80
ITD	6.29	1.47	4.90	2.75	6.01	1.62
ERA	4.12	5.25	3.22	3.30	4.67	1.40
SSI-DATA	7.34	3.18	4.47	5.24	7.91	1.16
SSI-COV	4.04	1.09	3.45	3.58	5.66	1.32

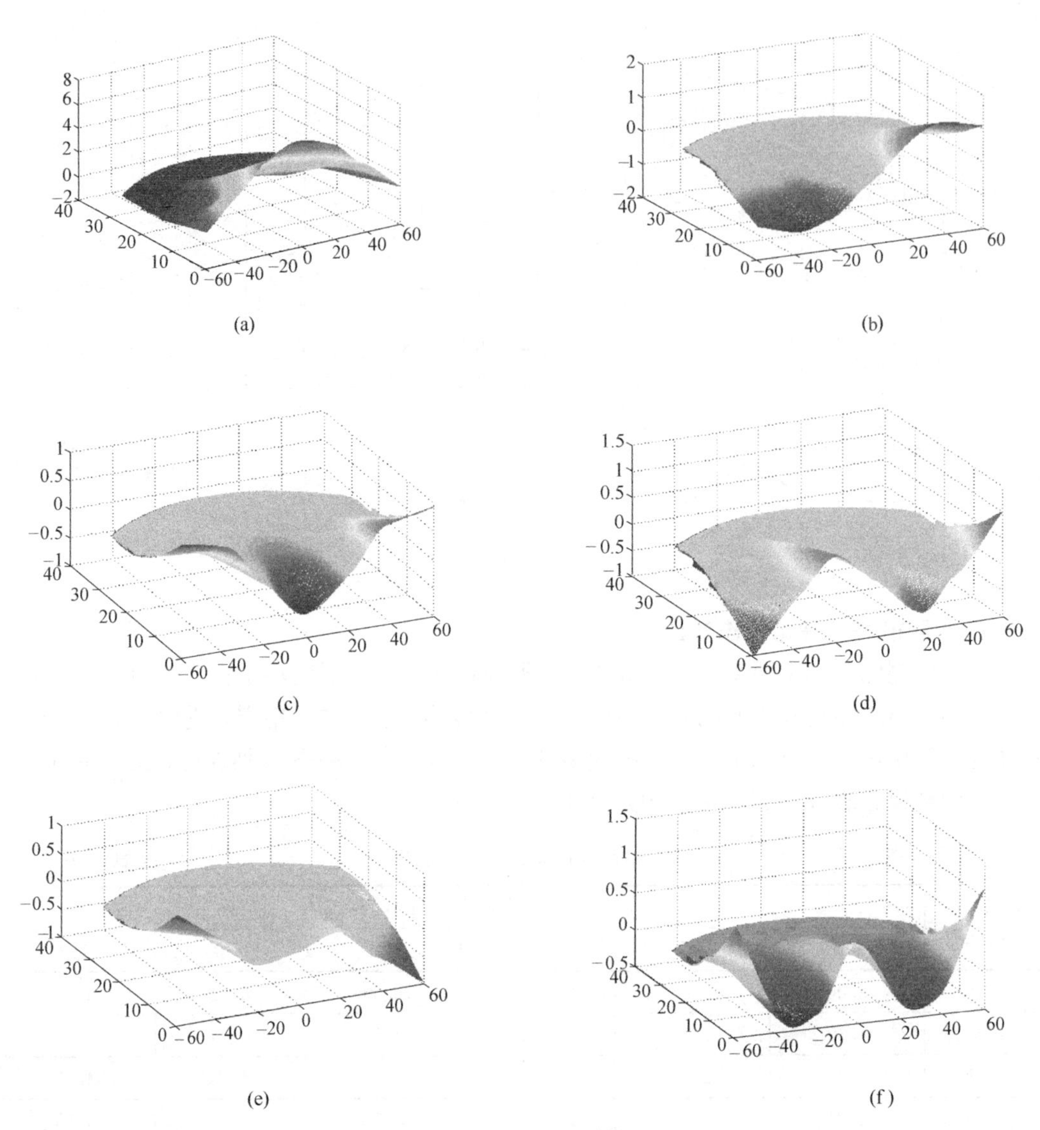

图 3.6-27　振型识别结果

(a) 第 1 阶；(b) 第 2 阶；(c) 第 3 阶；(d) 第 4 阶；(e) 第 5 阶；(f) 第 6 阶

从表 3.6-11 中可以看出，各方法频率识别结果较为接近，除第 5 阶 ARMA 和 ITD 法识别结果大于理论频率外，其余各方法识别的各阶频率低于结构理论频率。考虑是受到结构模型尺寸、屋面板以及马道等次结构的刚度影响，应作进一步的分析。由图 3.6-27 可知，前 6 阶实测振型与理论振型振动形态拟合较好。

3.7　本章小结

通过对西安咸阳某机库网架、徐州市某厂房网架、乌鲁木齐新客运站屋盖网架和石家庄裕彤体育中心罩棚网架四个实际工程进行动力检测，综合上述工程的实测结果，得出以下结论。

(1) 各种识别方法中，SSI-DATA、SSI-COV、ERA 法识别效果较好，ARMA、LSCE 法等局部识别法只利用单一测点进行分析，在大跨空间中识别误差较大，无法识别出结构所有模态。ITD、STD 和 PRCE 法在不加噪声的线性结构中识别效果较好，但在大跨空间结构中，识别误差较大，而且 ITD 和 STD 法在测点数大于模态阶次时识别效果较好，但大跨空间结构的自由度数较高，测点数往往达不到系统的自由度数，需通过延时采样补充虚拟测点，识别效果较差。

(2) 各方法频率识别结果较为接近，但阻尼比识别结果相差较大，在后续研究中应改进阻尼比的识别。频域识别方法得到的频率和振型结果较好，但阻尼比识别效果较差，在实际工程应用中，需将各种方法进行对比分析，最终结果可以取多种方法的均值。

第四章 拉索索力识别方法

4.1 多阶频率拟合法索力识别方法

通过第 2 章对空间拉索振动频率与索力计算理论的研究，本节提出基于优化方法的多频率拟合算法（多频率优化拟合算法），通过测定拉索多阶振动频率，计算识别拉索的索力。

4.1.1 多阶频率拟合法原理与算法

1. 基于优化方法的多阶频率拟合算法（多阶频率优化拟合算法）

根据多跨索的振动频率方程（2.1-37）建立的方程组

$$\begin{cases} f(EI,m,\omega_1,T,k_1,k_2,\cdots,k_n)=0 \\ f(EI,m,\omega_2,T,k_1,k_2,\cdots,k_n)=0 \\ \cdots \\ f(EI,m,\omega_n,T,k_1,k_2,\cdots,k_n)=0 \end{cases} \tag{4.1-1}$$

可以看出，通过多阶频率可以建立对多跨索特性参数的识别。只要检测得到足够阶次的频率，并且已知频率阶数 n 不少于未知参数个数，理论上便可以建立 n 个方程来正确识别未知参数。比如：如果知道索弯曲刚度 EI、线密度 m 和各跨索长，通过测量整体索结构 $n+1$ 阶频率值，并通过索力 T 范围的初步设定，可以确定索力和 n 个约束刚度系数（k_1，k_2，…，k_n），建立对索力 T 的识别。

因此，对于多跨索索力识别问题，可以通过建立多跨索振动模型，利用多阶频率拟合技术进行索力的识别。

基于优化方法利用多阶频率拟合建立多跨索索力测试的基本算法原理过程如下：

(1) 建立多跨索振动模型

一个 m 跨 n 个未知约束刚度的带撑杆拉索建立特征方程为：

$$f_i(EI,M,\omega_i,T,l_1,l_2,\cdots,l_m,k_1,k_2,\cdots,k_n)=0 \quad (i=1,2,3\cdots) \tag{4.1-2}$$

其中，拉索刚度 EI、线密度 m 和各段索长 l_1，l_2，…，l_m 参数已知，索力 T 和 n 个约束刚度 k_1，k_2，…，k_n 共 $n+1$ 个参数未知。

（2）多跨索模型自振频率的测试与索力优化识别模型建立

测量试验获得 $n+1$ 个自振频率 ω_i，建立 $n+1$ 个关于索力 T 和 n 个约束刚度 k_1，k_2，…，k_n 为未知量的方程组，设计优化算法模型，建立优化目标函数：

$$f_{\text{obj}}=\text{Min}\left\{\sum\left|f(EI,m,\omega_i,T,k_1,k_2,\cdots,k_n)\right|\right\} \tag{4.1-3}$$

（3）索力计算与识别

无约束优化模型计算，选择初始索力参数，对优化目标函数回归计算 $n+1$ 个未知参数，得到索力 T，识别相应的边界约束刚度。

（4）进行识别索力值的正确性验证，得到计算结论

基于优化方法的多阶频率拟合索力识别，需要基于多跨索多阶振动频率的测试，因此实施过程需要频率测量技术与设施建立的一体的索力测试方案。建立多跨索索力测试方案如图 4.1-1 所示。

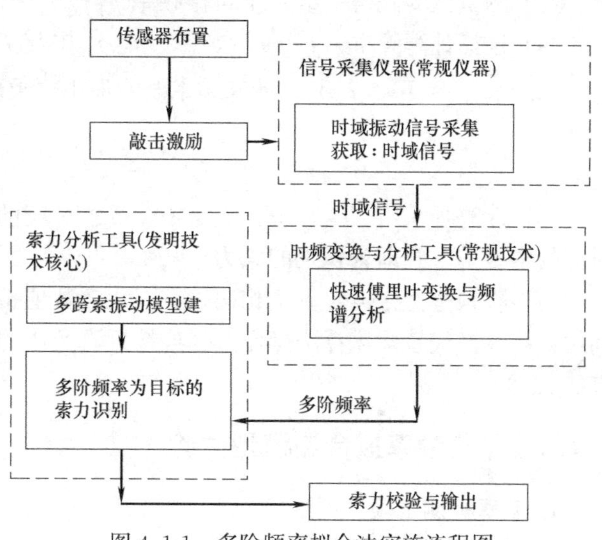

图 4.1-1　多阶频率拟合法实施流程图

基本实施步骤如下：

（1）按照布置原则在拉索各跨布置传感器；

（2）各跨分别敲击激励，分组进行时域振动信号采集；

（3）应用时域频变换工具进行时域振动信号变换，识别带撑杆拉索结构多阶自振频率；

（4）应用索力识别工具，建立拉索振动计算模型，再依据多阶实测频率进行索力识别。

预应力拉索索力测试过程是通过在拉索上布置精密传感器，采集拉索在环境激励或人工激励下的振动信号（时域信号），将信号进行滤波、放大，再经过频谱分析（应用快速傅里叶变换，将时域信号转换为频域表达的信息）确定拉索的各阶自振频率 f（一般采用低阶频率）。同时通过测量拉索的线密度 m、弯曲模量 EI 和拉索长度 l，得到拉索索力计算计算的参数。目前技术条件下测量索频率可达到很高的精度。

2. 基于有限元方法的多阶频率拟合算法（有限元数值拟合算法）

多跨索振动模型也可以通过传统有限元方法建立。这里同样可建立如式（2.1-72）形式的振动方程：

$$\begin{cases}(Z_{11})\Delta_1+Z_{12}\Delta_2+Z_{13}\Delta_3\cdots+Z_{1n}\Delta_n=0\\ Z_{21}\Delta_1+(Z_{22})\Delta_2+Z_{23}\Delta_3\cdots+Z_{2n}\Delta_n=0\\ Z_{31}\Delta_1+Z_{32}\Delta_2+(Z_{33})\Delta_3\cdots+Z_{3n}\Delta_n=0\\ \cdots\\ Z_{n1}\Delta_1+Z_{n2}\Delta_2+Z_{n3}\Delta_3\cdots+(Z_{nn})\Delta_n=0\end{cases} \tag{4.1-4}$$

与式（2.1-72）所不同的是，式（4.1-4）中刚度系数 Z_{ij} 是通过有限元模型中形函数形式建立的近似刚度系数值。模型中约束边界条件都设为已知条件，只有索力 T 是未知参数。

基于有限元模型可以方便地利用有限元软件建立多跨索钢结构完整的结构模型，但对边界未知约束情况不能建立有效的模拟。

利用有限元方法进行多阶频率拟合的算法过程如下：

（1）通过有限元软件建立多跨索结构数值模型

（2）选择一组可能的索力 $T_1T_2,\cdots,T_i,\cdots,T_n$，分别施加到有限元模型，进行模态计算后分别得到一组计算频率 $(f_1f_2f_3,\cdots,f_m)_1$、$(f_1f_2f_3,\cdots,f_m)_2$、$(f_1f_2f_3,\cdots,f_m)_3,\cdots,(f_1f_2f_3,\cdots,f_m)_i,\cdots,(f_1f_2f_3,\cdots,f_m)_n$

（3）测量试验获得一组 k 个自振频率 $f'_1f'_2,\cdots,f'_k$，一般取 $k>2$

（4）选择计算频率 $(f_1f_2f_3,\cdots,f_m)_i$ 中与 $f'_1f'_2,\cdots,f'_k$ 数值接近的值组成一组频率 $(\overline{f}_1\overline{f}_2\overline{f}_3,\cdots,\overline{f}_k)_i$，计算频率差的最小二乘值

$$V_i=\sum_{j=1}^{k}(\overline{f}_j-f'_j)^2$$

（5）计算所有 $T_1T_2,\cdots,T_i,\cdots,T_n$ 对应的 $V_i(i=1,2,\cdots,n)$，选取最小 V 对应的索力 T，T 即为识别的索力。

与多阶频率优化拟合算法相比，有限元法数值拟合算法可以建立复杂的索结构模型，利用计算表格代替优化算法操作选择最接近真实值的索力，可以作为优化算法的近似处理方法。

4.1.2 多阶频率拟合法模型试验

1. 频率检测试验

（1）试验目的

1）建立多跨索试验模型，测定多跨索振动的频率；

2）验证多阶频率法的工程适用性。

（2）试验仪器与数据处理设备

1）传感器：动测设备采用朗斯 LC0116T-2 低频 ICP 压电型单轴加速度传感器，响应频率为 0.05～300kHz，有效平稳响应频率 0.1～230kHz，自然频率为 3000kHz，非线性响应不大于 5%，重量为 220g。传感器灵敏度为 2.5V/g，大量程传感器灵敏度为 25mV/g。

2）信号采集设备：调理模块为传感器专用 cm4016 型调理模块，采集模块为朗斯 CBook2000-P 型专用动采仪，可同时接受 16 通道并行输入采集，有效分辨率为 16bit。

3）数据处理工具：数据分析软件采用北京东方振动与噪声技术研究所生产的 DASP-V10 工程版专用数据采集及分析软件。

（3）试验方案

试验支架为三角桁架，全长 16m，如图 4.1-2、图 4.1-3 所示。

试验选用公称直径为 15.2mm 钢绞线，钢绞线公称截面积为 139mm²，每米理论重量为 1.091kg，强度级别选用 1860MPa，最大负荷 259kN，屈服荷载 230kN，伸

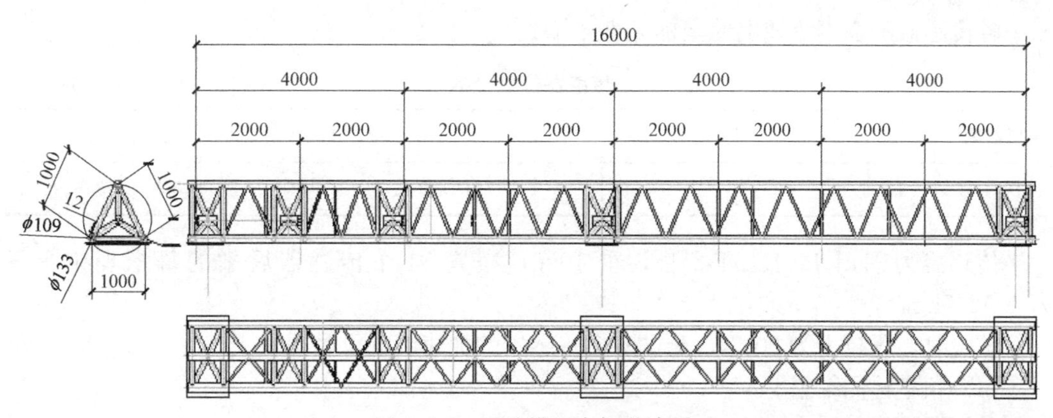

图 4.1-2 试验模型支架设计图

长率≥3.5%。

钢绞线总长度为 8m，中间布置 3 个竖向支撑点，一共 4 跨，每跨长度 2m。支撑点选用 5mm 厚的圆形垫片，垫片中间开 U 形槽，第 1 和第 3 个支撑点 U 形槽槽口向上，第 2 个支撑点 U 形槽槽口向下，如图 4.1-4 所示。U 形垫片侧向开孔比较大，左右各有 1cm 间隙，垫片模拟实际张弦梁结构中的撑杆，只约束钢绞线的竖向振动，横向可以自由振动。

图 4.1-3 试验支架

图 4.1-4 U 形垫片

根据现场实际的条件，钢绞线上布置 14 个传感器，如图 4-1-5 中 1～14 所示。

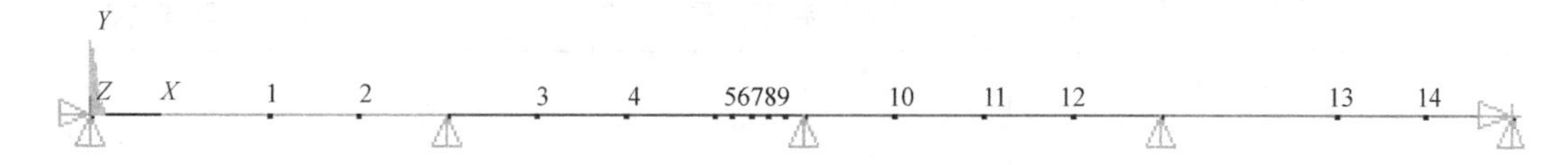

图 4.1-5 传感器布置示意图

各传感器的在钢绞线上的坐标见表 4.1-1。

传感器位置坐标　　　　表 4.1-1

传感器编号	1	2	3	4	5	6	7	8	9	10	11	12	13	14
坐标(m)	1	1.5	2.5	3	3.5	3.6	3.7	3.8	3.9	4.5	5	5.5	7	7.5

传感器为朗斯 LC0116T-2 型，重 190g，布置 14 个传感器后索的每米理论重量为 1.4235kg。

试验时，张拉力为 90kN，测试各个传感器的加速度响应时程。

(4) 频率检测结果

敲击激励结果：自谱分析对各个加速度响应时程曲线做自谱分析，如图 4-1-6 所示。

经过频谱分析，90kN 的 $\phi15.2$ 钢绞线的实测各阶自振频率见表 4.1-2。基于如下检测结果可进行索力计算。

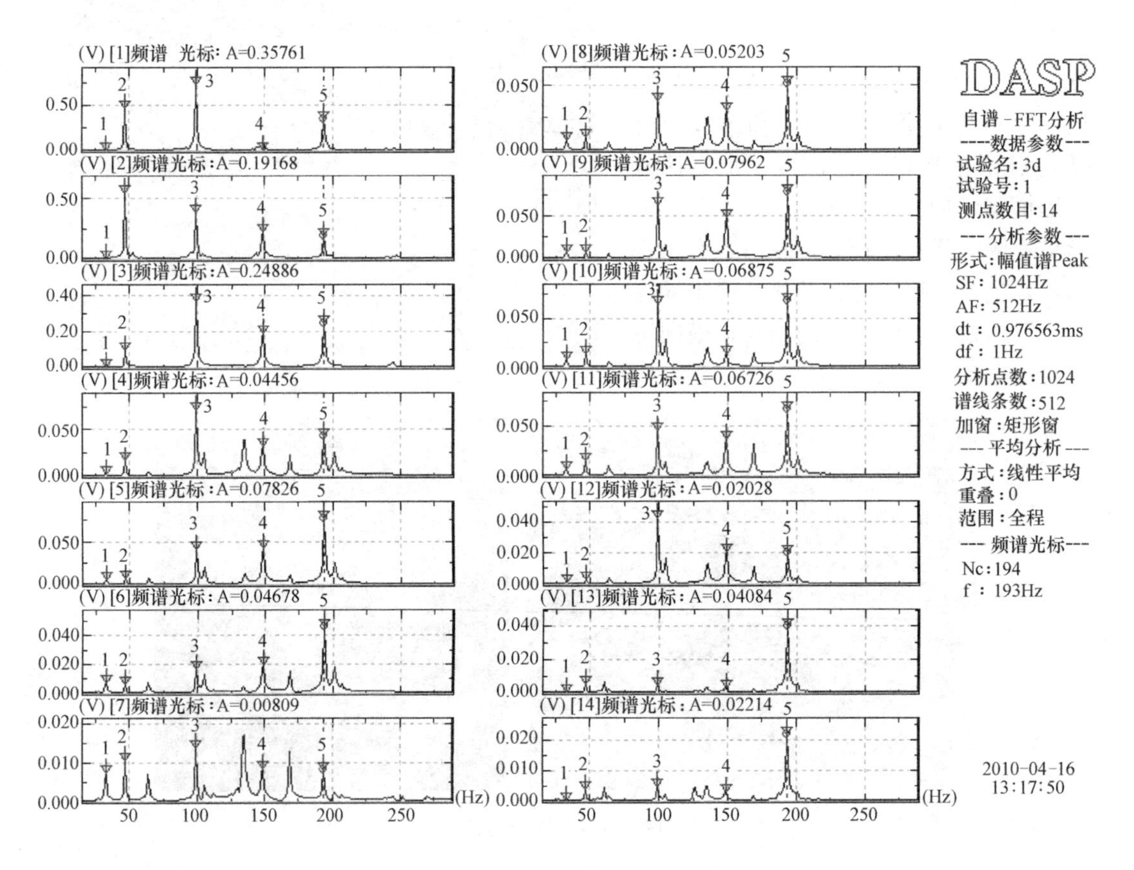

图 4.1-6　加速度响应的自谱分析

测试频率结果　　　　表 4.1-2

阶次	1	2	3	4	5
频率(Hz)	32.25	46.5	63.25	99.25	149.5

2. 多阶频率优化拟合算法

按照多频率分布特性建立的索力分析方法来进行索力的识别。首先建立 4 个索跨的单元模型。需要识别的未知参数有索力 T、边界约束刚度 k_1、k_2 共 3 个参数，选取至少 5 个频率值进行索力和参数的识别。

选取 5 个频率值：$f_{eq}(1)=32.25$；$f_{eq}(2)=46.5$；$f_{eq}(3)=63.25$；$f_{eq}(4)=99.25$；$f_{eq}(5)=149.5$。

各索段长度见表 4.1-3。

模型参数 **表 4.1-3**

参数	跨数			
	第一跨	第二跨	第三跨	第四跨
索长(m)	2	2	2	2
索密度(kg/m)	1.4235	1.4235	1.4235	1.4235
索弯曲模量(Nm^2)	526.4	526.4	526.4	526.4

索线密度取 1.4235kg/m，直径为 15.2mm，钢绞线索弯曲模量取 526.4Nm^2。根据优化目标方程 $f_{obj}=\mathrm{Min}\{\sum|f(EI,m,\omega_i,T,k_1,k_2,\cdots,k_n)|\}$，计算索力。

第一次选用 5 个频率识别 3 个参数。计算结果不收敛。分析可知前 2 阶频率不是单跨振动形式，与模型不符。

重新选取后三阶频率 $f_{eq}(3)=63.25$、$f_{eq}(4)=99.25$、$f_{eq}(5)=149.5$ 进行拟合，因为利用 3 阶频率优化拟合 3 个未知参数约束较少，所以假定 $k_1=k_2=0$，计算索力 T。

按照单索公式

$$T=-N=4\frac{mf_n^2l^2}{n^2}-\frac{n^2\pi^2EI}{l^2}$$

按照基频为 63.25Hz 计算初始索力为 89.819kN，运行索力识别程序软件进行索力识别，计算索力为 89.725kN；另选取初始值 80kN、100kN 进行索力计算，计算索力均为 89.725kN，结果见表 4.1-4。

索力优化计算结果 **表 4.1-4**

计算次数	跨数			
	优化初值(N)	约束刚度 k_1	约束刚度 k_2	识别索力(N)
1	89819	0	0	89725
2	80000	0	0	89725
3	100000	0	0	89725

从结果来看，优化计算索力为 89.725kN，与设计拉力基本一致。

软件计算过程如下：

（1）打开多跨索分析中的多阶频率优化拟合索力计算模块（图 4.1-7、图 4.1-8）

（2）在多跨索优化分析模块中进行索力分析（图 4.1-9）

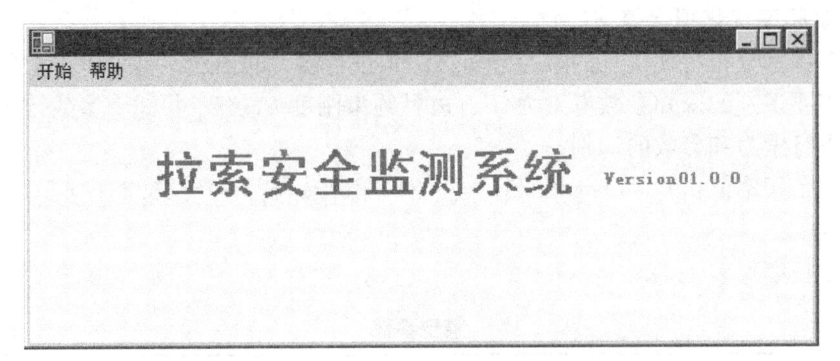

图 4.1-7 软件初始界面

图 4.1-8 多跨索分析中的多阶频率计算模块

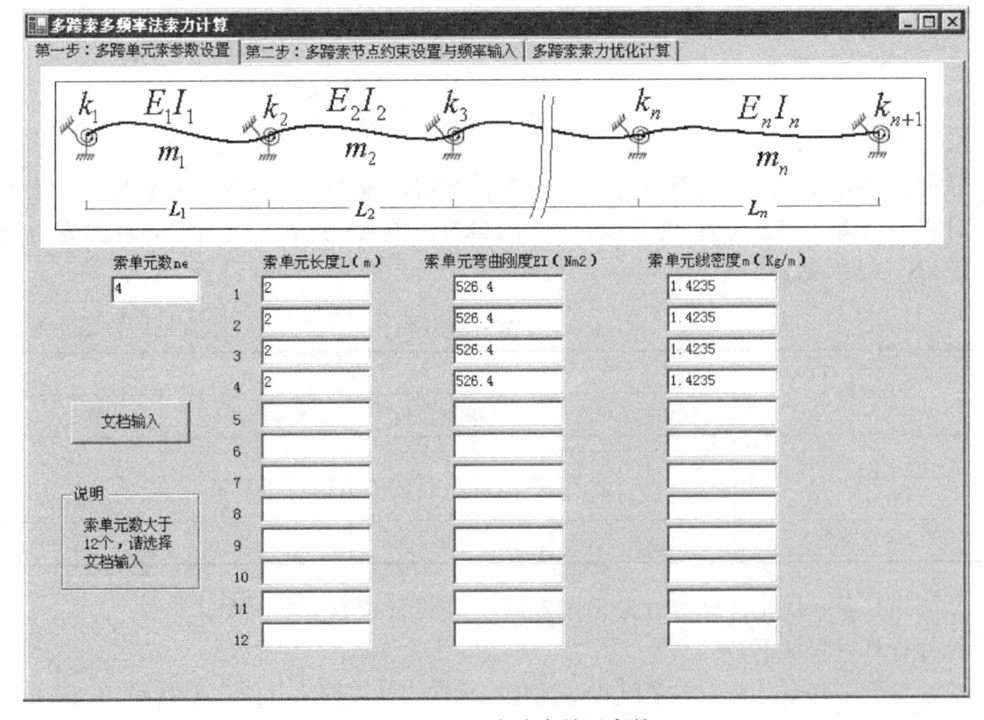

图 4.1-9 设置多跨索单元参数

（3）试算一：按照初始索力 89.819kN 计算（图 4.1-10、图 4.1-11）

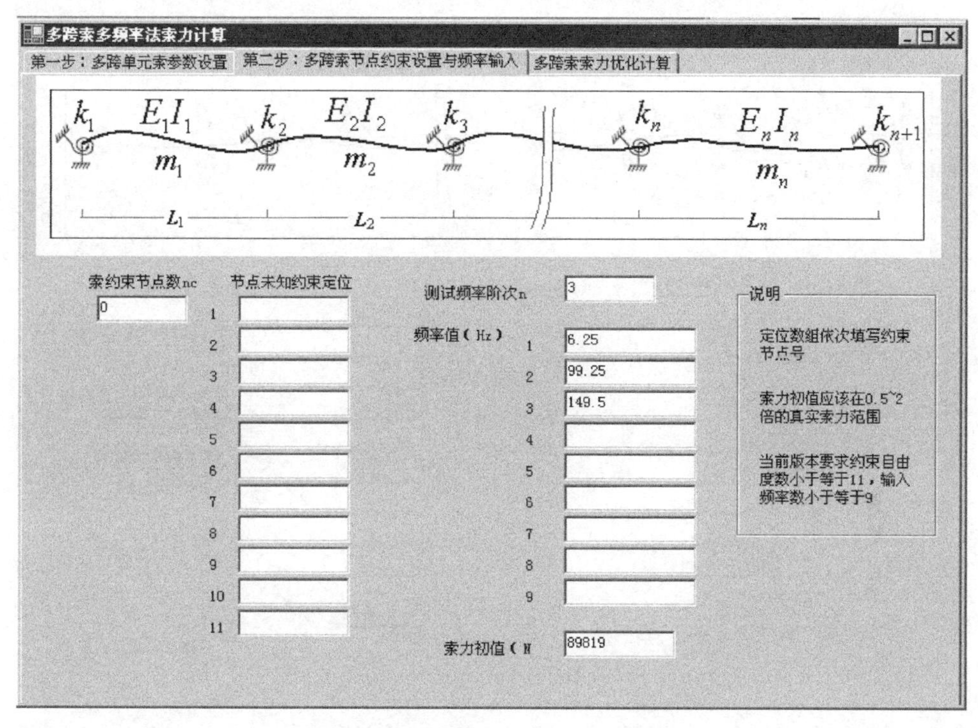

图 4.1-10　频率输入和索力初值设置

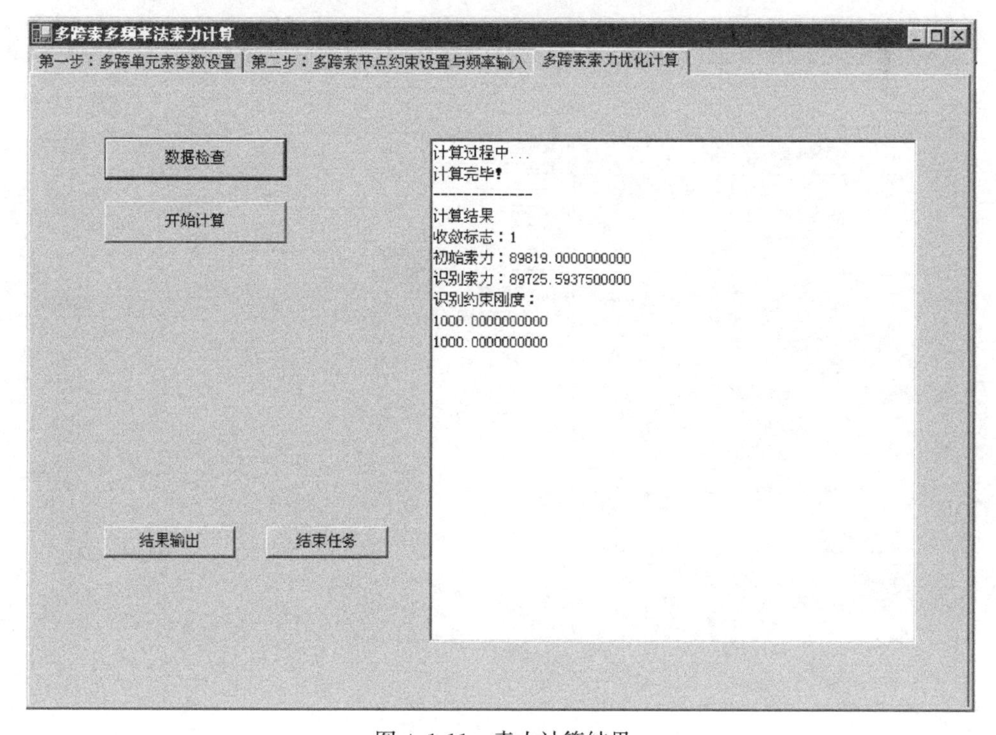

图 4.1-11　索力计算结果

（4）试算二：按照初始索力 80kN 计算（图 4.1-12、图 4.1-13）

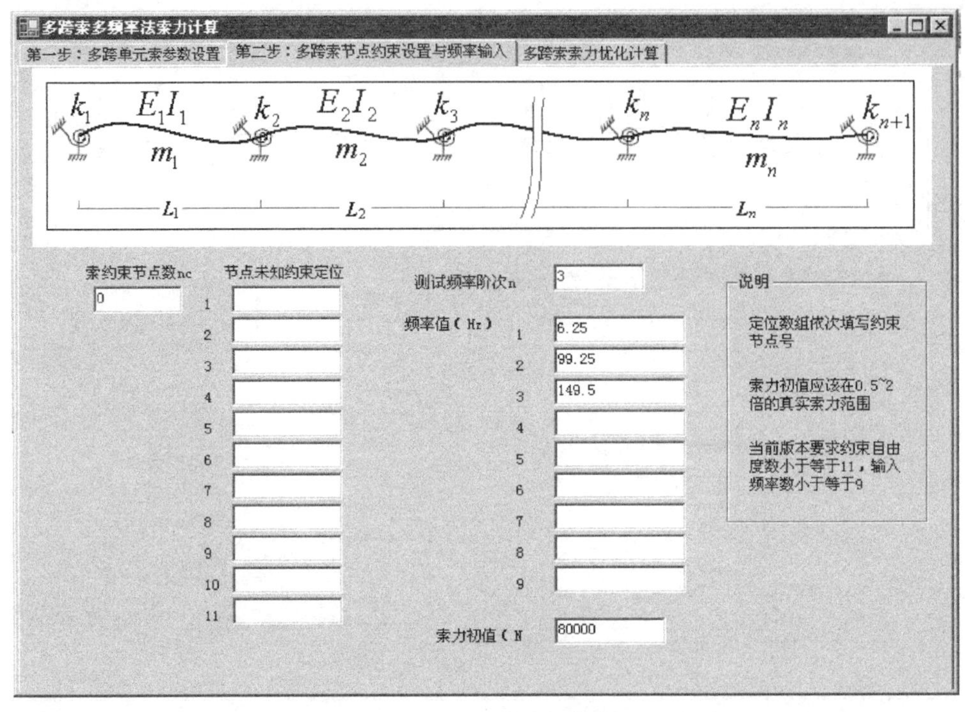

图 4.1-12　调整索力初值设置

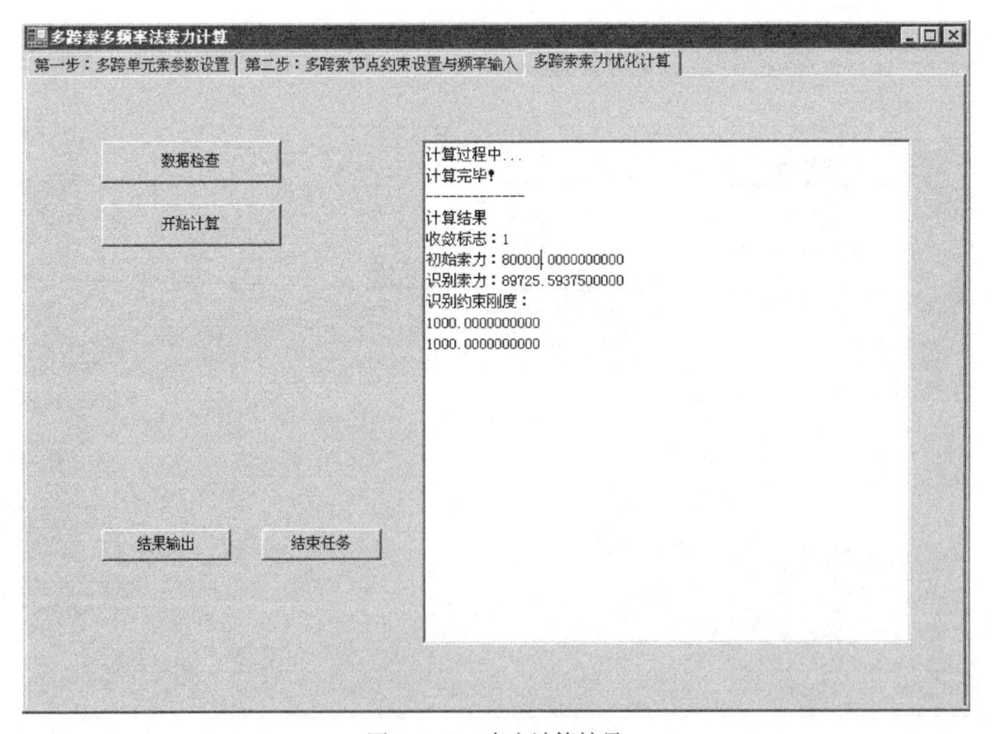

图 4.1-13　索力计算结果

(5) 试算三：按照初始索力 100kN 计算（图 4.1-14、图 4.1-15）

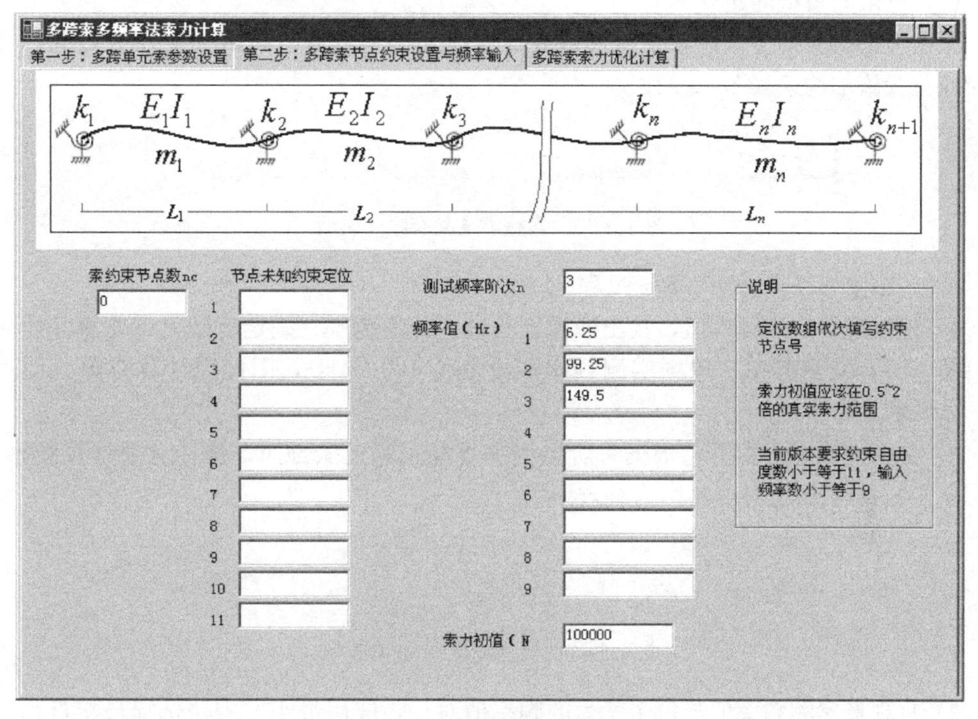

图 4.1-14　调整索力初值设置

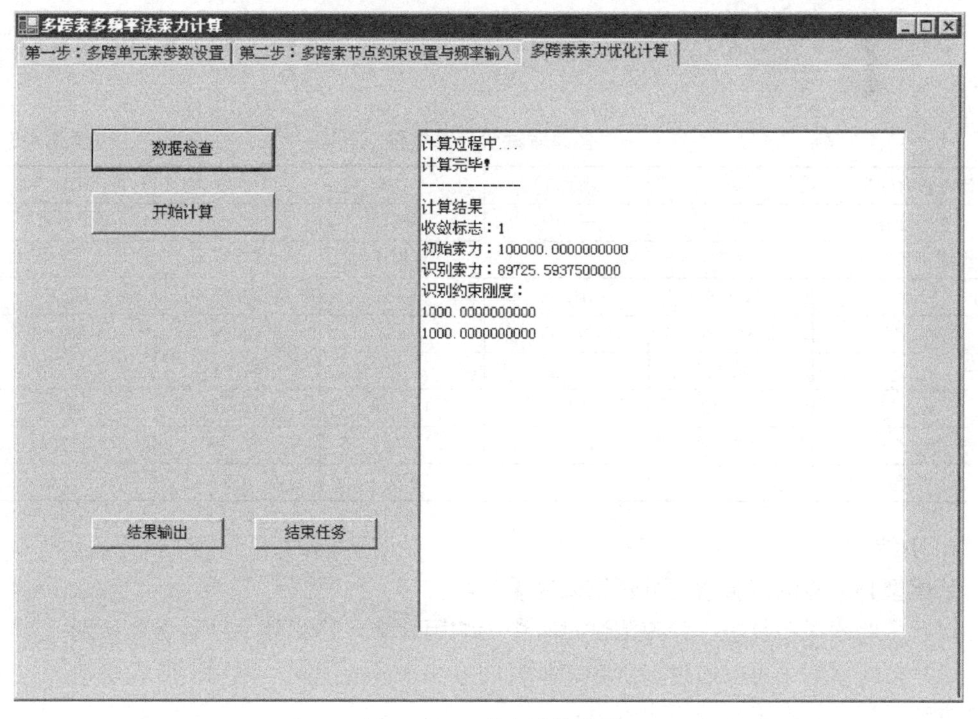

图 4.1-15　索力计算结果

3. 有限元数值拟合算法

(1) 有限元模型的建立

根据现场试验模型，建立直线形钢绞线有限元模型，索体采用 beam188 单元，在撑杆对应位置施加约束（图 4.1-16）。

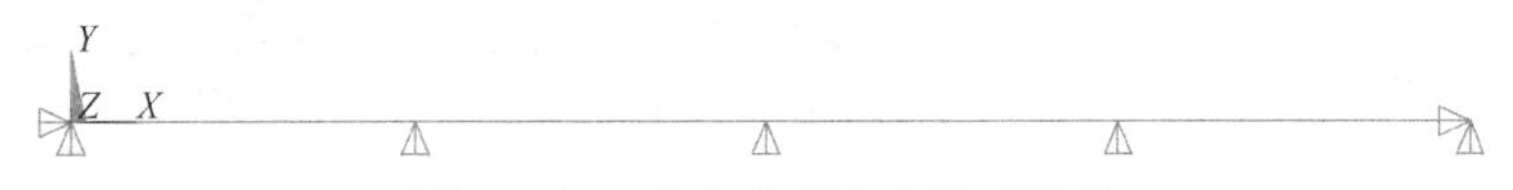

图 4.1-16　多跨索试验有限元模型

(2)“多阶频率拟合法”验证过程

1) 根据现场实测频率值，找出能识别的最大频率范围，确定有限元计算第几阶频率才可覆盖所有实测频率。现场实测频率最大值为 149.50Hz，因此需计算有限元模型前 250 阶频率。

2) 在某一确定索力下，根据每阶振型和现场实际激振方向，选择有效计算频率值。如图 4.1-17 所示振型对应频率为有效频率。

图 4.1-17　模型试验第 12 阶振型

3) 将现场实测频率值与每个索力的频率值对比，应用最小二乘法选择最接近的一组频率值计算方差，最小方差对应的计算索力判定为该榀张弦梁拉索实际索力。

(3) 计算结果及分析

根据表 4.1-5 计算结果，最小方差 7.77 对应计算索力 90kN，判定实测频率对应真实索力约为 90kN。

多跨索试验计算结果　　表 4.1-5

计算索力(kN)	72	81.0	90.0	99.0	108.0
索力变化	−20%	−10%	0%	10%	20%
实测频率(Hz)	计算频率(Hz)				
32.25	30.36	31.22	32.05	32.87	32.50
46.50	45.58	46.55	46.68	46.83	47.39
63.25	64.24	64.25	63.79	64.81	65.81
99.25	103.13	102.86	101.95	103.05	104.13
149.50	150.09	149.53	149.84	150.98	152.11
方差	20.80	15.10	7.77	19.55	38.05

4. 小结

从模型频率检测试验索力分析结果来看：

(1) 多跨索振动复杂，频率测试过程中影响因素多，检测频率结果需要甄别；

(2) 多跨索索力可以通过多阶频率拟合的方法来分析识别，采用多阶频率拟合的最小二乘方法可以比较准确地分析出索力；

(3) 可采用自开发软件或有限元模型分析实现索力分析的多阶频率拟合方法。

4.1.3　单跨拉索结构工程应用实例

1. 单索索力检测试验

（1）频率检测试验

1）试验时间：2010 年 4 月 20 日。

2）地点：北京市建筑工程研究院装配所。

3）试验目的：

① 测定各种比例短索振动的频率。

② 验证短索公式。

③ 研究短粗索和细长索长细比分界点。

4）试验仪器与数据处理设备：

① 传感器：动测设备采用朗斯 LC0116T-2 低频 ICP 压电型单轴加速度传感器，响应频率为 0.05～300kHz，有效平稳响应频率 0.1～230kHz，自然频率为 3000kHz，非线性响应不大于 5%，重量为 220g。传感器灵敏度为 2.5V/g，大量程传感器灵敏度为 25mv/g。

② 信号采集设备：调理模块为传感器专用 cm4016 型调理模块，采集模块为朗斯 CBook2000-P 型专用动采仪，可同时接受 16 通道并行输入采集，有效分辨率为 16bit。

③ 数据处理工具：数据分析软件采用北京东方振动与噪声技术研究所生产的 DASP-V10 工程版专用数据采集及分析软件。

④ 试验平台：试验采用装配所的承力架，利用千斤顶给钢绞线施加预应力，通过标定好的传感器控制施加预应力的大小。整个试验平台如图 4.1-18 所示。

图 4.1-18　试验平台

为了改变钢绞线两锚固段的长度，在试验架中间增设锚固工装，如图 4.1-19 所示。钢绞线的一端用锚具固定，另一端用千斤顶张拉，中间通过锚固工装改变钢绞线两锚固段之间的距离，满足不同长径比的试验要求。

(a)

(b)

图 4.1-19　钢绞线两端固定示意图（一）

(a) 锚具锚固端；(b) 锚固工装锚固段

(c)

(d)

图 4.1-19 钢绞线两端固定示意图（二）
(c) 两锚固段之间布置传感器；(d) 钢绞线张拉端

5）试验方案

试验选用公称直径 15.2mm 钢绞线，钢绞线公称截面积为 $139mm^2$，每米理论重量为 1.091kg，强度级别选用 1860MPa，最大负荷 259kN，屈服荷载 230kN，伸长率≥3.5%。

利用千斤顶给钢绞线施加稳定的拉力，通过锚固工装改变钢绞线两锚固段之间的长度。在钢绞线上布设一个加速度传感器，测定加速度反应时程，进行频谱分析，得到各种比例下的短粗索的各阶自振频率值。试验的拉力值为 40kN，钢绞线的试验长度见表 4.1-6。

实验选用钢绞线 表 4.1-6

编号	试验长径比	两锚固段钢绞线长度(m)	编号	试验长径比	两锚固段钢绞线长度(m)
1	1∶20	0.304	8	1∶90	1.368
2	1∶30	0.456	9	1∶100	1.52
3	1∶40	0.608	10	1∶110	1.672
4	1∶50	0.76	11	1∶120	1.824
5	1∶60	0.912	12	1∶130	1.976
6	1∶70	1.064	13	1∶140	2.128
7	1∶80	1.216			

6）频率测试结果

① 1∶20 钢绞线试验结果。

在钢绞线中间布置一个加速度传感器，对采集的加速度时程进行自谱分析，如图 4.1-20 所示。

经过频谱分析，索力 40kN，0.304m 长的 15.2 钢绞线的实测各阶自振频率见表 4.1-7。

频率识别结果 表 4.1-7

阶次	1	2	3	4	5	6
频率(Hz)	199.38	249.75	304.50	363.88	430.00	505.38

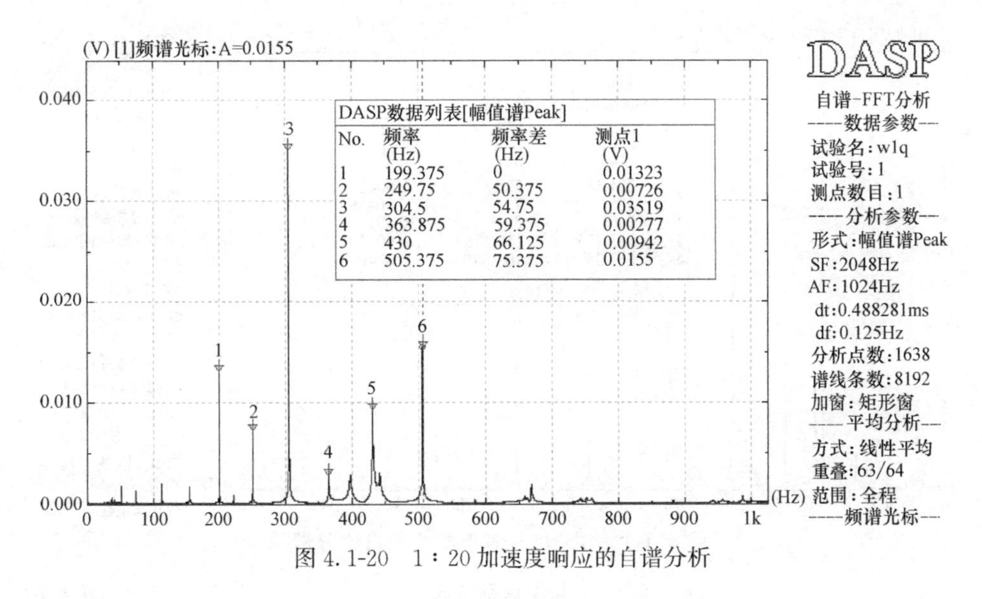

图 4.1-20　1∶20 加速度响应的自谱分析

② 1∶30 钢绞线试验结果。

在钢绞线中间布置一个加速度传感器，对采集的加速度时程进行自谱分析，如图 4.1-21 所示。

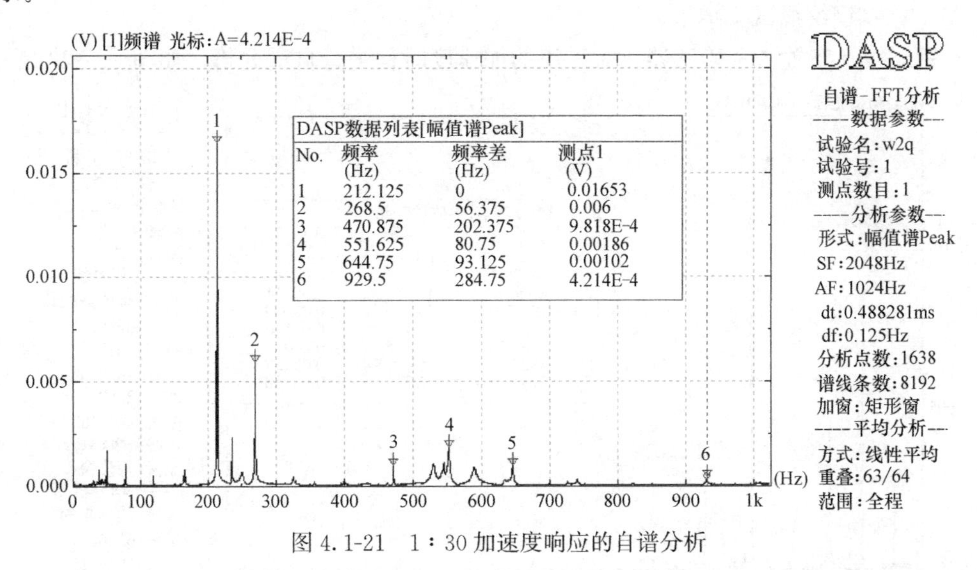

图 4.1-21　1∶30 加速度响应的自谱分析

经过频谱分析，索力 40kN，0.456m 长的 15.2 钢绞线的实测各阶自振频率见表 4.1-8。

频率识别结果　　**表 4.1-8**

阶次	1	2	3	4	5	6
频率(Hz)	212.13	268.50	470.88	551.63	644.75	929.5

③ 1∶40 钢绞线试验结果。

布置一个加速度传感器，对采集的加速度时程进行自谱分析，如图 4.1-22 所示。

经过频谱分析，索力 40kN，0.608m 长的 15.2 钢绞线的实测各阶自振频率见表 4.1-9。

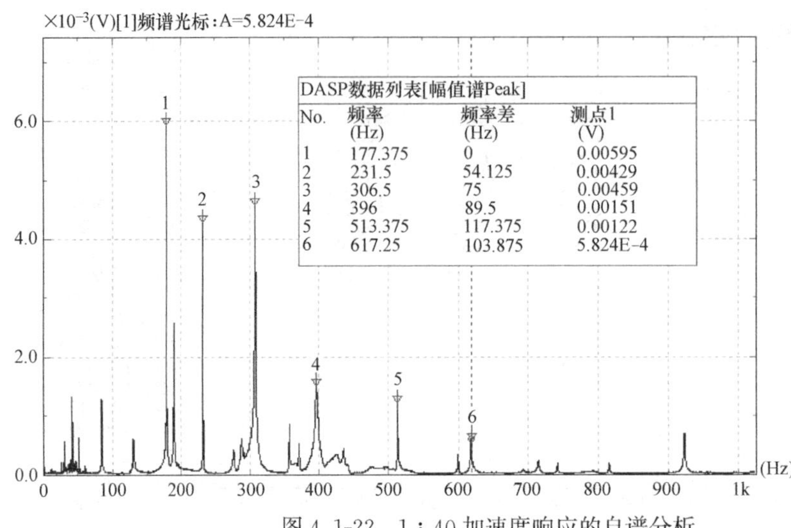

图 4.1-22　1∶40 加速度响应的自谱分析

频率识别结果　　**表 4.1-9**

阶次	1	2	3	4	5	6
频率(Hz)	177.50	231.50	306.50	396.00	513.38	617.25

④ 1∶50 钢绞线试验结果。

在钢绞线上布置 1 个传感器，对采集的加速度时程进行自谱分析，如图 4.1-23 所示。

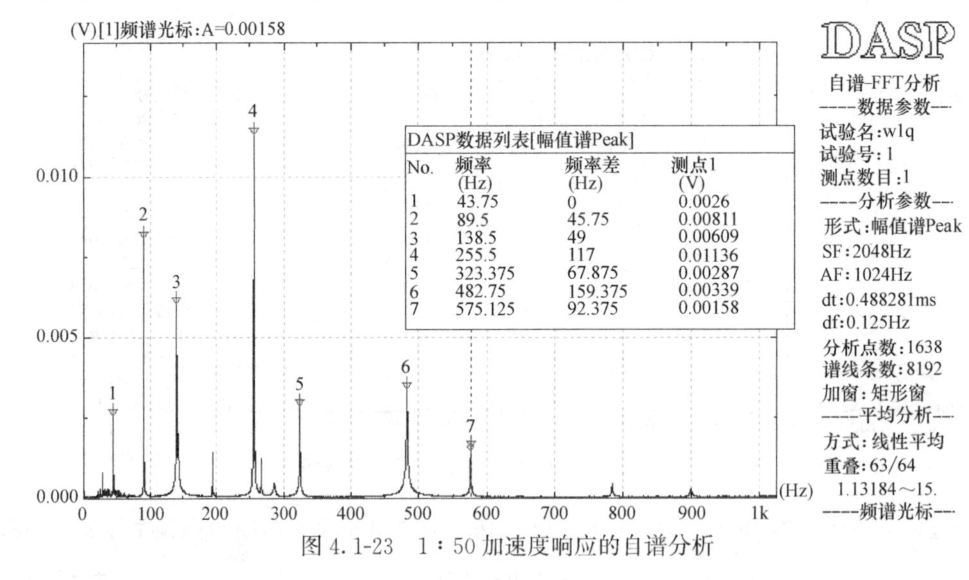

图 4.1-23　1∶50 加速度响应的自谱分析

经过频谱分析，索力 40kN，0.760m 长的 15.2 钢绞线的实测各阶自振频率见表 4.1-10。

频率识别结果　　**表 4.1-10**

阶次	1	2	3	4	5	6	7
频率(Hz)	43.75	89.50	138.50	255.5	323.38	482.75	575.13

⑤ 1∶60 钢绞线试验结果。

在钢绞线中间布置一个加速度传感器，对采集的加速度时程进行自谱分析，如图 4.1-24 所示。

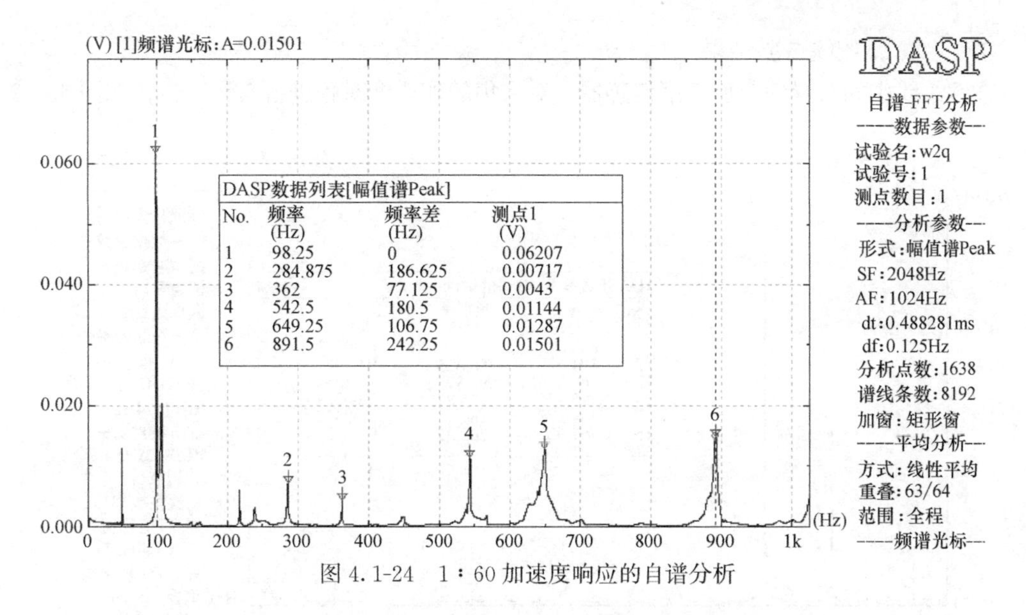

图 4.1-24 1∶60 加速度响应的自谱分析

经过频谱分析，索力 42kN，0.912m 长的 15.2 钢绞线的实测各阶自振频率见表 4.1-11。

频率识别结果 **表 4.1-11**

阶次	1	2	3	4	5	6
频率(Hz)	98.25	284.88	362.00	542.75	649.88	891.50

⑥ 1∶70 钢绞线试验结果。

在钢绞线中间布置一个加速度传感器，对采集的加速度时程进行自谱分析，如图 4.1-25 所示。

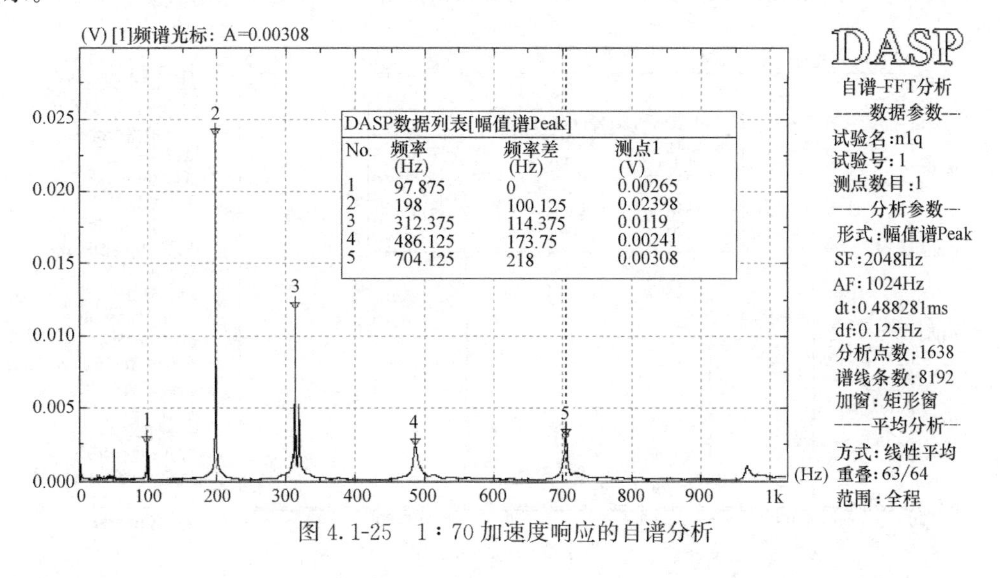

图 4.1-25 1∶70 加速度响应的自谱分析

经过频谱分析，索力 41kN，1.064m 长的 15.2 钢绞线的实测各阶自振频率见表 4.1-12。

频率识别结果 **表 4.1-12**

阶次	1	2	3	4	5
频率(Hz)	97.88	198.00	312.38	486.13	704.13

⑦ 1：80 钢绞线试验结果。

在钢绞线中间布置一个加速度传感器，对采集的加速度时程进行自谱分析，如图 4.1-26 所示。

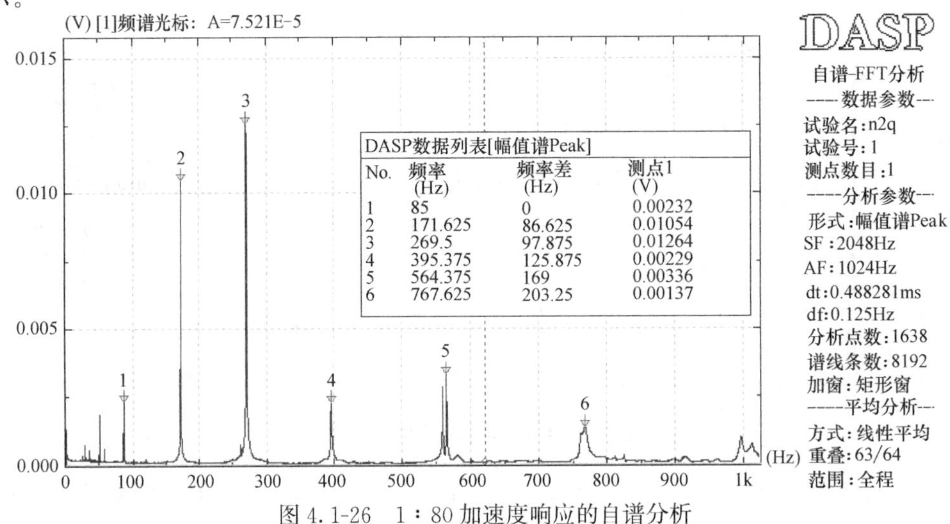

图 4.1-26 1：80 加速度响应的自谱分析

经过频谱分析，索力 43kN，1.216m 长的 15.2 钢绞线的实测各阶自振频率见表 4.1-13。

频率识别结果 **表 4.1-13**

阶次	1	2	3	4	5	6
频率(Hz)	85.00	171.63	269.50	395.38	564.38	767.63

⑧ 1：90 钢绞线试验结果。

在钢绞线中间布置一个加速度传感器，对采集的加速度时程进行自谱分析，如图 4.1-27 所示。

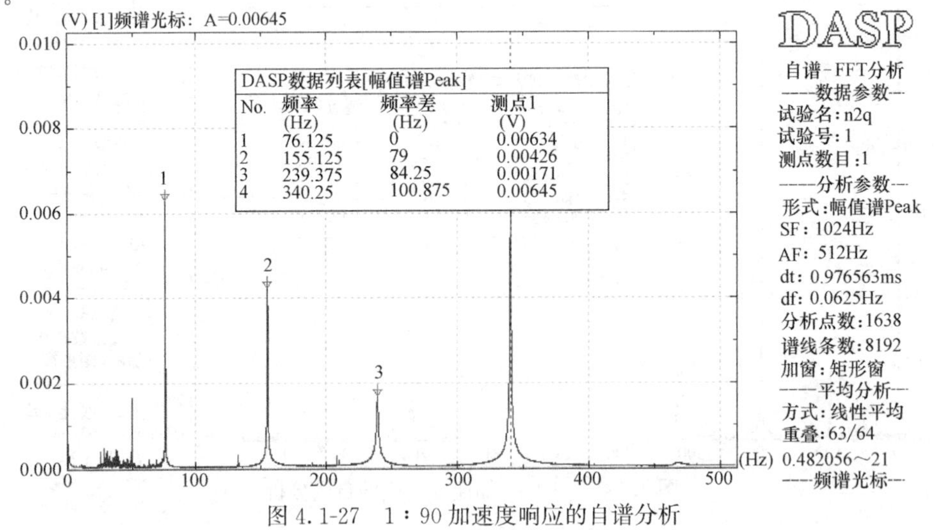

图 4.1-27 1：90 加速度响应的自谱分析

经过频谱分析，索力 44kN，1.368m 长的 15.2 钢绞线的实测各阶自振频率见表 4.1-14。

频率识别结果 **表 4.1-14**

阶次	1	2	3	4
频率(Hz)	76.13	155.13	239.38	340.25

⑨ 1∶100 钢绞线试验结果。

在钢绞线中间布置一个加速度传感器，对采集的加速度时程进行自谱分析，如图 4.1-28 所示。

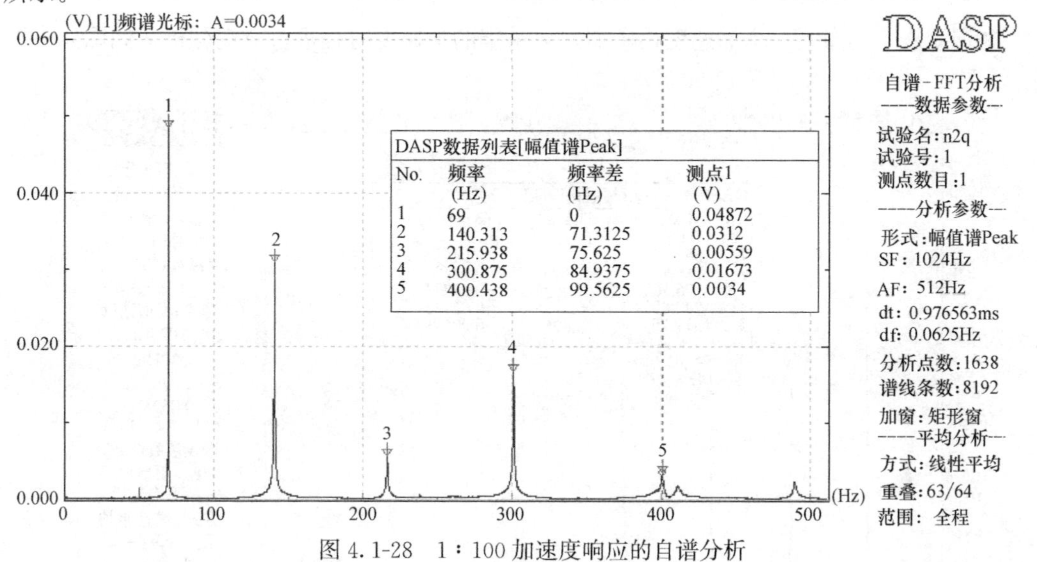

图 4.1-28　1∶100 加速度响应的自谱分析

经过频谱分析，索力 44kN，1.520m 长的 15.2 钢绞线的实测各阶自振频率见表 4.1-15。

频率识别结果　　表 4.1-15

阶次	1	2	3	4	5
频率(Hz)	69.00	140.31	215.94	300.88	400.44

⑩ 1∶110 钢绞线试验结果。

在钢绞线中间布置一个加速度传感器，对采集的加速度时程进行自谱分析，如图 4.1-29 所示。

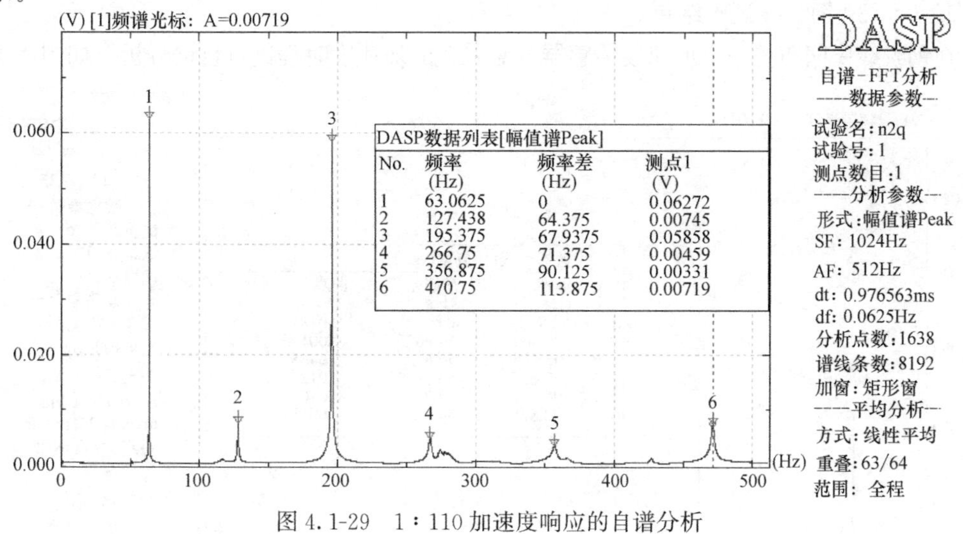

图 4.1-29　1∶110 加速度响应的自谱分析

经过频谱分析，索力 45kN，1.672m 长的 15.2 钢绞线的实测各阶自振频率见表 4.1-16。

⑪ 1∶120 钢绞线试验结果。

频率识别结果 表 4.1-16

阶次	1	2	3	4	5	6
频率(Hz)	63.06	127.44	195.38	266.75	356.88	470.75

在钢绞线中间布置一个加速度传感器，对采集的加速度时程进行自谱分析，如图 4.1-30 所示。

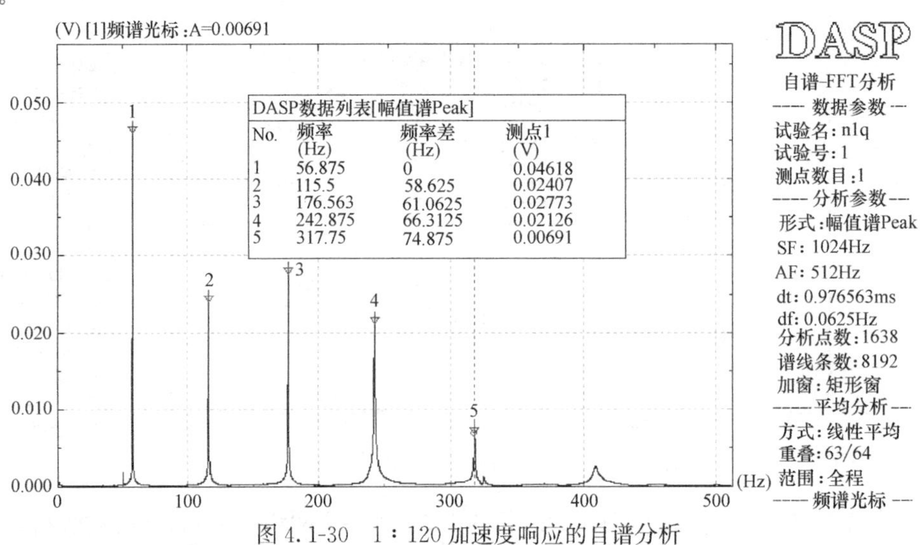

图 4.1-30 1∶120 加速度响应的自谱分析

经过频谱分析，索力 46kN，1.824m 长的 15.2 钢绞线的实测各阶自振频率见表 4.1-17。

频率识别结果 表 4.1-17

阶次	1	2	3	4	5
频率(Hz)	56.88	115.50	176.56	242.88	317.75

⑫ 1∶130 钢绞线试验结果。

在钢绞线中间布置一个加速度传感器，对采集的加速度时程进行自谱分析，如图 4.1-31 所示。

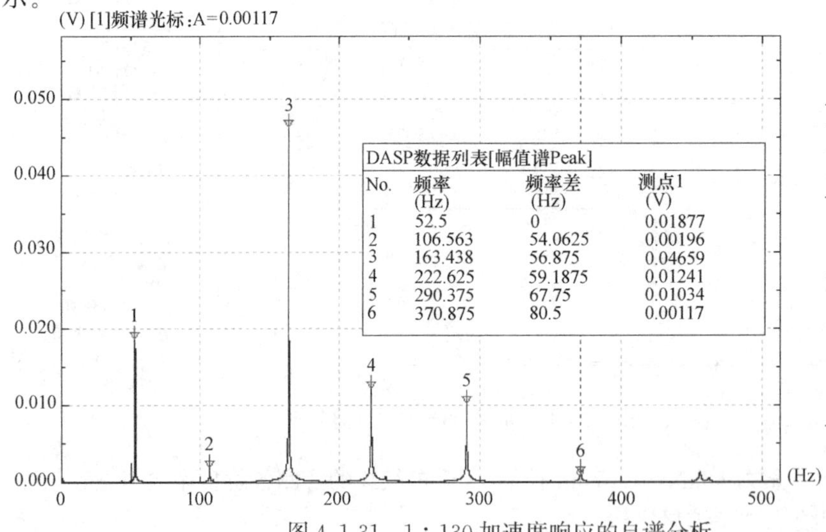

图 4.1-31 1∶130 加速度响应的自谱分析

经过频谱分析，索力 47kN，1.976m 长的 15.2 钢绞线的实测各阶自振频率见表 4.1-18。

频率识别结果　　表 4.1-18

阶次	1	2	3	4	5	6
频率(Hz)	52.50	106.56	163.44	222.63	290.38	370.88

⑬ 1∶140 钢绞线试验结果。

在钢绞线中间布置一个加速度传感器，对采集的加速度时程进行自谱分析，如图 4.1-32 所示。

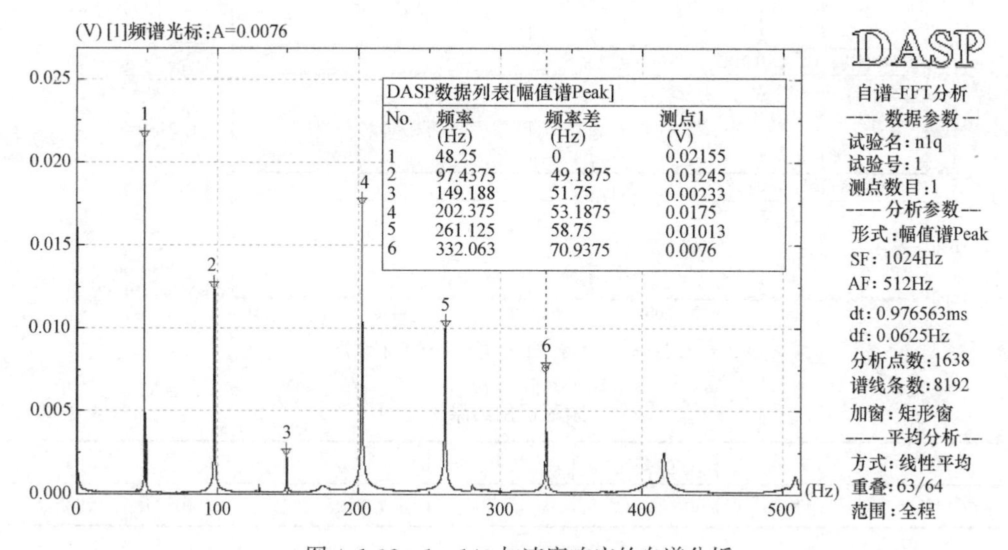

图 4.1-32　1∶140 加速度响应的自谱分析

经过频谱分析，索力 46kN，2.128m 长的 15.2 钢绞线的实测各阶自振频率见表 4.1-19。

频率识别结果　　表 4.1-19

阶次	1	2	3	4	5	6
频率(Hz)	48.25	97.44	149.19	202.38	261.13	332.06

⑭ 1∶50 钢绞线试验结果。

在钢绞线 1/5 处布置传感器，一共布置 5 个，对采集的加速度时程进行自谱分析，如图 4.1-33 所示。

经过频谱分析，索力 100kN，0.760m 长的 15.2 钢绞线的实测各阶自振频率见表 4.1-20。

频率结果汇总见表 4.1-21。

（2）理论边界公式算法

15.2mm 钢绞线，单位索重为 1.101kg/m，钢索有效钢丝总面积为 1.40E-4m^2，折算成实心圆管直径为 1.34E-2m，索截面惯性矩为 1.5597E-9m^4，由于已经折合成了实心钢管，所以弹性模量按钢材的弹性模量进行计算，为 2.06E11N/m^2，于是截面抗弯刚度为 $EI=321\text{N}\cdot\text{m}^2$。

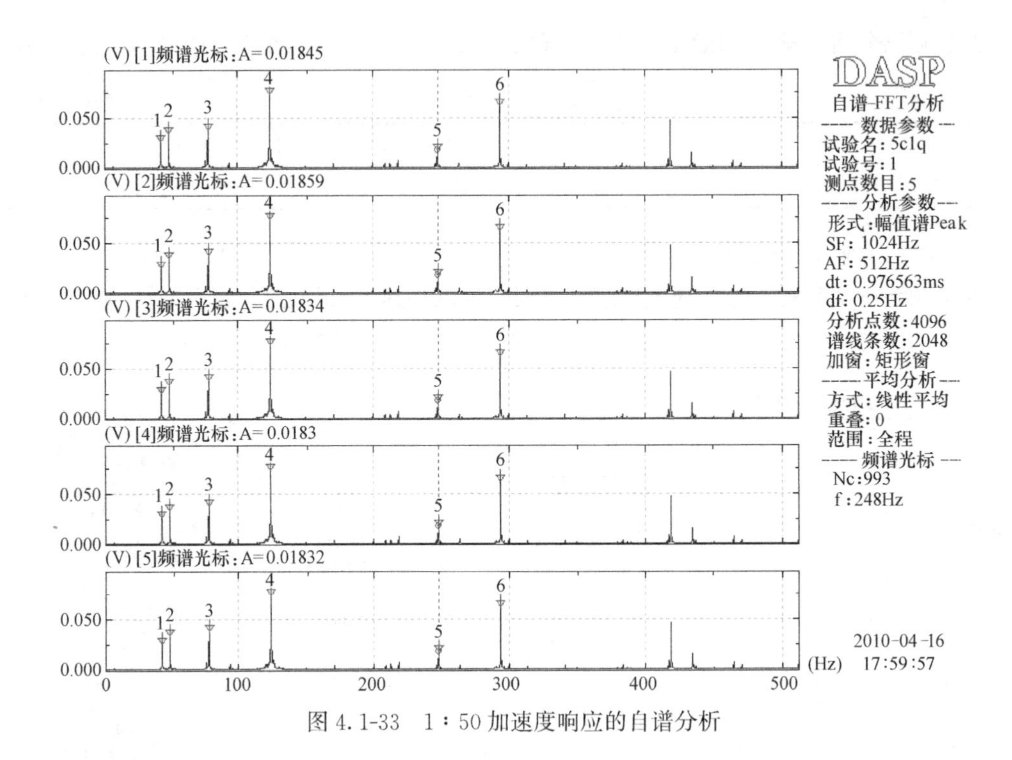

图 4.1-33　1∶50 加速度响应的自谱分析

频率识别结果　　**表 4.1-20**

阶次	1	2	3	4	5	6
频率(Hz)	41.75	47.50	77.50	123.25	248.00	293.75

频率结果汇总表　　**表 4.1-21**

索力(kN)	索长(m)	频率(Hz)						
		1	2	3	4	5	6	7
40	0.304	199.38	249.75	304.50	363.88	430.00	505.38	—
40	0.456	212.13	268.50	470.88	551.63	644.75	929.5	—
40	0.608	177.50	231.50	306.50	396.00	513.38	617.25	—
40	0.760	43.75	89.50	138.50	255.5	323.38	482.75	575.13
100	0.760	41.75	47.50	77.50	123.25	248.00	293.75	—
42	0.912	98.25	284.88	362.00	542.75	649.88	891.50	—
41	1.064	97.88	198.00	312.38	486.13	704.13	—	—
43	1.216	85.00	171.63	269.50	395.38	564.38	767.63	—
44	1.368	76.13	155.13	239.38	340.25	—	—	—
44	1.520	69.00	140.31	215.94	300.88	400.44	—	—
45	1.672	63.06	127.44	195.38	266.75	356.88	470.75	—
46	1.824	56.88	115.50	176.56	242.88	317.75	—	—
47	1.976	52.50	106.56	163.44	222.63	290.38	370.88	—
46	2.128	48.25	97.44	149.19	202.38	261.13	332.06	—

1）两端铰接索索力计算公式：

$$T=4mf_n^2\left(\frac{l}{n}\right)^2-\frac{EI\pi^2}{\left(\frac{l}{n}\right)^2} \tag{2.1-24}$$

2）两端固接索索力计算公式：

$$T=\frac{4f_n^2m(b_n)^4l^2}{(a_n)^2}-\frac{\pi^2EI}{(a_nl)^2} \tag{2.1-37}$$

其中，参数 a_n 和 b_n 为索体计算长度修正系数，其值见表 4.1-22。

计算长度修正系数　　**表 4.1-22**

n	a_n	b_n	n	a_n	b_n
1	0.5	0.664178761	4	0.206778	0.222222241
2	0.349578	0.40003957	5	0.166667	0.181818178
3	0.25	0.285713409			

根据索力公式（2.1-24），索材料参数见表 4.1-23，按照检测频率作为基频计算可能索力，结果见表 4.1-24。

索材料参数　　**表 4.1-23**

线密度(kg/m)	EI(Nm^2)
1.101	321

索力公式（2.1-24）计算结果　　**表 4.1-24**

索力(kN)	索长(m)	长径比	基频频率(Hz)	计算索力(kN)	误差
40	0.304	1∶20	430	41.00774	2.52%
40	0.456	1∶30	268.5	50.79779	26.99%
40	0.608	1∶40	177.5	42.73054	6.83%
40	0.76	1∶50	138.5	43.3154	8.29%
100	0.76	1∶50	248	150.9714	50.97%
42	0.912	1∶60	98.25	31.554	−24.87%
41	1.064	1∶70	97.88	44.97032	9.68%
43	1.216	1∶80	85	44.9088	4.44%
44	1.368	1∶90	76.13	46.07616	4.72%
44	1.52	1∶100	69	47.07332	6.98%
45	1.672	1∶110	63.06	47.82635	6.28%
46	1.824	1∶120	56.88	46.45283	0.98%
47	1.976	1∶130	52.5	46.58522	−0.88%
46	2.128	1∶140	48.25	45.72965	−0.59%

根据索力公式（2.1-37），按照检测频率作为基频计算可能索力，结果见表 4.1-25。

索力公式（2.1-37）计算结果　　表 4.1-25

索力(kN)	索长(m)	长径比	基频频率(Hz)	计算索力(kN)	误差
40	0.304	1∶20	430	−78.4087	−296.02%
40	0.456	1∶30	268.5	−9.49435	−123.74%
40	0.608	1∶40	177.5	5.678992	−85.80%
40	0.76	1∶50	138.5	16.06385	−59.84%
100	0.76	1∶50	248	99.8627	−0.14%
42	0.912	1∶60	98.25	12.3027	−70.71%
41	1.064	1∶70	97.88	25.99822	−36.59%
43	1.216	1∶80	85	28.06121	−34.74%
44	1.368	1∶90	76.13	30.4171	−30.87%
44	1.52	1∶100	69	32.22847	−26.75%
45	1.672	1∶110	63.06	33.58054	−25.38%
46	1.824	1∶120	56.88	33.09395	−28.06%
47	1.976	1∶130	52.5	33.65036	−28.40%
46	2.128	1∶140	48.25	33.34411	−27.51%

（3）多频率优化拟合算法

取端部 2 个未知约束和索力作为识别参数，再假定索两端为铰连接，分别建立优化模型进行索力识别。取初始索力，进行索力识别计算。未知约束初始刚度 EI 设为 10Nm^2。

表 4.1-26、表 4.1-27 为选取检测得到显著的低阶频率值。

多阶频率选取值　　表 4.1-26

索力(kN)	索长(m)	频率(Hz)					
		1	2	3	4	5	6
40	0.304	430.00	505.38				
40	0.456	268.50	470.88	551.63	644.75		
40	0.608	177.50	231.50	306.50	396.00	513.38	
40	0.760	138.50	255.5	323.38	482.75	575.13	
100	0.760	248.00	293.75				
42	0.912	98.25	284.88	362.00	542.75	649.88	
41	1.064	97.88	198.00	312.38	486.13	704.13	
43	1.216	85.00	171.63	269.50	395.38	564.38	767.63
44	1.368	76.13	155.13	239.38	340.25		
44	1.520	69.00	140.31	215.94	300.88	400.44	
45	1.672	63.06	127.44	195.38	266.75	356.88	470.75
46	1.824	56.88	115.50	176.56	242.88	317.75	
47	1.976	52.50	106.56	163.44	222.63	290.38	370.88
46	2.128	48.25	97.44	149.19	202.38	261.13	332.06

多阶频率优化计算索力值　　表 4.1-27

序号	索力(kN)	索长(m)	长径比	计算索力(kN)	误差
1	40	0.304	1∶20	41006	2.52%
2	40	0.456	1∶30	48894	22.24%
3	40	0.608	1∶40	43052	7.63%
4	40	0.76	1∶50	43543	8.86%
5	100	0.76	1∶50	134147	34.15%
6	42	0.912	1∶60	43015	2.42%
7	41	1.064	1∶70	43227	5.43%
8	43	1.216	1∶80	43403	0.94%
9	44	1.368	1∶90	45282	2.91%
10	44	1.52	1∶100	44504	1.15%
11	45	1.672	1∶110	45256	0.57%
12	46	1.824	1∶120	46906	1.97%
13	47	1.976	1∶130	45018	−4.22%
14	46	2.128	1∶140	44721	−2.78%

说明：第1、5种工况多阶频率值只有两个，按照边界铰接（$k_1=k_2=0$），只识别索力。

从识别计算结果来看，多阶频率拟合法较式（2.1-24）和式（2.1-37）计算索力有很高的识别精度和适用性。

同时计算结果也说明：

1）低拉力索长径比大于80，易于识别索振动基本频率，且可以用式（2.1-24）进行索力计算；

2）高拉力短索基本频率不容易识别，当拉力大时，短索边界约束强，不适宜进行索力计算，可考虑采用式（2.1-37）进行识别；

3）多阶频率法进行索力识别适应性较式（2.1-24）、式（2.1-37）强，可以相对较高的精度进行索力识别。

2. 张家口通泰大桥

（1）工程概况

通泰大桥位于张家口市区清水河桥北侧，西接太平山隧道，东联东外环高架桥，是张家口市城市快速路北环线建设的关键控制工程（图4.1-34）。本工程的结构形式为斜交曲梁下承式钢结构吊索拱桥（图4.1-35）。拱圈斜跨主梁，拱圈水平投影与主梁跨中轴线切向夹角19.5°。主桥为跨径190m的钢箱梁弯桥，弯曲半径为600m。桥面不设纵坡，设置双向2%横坡，主梁跨中设20cm预拱度。拱圈最大矢高62.118m，拱脚间距180m，矢跨比为0.3451。主梁为扁平钢箱梁，梁高3m，内设置四道中纵腹板。拱圈为单箱室截面，宽7.04m，高3.8m。主梁与拱圈之间由28根吊索相连。吊索采用高强镀锌钢丝成品拉索，索体保护为双层白色PE，强度1670MPa。设计道路等级为双向6车道城市快速路，行车速度60km/h；设计载荷为公路Ⅰ级；设计洪水频率为百年一遇；结构设计基准期为

100 年；抗震烈度为 7 度；设计安全等级为一级。目前，国外同类型的桥梁仅有 2 座，分别位于英国和巴西。

图 4.1-34 通泰大桥效果图

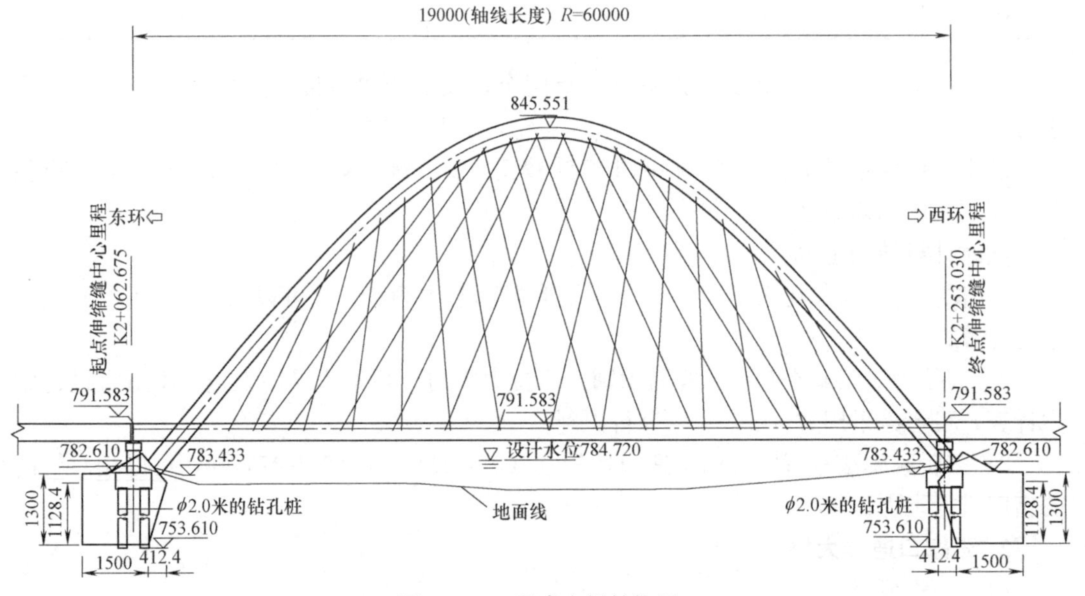

图 4.1-35 通泰大桥结构图

与一般的拱式桥不同，本工程的拱圈与主桥在水平方向上为斜交关系。拱圈水平投影与主梁跨中轴线切向夹角为 19.5°。主梁轴线为弯曲半径 600m 的圆弧形。结构对称性差，受力形式复杂。主桥的刚度相对较弱，吊索张拉施工中结构非线性特征十分明显。结构体系复杂，整个吊索的张拉过程都需要进行仿真计算，张拉过程中索力的控制难度比较大(图 4.1-36)。

(2) 频率测试试验

1) 现场试验概况

2008 年 11 月 21、22 日对张家口斜拉索桥所有 28 根拉索进行索力测定。每根索布置

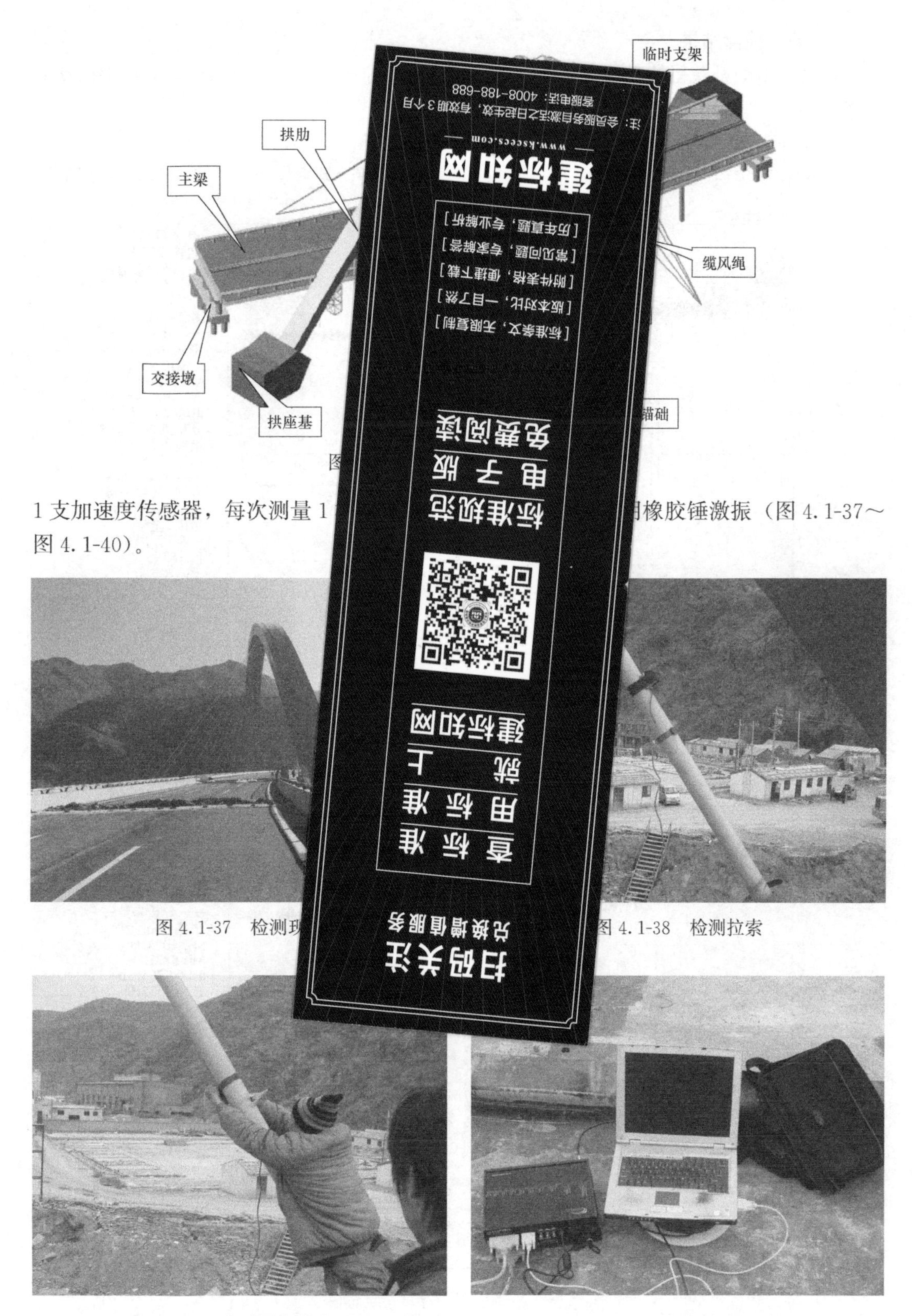

图

1 支加速度传感器，每次测量 1 用橡胶锤激振（图 4.1-37～图 4.1-40）。

图 4.1-37　检测现

图 4.1-38　检测拉索

图 4.1-39　传感器安装布置

图 4.1-40　检测仪器设备

2）频率检测结果

通过敲击激励获得拉索的振动加速度信号，再对加速度响应的自谱分析获得索振动的频率特性。

① 拉索 B10 检测结果：

对拉索 B10（长细比 756）进行两次测量结果，测得各阶频率如图 4.1-41、图 4.1-42 所示。

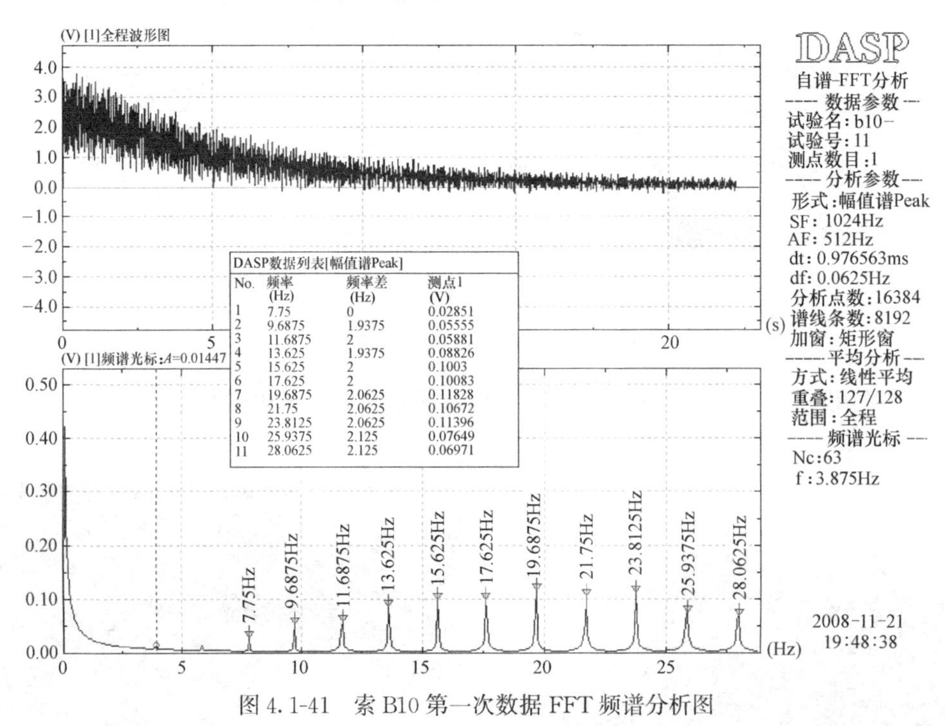

DASP数据列表[幅值谱Peak]

No.	频率 (Hz)	频率差 (Hz)	测点1 (V)
1	7.75	0	0.02851
2	9.6875	1.9375	0.05555
3	11.6875	2	0.05881
4	13.625	1.9375	0.08826
5	15.625	2	0.1003
6	17.625	2	0.10083
7	19.6875	2.0625	0.11828
8	21.75	2.0625	0.10672
9	23.8125	2.0625	0.11396
10	25.9375	2.125	0.07649
11	28.0625	2.125	0.06971

图 4.1-41　索 B10 第一次数据 FFT 频谱分析图

DASP数据列表[幅值谱Peak]

No.	频率 (Hz)	频率差 (Hz)	测点1 (V)
1	7.75	0	0.0329
2	9.6875	1.9375	0.05499
3	11.6875	2	0.04667
4	13.625	1.9375	0.07884
5	15.625	2	0.08811
6	17.625	2	0.08084
7	19.6875	2.0625	0.09007
8	21.75	2.0625	0.07612
9	23.8125	2.0625	0.0795
10	25.9375	2.125	0.05458
11	28.0625	2.125	0.04654

图 4.1-42　索 B10 第二次数据 FFT 频谱分析图

比较频率分析结果，虽然激励波形曲线有些过载，但可以识别前 11 阶频率完全相同，此系统对长索的各阶频率测定是稳定的。

② 拉索 B12 检测结果：

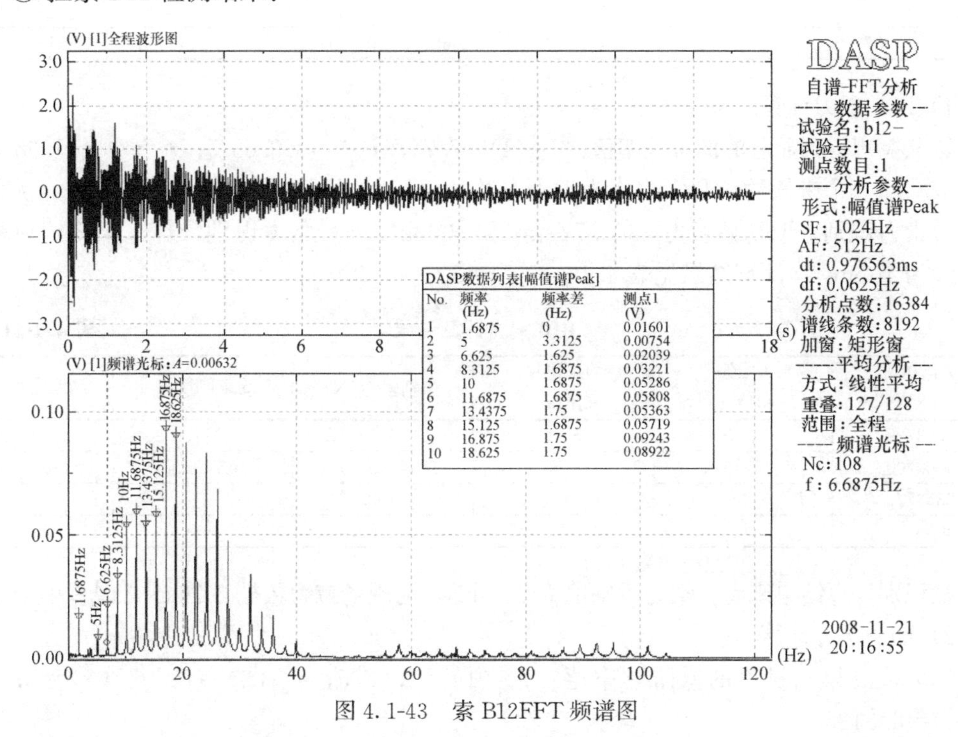

图 4.1-43　索 B12FFT 频谱图

对拉索 B12 所有频率查看（图 4.1-43），用橡胶锤击，40Hz 以下频率响应较好，前 20 阶频率均可识别，但是基频和 2 阶、3 阶频率均不明显，无法直接识别。索力计算结果见表 4.1-28。

索力计算结果（计算采用前三阶可识别频率）　　**表 4.1-28**

拉索编号	锚点间弦长 (m)	线密度 (kg/m)	直径 (mm)	长径比	张拉索力 (kN)	基频 (Hz)
B10	65.638	36.555	85	772	2416	1.9375
B12	73.312	41.992	92	797	2440	1.6875

（3）理论边界公式算法

将按照公式（2.1-24）计算索力见表 4.1-29。

公式（2.1-24）计算索力　　**表 4.1-29**

拉索编号	弦长(m)	基频(Hz)	线密度 (kg/m)	EI (Nm^2)	计算索力 (N)	张拉索力 (N)	误差
B10	65.638	1.9375	36.555	486607.7	2363721.60	2416000	−2.16%
B12	73.312	1.6875	41.992	526681.3	2569809.89	2440000	5.32%

按照公式（2.1-37）计算索力见表 4.1-30。

（4）多阶频率优化拟合算法

采用多阶频率法拟合计算，建立拉索模型。

公式（2.1-37）计算索力 表 4.1-30

拉索编号	弦长(m)	基频(Hz)	线密度(kg/m)	EI (Nm^2)	计算索力(N)	张拉索力(N)	误差
B10	65.638	1.9375	36.555	486607.7	1836321.04	2416000	−23.99%
B12	73.312	1.6875	41.992	526681.3	1997214.02	2440000	−18.15%

1）B10 索力计算。

选取检测得到显著的低阶频率值：$f_{eq}(1)=7.75$；$f_{eq}(2)=9.6875$；$f_{eq}(3)=11.6875$。

取端部 2 个未知约束和索力作为识别参数，再假定索两端为铰连接，分别建立优化模型进行索力识别。取初始索力 2363.722kN 和 3000kN 进行索力识别计算。未知约束初始刚度设为 $10Nm^2$。计算结果见表 4.1-31。

B10 索力计算结果 表 4.1-31

优化初值(N)	约束刚度初值 k_1	约束刚度初值 k_2	识别索力(N)	约束刚度 k_1	约束刚度 k_2
2363722	未知	未知	2345078.4	3012.3	12449.9
3000000	未知	未知	2463422.1	567434.8	802720.0
2363722	0	0	2344602.5	—	—
3000000	0	0	2344602.4	—	—

从识别计算结果来看，索力识别值为 2345kN，与现场拉力数据 2416kN，误差小于 3%。

2）B12 索力计算。

选取检测得到显著的低阶频率值：$f_{eq}(1)=1.6875$；$f_{eq}(2)=5$；$f_{eq}(3)=6.625$；$f_{eq}(4)=8.3125$。

取端部 2 个未知约束和索力作为识别参数，再假定索两端为铰连接，分别建立优化模型进行索力识别。取初始索力 2400kN 和 3000kN 进行索力识别计算。未知约束初始刚度设为 $10Nm^2$。计算结果见表 4.1-32。

B12 索力计算结果 表 4.1-32

优化初值(N)	约束刚度初值 k_1	约束刚度初值 k_2	识别索力(N)	约束刚度 k_1	约束刚度 k_2
2400000	未知	未知	2402641.4	93.4	1080.1
3000000	未知	未知	2614500.9	407654.0	576666.9
2400000	0	0	2402438.0	—	—
3000000	0	0	2567202.6	—	—

从识别计算结果来看，索力识别值为 2500kN，与现场拉力数据 2440kN，误差小于 3%。

（5）初步结论

通过单跨索试验和工程中索力测试研究来看：

1）理想铰支单跨细长索如果测试到可靠的频率值，索力可以通过公式（2.1-24）计算，有较高的精度；

$$T=4mf_n^2\left(\frac{l}{n}\right)^2-\frac{EI\pi^2}{\left(\frac{l}{n}\right)^2} \tag{2.1-24}$$

2）对于边界约束刚度很大的短索，测试得到可靠的频率值，公式（2.1-24）不再适用，可用本文研究建立的公式（2.1-37）进行计算；

$$T=\frac{4f_n^2m(b_n)^4l^2}{(a_n)^2}-\frac{\pi^2EI}{(a_nl)^2} \tag{2.1-37}$$

3）多阶频率法对单索索力识别同样有很高的精度，并且可以通过测量索振动的多阶频率，建立对未知边界约束刚度索的索力识别，具有较好的工程适应性，是一种比较可靠的索力识别方法。

4.1.4 多跨拉索结构工程应用实例

1. 长沙火车站新站

（1）工程概况

长沙火车站新站地处浏阳河畔，为全国一流的武广客运专线。站房面积大约13.7万m^2，除支撑8座高架桥的数十个巨大的桥墩外，还有1500个直径为1m左右且露出地面的桥墩。屋面采用钢结构桁架，中间部分为张弦结构（图4.1-44）。

图4.1-44 长沙火车新站效果图

长沙火车站新站中间使用单向张弦结构，上弦为：450×250×16×12，端部使用箱梁为：450×250×20，撑杆杆为ϕ245×8圆管，使用拉索型号为ϕ5×121。结构平面布置图、三维图及单榀桁架图如图4.1-45～图4.1-49所示。

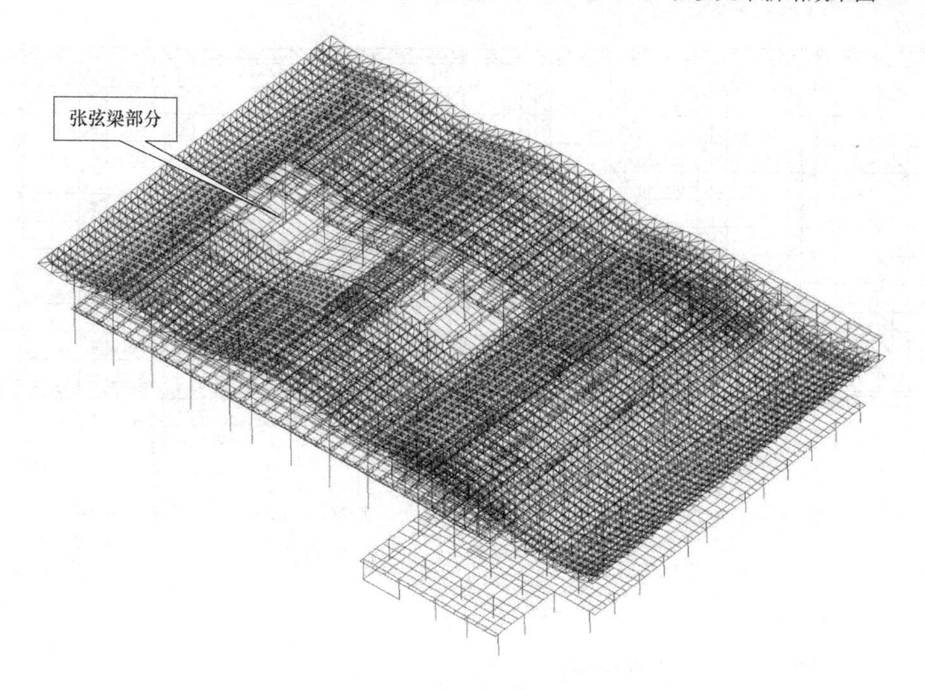

图4.1-45 整体结构三维图

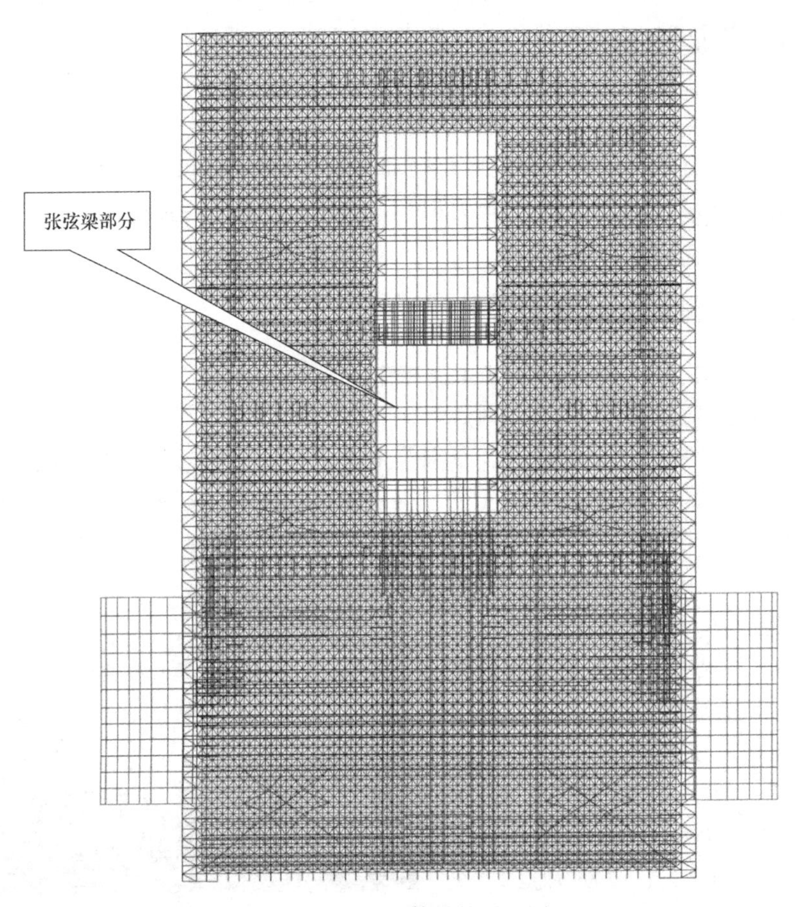

图 4.1-46　整体结构平面图

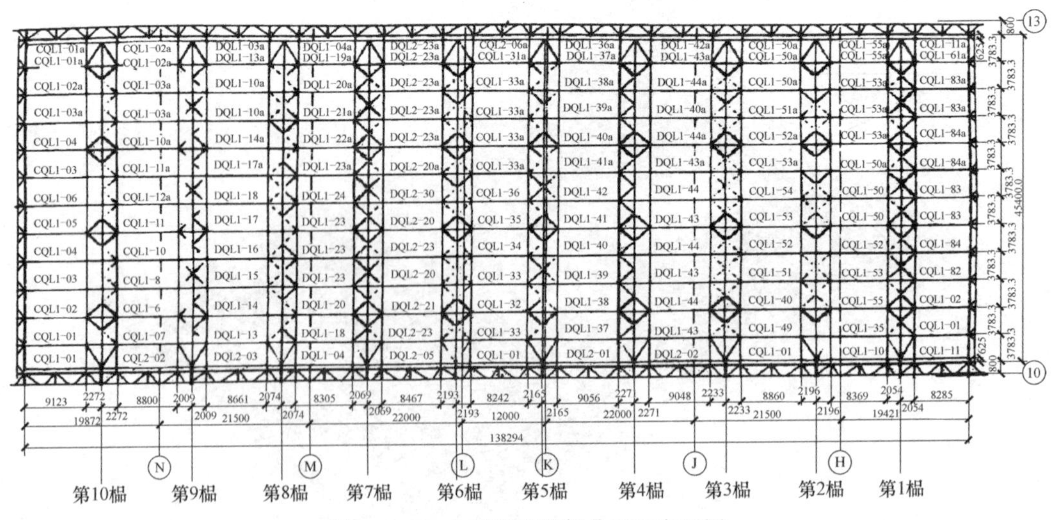

图 4.1-47　中间张弦梁部分平面布置图

（2）频率检测试验

1）试验时间：2009 年 4 月 25 日。

2）地点：湖南长沙火车站新站。

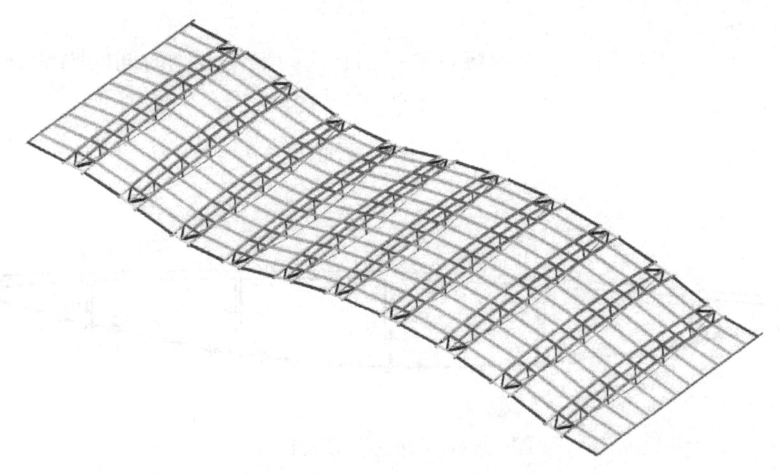

图 4.1-48 中间张弦梁三维图

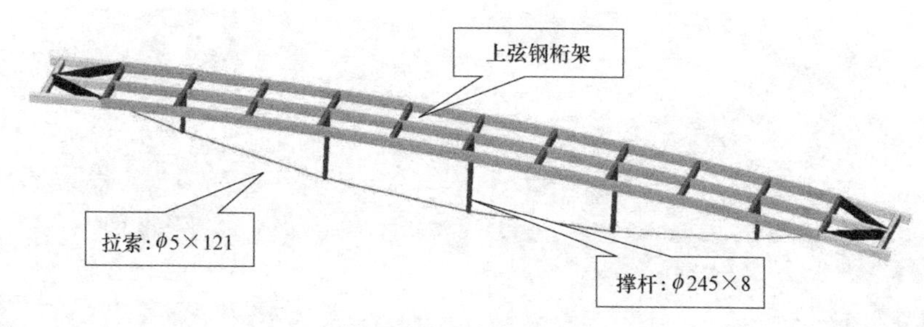

图 4.1-49 单榀张弦梁

3）试验目的：

① 扫频与敲击方式检测多跨张弦梁拉索的振动频率特性；

② 分析验证多阶频率法进行多跨索索力识别在实际工程中的适用性。

4）试验仪器与数据处理设备：

① 传感器：动测设备采用朗斯 LC0116T-2 低频 ICP 压电型单轴加速度传感器，响应频率为 0.05～300kHz，有效平稳响应频率 0.1～230kHz，自然频率为 3000kHz，非线性响应不大于 5%，重量为 220g。传感器灵敏度为 2.5V/g，大量程传感器灵敏度为 25mv/g。

② 信号采集设备：调理模块为传感器专用 A4016 型调理模块，采集模块为朗斯 CBook2000-P 型专用动采仪，可同时接受 16 通道并行输入采集，有效分辨率为 16bit。

③ 数据处理工具：数据分析软件采用北京东方振动与噪声技术研究所生产的 DASP-V10 工程版专用数据采集及分析软件。

④ 激振器：现场动测系统见图 4.1-50。

图 4.1-50 现场动测系统

5）试验方案：

索张拉 350kN，激振器第一次扫频，5～50Hz，间隔 1Hz，时间间隔 0.5s。第二次扫频，5～50Hz，间隔 1Hz，时间间隔 1s。采集频率 1024Hz。

① 10 个加速度传感器分别布置在 6 跨撑杆索靠近端部地方，如图 4.1-51、图 4.1-52 所示。

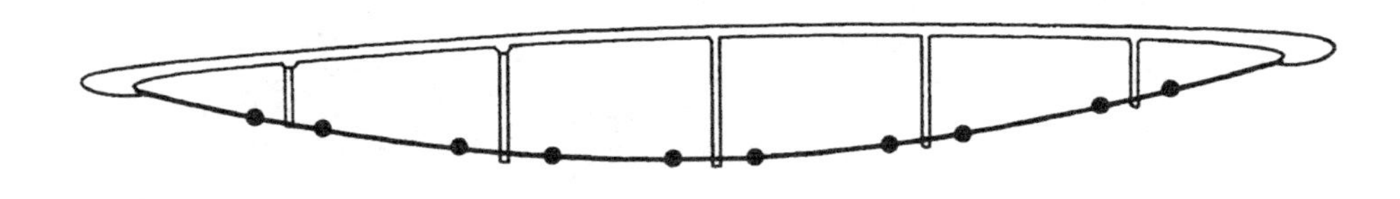

图 4.1-51　传感器布置位置

(a)　(b)

图 4.1-52　现场传感器布置图片

(a) 第 1、2 跨传感器布置；(b) 第 2、3 跨传感器布置

② 激振器扫频激励方式进行索振动信号测量，激振器放置在中部跨位置，扫频 5～50Hz，水平方向进行激励，如图 4.1-53、图 4.1-54 所示。

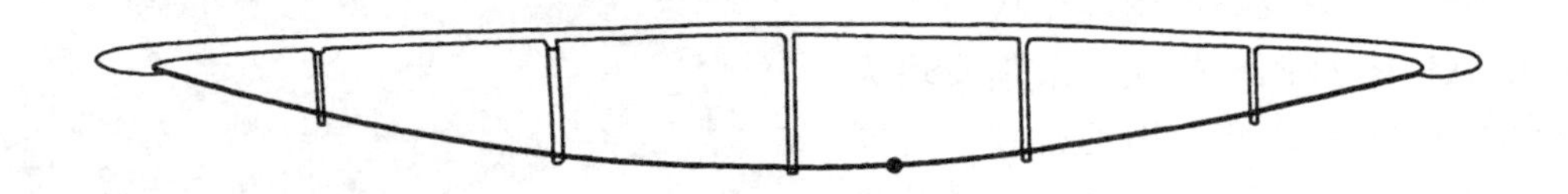

图 4.1-53　激振器布置位置

③ 激振器试验后，再采用敲击激励方式，采集记录索振动信号。

6）频率检测结果：

① 激振器扫频激励结果：第一次扫频，5～50Hz，间隔 1Hz，时间间隔 0.5s。加速度响应的自谱分析见图 4.1-55，频率识别结果见表 4.1-33。

图 4.1-54　激振器激励

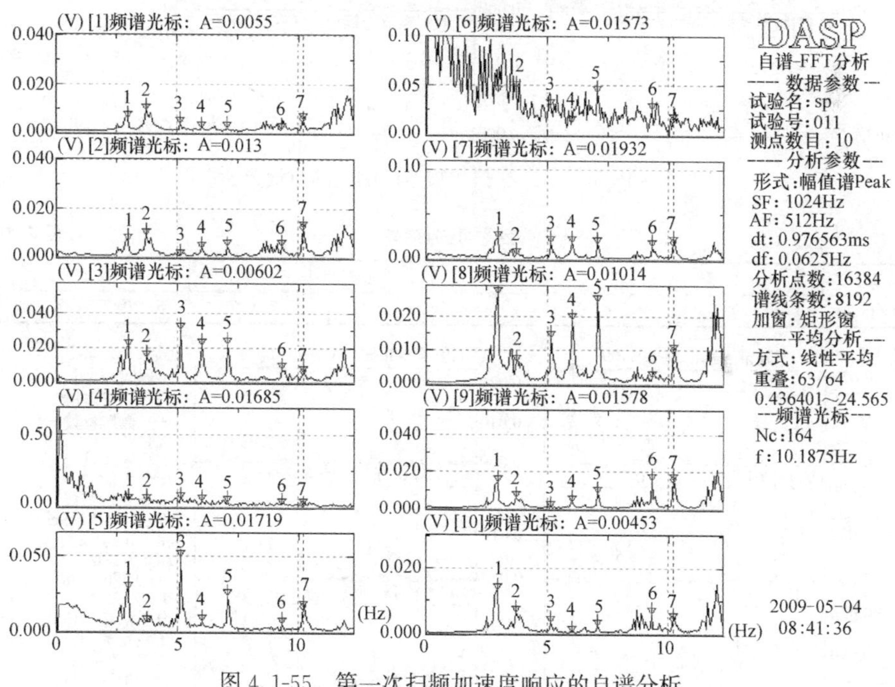

图 4.1-55　第一次扫频加速度响应的自谱分析

频率识别结果　　　　**表 4.1-33**

阶次	1	2	3	4	5	6	7
频率(Hz)	2.9375	3.6875	5.125	6	7.0625	9.3125	10.1875

② 激振器扫频激励结果：第二次扫频，5～50Hz，间隔 1Hz，时间间隔 1s。加速度响应的自谱分析见图 4.1-56，频率识别结果见表 4.1-34。

③ 敲击激励结果：第 1 跨第 1 次敲击。加速度响应的自谱分析见图 4.1-57，频率识别结果见表 4.1-35。

④ 敲击激励结果：第 1 跨第 2 次敲击。加速度响应的自谱分析见图 4.1-58，频率识别结果见表 4.1-36。

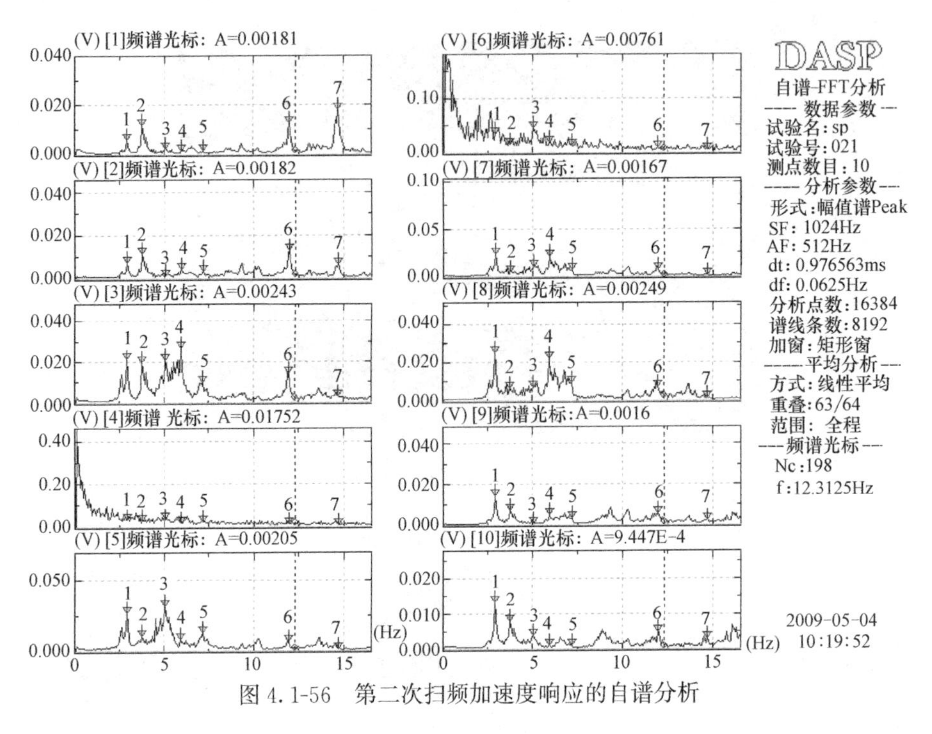

图 4.1-56　第二次扫频加速度响应的自谱分析

频率识别结果　　**表 4.1-34**

阶次	1	2	3	4	5	6	7
频率(Hz)	2.875	3.75	5.0625	5.9375	7.1875	11.9375	14.6875

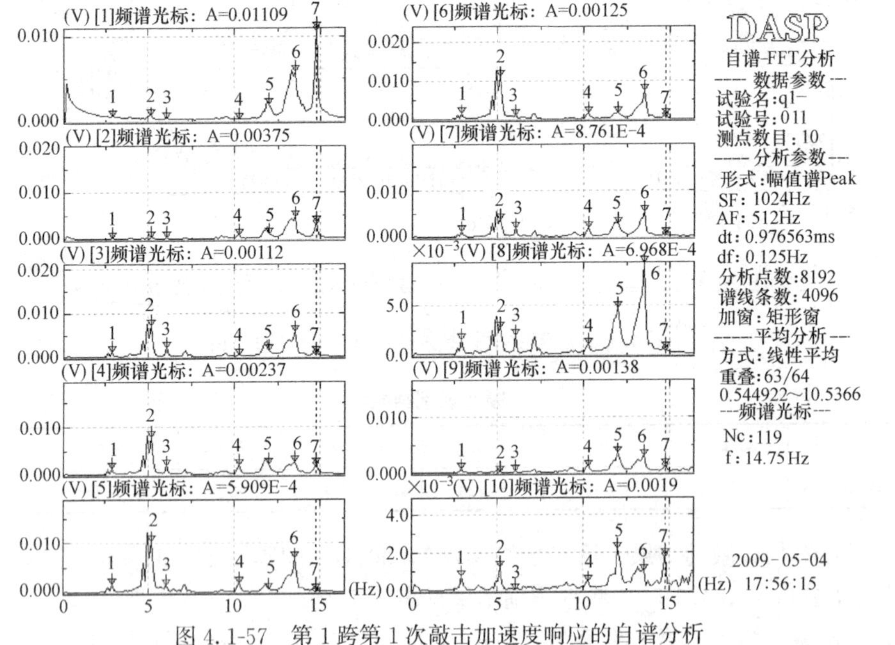

图 4.1-57　第 1 跨第 1 次敲击加速度响应的自谱分析

频率识别结果　　**表 4.1-35**

阶次	1	2	3	4	5	6	7
频率(Hz)	2.875	5.125	6	10.25	12	13.5	14.75

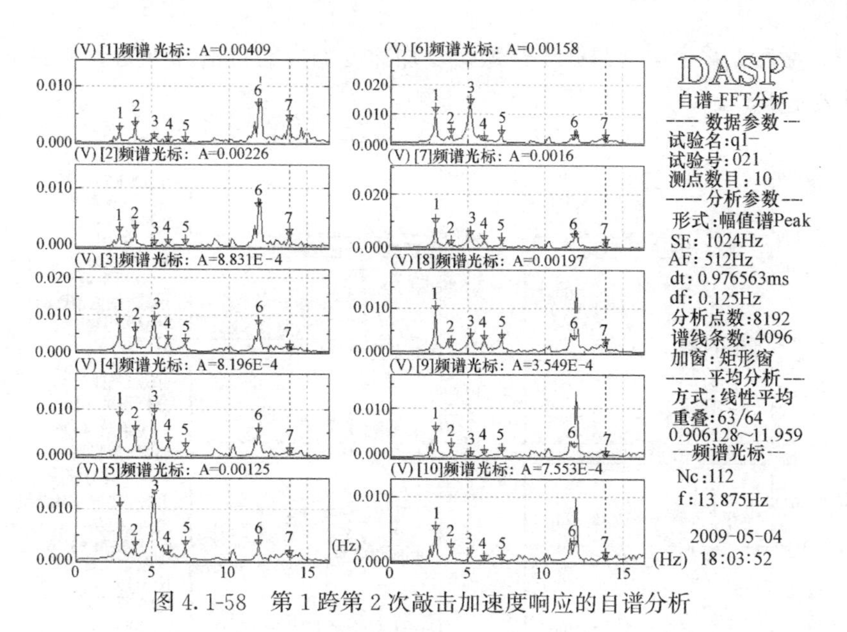

图 4.1-58　第 1 跨第 2 次敲击加速度响应的自谱分析

频率识别结果　　　　表 4.1-36

阶次	1	2	3	4	5	6	7
频率(Hz)	2.875	3.875	5.125	6	7.125	11.875	13.875

⑤ 敲击激励结果：第 1 跨第 3 次敲击。加速度响应的自谱分析见图 4.1-59，频率识别结果见表 4.1-37。

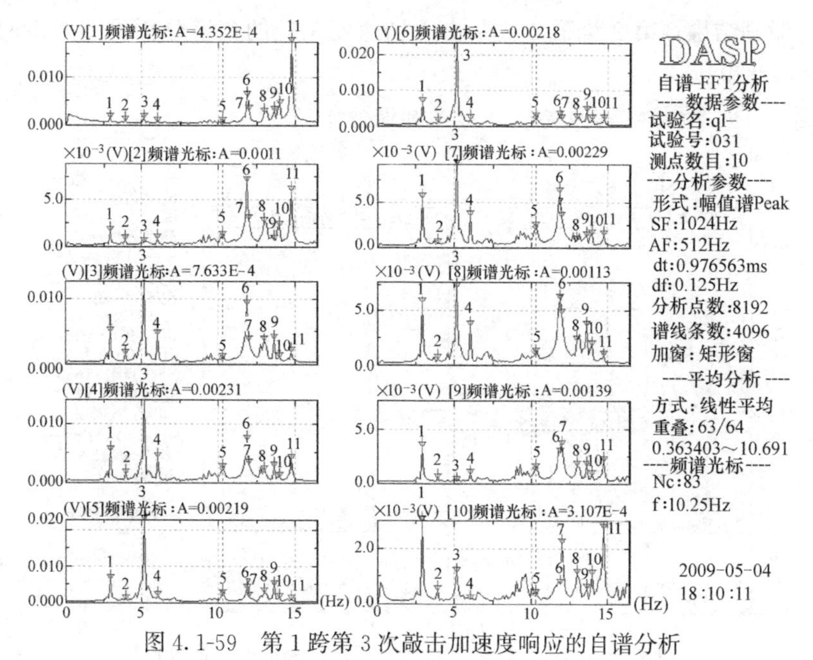

图 4.1-59　第 1 跨第 3 次敲击加速度响应的自谱分析

频率识别结果　　　　表 4.1-37

阶次	1	2	3	4	5	6	7	8	9	10	11
频率(Hz)	2.875	3.875	5.125	6	10.25	11.875	12	13	13.625	14	14.75

⑥ 敲击激励结果：第 2 跨第 1 次敲击。加速度响应的自谱分析见图 4.1-60，频率识别结果见表 4.1-38。

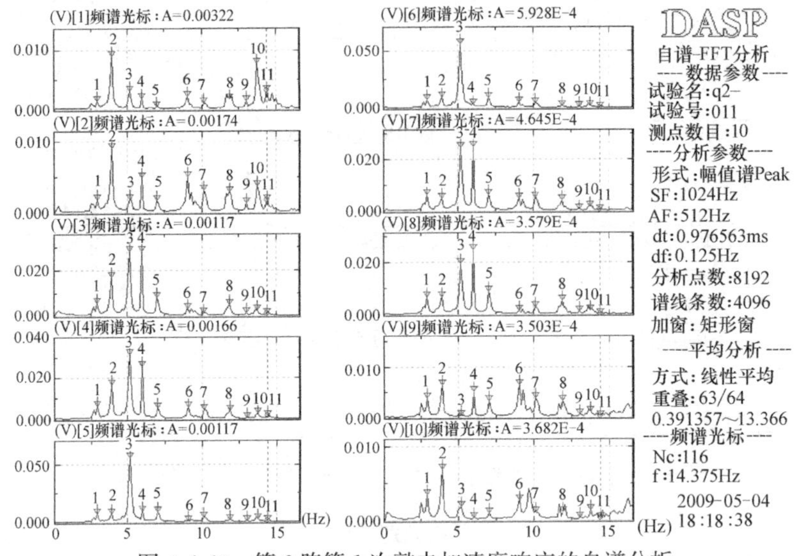

图 4.1-60　第 2 跨第 1 次敲击加速度响应的自谱分析

频率识别结果　　**表 4.1-38**

阶次	1	2	3	4	5	6	7	8	9	10	11
频率(Hz)	2.875	3.875	5.125	6	7	9	10.125	11.875	13	13.75	14.375

⑦ 敲击激励结果：第 2 跨第 2 次敲击。加速度响应的自谱分析见图 4.1-61，频率识别结果见表 4.1-39。

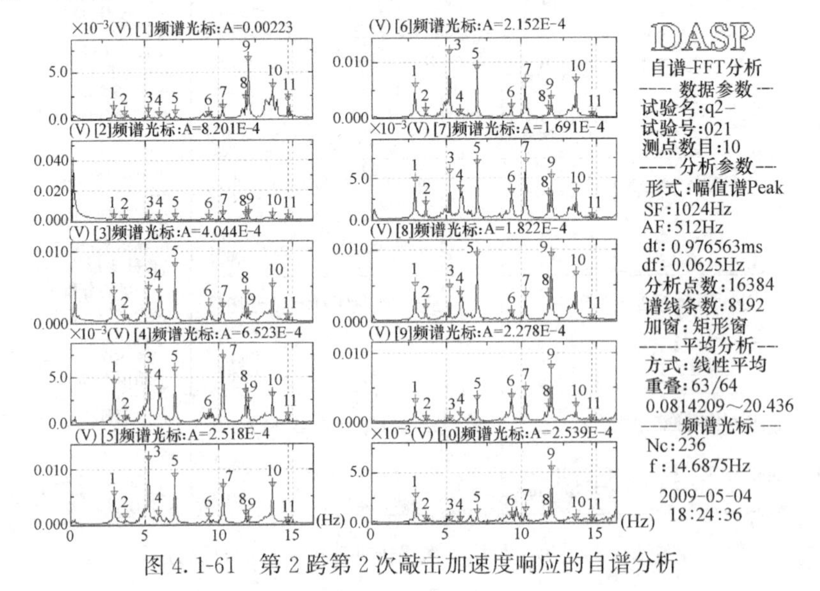

图 4.1-61　第 2 跨第 2 次敲击加速度响应的自谱分析

频率识别结果　　**表 4-1-39**

阶次	1	2	3	4	5	6	7	8	9	10	11
频率(Hz)	2.9375	3.625	5.1875	5.9375	7.0625	9.3125	10.25	11.8125	12	13.625	14.6875

⑧ 敲击激励结果：第 2 跨第 3 次敲击。加速度响应的自谱分析见图 4.1-62，频率识别结果见表 4.1-40。

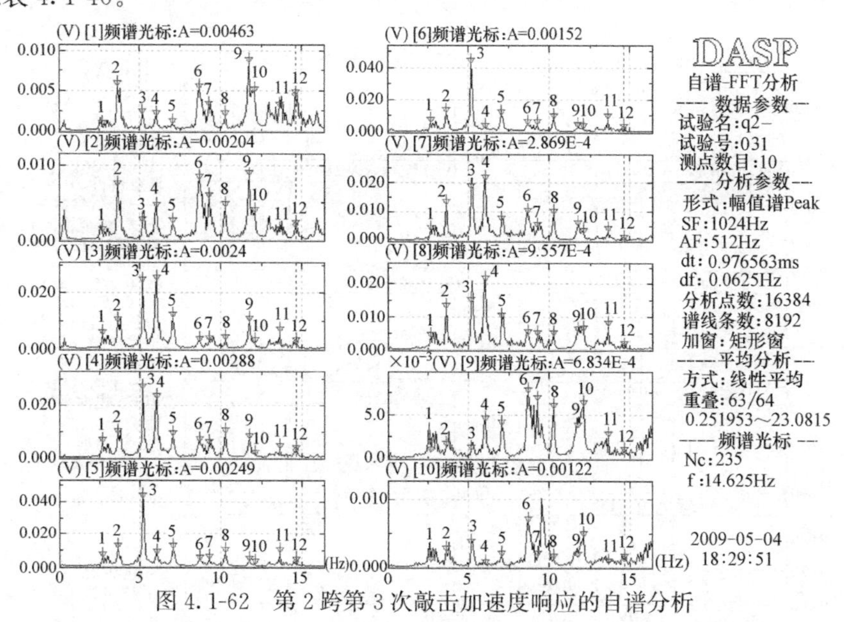

图 4.1-62　第 2 跨第 3 次敲击加速度响应的自谱分析

频率识别结果　　　　**表 4.1-40**

阶次	1	2	3	4	5	6	7	8	9	10	11	12
频率(Hz)	2.625	3.5625	5.125	6	7	8.6875	9.25	10.25	11.75	12.0625	13.625	14.625

⑨ 敲击激励结果：第 3 跨第 1 次敲击。加速度响应的自谱分析见图 4.1-63，频率识别结果见表 4.1-41。

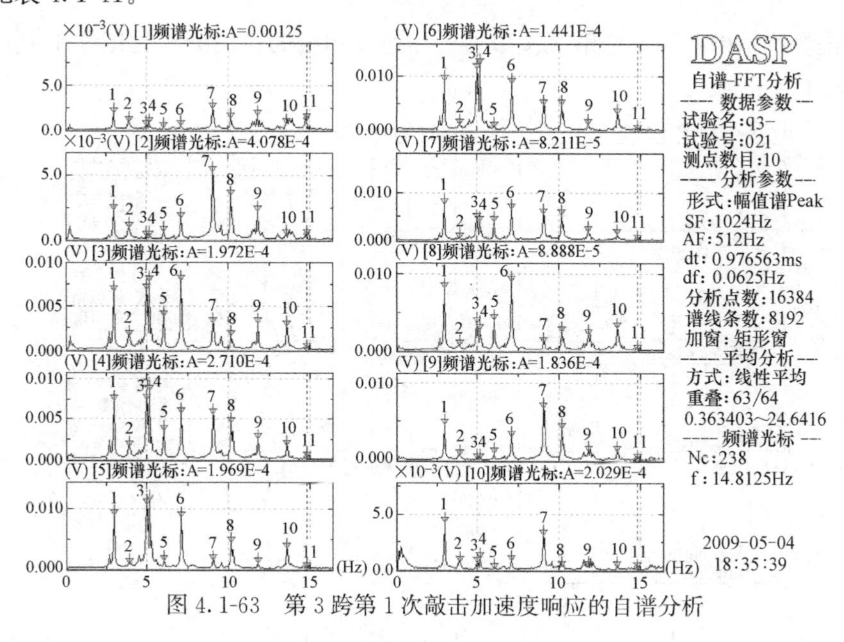

图 4.1-63　第 3 跨第 1 次敲击加速度响应的自谱分析

频率识别结果　　　　**表 4.1-41**

阶次	1	2	3	4	5	6	7	8	9	10	11
频率(Hz)	2.9375	3.875	4.9375	5.125	6	7.0625	9	10.125	11.8125	13.5625	14.8125

⑩ 敲击激励结果：第 3 跨第 2 次敲击。加速度响应的自谱分析见图 4.1-64，频率识别结果见表 4.1-42。

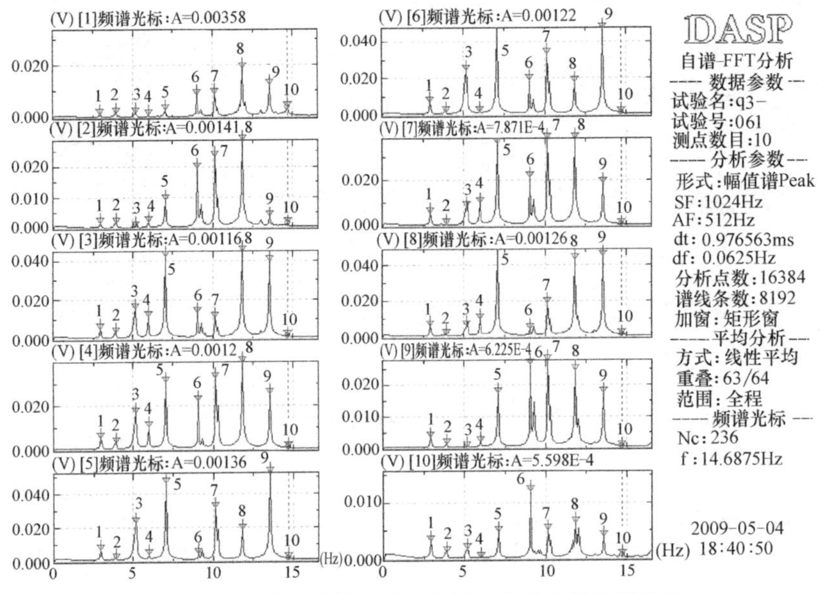

图 4.1-64　第 3 跨第 2 次敲击加速度响应的自谱分析

频率识别结果　　　　**表 4.1-42**

阶次	1	2	3	4	5	6	7	8	9	10
频率(Hz)	2.875	3.875	5.125	6	7.0625	9	10.125	11.8125	13.5625	14.6875

⑪ 敲击激励结果：第 3 跨第 3 次敲击。加速度响应的自谱分析见图 4.1-65，频率识别结果见表 4.1-43。

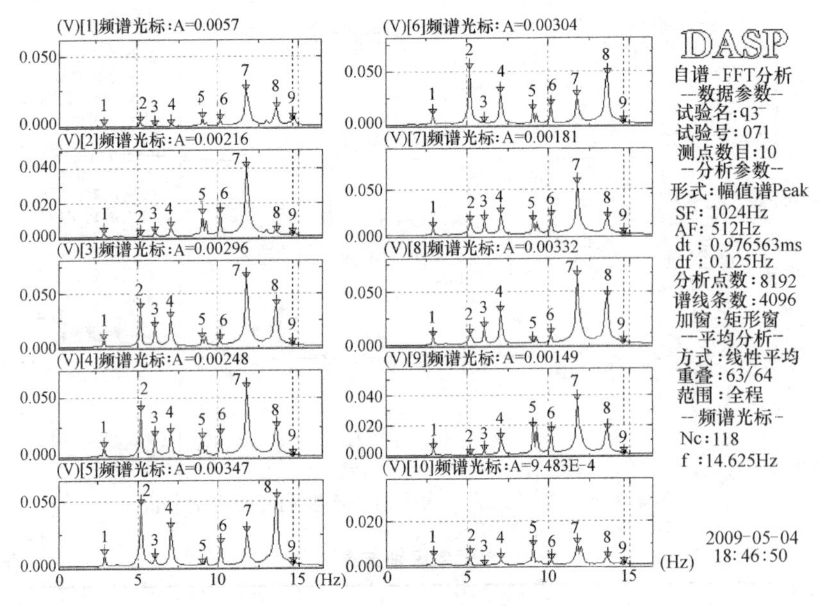

图 4.1-65　第 3 跨第 3 次敲击加速度响应的自谱分析

频率识别结果 **表 4.1-43**

阶次	1	2	3	4	5	6	7	8	9
频率(Hz)	2.875	5.125	6	7	9	10.125	11.75	13.625	14.625

⑫ 敲击激励结果：第 4 跨第 1 次敲击。加速度响应的自谱分析见图 4.1-66，频率识别结果见表 4.1-44。

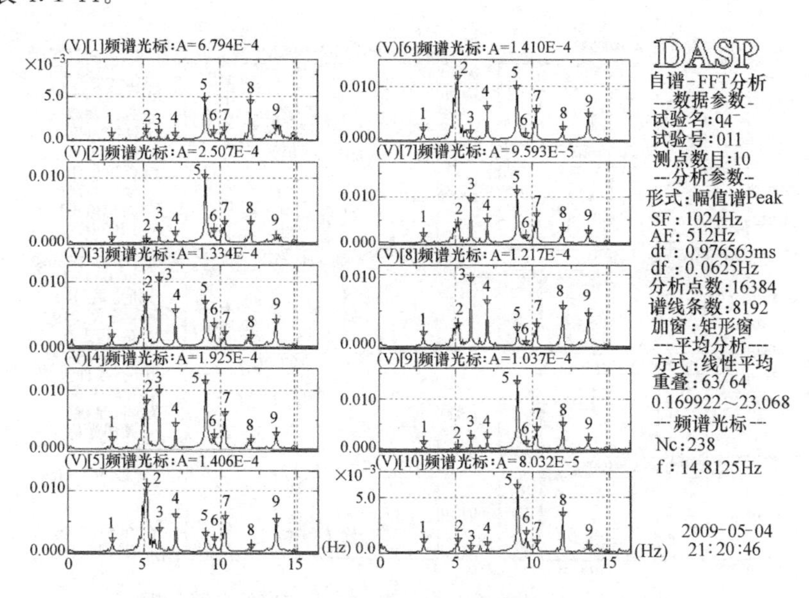

图 4.1-66 第 4 跨第 1 次敲击加速度响应的自谱分析

频率识别结果 **表 4.1-44**

阶次	1	2	3	4	5	6	7	8	9
频率(Hz)	2.9375	5.125	6	7.0625	9	9.5625	10.25	12	13.625

⑬ 敲击激励结果：第 4 跨第 2 次敲击。加速度响应的自谱分析见图 4.1-67，频率识别结果见表 4.1-45。

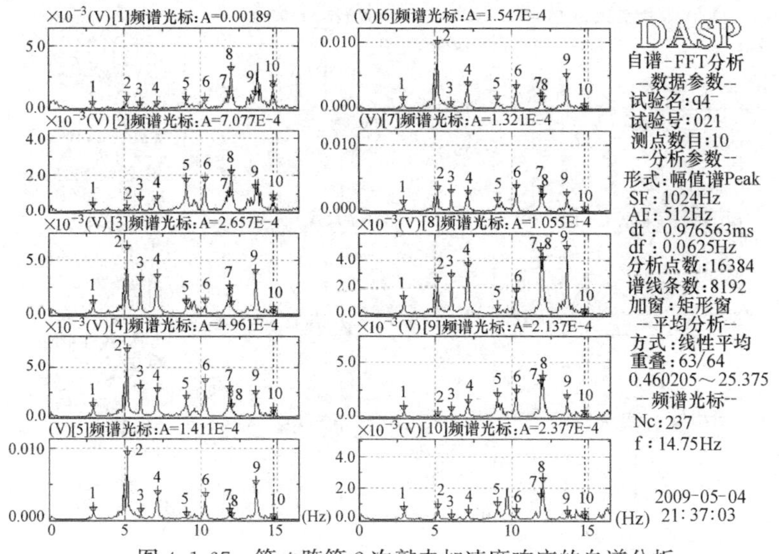

图 4.1-67 第 4 跨第 2 次敲击加速度响应的自谱分析

频率识别结果　　表 4.1-45

阶次	1	2	3	4	5	6	7	8	9	10
频率(Hz)	2.875	5.125	6	7.125	9	10.25	11.875	12	13.5625	14.75

⑭ 敲击激励结果：第 4 跨第 3 次敲击。加速度响应的自谱分析见图 4.1-68，频率识别结果见表 4.1-46。

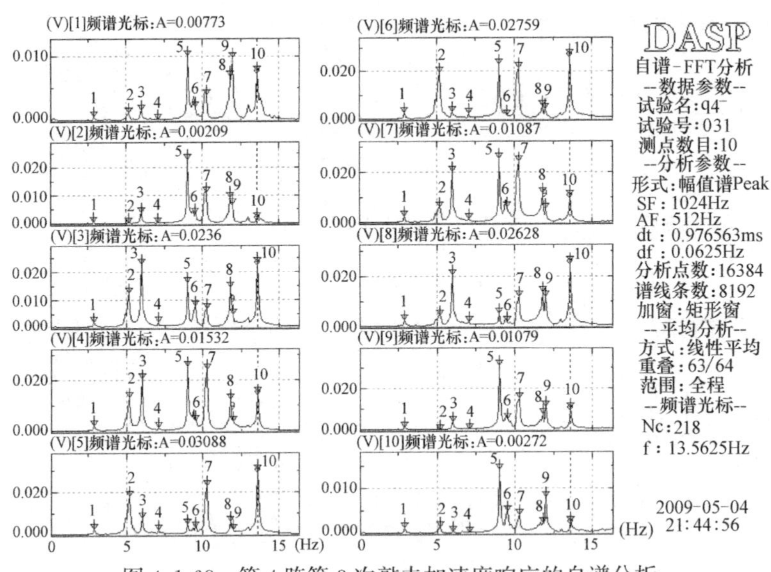

图 4.1-68　第 4 跨第 3 次敲击加速度响应的自谱分析

频率识别结果　　表 4.1-46

阶次	1	2	3	4	5	6	7	8	9	10
频率(Hz)	2.875	5.125	6	7.0625	9	9.5	10.25	11.8125	12	13.5625

⑮ 敲击激励结果：第 5 跨第 1 次敲击。加速度响应的自谱分析见图 4.1-69，频率识别结果见表 4.1-47。

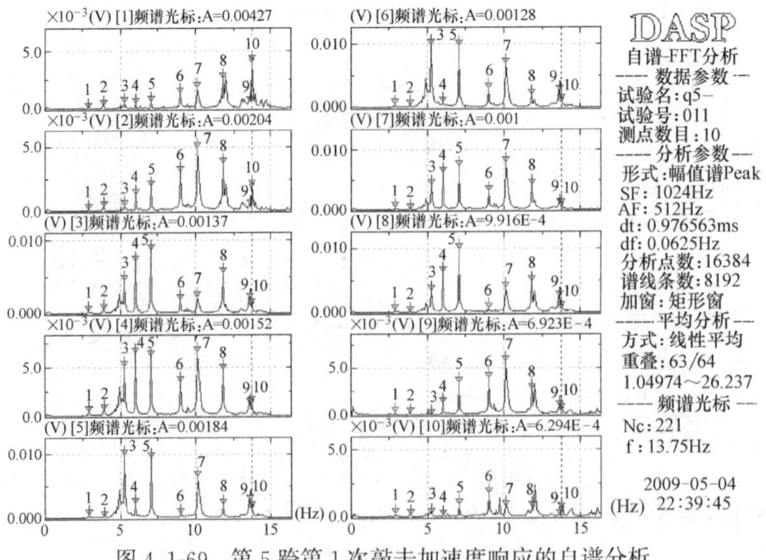

图 4.1-69　第 5 跨第 1 次敲击加速度响应的自谱分析

频率识别结果　　表 4.1-47

阶次	1	2	3	4	5	6	7	8	9	10
频率(Hz)	2.875	3.875	5.1875	6	7.0625	9	10.125	11.8125	13.625	13.75

⑯ 敲击激励结果：第 5 跨第 2 次敲击。加速度响应的自谱分析见图 4.1-70，频率识别结果见表 4.1-48。

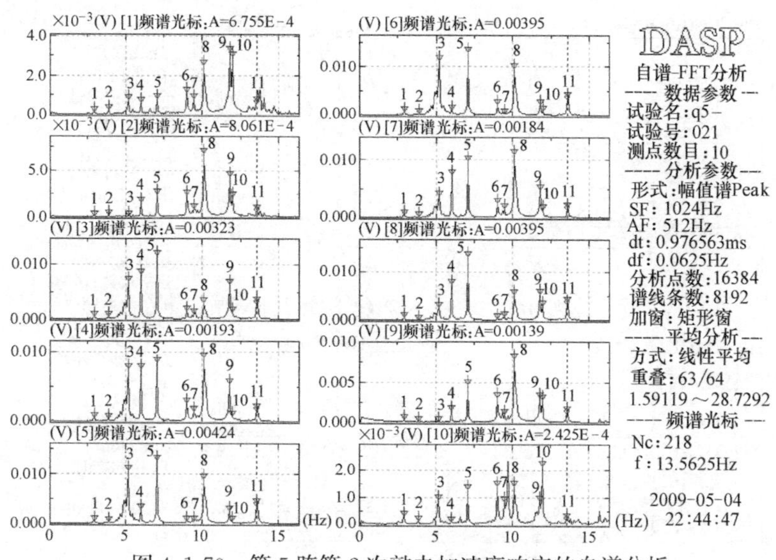

图 4.1-70　第 5 跨第 2 次敲击加速度响应的自谱分析

频率识别结果　　表 4.1-48

阶次	1	2	3	4	5	6	7	8	9	10	11
频率(Hz)	2.93	3.87	5.12	6	7.06	9	9.43	10.1	11.8	12	13.5

⑰ 敲击激励结果：第 5 跨第 3 次敲击。加速度响应的自谱分析见图 4.1-71，频率识别结果见表 4.1-49。

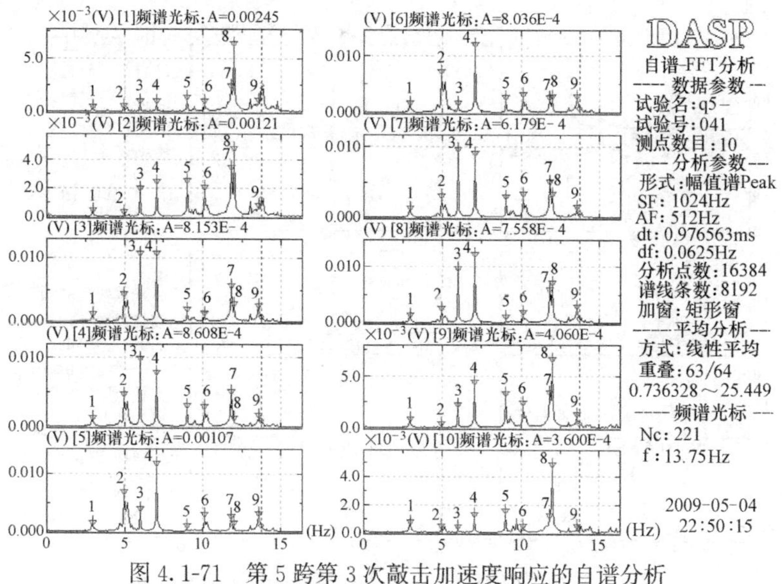

图 4.1-71　第 5 跨第 3 次敲击加速度响应的自谱分析

频率识别结果 **表 4.1-49**

阶次	1	2	3	4	5	6	7	8	9
频率(Hz)	2.9375	4.9375	6	7.0625	9	10.125	11.8125	12	13.5625

⑱ 敲击激励结果：第 6 跨第 1 次敲击。加速度响应的自谱分析见图 4.1-72，频率识别结果见表 4.1-50。

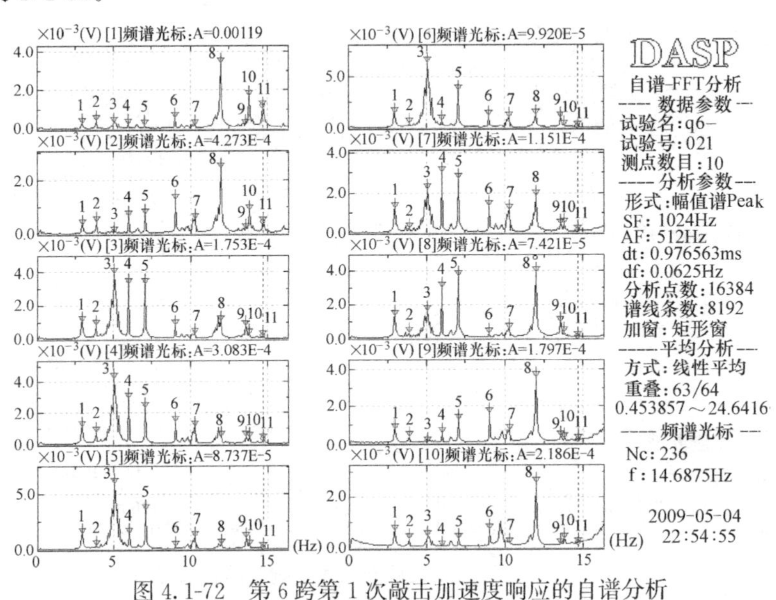

图 4.1-72 第 6 跨第 1 次敲击加速度响应的自谱分析

频率识别结果 **表 4.1-50**

阶次	1	2	3	4	5	6	7	8	9	10	11
频率(Hz)	2.9375	3.875	5.0625	6	7.0625	9	10.25	12	13.5625	13.8125	14.6875

⑲ 敲击激励结果：第 6 跨第 2 次敲击。加速度响应的自谱分析见图 4.1-73，频率识别结果见表 4.1-51。

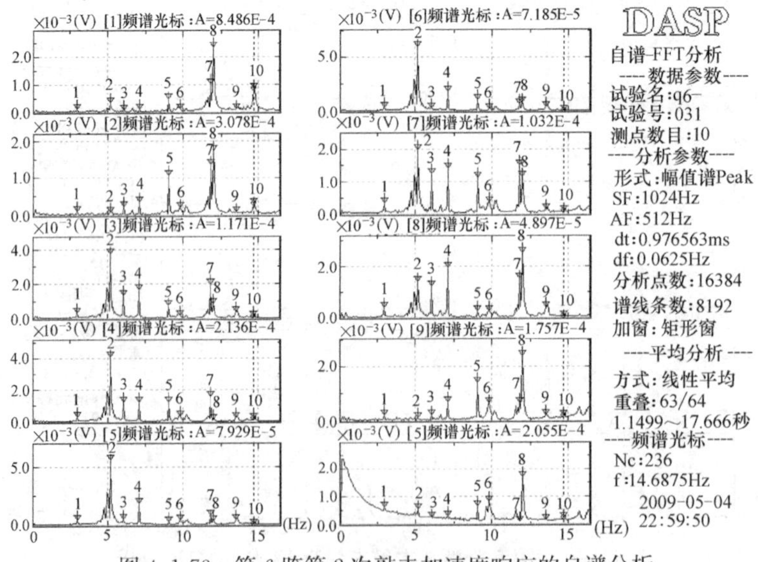

图 4.1-73 第 6 跨第 2 次敲击加速度响应的自谱分析

频率识别结果　　　　**表 4.1-51**

阶次	1	2	3	4	5	6	7	8	9	10
频率(Hz)	2.9375	5.125	6	7.0625	9	9.8125	11.8125	12	13.5	14.6875

⑳ 敲击激励结果：第 6 跨第 3 次敲击。加速度响应的自谱分析见图 4.1-74，频率识别结果见表 4.1-52。

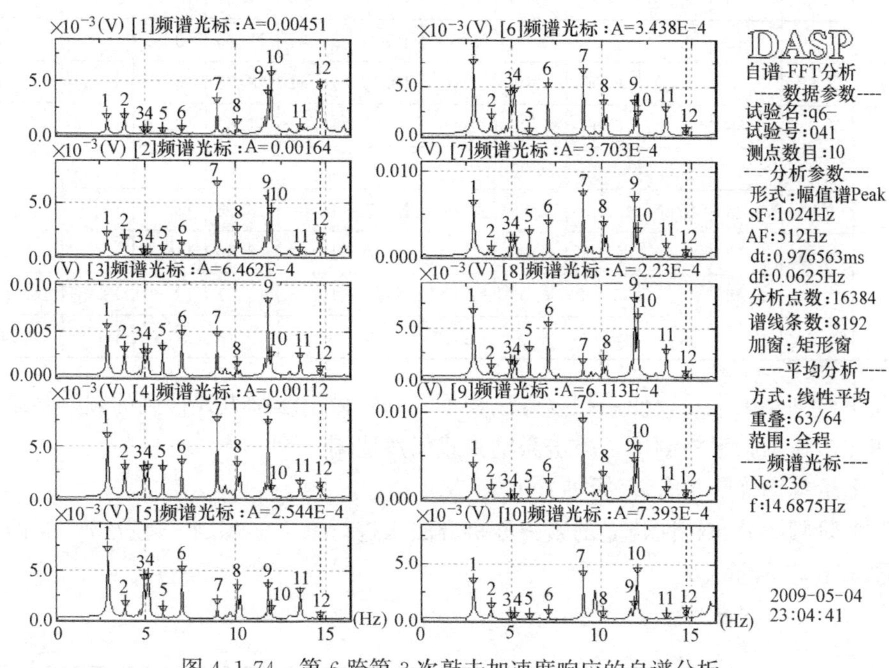

图 4.1-74　第 6 跨第 3 次敲击加速度响应的自谱分析

频率识别结果　　　　**表 4.1-52**

阶次	1	2	3	4	5	6	7	8	9	10	11	12
频率(Hz)	2.875	3.875	4.9375	5.125	6	7.0625	9	10.125	11.8125	12	13.5625	14.6875

结果汇总见表 4.1-53。

频率分析结果汇总表（Hz）　　　　**表 4.1-53**

试验组	1	2	3	4	5	6	7	8	9	10	11	12	13
Sp1	2.94	3.69	5.13	6.00	7.06	9.31	10.19						
Sp2	2.88	3.75	5.06	5.94	7.19	11.94	14.69						
1	2.88	5.13	6.00	10.25	12.00	13.50	14.75						
1	2.88	3.88	5.13	6.00	7.13	11.88	13.88						
1	2.88	3.88	5.13	6.00	10.25	11.88	12.00	13.00	13.63	14.00	14.75		
2	2.88	3.88	5.13	6.00	7.00	9.00	10.13	11.88	13.00	13.75	14.38		
2	2.94	3.63	5.19	5.94	7.06	9.31	10.25	11.81	12.00	13.63	14.69		
2	2.63	3.56	5.13	6.00	7.00	8.69	9.25	10.25	11.75	12.06	13.63	14.63	
3	2.94	3.88	4.94	5.13	6.00	7.06	9.00	10.13	11.81	13.56	14.81		

续表

试验组	1	2	3	4	5	6	7	8	9	10	11	12	13
3	2.88	3.88	5.13	6.00	7.06	9.00	10.13	11.81	13.56	14.69			
3	2.88	5.13	6.00	7.00	9.00	10.13	11.75	13.63	14.63				
4	2.94	5.13	6.00	7.06	9.00	9.56	10.25	12.00	13.63				
4	2.88	5.13	6.00	7.13	9.00	10.25	11.88	12.00	13.56	14.75			
4	2.88	5.13	6.00	7.06	9.00	9.50	10.25	11.81	12.00	13.56			
5	2.88	3.88	5.19	6.00	7.06	9.00	10.13	11.81	13.63	13.75			
5	2.94	3.88	5.13	6.00	7.06	9.00	9.44	10.13	11.81	12.00	13.56		
5	2.94	4.94	6.00	7.06	9.00	10.13	11.81	12.00	13.56				
6	2.94	3.88	5.06	6.00	7.06	9.00	10.25	12.00	13.56	13.81	14.69		
6	2.94	5.13	6.00	7.06	9.00	9.81	11.81	12.00	13.50	14.69			
6	2.88	3.88	4.94	5.13	6.00	7.06	9.00	10.13	11.81	12.00	13.56	14.69	
综合	2.88	2.94	3.88	5.13	6.00	7.00	7.06	9.00	10.13	11.81	12.00	13.56	14.69

从频率检测结果来看，使用扫频方法和不同部位敲击激励方式得到的频率结果基本一致，说明在多跨索频率检测中，敲击激励方式仍然适用。

（3）多阶频率优化拟合算法

按照多阶频率分布特性建立的索力分析方法来进行索力的识别。建立 6 个索跨的单元模型如图 4.1-75 所示。

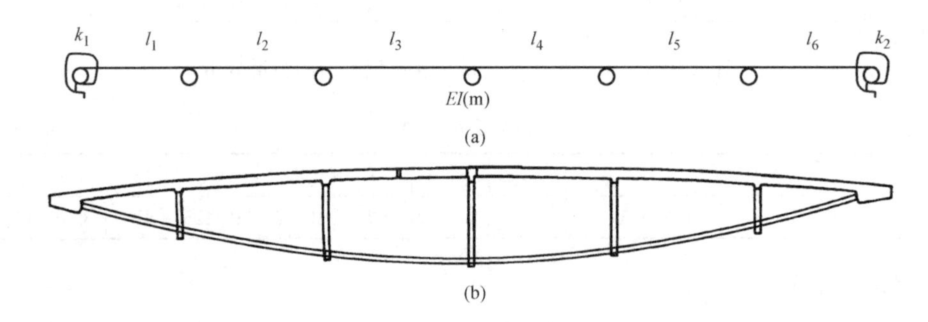

图 4.1-75　索力多阶频率优化拟合计算模型

（a）计算模型；（b）原结构

需要识别的未知参数有索力 T、边界约束刚度 k_1、k_2，共 3 个参数，因此选取至少 3 个频率值进行索力和参数的识别。考虑到低阶频率有可能是结构整体运动振型对应的值，这里选择较高频率作为特征频率值进行索力及参数的识别。采用本方法对频率的阶次不做要求，只需要选择上索跨单元振动频率即可。

这里选取 4 个频率值：$f_{eq}(1)=9.00$；$f_{eq}(2)=10.135$；$f_{eq}(3)=12.00$；$f_{eq}(4)=13.56$。

根据资料，拉索（5×121）钢丝束直径 60.6mm，单位索重 18.7kg/m。钢丝束截面积 2376mm^2。EI 为 139020.8Nm^2。各索段长度、索线密度及钢绞线索弯曲模量选取见表 4.1-54。

模型参数 表 4.1-54

	第1跨	第2跨	第3跨	第4跨	第5跨	第6跨
索长(mm)	5441.7	7566.7	7566.7	7566.7	7566.7	5441.7
索密度(kg/m)	18.7	18.7	18.7	18.7	18.7	18.7
索弯曲模量(Nm^2)	139020.8	139020.8	139020.8	139020.8	139020.8	139020.8

根据优化目标方程 $f_{obj}=\mathrm{Min}\{\sum|f(EI,m,\omega_i,T,k_1,k_2,\cdots,k_n)|\}$，计算索力。

设置索力与约束刚度初值，这里分别选取索段长 7566.7mm 与对应频率 $f_{eq}(2)=10.13$，$f_{eq}(1)=9.00$，按照单索索力计算分别为：415534N 和 322956N，约束刚度初值取 $10Nm^2$。运行索力识别程序软件进行索力与约束刚度识别，计算结果见表 4.1-55。

索力计算结果 表 4.1-55

优化初值(N)	约束刚度初值 k_1	约束刚度初值 k_2	识别索力(N)	约束刚度 k_1	约束刚度 k_2
415534	1000	1000	287815	151412	92340
322956	1000	1000	286748	147336	43374

从识别计算结果来看，索力值为 287kN，与现场拉力数据 300kN 基本一致。

软件计算过程如下：

1）模型参数输入：模型参数输入（图 4.1-76）。

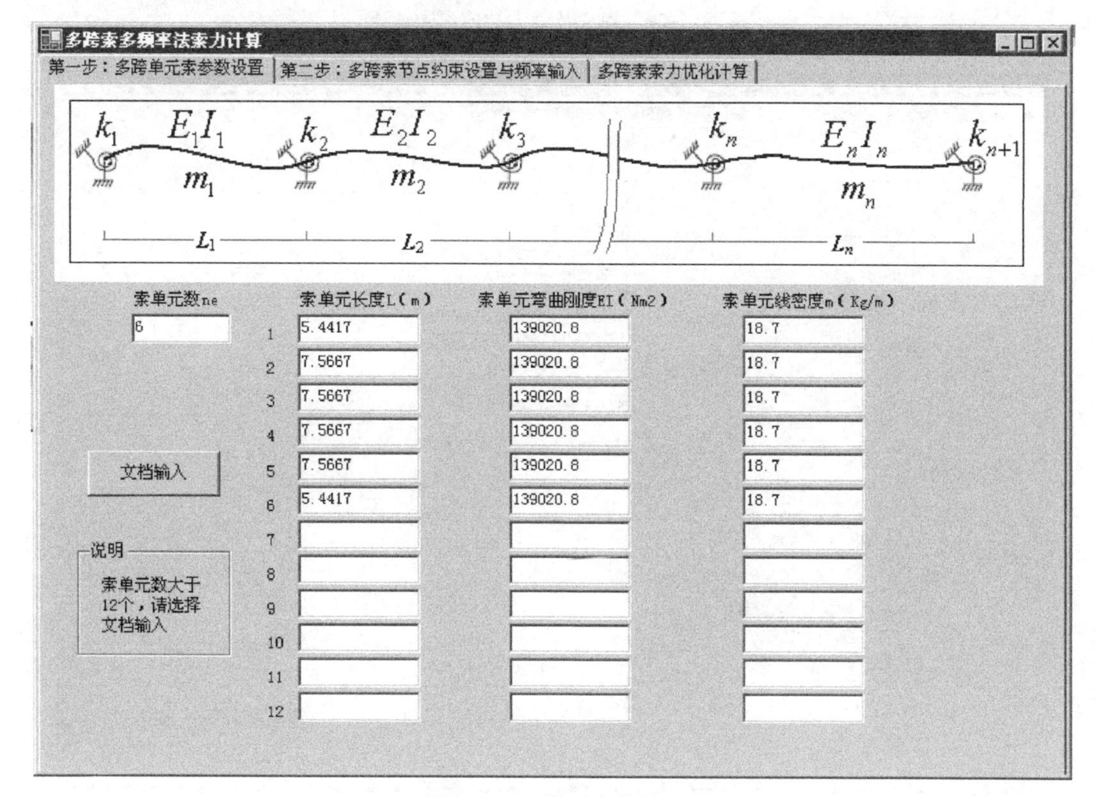

图 4.1-76 模型参数输入

2）第一次试算：索力初值为322.956kN（图4.1-77、图4.1-78）。

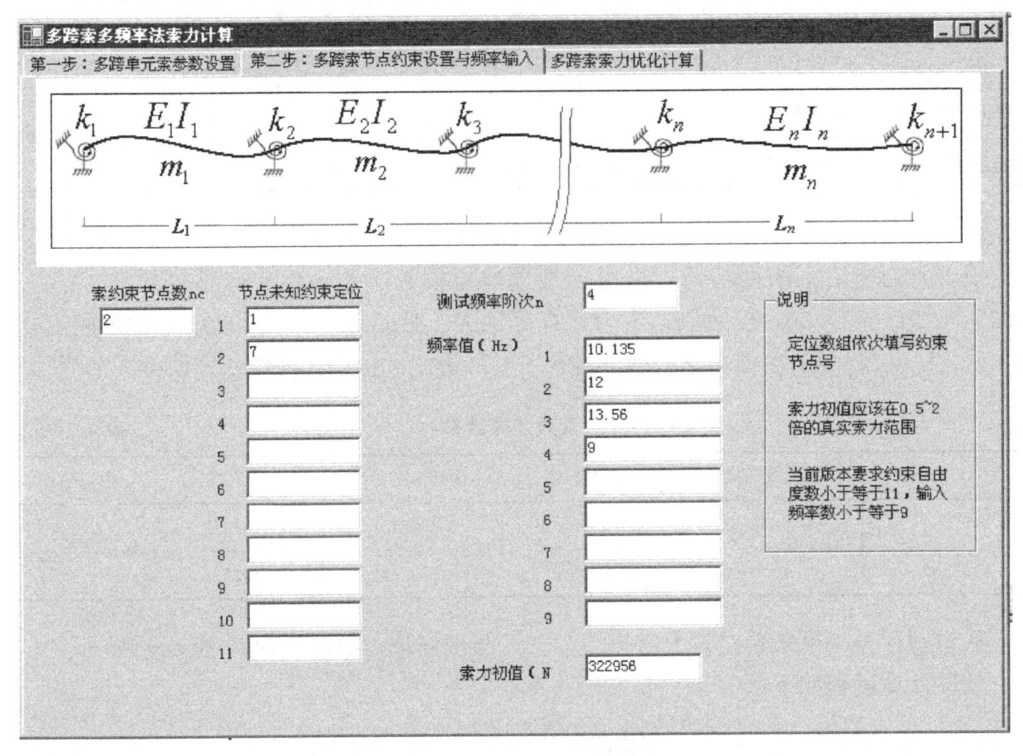

图4.1-77　频率及索力初值参数输入

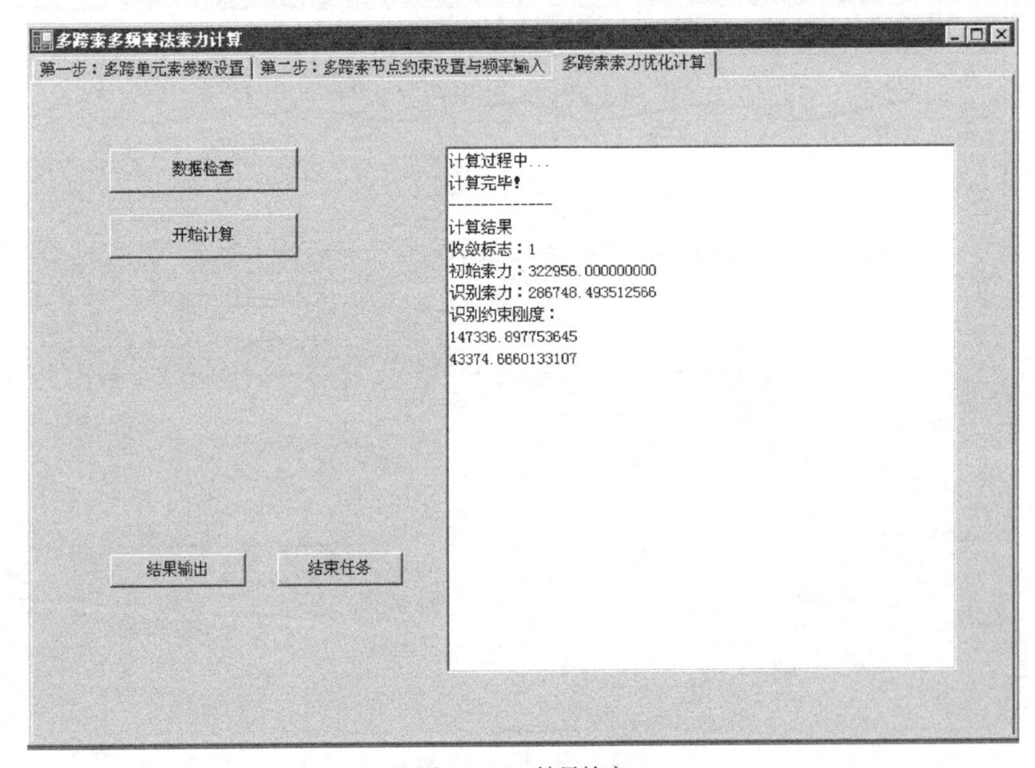

图4.1-78　结果输出

3）第二次试算：索力初值为 415.534kN（图 4.1-79、图 4.1-80）。

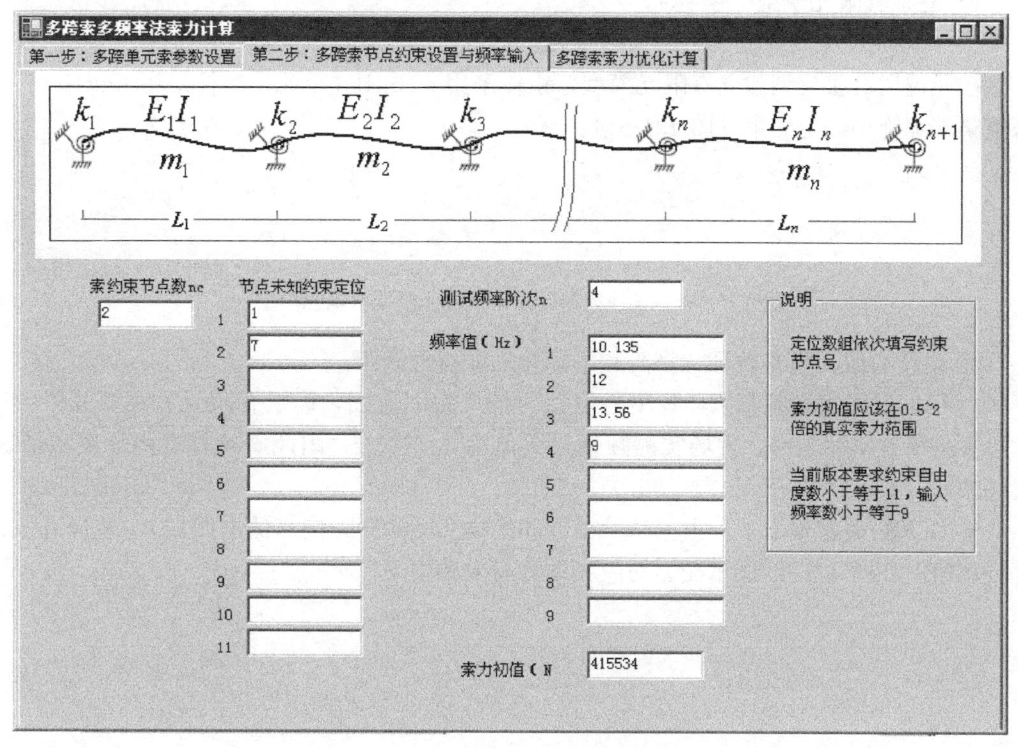

图 4.1-79　频率及索力初值参数输入

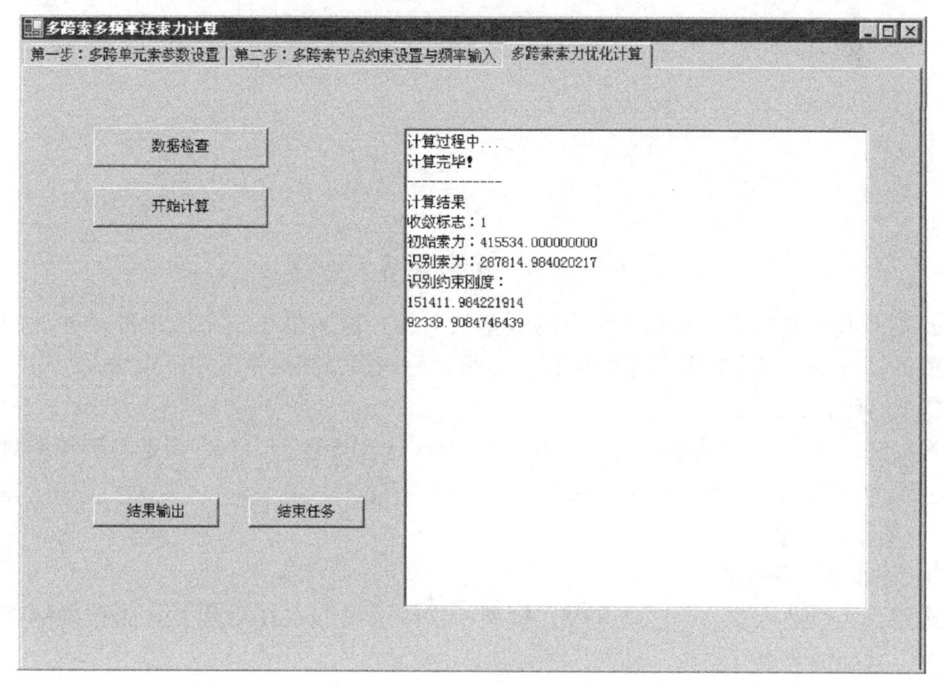

图 4.1-80　结果输出

（4）有限元数值拟合算法

1）复杂有限元模型

① 有限元模型的建立。

按照现场真实模型建立有限元模型，索体采用 beam188 单元，撑杆采用 link10 单元，张弦梁端部施加固定约束（图 4.1-81）。

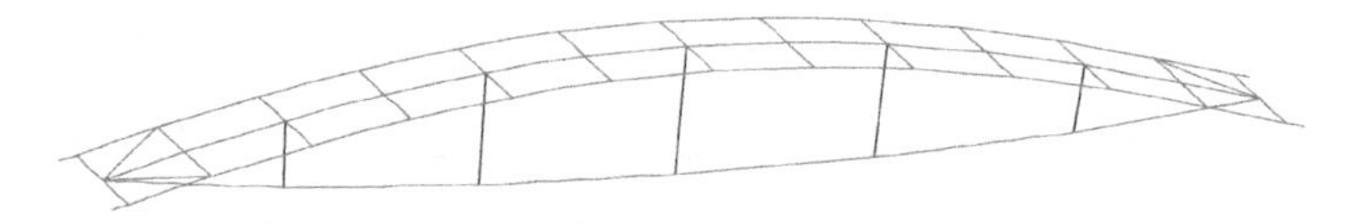

图 4.1-81 长沙火车新站第 8 榀张弦梁有限元模型

② 复杂有限元模型验证“多阶频率拟合法”过程介绍。

a. 根据现场实测频率值，找出能识别的最大频率范围，确定有限元计算第几阶频率才可覆盖所有实测频率。现场实测频率最大值为 14.69Hz，因此需计算有限元模型前 30 阶频率。

b. 在某一确定索力下，根据每阶振型和现场实际激振方向（侧向激振），选择有效计算频率值。如图 4.1-82 所示振型对应频率为有效频率。

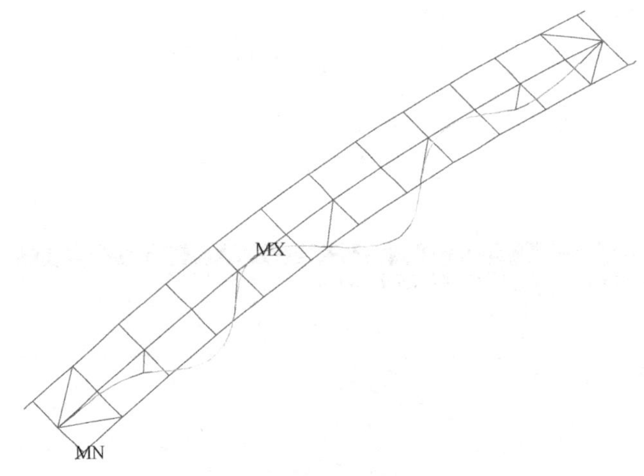

图 4.1-82 第 8 榀张弦梁第 9 阶振型

c. 将现场实测频率值与每个索力的频率值对比，应用最小二乘法选择最接近的一组频率值计算方差，最小方差对应的计算索力判定为该榀张弦梁拉索实际索力。

③ 计算结果及结论。

根据表 4.1-56 计算结果，最小方差 4.52 对应计算索力 315kN，判定实测频率对应真实索力约为 315kN，与现场施工纪录数据 300kN 吻合。

2）简单梁模型

① 简单梁模型的建立。

按照真实模型拉索线形建立有限元模型，索体采用 beam188 单元，张弦梁端部和撑杆对应位置施加约束（图 4.1-83）。

② 简单梁模型验证“多频率拟合法”过程介绍

长沙火车新站第 8 榀张弦梁计算结果汇总 表 4.1-56

计算索力(kN)	252	283.5	315	346.5	378
索力变化	−20%	−10%	0%	10%	20%
实测频率(Hz)	计算频率(Hz)				
9.00	8.66	9.14	9.30	9.10	9.74
10.13	9.09	10.34	10.39	9.95	9.99
11.81	10.87	10.37	11.25	10.79	11.70
12.00	11.88	11.95	11.97	11.96	11.99
13.56	14.92	14.92	14.92	14.92	14.92
14.69	16.19	16.19	16.20	16.19	16.20
方差	6.60	6.20	4.52	5.30	4.77

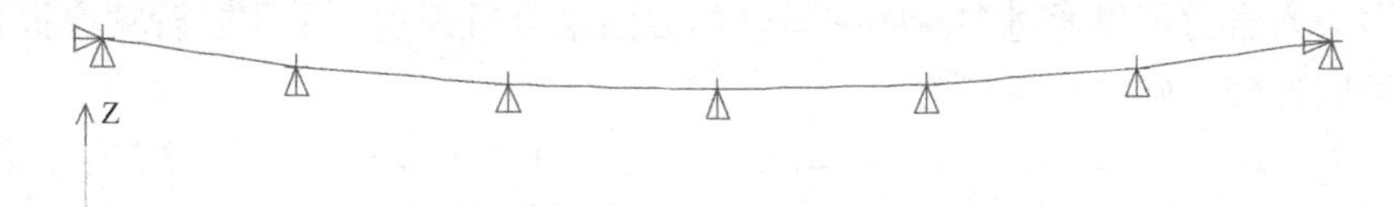

图 4.1-83 长沙火车新站第 8 榀张弦梁简单模型

a. 根据现场实测频率值，找出能识别的最大频率范围，确定有限元计算第几阶频率才可覆盖所有实测频率。现场实测频率最大值为 14.69Hz，因此需计算有限元模型前 20 阶频率。

b. 在某一确定索力下，根据每阶振型和现场实际激振方向（侧向激振），选择有效计算频率值。如图 4.1-84 所示振型对应频率为有效频率。

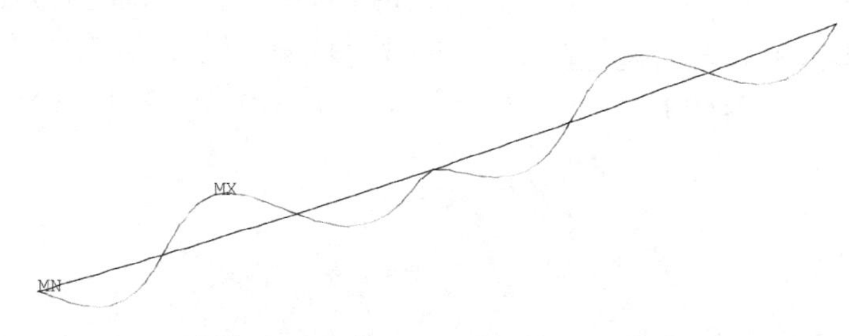

图 4.1-84 第 8 榀张弦梁第 5 阶振型

c. 将现场实测频率值与每个索力的频率值对比，应用最小二乘法选择最接近的一组频率值计算方差，最小方差对应的计算索力判定为该榀张弦梁拉索实际索力。

③ 计算结果及结论。

根据表 4.1-57 计算结果，最小方差 5.27 对应计算索力 315kN，判定实测频率对应索力约为 315kN。

长沙火车新站第 8 榀张弦梁计算结果汇总 表 4.1-57

计算索力(kN)	252	283.5	315	346.5	378
索力变化	−20%	−10%	0%	10%	20%

续表

实测频率(Hz)	计算频率(Hz)				
9.00	9.01	9.02	9.04	9.20	9.55
10.13	9.22	9.41	10.01	10.20	10.55
11.81	9.23	9.61	11.08	10.39	10.74
12.00	12.21	12.53	12.83	10.46	10.81
13.56	12.22	12.53	12.84	13.11	10.95
14.69	12.23	12.54	12.85	13.12	13.39
方差	15.74	11.61	5.27	7.10	11.42

(5) 结论

从长沙火车新站工程频率检测试验索力分析结果来看：

(1) 多跨索索力可以通过多阶频率拟合的方法来分析识别，采用多阶频率拟合的最小二乘方法可以比较准确地分析出索力；

(2) 可采用自开发软件或有限元模型分析实现索力分析的多阶频率拟合方法。

2. 最高人民法院人民来访接待站

(1) 工程概况

最高人民法院人民来访接待站工程位于北京市丰台区内。其屋盖是双向张弦梁结构，20.95m×17.95m，由上层单层网架和下端的撑杆、索组成。共有7轴横向索和6轴纵向索，两方向的索都由撑竿下部通过，索连接到内外侧撑竿的上下两端。两方向索有5根ϕ32PE38、8根ϕ24PE28不锈钢拉索（图4.1-85、图4.1-86）。

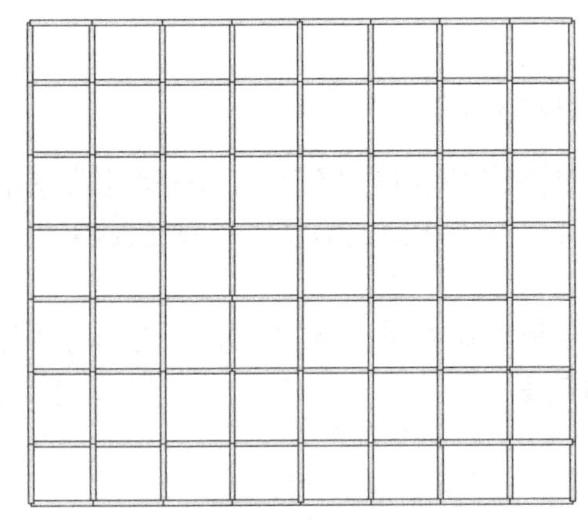

图4.1-85　俯视图

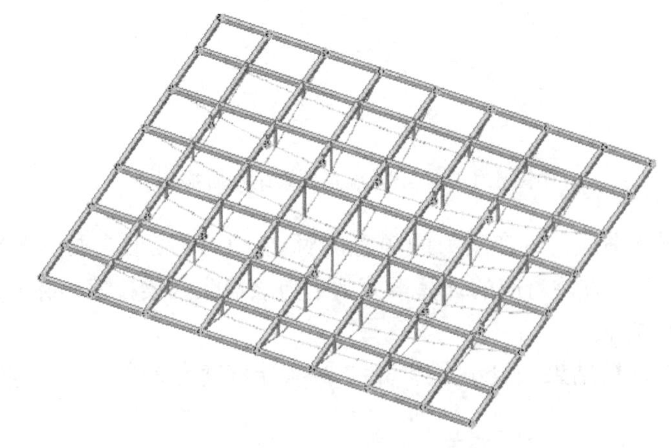

图4.1-86　屋顶三维轴测图

(2) 频率检测试验

1) 试验目的：

① 敲击方式检测多跨张弦梁拉索的振动频率特性；

② 分析验证多阶频率法在双向张弦梁工程中的适用性。

2）试验仪器与数据处理设备：

① 传感器：动测设备采用朗斯 LC0116T-2 低频 ICP 压电型单轴加速度传感器，响应频率为 0.05～300kHz，有效平稳响应频率 0.1～230kHz，自然频率为 3000kHz，非线性响应不大于 5%，重量为 220g。传感器灵敏度为 2.5V/g，大量程传感器灵敏度为 25mv/g。

② 信号采集设备：调理模块为传感器专用 A4016 型调理模块，采集模块为朗斯 CBook2000-P 型专用动采仪，可同时接受 16 通道并行输入采集，有效分辨率为 16bit。

③ 数据处理工具：数据分析软件采用北京东方振动与噪声技术研究所生产的 DASP-V10 工程版专用数据采集及分析软件。

3）试验方案：

整体索为空间结构，取单榀进行频率测量。每一榀共 6 个撑杆，索分为 7 跨。对所有跨布置传感器，每跨布置 2 个传感器，各距端部 20cm，并激励每一跨，测点布置共 14 个数据通道，获取多撑杆索振动频率特性。

4）频率检测结果：

① 敲击激励结果：数据 1（1c29t14sp11）；激励方式：拍击第 1 跨；频谱图：如图 4.1-87 所示。

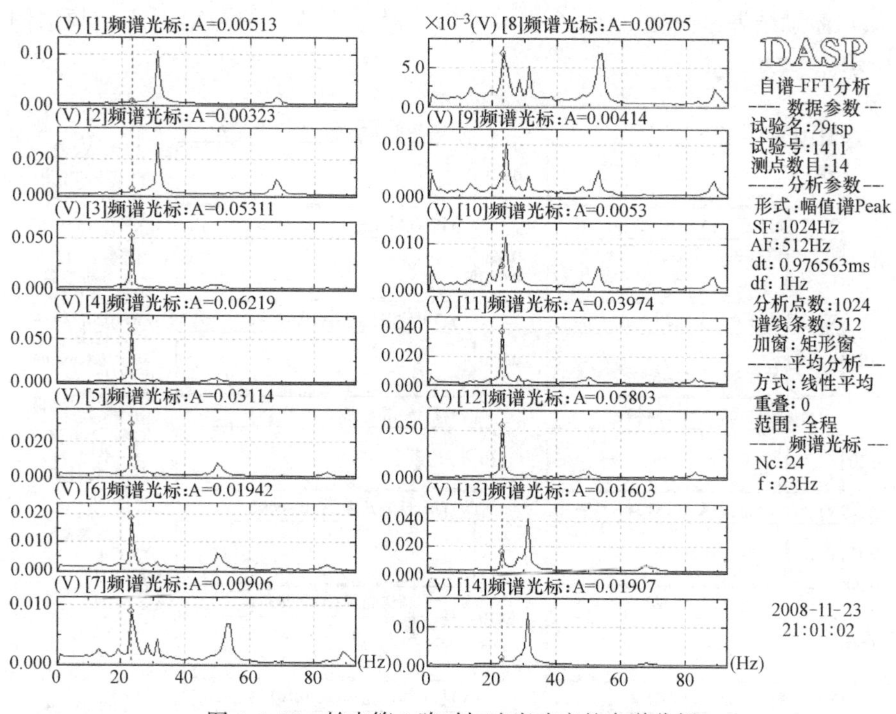

图 4.1-87　拍击第 1 跨时加速度响应的自谱分析

② 敲击激励结果：数据 2（1c29t14sp12）；激励方式：拍击第 1 跨；频谱图：如图 4.1-88 所示。

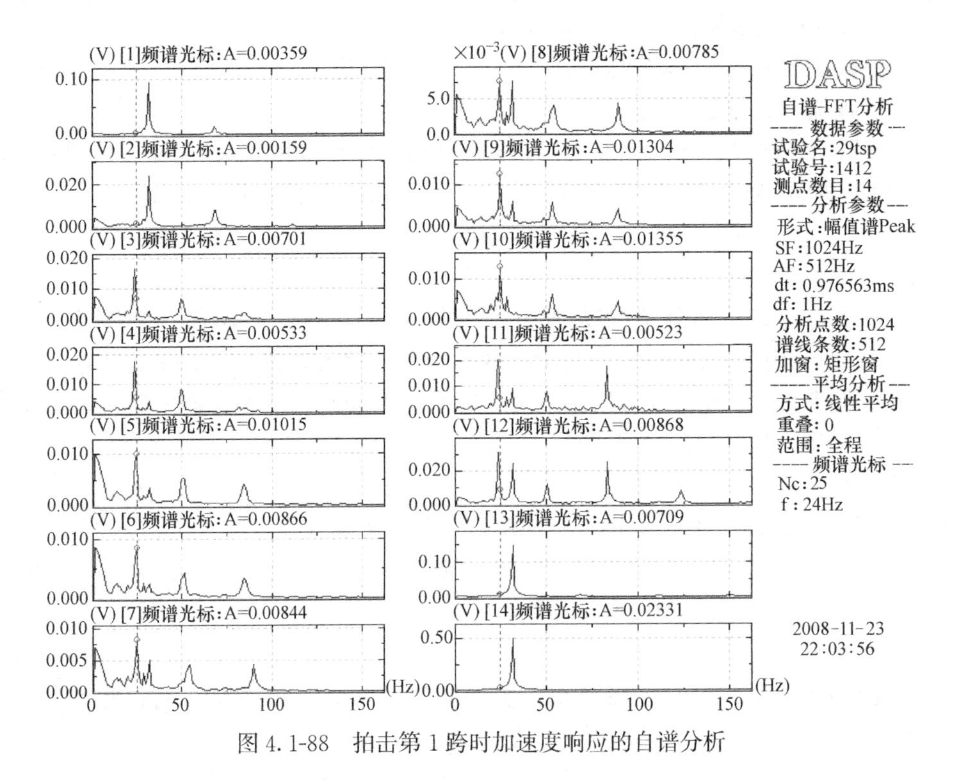

图 4.1-88　拍击第 1 跨时加速度响应的自谱分析

③ 敲击激励结果：数据 3（1c29t14sp21）；激励方式：拍击第 2 跨；频谱图：如图 4.1-89 所示。

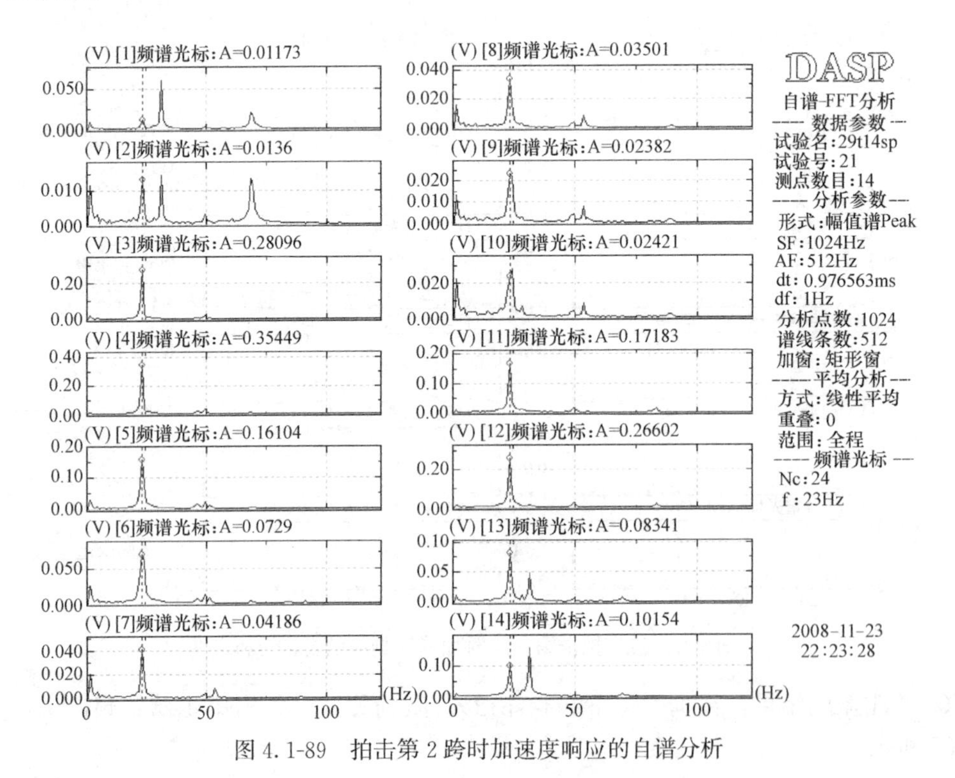

图 4.1-89　拍击第 2 跨时加速度响应的自谱分析

④ 敲击激励结果：数据 4（1c29t14sp22）；激励方式：拍击第 2 跨；频谱图：如图 4.1-90 所示。

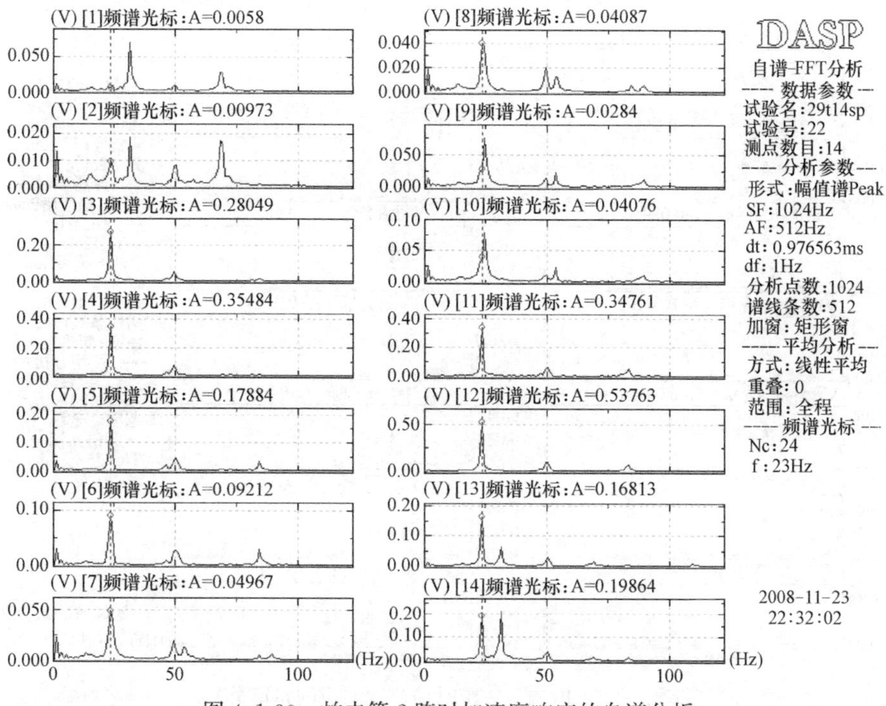

图 4.1-90 拍击第 2 跨时加速度响应的自谱分析

⑤ 敲击激励结果：数据 5（1c29t14sp31）；激励方式：拍击第 3 跨；频谱图：如图 4.1-91 所示。

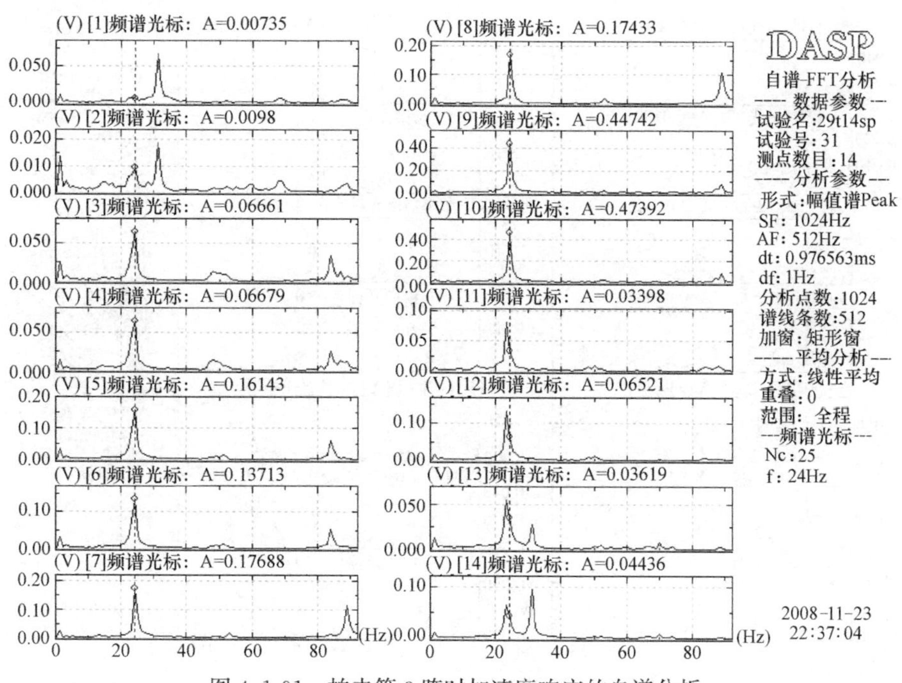

图 4.1-91 拍击第 3 跨时加速度响应的自谱分析

⑥ 敲击激励结果：数据 6（1c29t14sp32）；激励方式：拍击第 3 跨；频谱图：如图 4.1-92 所示。

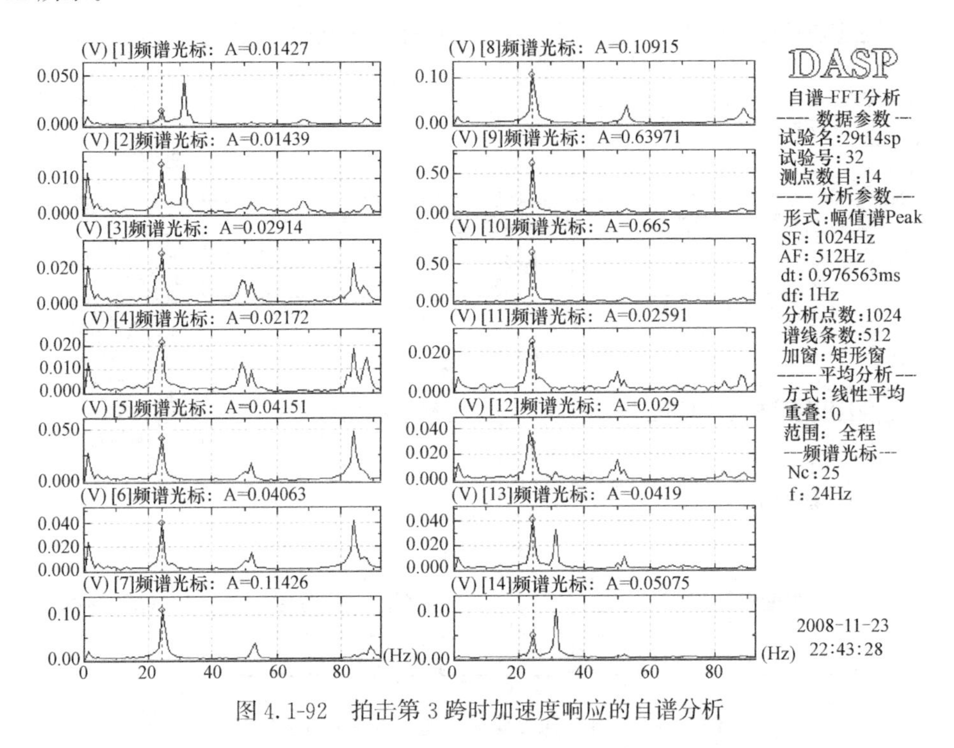

图 4.1-92　拍击第 3 跨时加速度响应的自谱分析

⑦ 敲击激励结果：数据 7（1c29t14sp41）；激励方式：拍击第 4 跨；频谱图：如图 4.1-93 所示。

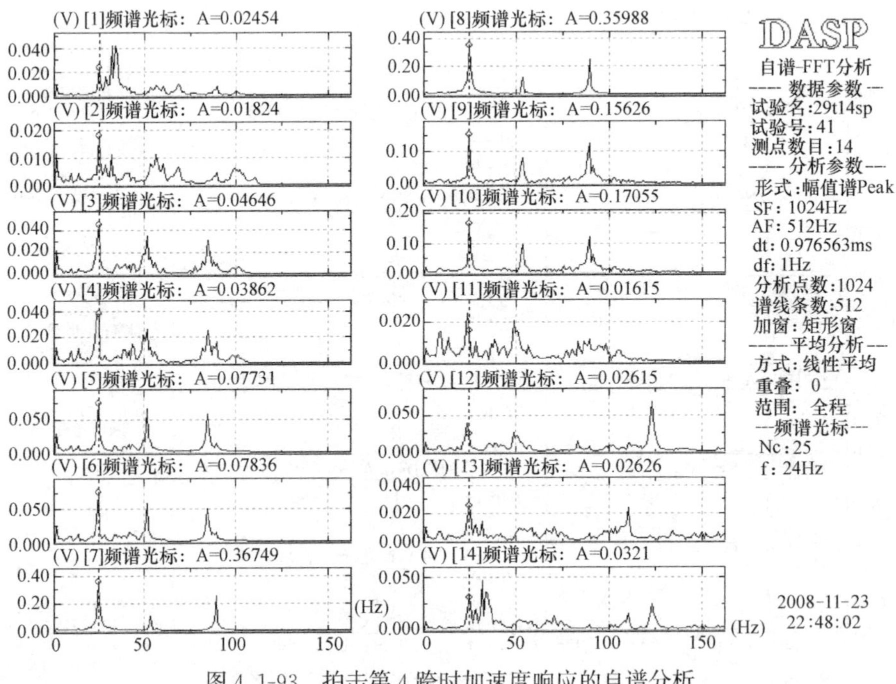

图 4.1-93　拍击第 4 跨时加速度响应的自谱分析

⑧ 敲击激励结果：数据 8（1c29t14sp42）；激励方式：拍击第 4 跨；频谱图：如图 4.1-94 所示。

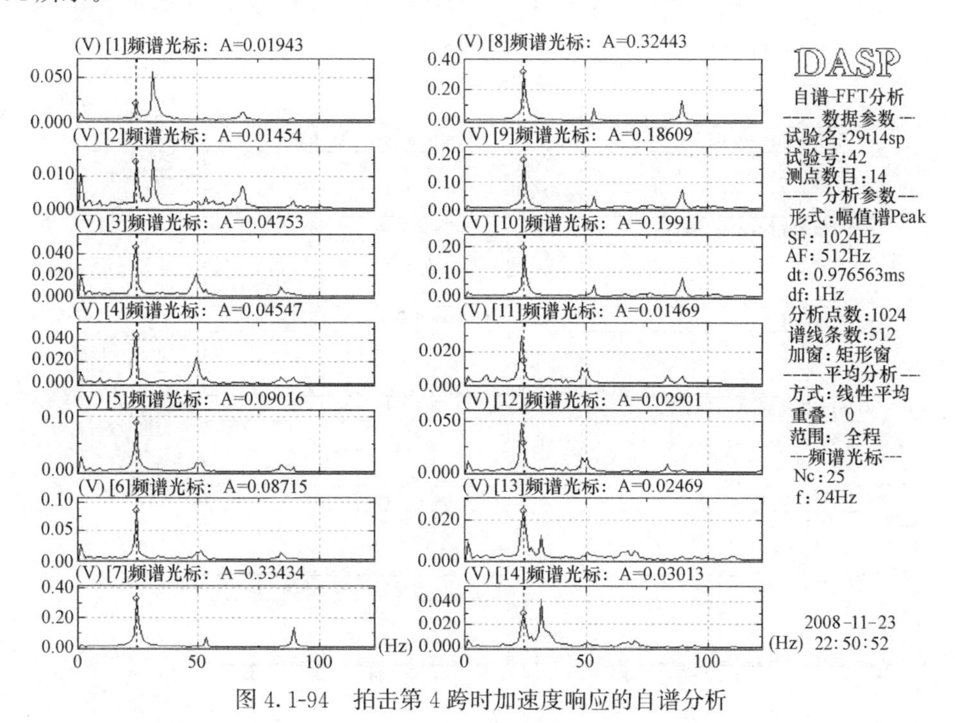

图 4.1-94　拍击第 4 跨时加速度响应的自谱分析

⑨ 敲击激励结果：数据 9（1c29t14sp51）；激励方式：拍击第 5 跨；频谱图：如图 4.1-95 所示。

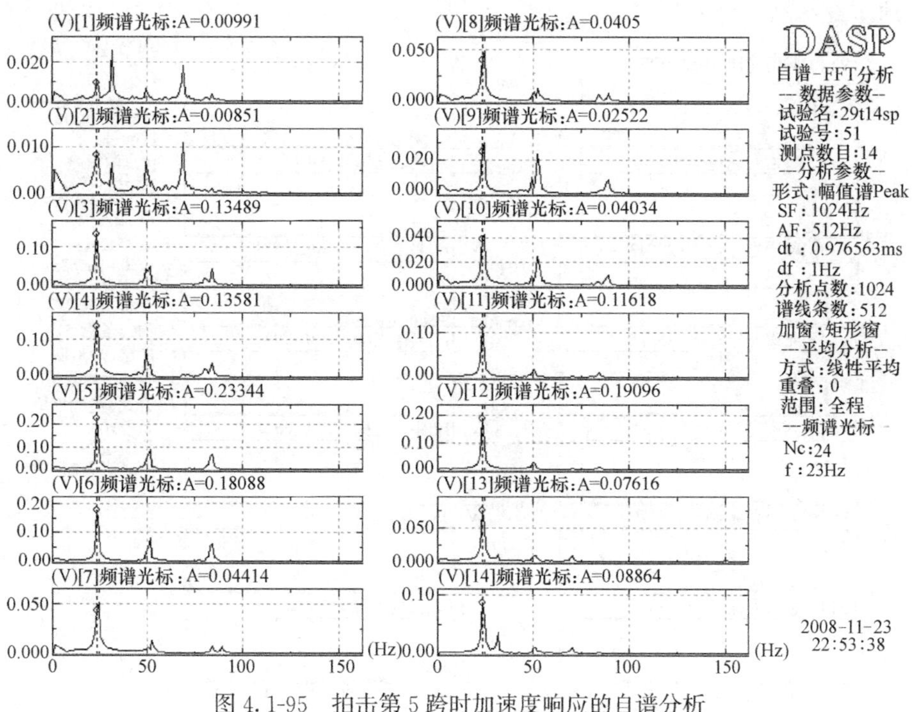

图 4.1-95　拍击第 5 跨时加速度响应的自谱分析

⑩ 敲击激励结果：数据 10（1c29t14sp52）；激励方式：拍击第 5 跨；频谱图：如图 4.1-96 所示。

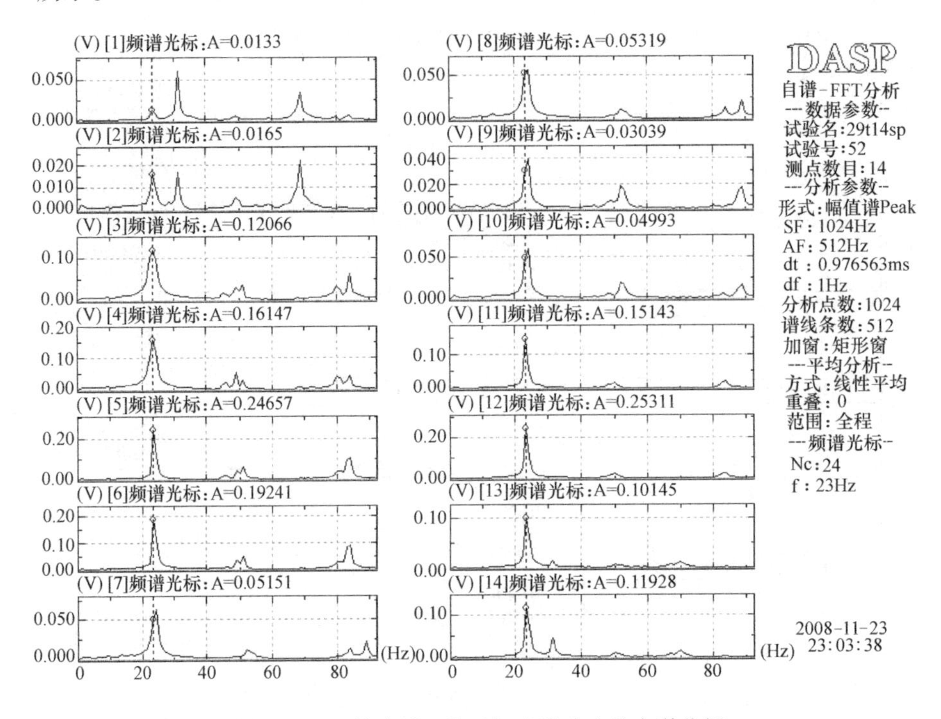

图 4.1-96　拍击第 5 跨时加速度响应的自谱分析

⑪ 敲击激励结果：数据 11（1c29t14sp61）；激励方式：拍击第 6 跨；频谱图：如图 4.1-97 所示。

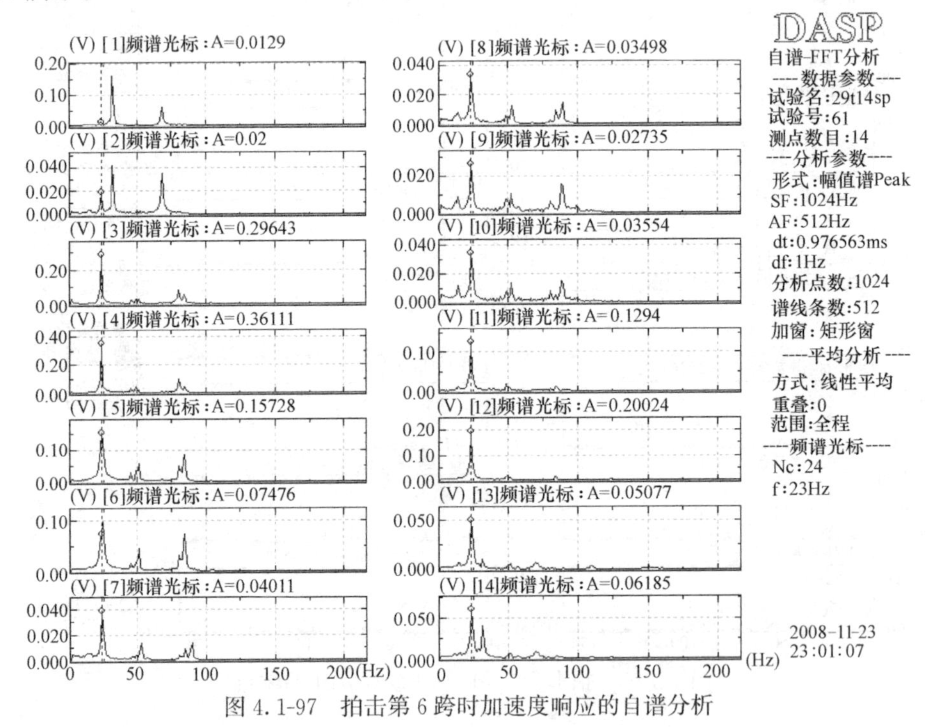

图 4.1-97　拍击第 6 跨时加速度响应的自谱分析

⑫ 敲击激励结果：数据 12（1c29t14sp62）；激励方式：拍击第 6 跨；频谱图：如图 4.1-98 所示。

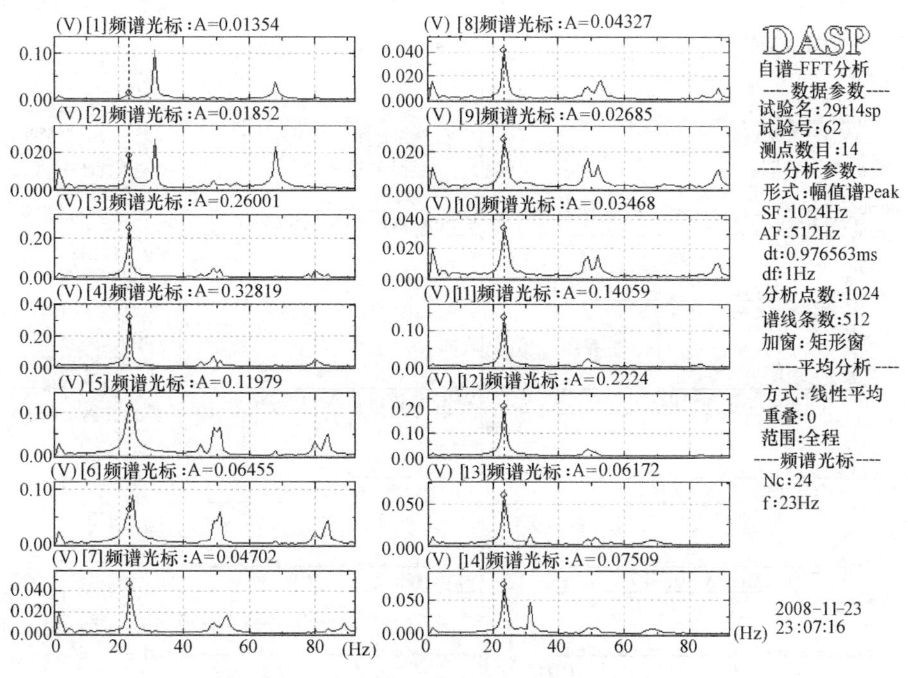

图 4.1-98　拍击第 6 跨时加速度响应的自谱分析

⑬ 敲击激励结果：数据 13（1c29t14sp71）；激励方式：拍击第 7 跨；频谱图：如图 4.1-99 所示。

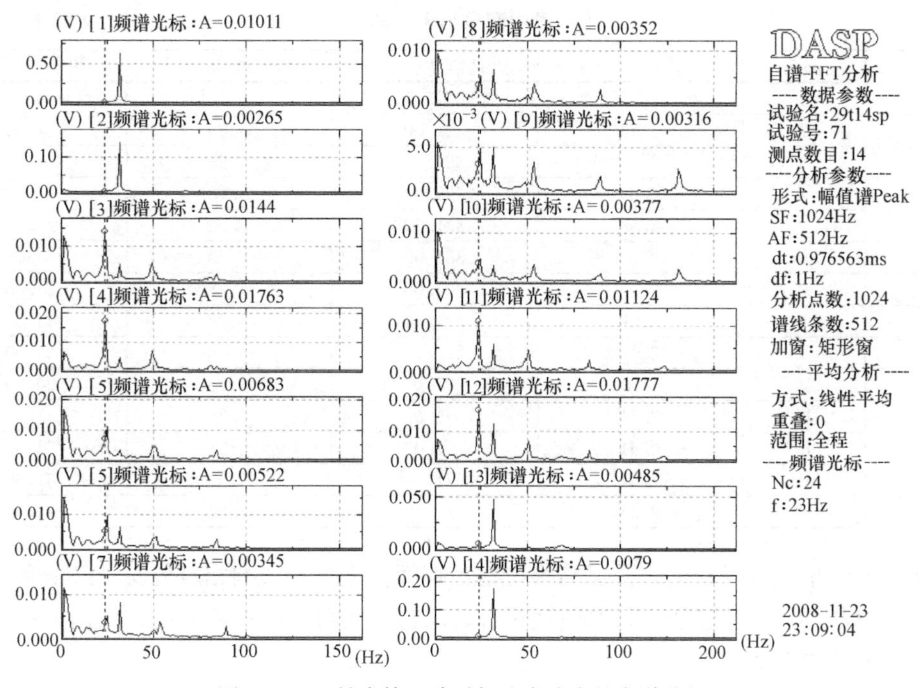

图 4.1-99　拍击第 7 跨时加速度响应的自谱分析

⑭ 敲击激励结果：数据 14（1c29t14sp72）；激励方式：拍击第 7 跨；频谱图：如图 4.1-100 所示。

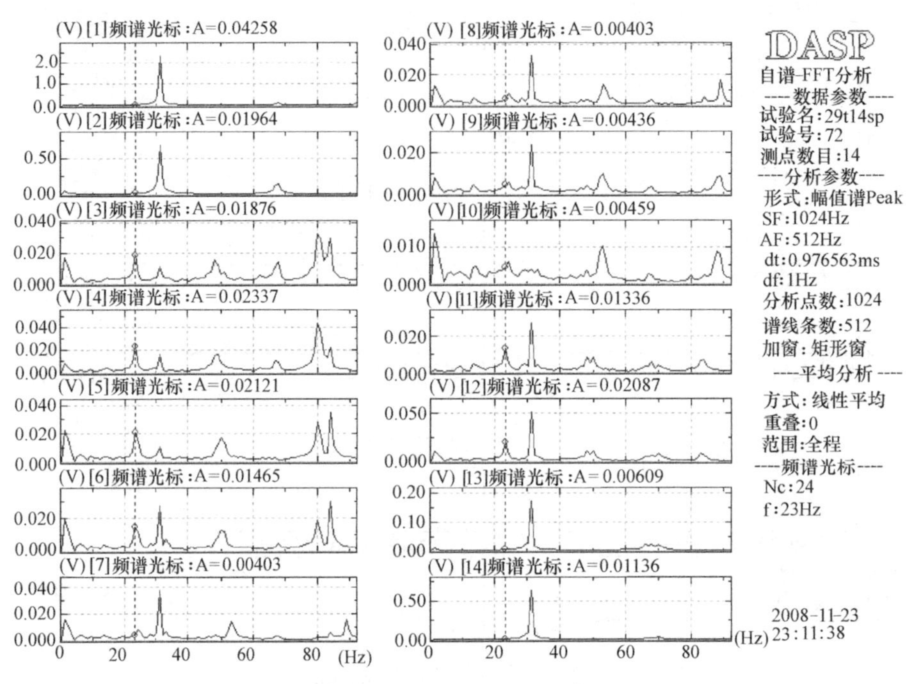

图 4.1-100　拍击第 7 跨时加速度响应的自谱分析

5）结果汇总（表 4.1-58）。

索力测量结果汇总　　**表 4.1-58**

跨	测点	跨度 span(m)	弯曲刚度(Nm^2)	线密度(kg/m)	频率 f_1(Hz)
1	1	2.30	321.00	3.28	31.00
1	2	2.30	321.00	3.28	31.00
2	3	2.60	321.00	3.28	23.00
2	4	2.60	321.00	3.28	23.00
3	5	2.59	321.00	3.28	24.00
3	6	2.59	321.00	3.28	24.00
4	7	2.59	321.00	3.28	24.00
4	8	2.59	321.00	3.28	24.00
5	9	2.59	321.00	3.28	24.00
5	10	2.59	321.00	3.28	24.00
6	11	2.61	321.00	3.28	23.00
6	12	2.61	321.00	3.28	23.00
7	13	2.34	321.00	3.28	31.00
7	14	2.34	321.00	3.28	31.00

从试验结果来看，双向张弦梁结构拉索各跨间拉索振动影响相对较弱，敲击激励时其他部位检测的振动信号较弱。检测时通过各跨敲击激励可以获得完整的索结构振动数据。

（3）多阶频率优化拟合算法

采用多阶频率法拟合计算，建立等效模型（图 4.1-101）。

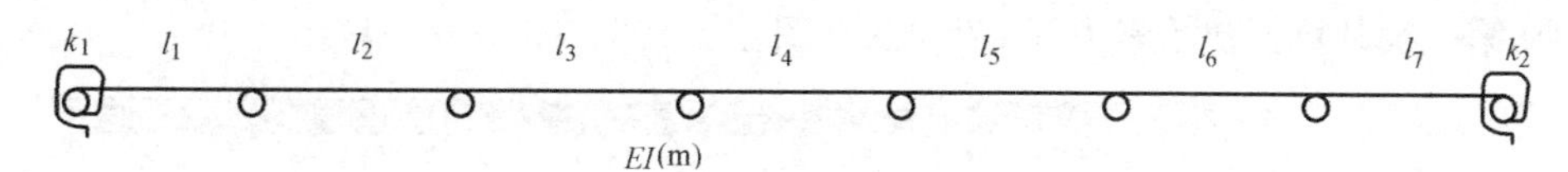

图 4.1-101　多阶频率优化计算模型

根据资料，各索段长度、索线密度及钢绞线索弯曲模量选取见表 4.1-59。

模型参数　　　　**表 4.1-59**

	第 1 跨	第 2 跨	第 3 跨	第 4 跨	第 5 跨	第 6 跨	第 7 跨
索长(m)	2.256	2.716	2.703	2.700	2.703	2.716	2.256
索密度(kg/m)	3.28	3.28	3.28	3.28	3.28	3.28	3.28
索弯曲模量(Nm^2)	321.00	321.00	321.00	321.00	321.00	321.00	321.00

检测得到显著的频率值有 3 个：$f_{eq}(1)=23$；$f_{eq}(2)=24$；$f_{eq}(3)=31$。取端部 2 个未知约束和索力作为识别参数，建立优化模型进行索力识别。按照索长 2.716m，频率分别取 $f_{eq}(1)=23$ 和 $f_{eq}(2)=24$ 进行索力计算，得到 50.768kN 和 55.317kN 作为初始索力进行索力识别计算。初始约束刚度设为 1000Nm^2。

计算得到索力结果见表 4.1-60。

索力计算结果　　　　**表 4.1-60**

优化初值(N)	初始刚度 k_1	初始刚度 k_2	识别索力(N)	约束刚度 k_1	约束刚度 k_2
50.768	1000	1000	54.354	3797.6	3187
55.317	1000	1000	55.386	3857.6	6026

从结果可以看出，多阶频率拟合法识别索力值在 54kN，与施工数据 55kN 一致。虽然检测得到的频率数据少，振型阶次也不能确定，但仍可以较为精确地确定拉索索力值。

软件计算过程如下：

1）模型参数输入：模型参数输入（图 4.1-102）。

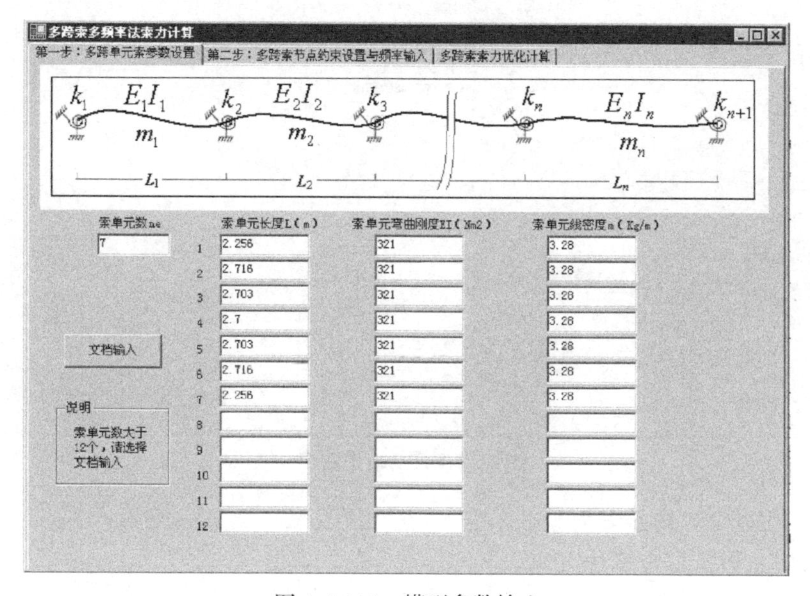

图 4.1-102　模型参数输入

2）第一次试算：初始索力 50.768kN（图 4.1-103、图 4.1-104）。

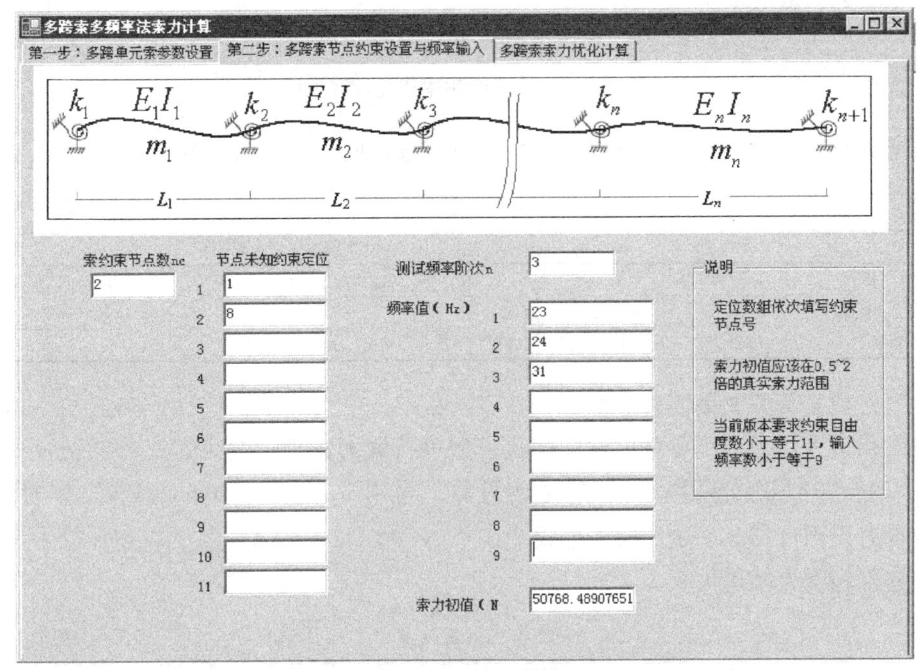

图 4.1-103　频率及初始索力输入

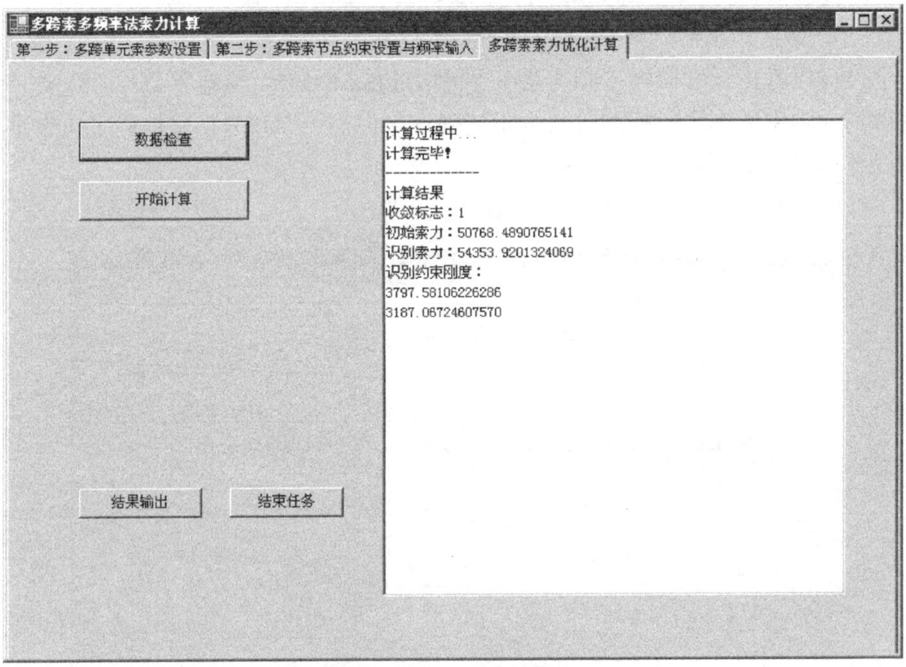

图 4.1-104　结果输出

3）第二次试算：初始索力 55.317kN（图 4.1-105、图 4.1-106）。

（4）有限元数值拟合算法

1）复杂有限元模型

多跨索多频率法索力计算
第一步：多跨单元索参数设置
第二步：多跨索节点约束设置与频率输入
多跨索索力优化计算
索约束节点数nc
2
节点未知约束定位
1
8
测试频率阶次n
3
频率值（Hz）
23
24
31
说明
定位数组依次填写约束节点号
索力初值应该在0.5~2倍的真实索力范围
当前版本要求约束自由度数小于等于11，输入频率数小于等于9
索力初值（N
55317.2304610C

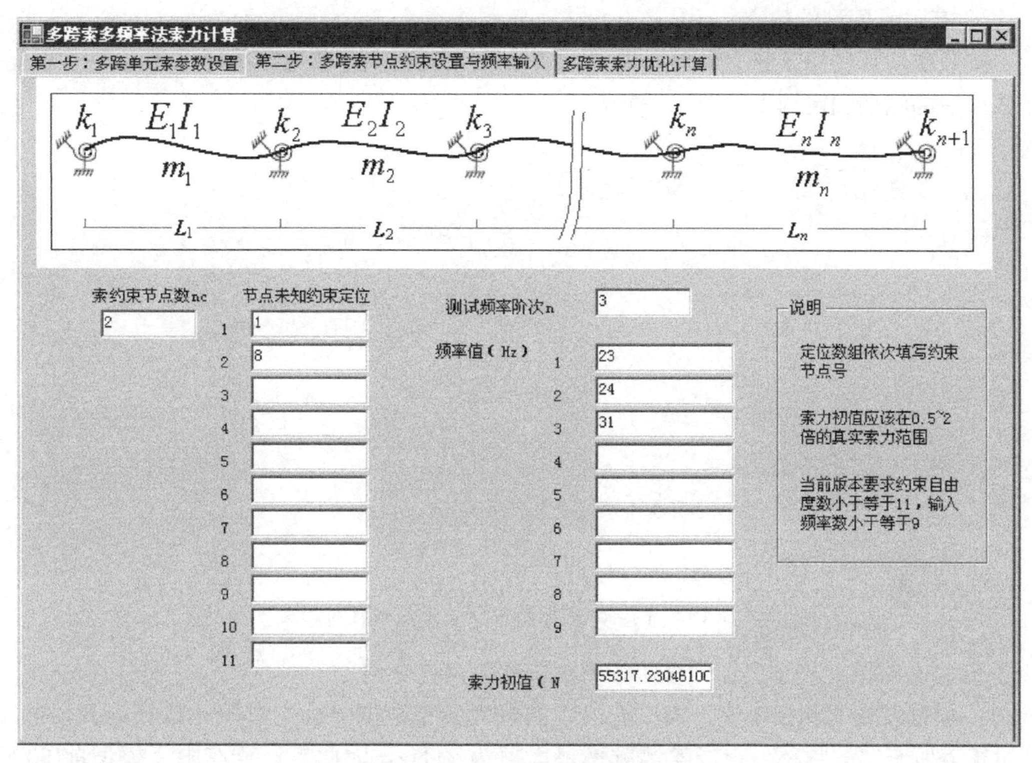

图 4.1-105　频率及初始索力输入

多跨索多频率法索力计算
第一步：多跨单元索参数设置
第二步：多跨索节点约束设置与频率输入
多跨索索力优化计算
数据检查
开始计算
计算过程中...
计算完毕！
计算结果
收敛标志：1
初始索力：55317.2304610080
识别索力：55386.0619176449
识别约束刚度：
3857.61603500152
6026.01737449630
结果输出
结束任务

图 4.1-106　结果输出

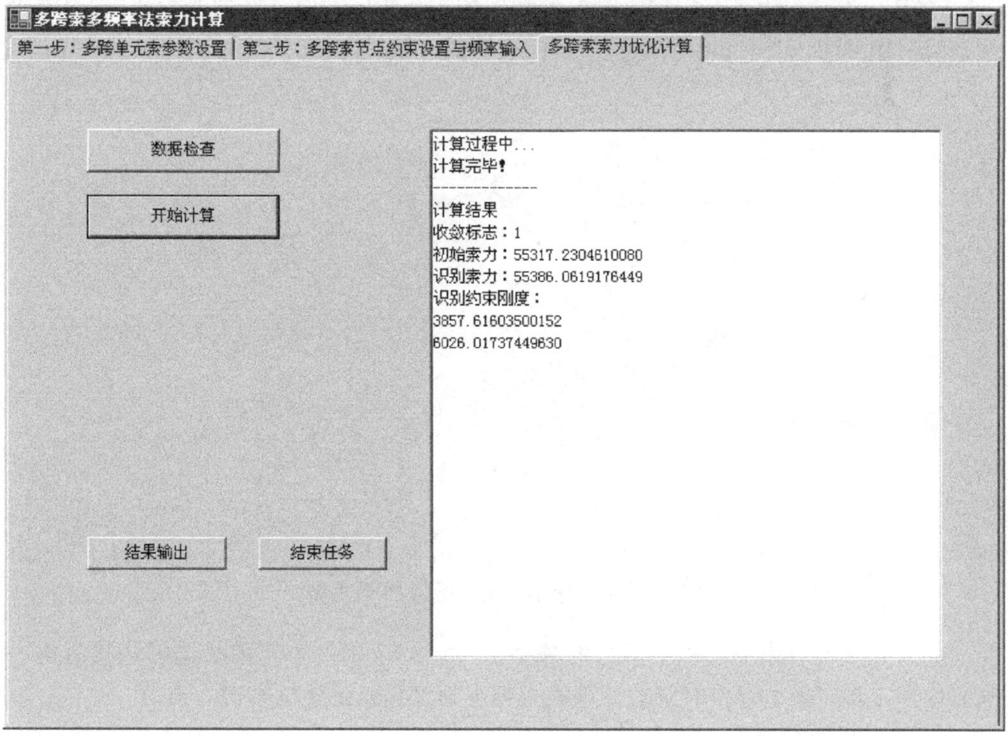

① 有限元模型的建立。

按照现场真实模型建立有限元模型，索体采用 beam188 单元，撑杆采用 link10 单元，张弦梁端部施加固定约束（图 4.1-107）。

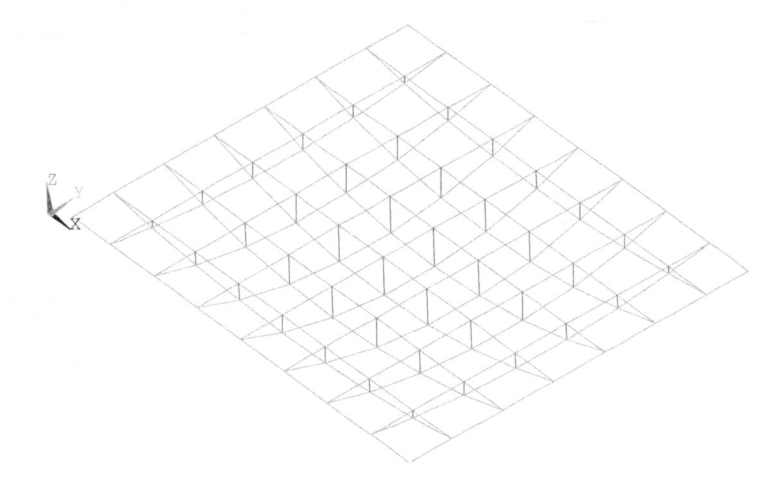

图 4.1-107 高等人民法院接待站张弦梁有限元模型

② 复杂有限元模型验证“多阶频率拟合法”过程介绍。

a. 根据现场实测频率值，找出能识别的最大频率范围，确定有限元计算第几阶频率才可覆盖所有实测频率。现场实测频率最大值为 31Hz，因此需计算有限元模型前 60 阶频率。

b. 在某一确定索力下，根据每阶振型和现场实际激振方向（竖向激振），选择有效计算频率值。例如图 4.1-108 中所示振型对应频率为有效频率。

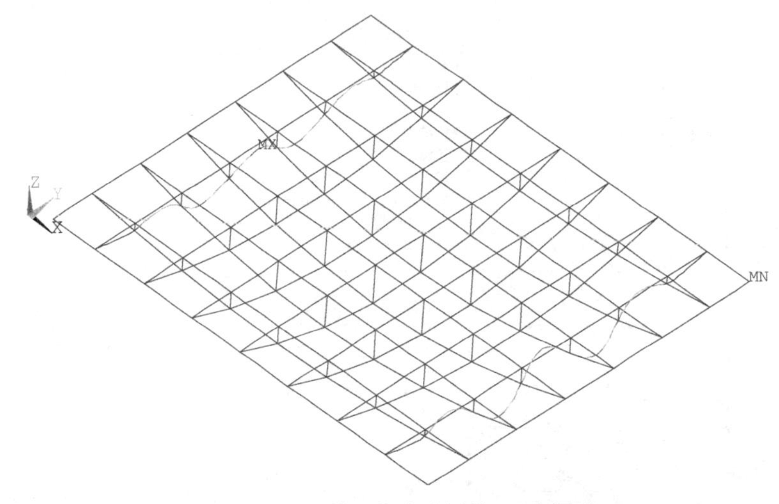

图 4.1-108 第 1 榀张弦梁第 28 阶振型

c. 将现场实测频率值与每个索力的频率值对比，应用最小二乘法选择最接近的一组频率值计算方差，最小方差对应的计算索力判定为该榀张弦梁拉索实际索力。

③ 计算结果及结论。

第 1 榀张弦梁计算结果见表 4.1-61。

第 1 榀张弦梁计算结果汇总（一） **表 4.1-61**

计算索力(kN)	44.0	49.5	55.0	60.5	66.0
索力变化	−20%	−10%	0%	10%	20%
实测频率(Hz)	计算频率(Hz)				
23.00	23.06	23.26	22.93	23.76	24.02
24.00	24.32	24.54	24.20	23.95	24.52
31.00	30.45	31.08	31.51	32.01	32.20
方差	0.41	0.37	0.31	1.60	2.75

根据表 4.1-61 计算结果最小方差 0.31 对应计算索力 55kN，但因索力 44kN、49.5kN 及 55.0kN 之间的方差差别很小，判定真实索力区间为 44～55.0kN。

2）简单梁模型

① 有限元模型的建立。

按照真实模型拉索线形建立有限元模型，索体采用 beam188 单元，张弦梁端部和撑杆对应位置施加约束（图 4.1-109）。

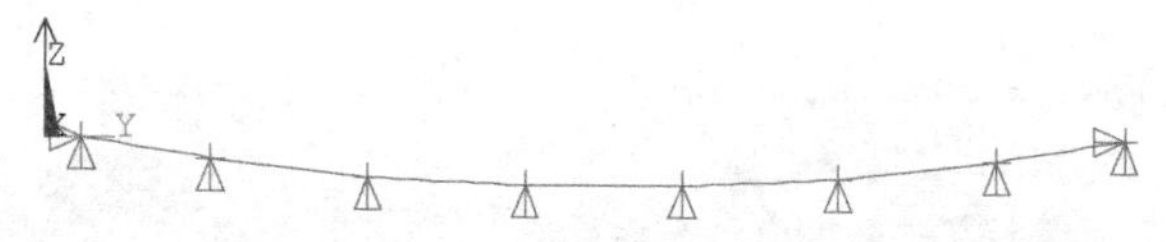

图 4.1-109 高等人民法院接待站张弦梁有限元模型

② 简单梁模型验证“多阶频率拟合法”过程介绍。

a. 根据现场实测频率值，找出能识别的最大频率范围，确定有限元计算第几阶频率才可覆盖所有实测频率。现场实测频率最大值为 31Hz，因此需计算有限元模型前 20 阶频率。

b. 在某一确定索力下，根据每阶振型和现场实际激振方向（竖向激振），选择有效计算频率值。例如图 4.1-110 所示振型对应频率为有效频率。

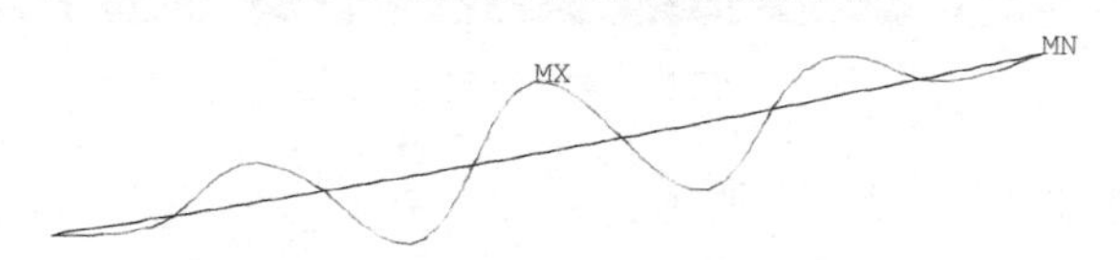

图 4.1-110 第 1 榀张弦梁第 2 阶振型

c. 将现场实测频率值与每个索力的频率值对比，应用最小二乘法选择最接近的一组频率值计算方差，最小方差对应的计算索力判定为该榀张弦梁拉索实际索力。

③ 计算结果及结论。

第 1 榀张弦梁计算结果见表 4.1-62。

第 1 榀张弦梁计算结果汇总（二） **表 4.1-62**

计算索力(kN)	44.0	49.5	55.0	60.5	66.0
索力变化	−20%	−10%	0%	10%	20%
实测频率(Hz)	计算频率(Hz)				
23.00	22.92	23.04	23.61	24.72	25.71
24.00	24.02	23.97	24.20	25.31	26.30
31.00	27.71	28.93	30.28	31.56	32.72
方差	10.83	4.29	0.93	4.99	15.61

根据表 4.1-62 计算结果，最小方差 0.93 对应计算索力 55kN，判定实测频率对应真实索力约为 55kN。

（5）结论

从高人民法院人民来访接待站工程频率检测试验可索力分析结果来看：

① 双向张弦梁拉多跨索索力也可以通过多阶频率拟合的方法来分析识别，采用多阶频率拟合的最小二乘方法可以比较准确地分析出索力；

② 可采用自开发软件或有限元模型分析实现索力分析的多阶频率拟合方法。

3. 黄河口模型试验厅

（1）工程概况

黄河口模型试验厅为黄河口模型试验基地内的主要建筑，一层，建筑面积 47679m^2，分河道及海域两部分，为一类超大跨度空间结构建筑。屋面采用网壳张弦梁结构，最大跨度 148m，该结构共有 8 榀张弦梁，是目前国内采用此结构类型最大跨度的建筑物，下弦拉索为 $\phi 7\times 337$。

黄河口模型试验厅效果图如图 4.1-111 所示。

图 4.1-111　黄河口模型试验厅

屋顶钢结构轴测图如图 4.1-112 所示。

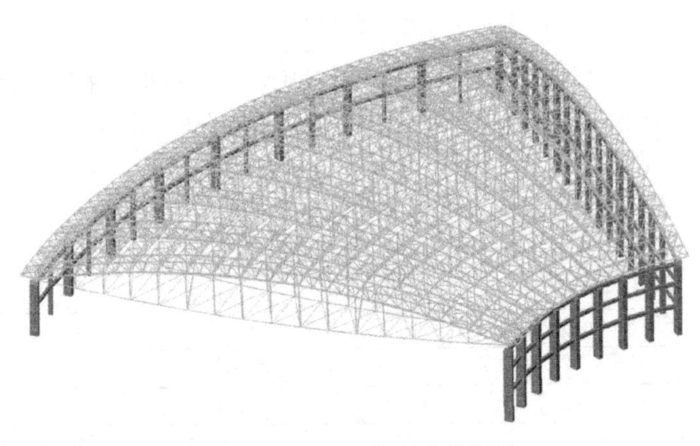

图 4.1-112　屋顶钢结构轴测图

屋盖平面投影为扇形，扇形长 199m，横向宽 156m，其中在 1B～1J 轴共 8 榀为预应力索张弦纵向网架。屋顶钢结构平面布置图如图 4.1-113 所示。

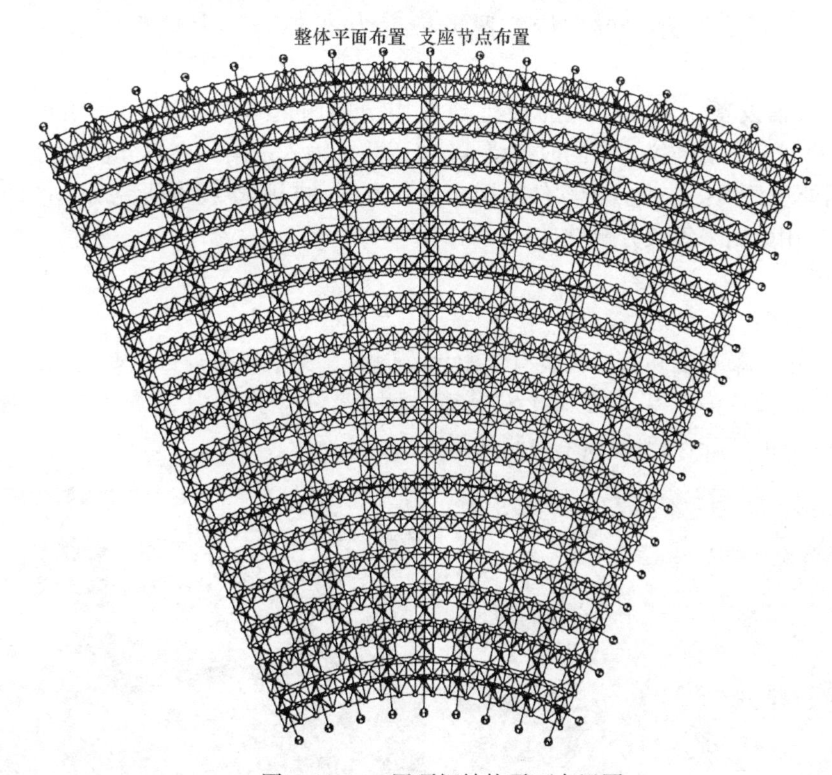

图 4.1-113　屋顶钢结构平面布置图

每一榀的张弦梁布置相同，单榀结构图如图 4.1-114 所示。

张拉端处节点如图 4.1-115 所示。

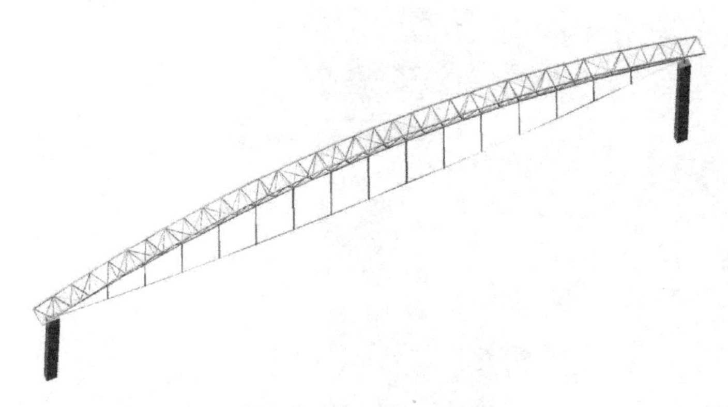

图 4.1-114　单榀结构图

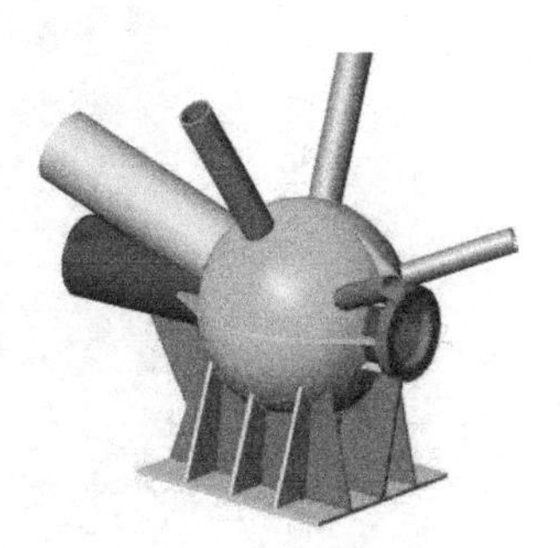

图 4.1-115　张拉端处节点

（2）频率检测试验

1）试验目的：

① 扫频与敲击方式检测多跨张弦梁拉索的振动频率特性；

② 分析验证多阶频率法在实际工程中的适用性。

2）试验仪器与数据处理设备：

① 传感器：动测设备采用朗斯 LC0116T-2 低频 ICP 压电型单轴加速度传感器，响应

频率为 0.05～300kHz，有效平稳响应频率 0.1～230kHz，自然频率为 3000kHz，非线性响应不大于 5%，重量为 220g。传感器灵敏度为 2.5V/g，大量程传感器灵敏度为 25mv/g。

② 信号采集设备：调理模块为传感器专用 A4016 型调理模块，采集模块为朗斯 CBook2000-P 型专用动采仪，可同时接受 16 通道并行输入采集，有效分辨率为 16bit。

③ 数据处理工具：数据分析软件采用北京东方振动与噪声技术研究所生产的 DASP-V10 工程版专用数据采集及分析软件。

④ 激振器。

3）试验方案：

施工过程中，第 5 榀和第 7 榀装有锚索计，但第 5 榀中间跨有一个安全通道，可以方便地进行试验，故选第 5 榀（1-E 轴）进行索力测量。下弦拉索为 $\phi7\times337$，下弦拉索的准确尺寸为：149.675m。现场频率检测如图 4.1-116 所示。

图 4.1-116　现场频率检测

各索段尺寸见表 4.1-63。

索段尺寸（m）　　**表 4.1-63**

左 1/右 1	左 2/右 2	左 3/右 3	左 4/右 4	左 5/右 5	左 6/右 6	左 7/右 7	左 8/右 8
8.839	8.832	8.818	8.797	8.768	8.733	8.691	12.564/12.826

拉索（ϕ7×337）直径为160mm，裸索直径为140.6mm，单位索长的质量106.4kg/m。E=2.06E11N·m^2，按裸索直径计算截面惯性矩：

$$I=\frac{\pi d^4}{64}=\frac{\pi\times 0.1406^4}{64}=1.91828\times 10^{-5}\mathrm{m}^4$$

按索实际直径计算的截面惯性矩为：

$$I_{索}=\frac{\pi d^4}{64}=\frac{\pi\times 0.160^4}{64}=3.212\times 10^{-5}\mathrm{m}^4$$

抗弯刚度：

$$EI=3.9516568\times 10^6\mathrm{N}\cdot\mathrm{m}^4$$
$$EI_{索}=6.616720\times 10^6\mathrm{N}\cdot\mathrm{m}^4$$

① 一级张拉频率测定。

时间：2009年06月13日

张拉力：一级张拉力为1200kN，锚索计显示索力读数为1121kN。

传感器布置：第一级张拉完，布置传感器，如图4.1-117所示。1～12传感器竖向布置，第13个传感器水平布置。

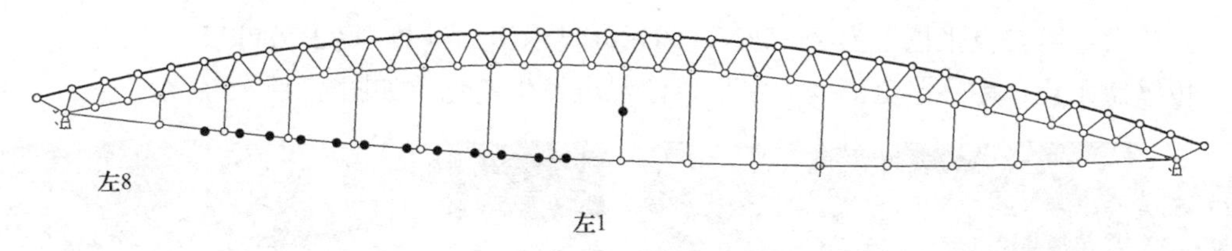

图4.1-117 传感器布置图

从低端开始计算传感器通道：1通道为第2个撑杆左；2通道为第2个撑杆右；3通道为第3个撑杆左；4通道为第3个撑杆右；5通道为第4个撑杆左；6通道为第4个撑杆右；7通道为第5个撑杆左；8通道为第5个撑杆右；9通道为第6个撑杆右；10通道为第6个撑杆左；11通道为第7个撑杆左；12通道为第7个撑杆右；13通道为第7个撑杆右水平布置。

先用激振器扫频，激振器布置在左1索段，扫频范围5～50Hz，频率间隔Δf=1Hz，时间间隔Δt=0.5s。采集频率1024Hz。然后分别在左1和左8跨敲击，采集频率。

② 二级张拉频率测定。

加速度传感器布置了三次，先竖向布置，然后水平布置。

a. 第一次布置：

时间：2009年06月16日上午。

张拉力：第二级张拉力为2485kN，锚索计显示索力读数为2272.9kN。

传感器布置：第一次布置和一级张拉相同，如图4.1-118所示。1～12传感器竖向布置，第13个传感器水平布置。

先用激振器扫频，激振器布置在左1索段。第一次扫频范围为5～50Hz，频率间隔1Hz，时间间隔0.5s。第二次扫频范围5～50Hz，频率间隔1Hz，时间间隔1s。采集频率均为1024Hz。然后分别在左1和左8跨敲击，采集频率。

b. 第二次布置：

时间：2009 年 06 月 16 日下午。

张拉力：第二级张拉力为 2485kN，锚索计显示索力读数为 2272.9kN。

传感器布置：传感器第二次布置的位置和一级张拉时相同，如图 4.1-118 所示。但方向变为水平向，传感器 1～12 水平布置（和撑杆方向垂直），第 13 个传感器竖向布置。

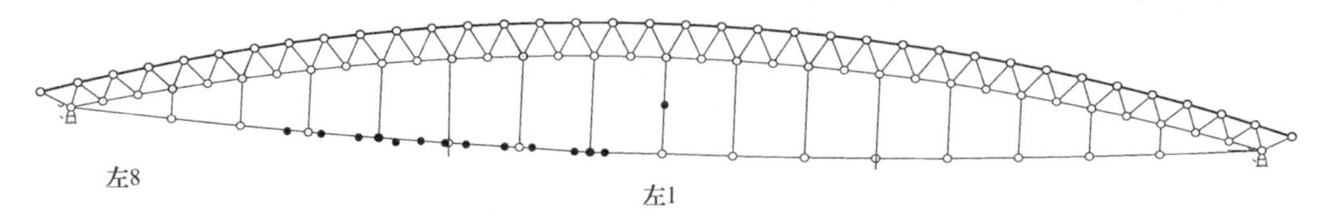

图 4.1-118　传感器布置图（一）

先用激振器扫频，激振器布置在左 1 索段。第一次扫频范围为 5～50Hz，频率间隔 1Hz，时间间隔 0.5s。第二次扫频范围 5～50Hz，频率间隔 1Hz，时间间隔 1s。采集频率均为 1024Hz。然后分别在左 1 和左 8 跨敲击，采集频率。

c. 第三次布置：

时间：2009 年 06 月 18 日。

张拉力：第二级张拉力为 2485kN，锚索计显示索力读数为 2272.9kN。

传感器布置：传感器全部变为水平，位置也发生变化，如图 4.1-119 所示。

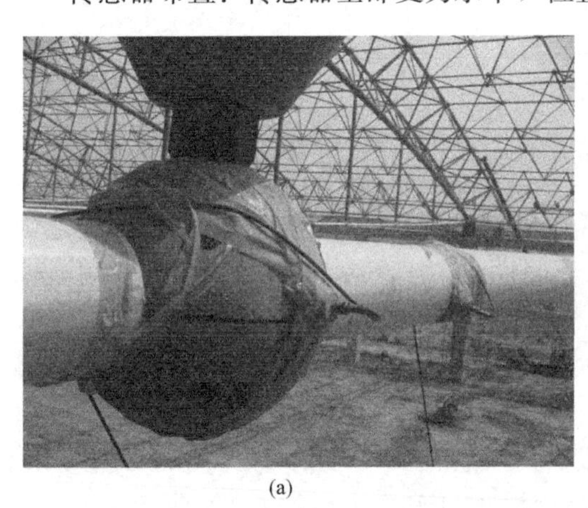

(a)

(b)

图 4.1-119　传感器布置图（二）

(a) 传感器布置在球节点上；(b) 传感器布置在拉索上

传感器分别布置在 3～7 杆两侧，以及第 3、4 和第 7 个球上。

1 通道为第 4 个球；2 通道为第 5 个球；3 通道为第 3 个撑杆左；4 通道为第 3 个撑杆右；5 通道为第 4 个撑杆左；6 通道为第 4 个撑杆右；7 通道为第 5 个撑杆左；8 通道为第 5 个撑杆右；9 通道为第 6 个撑杆右；10 通道为第 6 个撑杆左；11 通道为第 7 个撑杆左；12 通道为第 7 个撑杆右；13 通道为第 7 个球。

先用激振器扫频，激振器布置在左 1 索段。第一次扫频范围为 5～50Hz，频率间隔 1Hz，时间间隔 0.5s。第二次扫频范围 5～50Hz，频率间隔 1Hz，时间间隔 1s。采集频率均为 1024Hz。然后分别在左 1 和左 8 跨敲击，采集频率。

③ 三级张拉频率测定。

时间：2009 年 06 月 29 日上午。

张拉力：第三级张拉力为 2800kN，锚索计显示索力读数为 2236.88kN。

传感器布置以及试验方法同二级张拉的第三次布置。

④ 四级张拉频率测定。

a. 第一次布置：

时间：2009 年 06 月 30 日上午。

张拉力：第四级张拉力为 2930kN，锚索计显示索力读数为 2932.03kN。

传感器布置以及试验方法同三级张拉时的布置。

b. 第二次布置。

时间：2009 年 06 月 30 日下午。

张拉力：四级张拉力为 2930kN，锚索计显示索力读数为 2932.03kN。

传感器布置：第四级张拉完，布置传感器，如图 4.1-120 所示。1～13 传感器竖向布置。

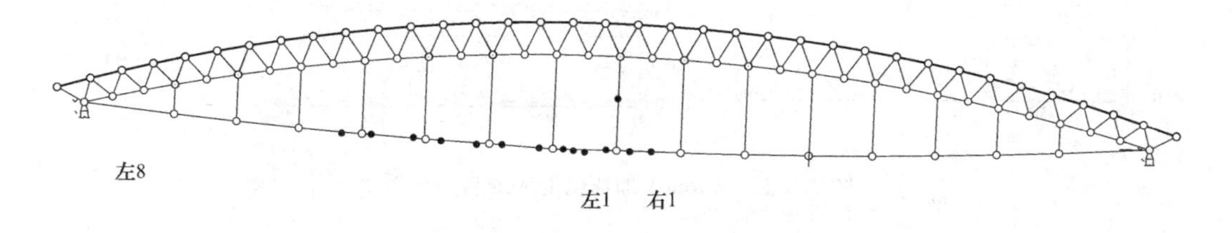

图 4.1-120 传感器布置图

1 通道为第 4 个撑杆左，离第 4 个撑杆 1.09m；2 通道为第 4 个撑杆右，离第 4 个撑杆 1.03m；3 通道为第 5 个撑杆左，离第 5 个撑杆 1.12m；4 通道为第 5 个撑杆右，离第 5 个撑杆 0.95m；5 通道为第 6 个撑杆左，离第 6 个撑杆 1.1m；6 通道为第 6 个撑杆右，离第 6 个撑杆 1.15m；7 通道为第 7 个撑杆左，离第 7 个撑杆 1.66m；8 通道为第 7 个撑杆右，离第 7 个撑杆 0.81m；9 通道为第 7 个撑杆与第 8 个撑杆之间，离第 7 个撑杆 2.35m；10 通道为第 7 个撑杆与第 8 个撑杆之间，离第 7 个撑杆 4.22m；11 通道为第 8 个撑杆左，离第 8 个撑杆 1.66m；12 通道为第 8 个撑杆右，离第 8 个撑杆 2.07m；13 通道为第 8 个撑杆与第 9 个撑杆之间，离第 8 个撑杆 4.51m。

先用激振器扫频，激振器布置在右 1 索段，sp1、sp2 为扫频，扫频范围 1～50Hz，间隔 $\Delta f=1\text{Hz}$，采集频率 1024Hz。sp1 的时间间隔 $\Delta t=0.5\text{s}$，sp2 的时间间隔 $\Delta t=1\text{s}$。然后分别在左 1 和左 8 跨敲击，采集频率。

4）敲击激励结果：左 1 敲击（youq），左 1 敲击共测了 5 次，频谱图如图 4.1-121～图 4.1-125 所示。

5）结果汇总。

四级张拉频率测试结果见表 4.1-64。

由表 4.1-64 得索振动的频率见表 4.1-65。

从现场试验结果分析来看，敲击激励适合多跨索频率检测激励。表 4.1-65 频率检测结果可以看出，敲击激励能较好地获得拉索频率特性。

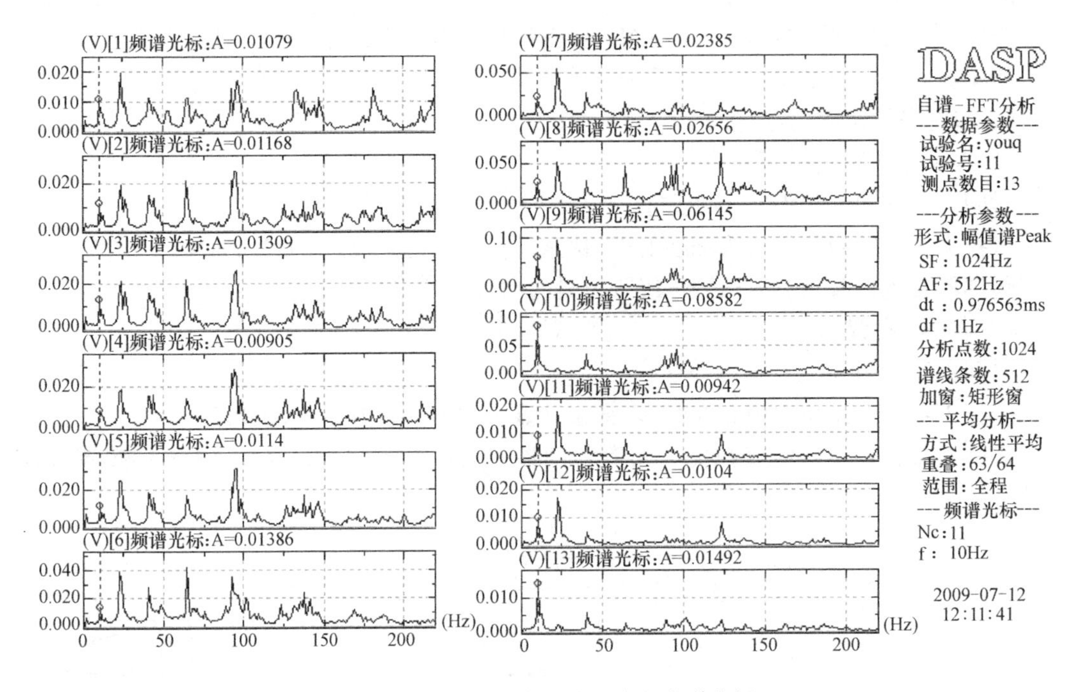

图 4.1-121　youq1 加速度响应的自谱分析

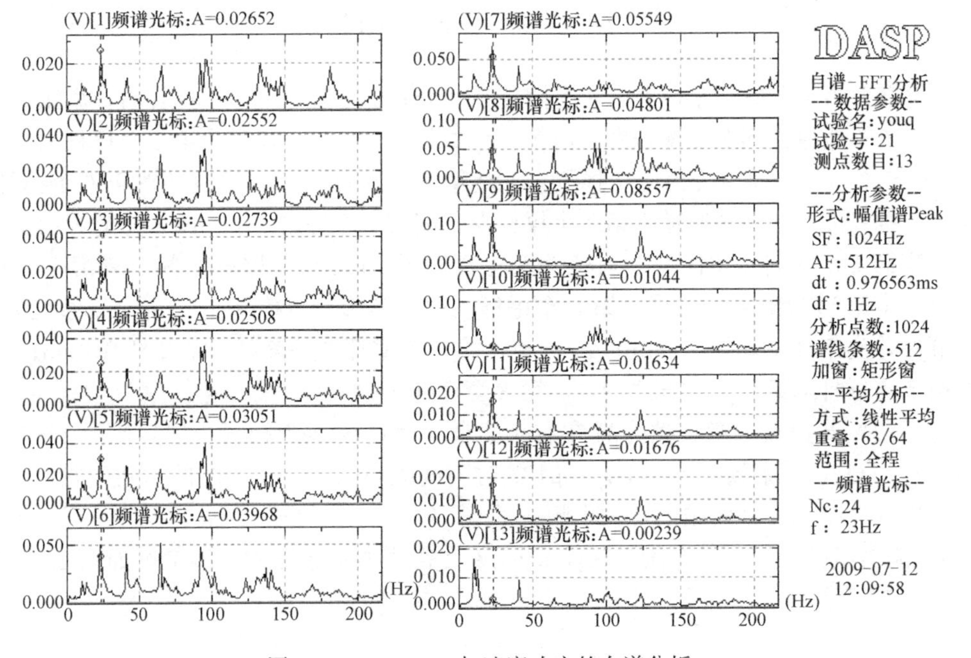

图 4.1-122　youq2 加速度响应的自谱分析

(3) 多阶频率优化拟合算法

采用多阶频率法拟合计算，建立 16 跨索等效模型。根据资料，各索段长度、索线密度及钢绞线索弯曲模量选取见表 4.1-66。

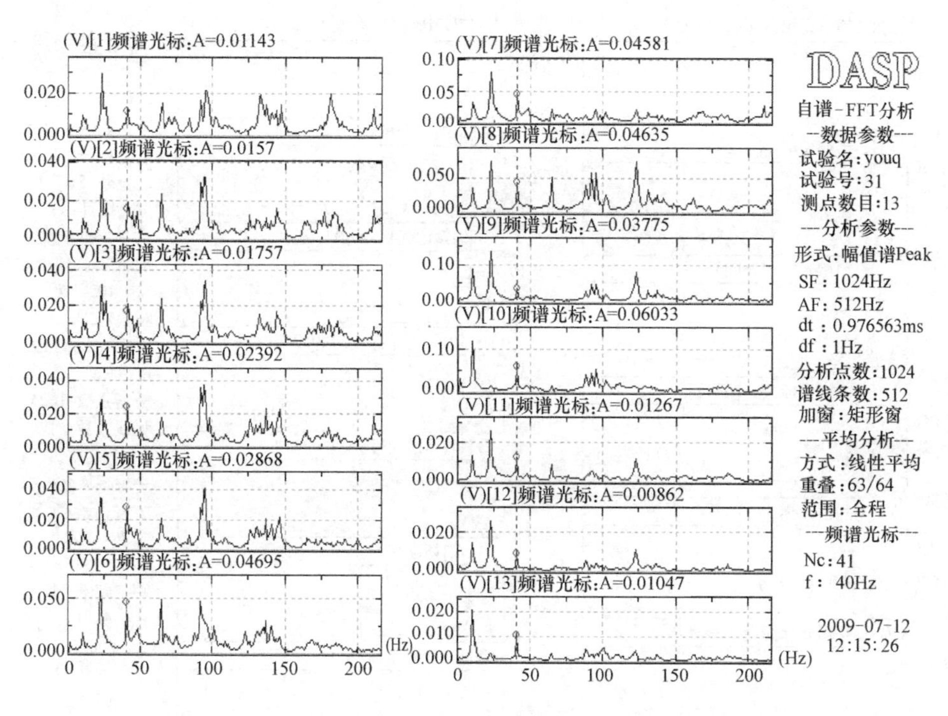

图 4.1-123　加速度响应的自谱分析

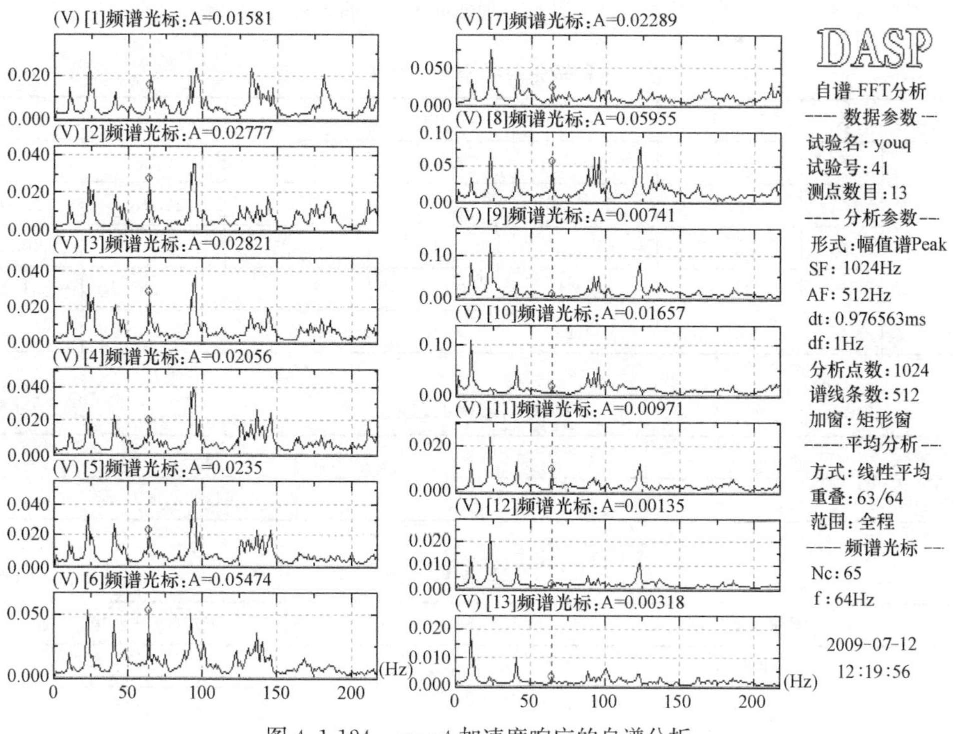

图 4.1-124　youq4 加速度响应的自谱分析

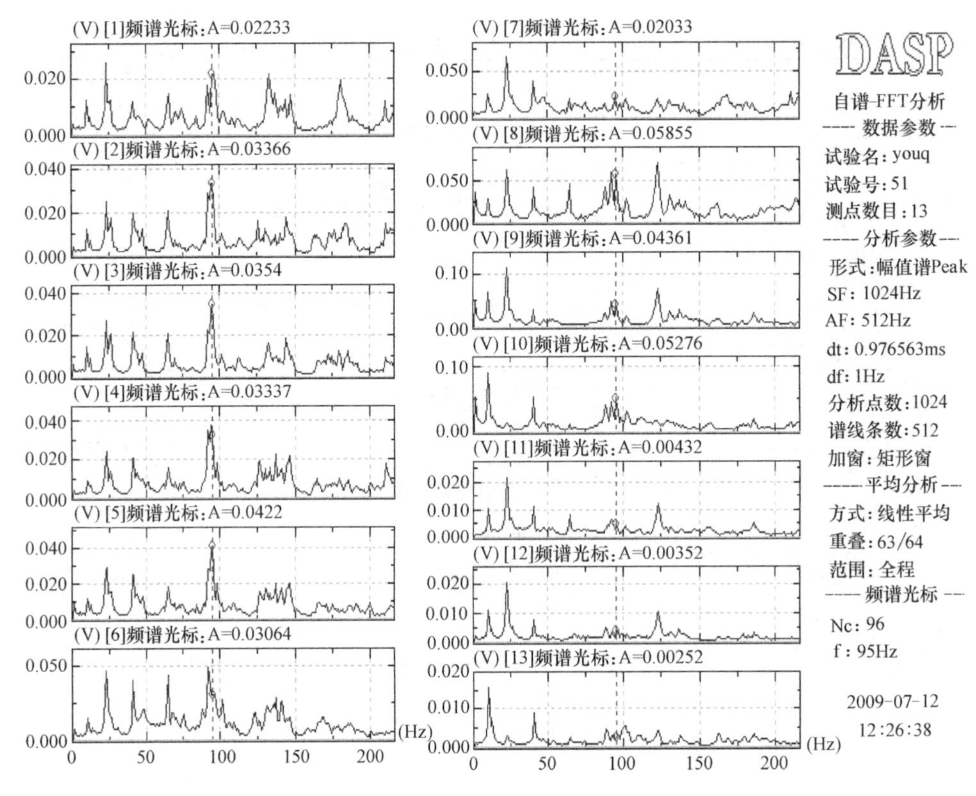

图 4.1-125　youq5 加速度响应的自谱分析

四级张拉频率测试结果　　**表 4.1-64**

索段		左 5	左 4	左 3	左 2	左 1	右 1
频率(Hz)	$f1$	9.875	9.875	9.875	9.75	9.75	9.75
	$f2$	22.75	22.375	22.375	22.375	22.375	22.375
	$f3$	41.125	41.125	41.125	40.25	40.25	40.25
	$f4$	64.25	64.25	64.25	64.25	64.25	64.25
	$f5$	95.125	95.125	95.125	95.125	95.125	95.125

率测试结果汇总表　　**表 4.1-65**

阶次	1	2	3	4	5
频率(Hz)	9.88	22.75	41.13	64.25	95.13

模型参数　　**表 4.1-66**

跨	索段长度(m)	索线密度(kg/m)	钢绞线索弯曲模量(Nm^2)
1	12.564	106.4	3951660
2	8.691	106.4	3951660
3	8.733	106.4	3951660
4	8.768	106.4	3951660

续表

跨	索段长度(m)	索线密度(kg/m)	钢绞线索弯曲模量(Nm^2)
5	8.797	106.4	3951660
6	8.818	106.4	3951660
7	8.832	106.4	3951660
8	8.839	106.4	3951660
9	8.839	106.4	3951660
10	8.832	106.4	3951660
11	8.818	106.4	3951660
12	8.797	106.4	3951660
13	8.768	106.4	3951660
14	8.733	106.4	3951660
15	8.691	106.4	3951660
16	12.826	106.4	3951660

检测得到显著的频率值有 5 个：$f_{eq}(1)=9.88$；$f_{eq}(2)=22.75$；$f_{eq}(3)=41.13$；$f_{eq}(4)=64.25$；$f_{eq}(5)=95.13$。

取端部 2 个未知约束和索力作为识别参数，建立优化模型进行索力识别。分别取初始索力 2500kN 和 3000kN 进行索力识别计算。初始约束刚度设为 1000Nm^2。索力计算结果见表 4.1-67。

索力计算结果 **表 4.1-67**

优化初值(N)	约束刚度初值 k_1	约束刚度初值 k_2	识别索力(N)	约束刚度 k_1	约束刚度 k_2
2500000	1000	1000	2675634	176253	542318
3000000	1000	1000	2679425	182654	501352

从识别计算结果来看，索力值为 2678kN，与现场拉力数据 2673kN 基本一致。

软件计算过程如下：

1）单元信息输入：单元信息输入见图 4.1-126。

2）第一次试算：初始索力 2500kN（图 4.1-127、图 4.1-128)。

3）第二次试算：初始索力 3000kN（图 4.1-129、图 4.1-130)

（4）有限元数值拟合算法

1）复杂有限元模型

① 有限元模型的建立。

按照现场真实模型建立有限元模型，索体采用 beam188 单元，撑杆采用 link10 单元，张弦梁端部施加固定约束（图 4.1-131)。

② 复杂有限元模型验证“多阶频率拟合法”过程介绍。

a. 根据现场实测频率值，找出能识别的最大频率范围，确定有限元计算第几阶频率才可覆盖所有实测频率。现场实测频率最大值为 95.13Hz，因此需计算有限元模型前 250 阶频率。

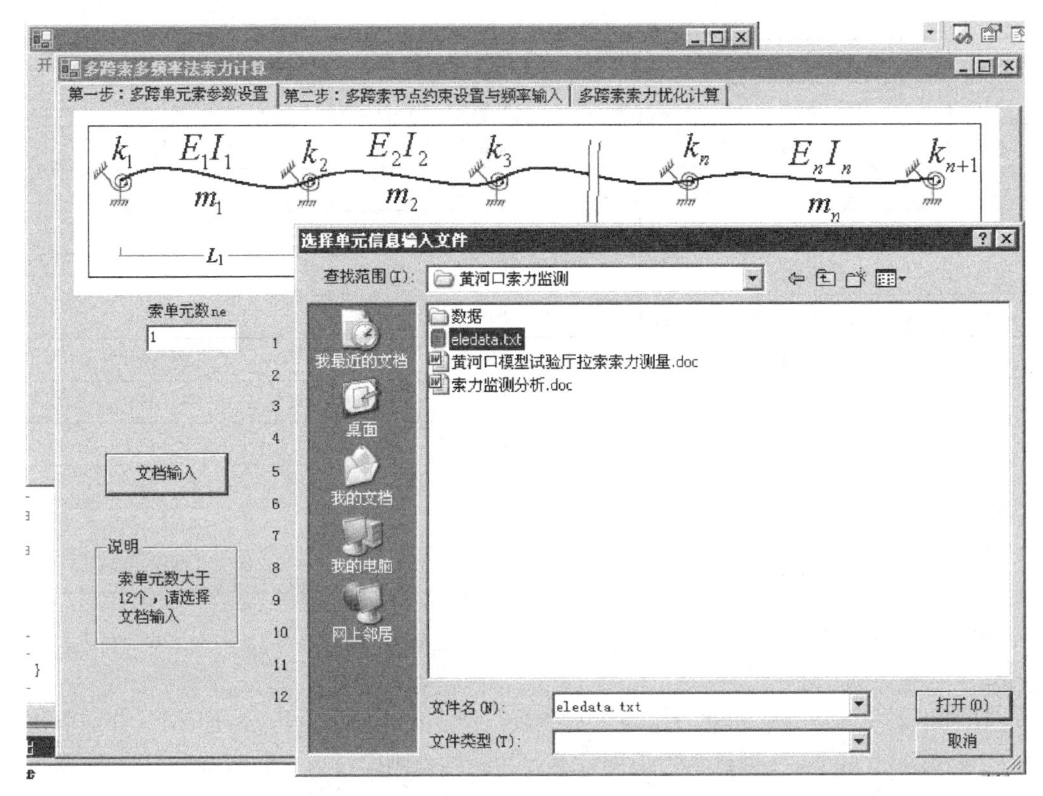

图 4.1-126　单元信息输入

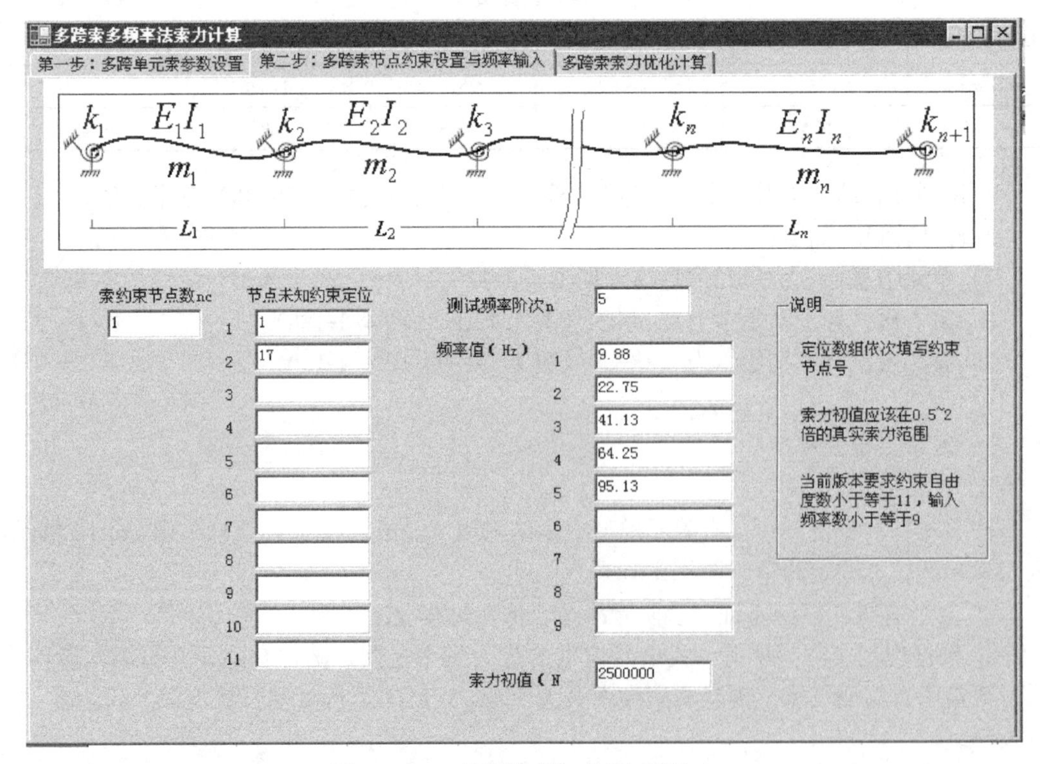

图 4.1-127　检测频率与索力初值输入

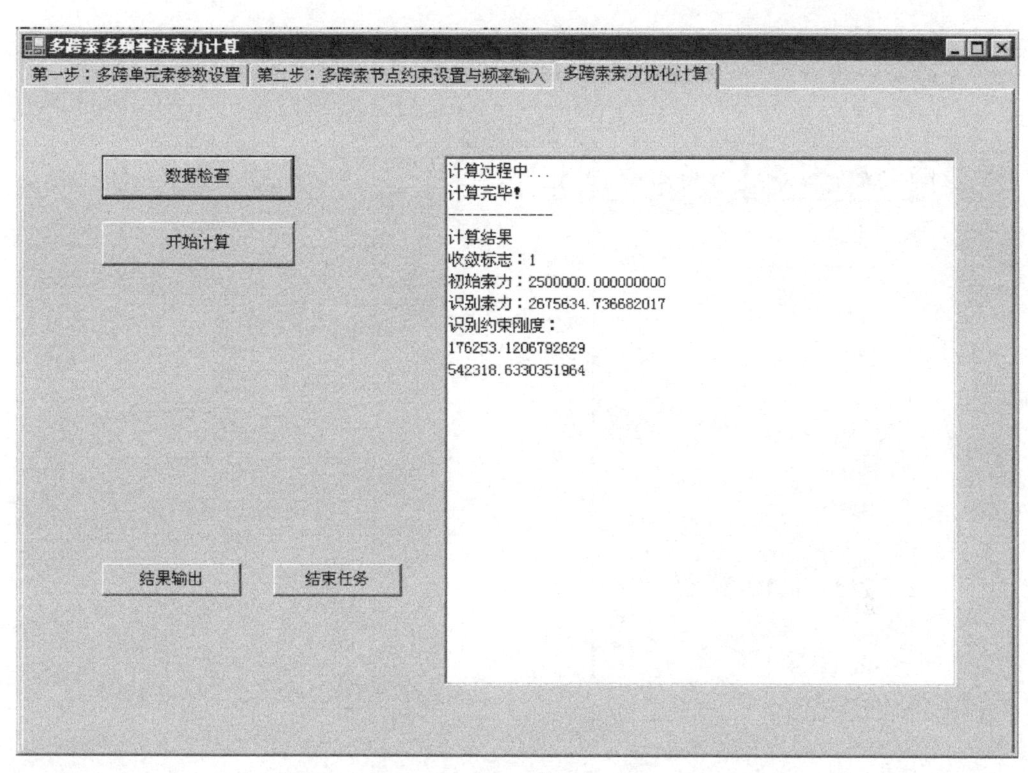

图 4.1-128　计算结果输出

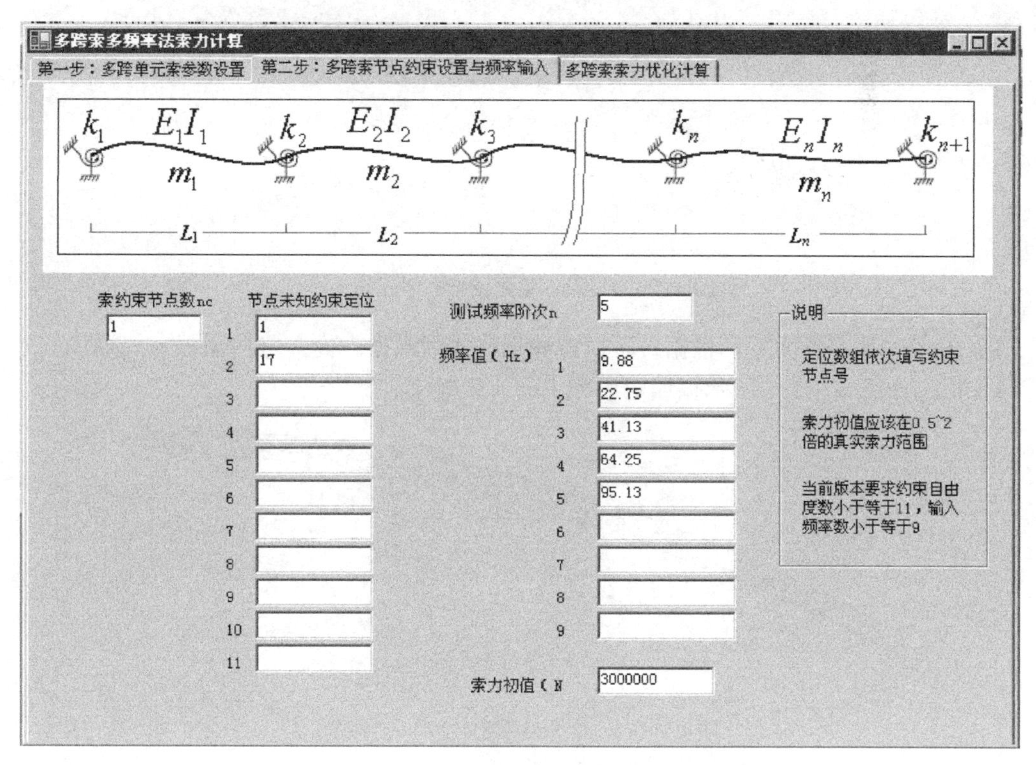

图 4.1-129　检测频率与索力初值输入

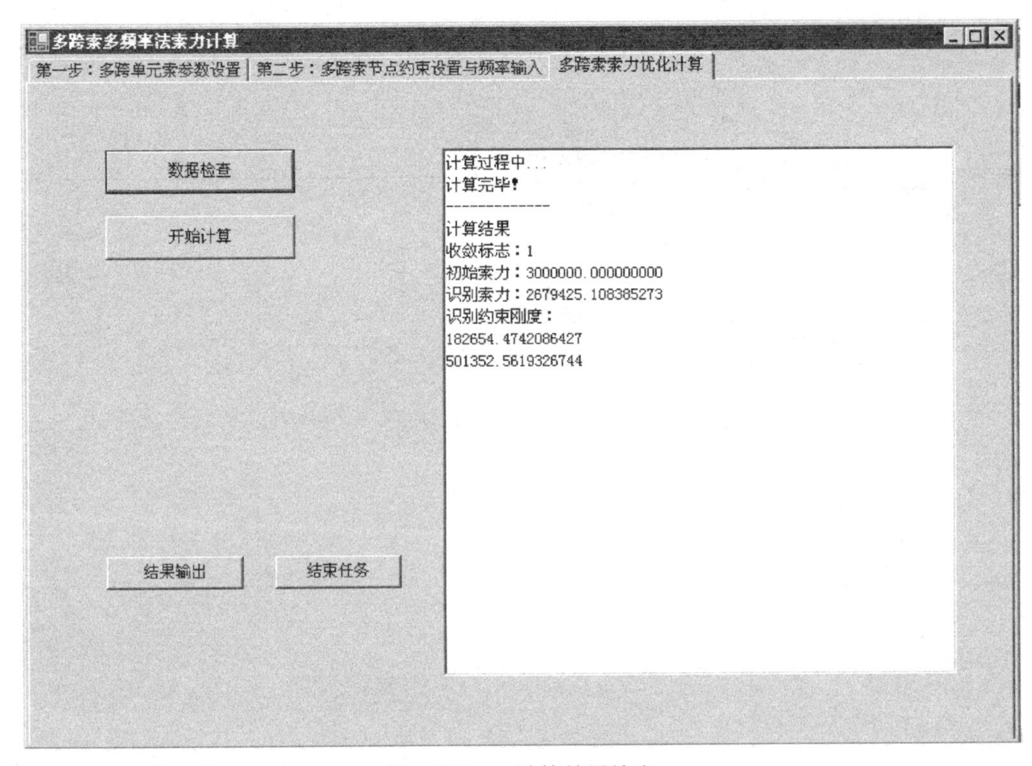

图 4.1-130　计算结果输出

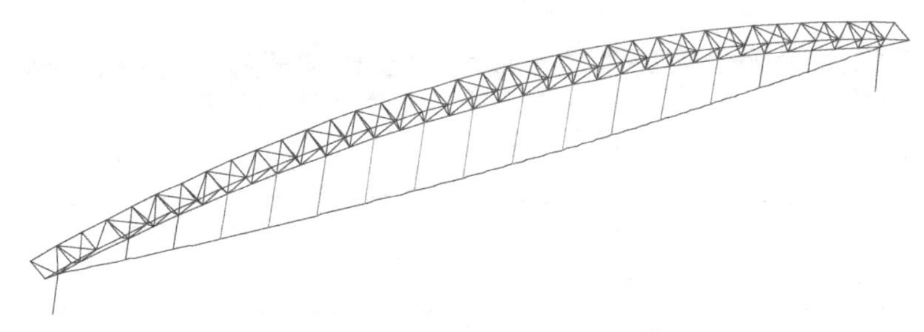

图 4.1-131　第 5 榀张弦梁有限元模型

b. 在某一确定索力下，根据每阶振型和现场实际激振方向（竖向激振），选择有效计算频率值。如图 4.1-132 所示振型对应频率为有效频率。

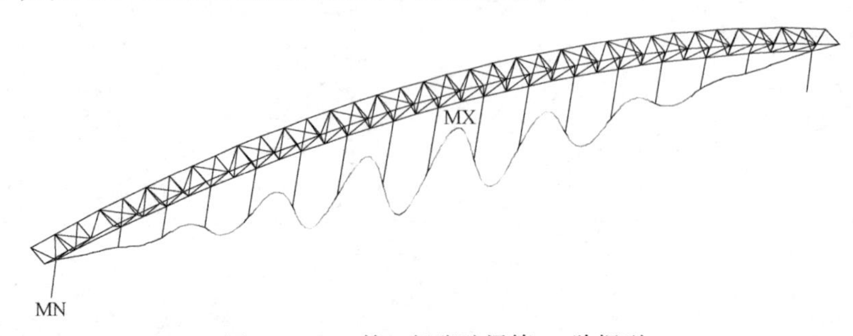

图 4.1-132　第 5 榀张弦梁第 11 阶振型

c. 将现场实测频率值与每个索力的频率值对比，应用最小二乘法选择最接近的一组

频率值计算方差，最小方差对应的计算索力判定为该榀张弦梁拉索实际索力。

③ 计算结果及结论。

第 5 榀张弦梁计算结果见表 4.1-68。

第 5 榀张弦梁计算结果汇总（一） **表 4.1-68**

计算索力(kN)	2050	2344.0	2637.0	2930.0	3223.0
索力变化	−20%	−10%	0%	10%	20%
实测频率(Hz)	计算频率(Hz)				
9.88	9.99	9.69	9.83	9.96	10.11
22.75	23.28	22.29	22.45	22.59	22.72
41.13	40.92	41.72	41.27	41.81	41.34
64.25	63.55	63.85	63.97	64.10	65.40
95.13	94.85	94.82	94.86	94.85	94.81
方差	0.91	0.85	0.26	0.60	1.53

根据表 4.1-68 计算结果，最小方差 0.26 对应计算索力 2673kN，判定实测频率对应真实索力约为 2673kN。

2）简单梁模型

① 有限元模型的建立。

按照真实模型拉索线形建立有限元模型，索体采用 beam188 单元，张弦梁端部和撑杆对应位置施加约束（图 4.1-133）。

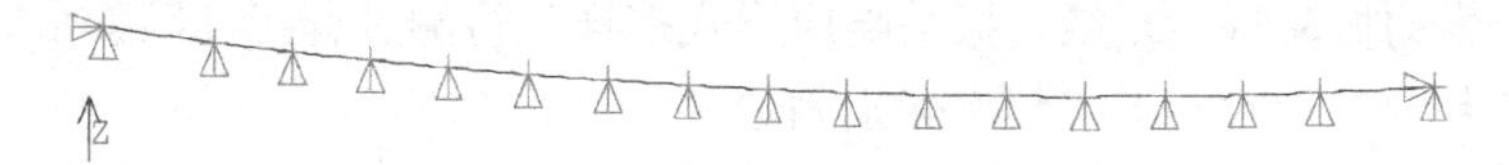

图 4.1-133 黄河口模型厅第 5 榀张弦梁有限元模型

② 简单梁模型验证"多阶频率拟合法"过程介绍。

a. 根据现场实测频率值，找出能识别的最大频率范围，确定有限元计算第几阶频率才可覆盖所有实测频率。现场实测频率最大值为 31Hz，因此需计算有限元模型前 20 阶频率。

b. 在某一确定索力下，根据每阶振型和现场实际激振方向（竖向激振），选择有效计算频率值。如图 4.1-134 所示，振型对应频率为有效频率。

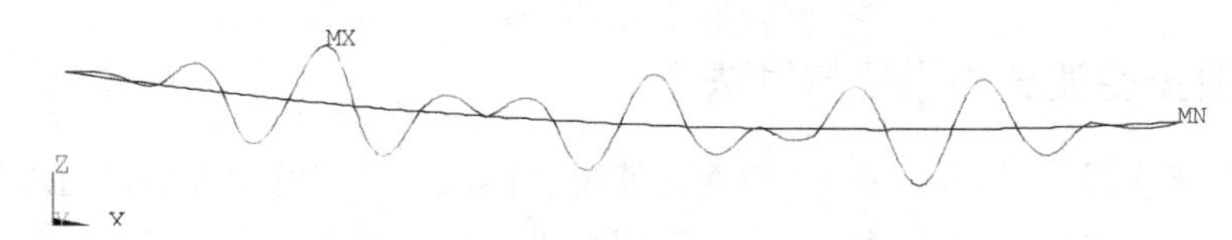

图 4.1-134 第 5 榀张弦梁第 12 阶振型

c. 将现场实测频率值与每个索力的频率值对比，应用最小二乘法选择最接近的一组频率值计算方差，最小方差对应的计算索力判定为该榀张弦梁拉索实际索力。

③ 计算结果及结论。

第 5 榀张弦梁计算结果见表 4.1-69。

第 5 榀张弦梁计算结果汇总（二）　　表 4.1-69

计算索力(kN)	2050	2344.0	2637.0	2930.0	3223.0
索力变化	−20%	−10%	0%	10%	20%
实测频率(Hz)	计算频率(Hz)				
9.88	9.91	10.15	9.87	10.23	10.64
22.75	23.12	23.13	23.00	23.84	24.61
41.13	40.90	41.32	41.21	41.75	43.15
64.25	65.19	64.46	64.30	66.34	67.20
95.13	94.03	94.05	94.07	94.09	94.42
方差	2.29	1.46	1.20	7.14	17.30

根据表 4.1-69 计算结果，最小方差 1.20 对应计算索力 2673kN，判定实测频率对应真实索力约为 2673kN。

（5）结论

从黄河口模型试验厅工程频率检测试验可索力分析结果来看：

① 张弦梁拉多跨索索力可以通过多阶频率拟合的方法来准确地识别；

② 可采用自开发软件或有限元模型分析实现索力分析的多阶频率拟合方法。

4. 初步结论

通过对长沙火车新站张弦梁工程、高等法院人民接待站工程和黄河口模型试验厅三个典型多跨张弦结构的频率法索力测试研究，可以得到如下结论：

（1）多跨索的振动特性复杂，振动响应形式多样，检测过程扰动因素多，检测得到的频率难以直接判定其阶次，干扰频率甄别困难；

（2）由于振动特性的复杂性，传统单索索力计算方法难以对多跨索索力进行有效地分析；

（3）本书研究建立的多阶频率拟合方法进行多跨索索力识别，能有效地应用在试验模型和一般预应力钢结构张弦梁拉索工程中。

（4）在多跨索频率检测过程中，敲击激励方式可以用于振动信息的采集。

4.2 高阶振型波长法索力识别方法

4.2.1 高阶振型波长法原理与算法

多跨索由于索段组成和约束的复杂性，使得整体振动频率特性复杂，通过频率进行索力的精确识别需要对多跨索拉索体系的振动模型进行准确建立。本节讨论一种基于高阶振型波长法的索力识别思路：通过单个索段振动特性分析，选择与索段约束条件不敏感的高阶振动模态信息，建立索力与振动特性的关系进行索力的识别。

根据公式（2.1-24），两端铰支单跨索索力为：

$$T=4mf_n^2L_n^2-\frac{\pi^2EI}{L_n^2}$$

其中，L_n 可被视作 n 阶频率对应的计算长度（图 4.2-1）。

显然对于两端铰支单跨索某一振型可以看作带撑杆索振动形式，在此振动模态时撑杆并无竖向内力，对索也没有任何转动约束。可将索力识别等价于索长为 L_n 两端铰支单跨索（无转动约束），利用局部振动某一振型的半波长和相应频率识别索力。此时两端铰支单跨索支座反力等价于整体振动时局部索与邻跨索索轴向内力约束。

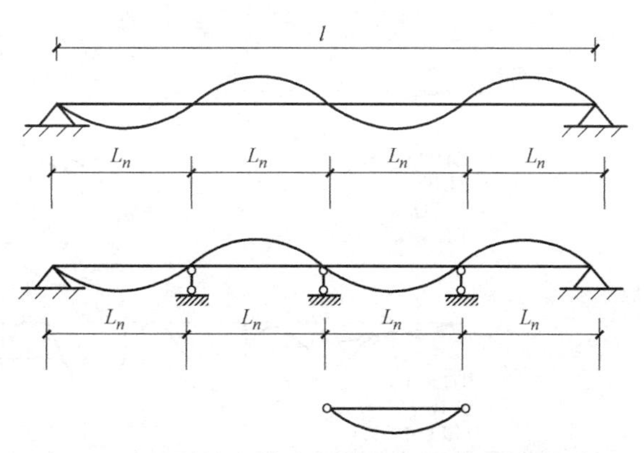

图 4.2-1 两端铰支单跨索振型与索力识别等价关系

从索力公式可以看出，铰支边界约束索各阶频率振动模态对应的频率和振型半波长存在对应关系，即相同的索力条件下，高阶频率与 f_n 振型半波长 $L_n=l/n$ 对应的振动形式，与振型半波长度为 $L_n=l/n$，振动频率为 f_n 的两端铰支单索动力特性完全相同。

对于两端嵌固索，索自振频率公式（2.1-36）为：

$$\omega_n=\frac{\pi^2}{(b_n l)^2}\sqrt{\left(\frac{EI}{m}-\frac{N(a_n l)^2}{m\pi^2}\right)}$$

相应的两端铰支索自振频率公式（2.1-22）为：

$$\omega_n=\frac{n^2\pi^2}{l^2}\sqrt{\left(\frac{EI}{m}-\frac{Nl^2}{n^2\pi^2 m}\right)}\quad (n=1,2\cdots\cdots)$$

对比分析式（2.1-36）和式（2.1-22）可以看出，$a_n l$ 是当振动频率为零时两端固定索第 n 阶失稳计算长度；$b_n l$ 是轴力为零时两端嵌固索第 n 阶振弦等效半波长（即同样的振动频率的两端铰支索振型半波长）。随着振型阶次增大，索力识别公式可近似为：

$$T=-N=\frac{4f_n^2 m\left(\frac{2}{2n+1}\right)^4 l^2}{\left(\frac{1}{n+1}\right)^2}-\frac{\pi^2 EI}{\left(\frac{l}{n+1}\right)^2}\tag{4.2-1}$$

从理论上可以看出，两端嵌固索随着频率阶次的增大，高阶振型的半波越来越逼近铰支索振型半波。

但是对于张弦梁结构中带撑杆索，振动情况要复杂得多。按照整个索振动特性来考虑，各跨间距与索力并不完全相同，撑杆间每一跨索的振动属于整体索振动中的一部分。在某一振型振动时，撑杆往往提供外力约束（竖向约束与转动约束）。由于撑杆的约束作用，支撑点处索的曲率不为零，邻跨索不但提供轴向内力约束，还提供转动约束，并且随着振型不同，这种约束也不相同，因此，由于转动约束是随振型变化的，即使把用任意边界约束的单跨索作为等价结构识别索力，也是不可靠的（图 4.2-2）。

由于多撑杆整体结构振动的复杂性，整体索力识别计算与分析复杂，采用局部索振动识别索力是工程研究向往的一种思路。因此研究索局部振动与索力的关系，认识局部振动与整体振动索力识别的等价条件，可望建立近似方法进行局部振动索力的识别，通过测量高阶振型半波长，利用简支单索模型近似计算索力，可以回避边界条件对索力计算的影响

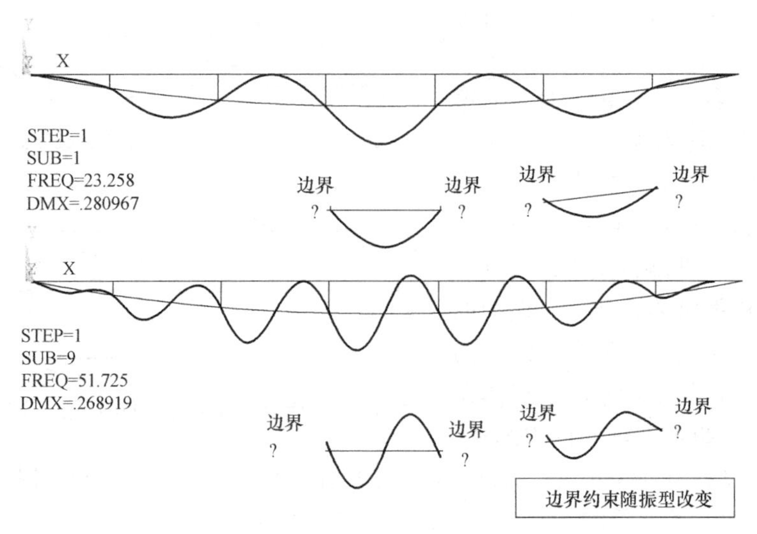

图 4.2-2　张弦梁带撑杆索振型与局部索力识别

问题，方便地建立起索力的求解。

通过以上分析可以看出，由于撑杆在整体振动中的约束作用，撑杆间索低阶振动难以用单跨索振动模型等价。但是可考虑将撑杆间索作为复杂边界约束的单跨索，通过有高阶振型局部建立近似等效模型（图 4.2-3）。

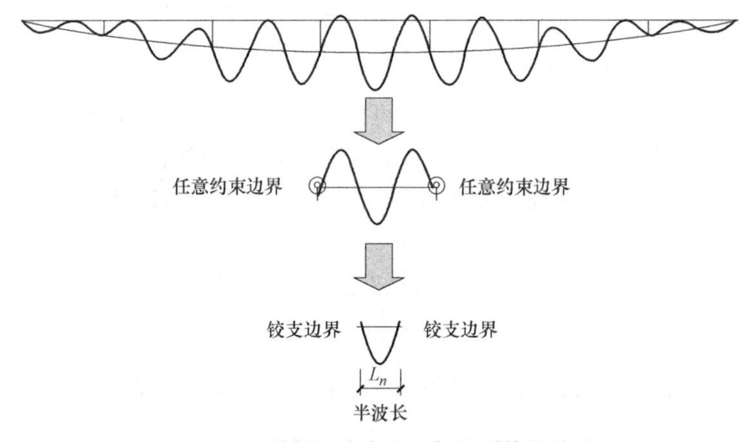

图 4.2-3　带撑杆索索力近似识别等价关系

可以通过撑杆间索高阶振动模型（对称振型）半波近似建立索力识别关系，可称作复杂索结构索力识别的高阶振型波长法。

高阶振型波长法是利用高阶振动模态减小边界约束对振动的影响进行索力的识别，只有足够高阶模态才能够获得较高的索力精度。由于模态阶数高时，测量识别困难，因此，需要分析索力计算精度和模态阶数的关系，以建立工程适用的索力识别方法。

索振动振型函数为：

$$Y(x)=C_1\operatorname{ch}\beta x+C_2\operatorname{sh}\beta x+C_3\cos\gamma x+C_4\sin\gamma x \tag{2.1-14}$$

对式（2.1-14）求导数可以得到：

$$Y'(x)=C_1\beta\operatorname{sh}\beta x+C_2\beta\operatorname{ch}\beta x-C_3\gamma\sin\gamma x+C_4\gamma\cos\gamma x \tag{4.2-2}$$

$$Y''(x)=C_1\beta^2\text{ch}\beta x+C_2\beta^2\text{sh}\beta x-C_3\gamma^2\cos\gamma x-C_4\gamma^2\sin\gamma x \tag{4.2-3}$$

按照图 4.2-3 建立边界条件。

（1）铰支边界索对称振型

根据边界条件 $Y(l/2)=Y''(l/2)=Y(-l/2)=Y''(-l/2)=0$；$Y'(0)=0$，将其代入式（2.1-14）、式（4.2-2）和式（4.2-3）可以得到

$$Y(l/2)=C_1\text{ch}\beta l/2+C_2\text{sh}\beta l/2+C_3\cos\gamma l/2+C_4\sin\gamma l/2=0 \tag{4.2-4}$$

$$Y''(l/2)=C_1\beta^2\text{ch}\beta l/2+C_2\beta^2\text{sh}\beta l/2-C_3\gamma^2\cos\gamma l/2-C_4\gamma^2\sin\gamma l/2=0 \tag{4.2-5}$$

$$Y'(0)=C_2\beta+C_4\gamma=0 \tag{4.2-6}$$

由式（4.2-4）、式（4.2-5）得：

$$(\beta^2+\gamma^2)(C_1\text{ch}\beta l/2+C_2\text{sh}\beta l/2)=0 \tag{4.2-7}$$

由于有 $\beta\neq0$、$\gamma\neq0$，所以只有 $C_1=0$，$C_2=0$。再根据式（4.2-6），有 $C_4=0$

所以，振型方程为 $Y(x)=C_3\cos\gamma x$。

再根据式（4.2-4），有：

$$Y(l/2)=C_3\cos\gamma l/2=0 \tag{4.2-8}$$

解得：

$$\gamma=\frac{4n\pi\pm\pi}{l} \tag{4.2-9}$$

代入振型方程，得到振型方程的表达式为：

$$Y(x)=C_3\cos\frac{4n\pi\pm\pi}{l}x \tag{4.2-10}$$

从式（4.2-7）可以看出，两端铰支索对称振型为余弦函数，不受索力和频率参数的影响。

（2）任意边界索对称振型

由于振型函数为对称函数，边界条件为：$Y(l/2)=0$，$Y(-l/2)=0$，$Y'(l/2)=\theta$，$Y'(-l/2)=-\theta$，$Y'(0)=0$，将边界条件代入式（2.1-14）、式（4.2-2）可以得到：

$$Y(l/2)=C_1\text{ch}\beta l/2+C_2\text{sh}\beta l/2+C_3\cos\gamma l/2+C_4\sin\gamma l/2=0 \tag{4.2-11}$$

$$Y(-l/2)=C_1\text{ch}\beta l/2-C_2\text{sh}\beta l/2+C_3\cos\gamma l/2-C_4\sin\gamma l/2=0 \tag{4.2-12}$$

$$Y'(l/2)=C_1\beta\text{sh}\beta l/2+C_2\beta\text{ch}\beta l/2-C_3\gamma\sin\gamma l/2+C_4\gamma\cos\gamma l/2=\theta \tag{4.2-13}$$

$$Y'(-l/2)=C_1\beta\text{sh}\beta l/2-C_2\beta\text{ch}\beta l/2-C_3\gamma\sin\gamma l/2-C_4\gamma\cos\gamma l/2=\theta \tag{4.2-14}$$

所以有 $C_2=0$，$C_4=0$，自然有 $Y'(0)=C_2\beta+C_4\gamma=0$

$$C_1\text{ch}\beta l/2+C_3\cos\gamma l/2=0 \tag{4.2-15}$$

$$C_1\beta\text{sh}\beta l/2-C_3\gamma\sin\gamma l/2=\theta \tag{4.2-16}$$

由于有 $\beta\neq0$、$\gamma\neq0$，

$$C_1+C_3\frac{\cos\gamma l/2}{\text{ch}\beta l/2}=0 \tag{4.2-17}$$

$$C_1-C_3\frac{\gamma\sin\gamma l/2}{\beta\text{sh}\beta l/2}=\frac{\theta}{\beta\text{sh}\beta l/2} \tag{4.2-18}$$

当 $\theta=0$ 时，有两端固定边界索振动的特征方程：

$$\frac{\gamma\sin\gamma l/2}{\beta\text{sh}\beta l/2}+\frac{\cos\gamma l/2}{\text{ch}\beta l/2}=0 \tag{4.2-19}$$

振型函数为：

$$Y(x)=C_3\left(\frac{\cos\gamma l/2}{\operatorname{ch}\beta l/2}\right)\operatorname{ch}\beta x-C_3\cos\gamma x \tag{4.2-20}$$

当 $\theta\neq 0$ 时：

$$C_3=-\frac{\dfrac{\theta}{\beta\operatorname{sh}\beta l/2}}{\dfrac{\gamma\sin\gamma l/2}{\beta\operatorname{sh}\beta l/2}+\dfrac{\cos\gamma l/2}{\operatorname{ch}\beta l/2}} \tag{4.2-21}$$

$$C_1=\frac{\dfrac{\theta}{\beta\operatorname{sh}\beta l/2}}{\dfrac{\gamma\sin\gamma l/2}{\beta\operatorname{sh}\beta l/2}+\dfrac{\cos\gamma l/2}{\operatorname{ch}\beta l/2}_3}\ \frac{\cos\gamma l/2}{\operatorname{ch}\beta l/2} \tag{4.2-22}$$

所以振型函数为：

$$Y(x)=\left(\frac{\dfrac{\theta}{\beta\operatorname{sh}\beta l/2}}{\dfrac{\gamma\sin\gamma l/2}{\beta\operatorname{sh}\beta l/2}+\dfrac{\cos\gamma l/2}{\operatorname{ch}\beta l/2}_3}\ \frac{\cos\gamma l/2}{\operatorname{ch}\beta l/2}\right)\operatorname{ch}\beta x-\left(\frac{\dfrac{\theta}{\beta\operatorname{sh}\beta l/2}}{\dfrac{\gamma\sin\gamma l/2}{\beta\operatorname{sh}\beta l/2}+\dfrac{\cos\gamma l/2}{\operatorname{ch}\beta l/2}}\right)\cos\gamma x \tag{4.2-23}$$

将振型函数统一写成：

$$Y(x)=C\left(\frac{\cos\gamma l/2}{\operatorname{ch}\beta l/2}\right)\operatorname{ch}\beta x-C\cos\gamma x \tag{4.2-24}$$

从式（4.2-24）可以看出，任意对称边界索对称振型受索力和频率参数的影响。

（3）高阶振型波长法精度分析

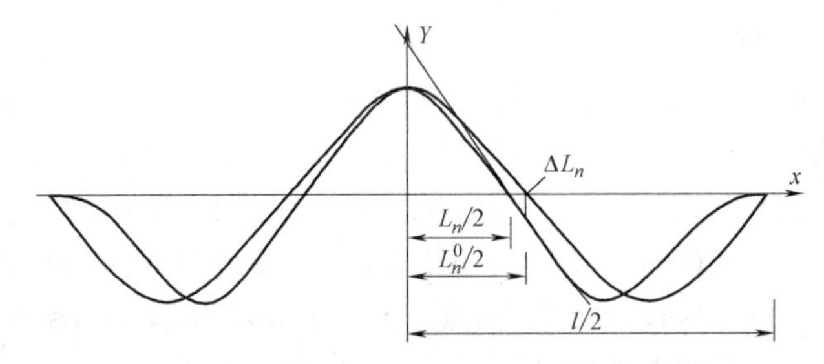

图 4.2-4　任意边界单索与铰支边界索对称振型

对于复杂边界条件下给定的索力 T 和振动频率 f_n，实际等效半波长为 L_n（图 4.2-4）。而采用根据公式（2.1-24）同样的索力 T 和振动频率 f_n 对应的半波长为 L_n^0，因此可以通过比较 L_n 与 L_n^0 估算半波法的计算精度。

根据式（2.1-24）：

$$T=4mf_n^2L_n^{0\,2}-\frac{EI\pi^2}{L_n^{0\,2}}$$

整理得到：

$$L_n^{0\,4}-\frac{T}{4mf_n^2}L_n^{0\,2}-\frac{EI\pi^2}{4mf_n^2}=0 \tag{4.2-25}$$

计算长度不能取负值，所以计算得到：

$$L_n^0=\sqrt{\frac{\dfrac{T}{4mf_n^2}+\sqrt{\left(\dfrac{T}{4mf_n^2}\right)^2+\dfrac{EI\pi^2}{mf_n^2}}}{2}} \tag{4.2-26}$$

整理得到：

$$L_n^0=\frac{1}{2}\sqrt{\frac{T}{2mf_n^2}+\frac{1}{2}\sqrt{\left(\frac{T}{mf_n^2}\right)^2+\frac{16EI\pi^2}{mf_n^2}}} \tag{4.2-27}$$

已知 $\alpha^2=\dfrac{-T}{EI}$，$\lambda^4=\dfrac{\omega^2 m}{EI}=\dfrac{4\pi^2 f_n^2 m}{EI}$，则 $T=-\alpha^2 EI$，$mf_n^2=\dfrac{\lambda^4 EI}{4\pi^2}$，将其代入式（4.2-27）得到

$$L_n^0=\frac{\pi}{\lambda^2}\sqrt{\sqrt{\left(\lambda^4+\frac{\alpha^4}{4}\right)^{1/2}}-\frac{\alpha^2}{2}} \tag{4.2-28}$$

又已知 $\gamma=\sqrt{\left(\lambda^4+\dfrac{\alpha^4}{4}\right)^{1/2}+\dfrac{\alpha^2}{2}}$，$\beta=\sqrt{\left(\lambda^4+\dfrac{\alpha^4}{4}\right)^{1/2}-\dfrac{\alpha^2}{2}}$，则：

$$L_n^0=\frac{\pi\beta}{\lambda^2} \tag{4.2-29}$$

因为有 $\beta\gamma=\lambda^2$，所以：

$$L_n^0=\frac{\pi}{\gamma} \tag{4.2-30}$$

显然等效索长 $l^0=nL_n^0$ 并不等于实际索长 l。

由于任意对称边界索振型函数式（4.2-24）是超越函数，不能直接通过式（4.2-31）计算 L_n 的显式表达：

$$Y(L_n/2)=C\,\frac{\cos\gamma l/2}{\mathrm{ch}\beta l/2}\mathrm{ch}\beta L_n/2-C\cos\gamma L_n/2=0 \tag{4.2-31}$$

因此将函数式（4-24）做一阶泰勒级数展开进行近似值的估算（图 4.2-4）。

将 $x_0=L_n^0/2=\dfrac{\pi}{2\gamma}$代入式（4.2-24）：

$$Y(x_0)=C\left(\frac{\cos\gamma l/2}{\mathrm{ch}\beta l/2}\right)\mathrm{ch}\beta x_0-C\cos\gamma x_0 \tag{4.2-32}$$

$$Y'(x_0)=C\left(\frac{\cos\gamma l/2}{\mathrm{ch}\beta l/2}\right)\beta\,\mathrm{sh}\beta x_0+C\gamma\sin\gamma x_0 \tag{4.2-33}$$

$$\begin{aligned}\Delta L_n\approx\frac{Y(x_0)}{Y'(x_0)}&=\frac{\left(\dfrac{\cos\gamma l/2}{\mathrm{ch}\beta l/2}\right)\mathrm{ch}\,\dfrac{\beta}{2}\dfrac{\pi}{\gamma}-\cos\dfrac{\pi}{2}}{\left(\dfrac{\cos\gamma l/2}{\mathrm{ch}\beta l/2}\right)\beta\,\mathrm{sh}\,\dfrac{\beta}{2}\dfrac{\pi}{\gamma}+\gamma\sin\dfrac{\pi}{2}}\\&=\frac{\left(\dfrac{\cos\gamma l/2}{\mathrm{ch}\beta l/2}\right)\mathrm{ch}\,\dfrac{\beta}{2}\dfrac{\pi}{\gamma}}{\left(\dfrac{\cos\gamma l/2}{\mathrm{ch}\beta l/2}\right)\beta\,\mathrm{sh}\,\dfrac{\beta}{2}\dfrac{\pi}{\gamma}+\gamma}\end{aligned} \tag{4.2-34}$$

其中，$L_n \approx L_n^0 + 2\Delta L_n$，如果想获得更精确的值，可以将式（4.2-24）做多阶展开。半波长误差可近似计算为：

$$\rho = \frac{2\Delta L_n}{L_n^0} \times 100\% = \frac{2\left(\frac{\cos\gamma l/2}{\mathrm{ch}\beta l/2}\right)\mathrm{ch}\frac{\beta}{2}\frac{\pi}{\gamma}}{\left(\frac{\cos\gamma l/2}{\mathrm{ch}\beta l/2}\right)\frac{\beta\pi}{\gamma}\mathrm{sh}\frac{\beta}{2}\frac{\pi}{\gamma}+\pi} \times 100\% \tag{4.2-35}$$

公式分析：

从公式分析不同阶频率误差值的变化。设基频为 f，第 n 阶频率为 $f_n = kf$，则有：

$$\lambda_n^4 = k^2\lambda^4 \tag{4.2-36}$$

有 $\gamma_n = \sqrt{\left(k^2\lambda^4 + \frac{\alpha^4}{4}\right)^{1/2} + \frac{\alpha^2}{2}}$；$\beta_n = \sqrt{\left(k^2\lambda^4 + \frac{\alpha^4}{4}\right)^{1/2} - \frac{\alpha^2}{2}}$

$$\rho = \frac{2\left(\frac{\cos\gamma_n l/2}{\mathrm{ch}\beta_n l/2}\right)\mathrm{ch}\frac{\beta_n}{2}\frac{\pi}{\gamma_n}}{\left(\frac{\cos\gamma_n l/2}{\mathrm{ch}\beta_n l/2}\right)\frac{\beta_n\pi}{\gamma_n}\mathrm{sh}\frac{\beta_n}{2}\frac{\pi}{\gamma_n}+\pi} \times 100\%$$

从公式来看，误差不仅与频率阶次相关，还与索长、频率、索力相关。

误差计算实例如图 4.2-5 所示。

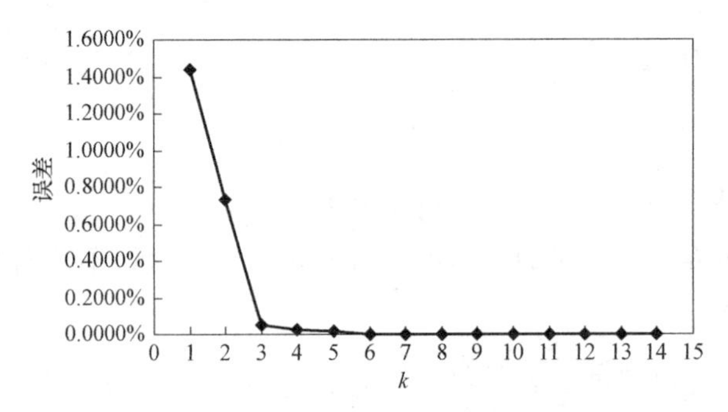

（索力：3600N；线密度：1kg/m；基频：10Hz；索长：3m）

图 4.2-5　频率阶次与半波长误差

（4）有限元数值验证

两端边界按固结计算了索长为 16m 时情况，分别按索力为 6t、8t、10t、12t 进行加载，然后分别计算在每种工况下，结构的第三阶和第四阶自振频率，和中部正弦波的半波长。

选择 beam3 梁单元计算，将梁单元尽量多地划分单元（沿梁长划分为 100 个单元）。计算时，用施加初应变的方法对梁单元施加预应力。计算索体振动的前 5 阶模态。计算结果见图 4.2-6～图 4.2-11 和表 4.2-1。

有限元计算结果表明高阶模态振型半波可以近似为相同长度的单跨索模型，进行索力计算。振型当取到 3 阶以上时，索力计算结果有很高的精度。

基于以上对拉索模态振型特征的分析，研究通过测定高阶振动振型半波，建立对带撑杆多跨索索力的分析方法——高阶振型波长法。

高阶振型波长法索力测量与分析技术方案如图 4.2-12 所示。技术实施过程如下：

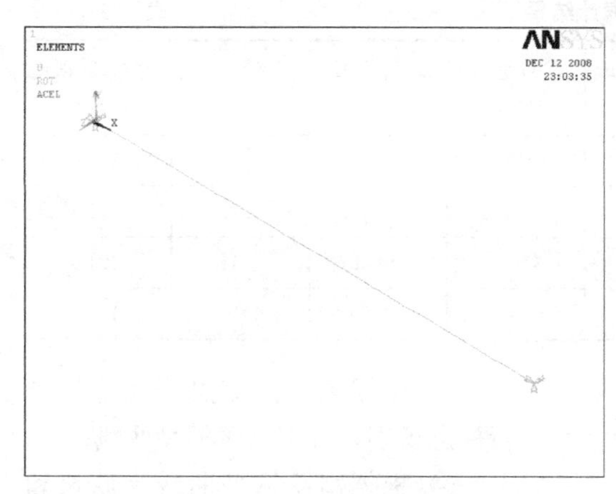

图 4.2-6　有限元数值模型

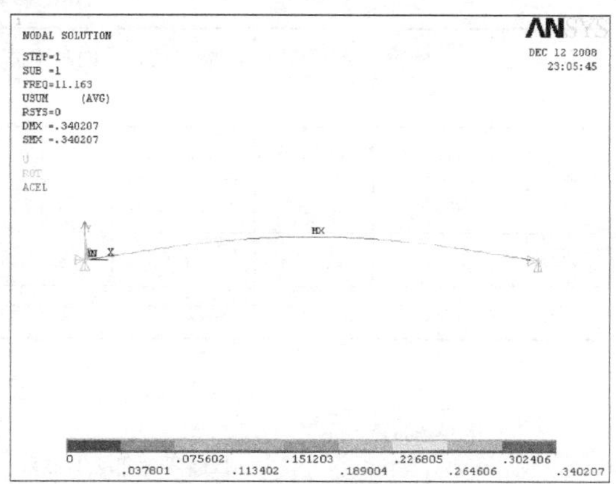

图 4.2-7　一阶模态

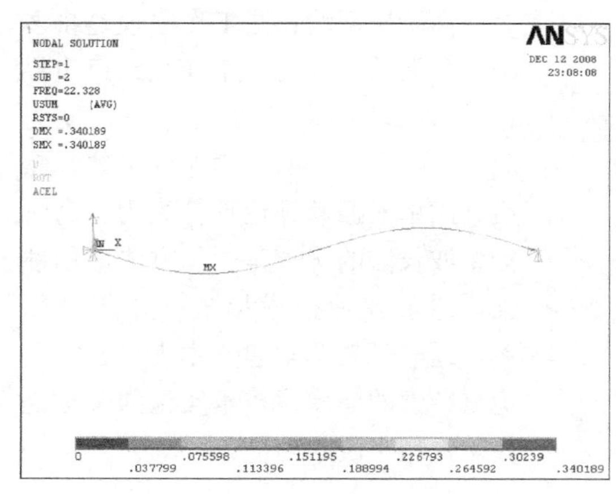

图 4.2-8　二阶模态

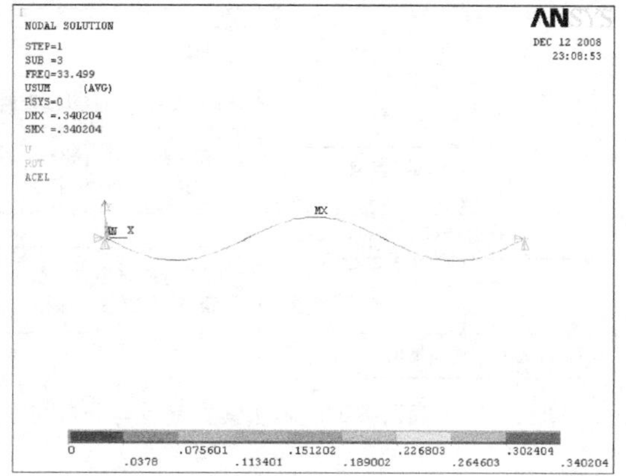

图 4.2-9　三阶模态

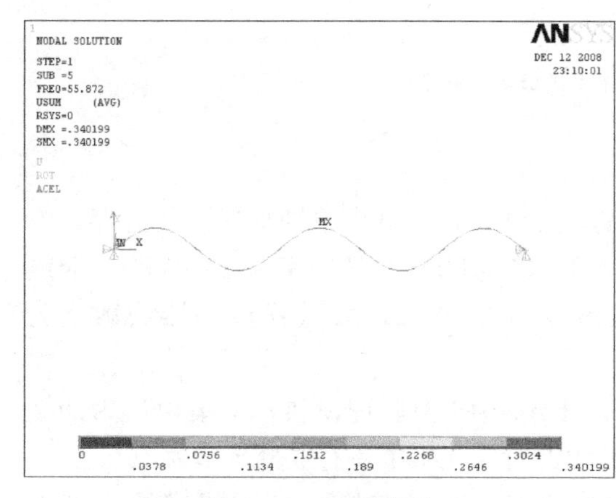

图 4.2-10　四阶模态

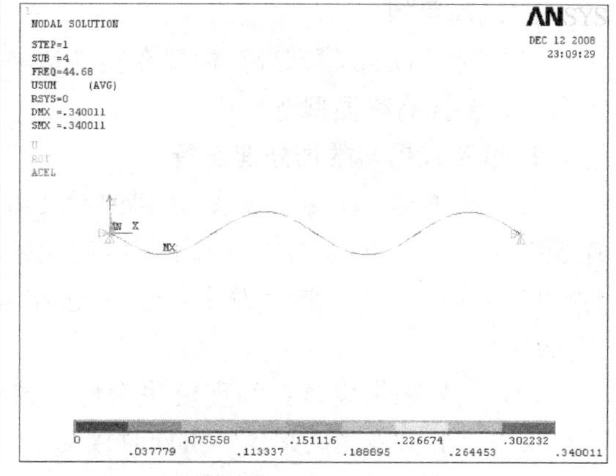

图 4.2-11　五阶模态

1）选择测量条件好的索跨，根据模态识别要求选点布置传感器；

2）敲击激励，进行时域振动信号采集；

3）应用时域频变换工具进行时域振动信号变换，识别带撑杆拉索结构高阶自振频率；

16m 单索计结果 表 4.2-1

理论张拉力 (N)	三阶频率 (Hz)	四阶频率 (Hz)	三阶半波长 (m)	四阶半波长 (m)	三阶计算索力 (N)	四阶计算索力 (N)	三阶计算误差 (%)	四阶计算误差 (%)
12000	31.366	41.836	5.2978	3.973	121495	121000	1.25	1.24
10000	28.643	38.207	5.2959	3.971	101222	101000	1.22	1.18
80000	25.635	34.198	5.2905	3.967	80891	80900	1.11	1.11
60000	22.225	29.655	5.2842	3.963	60628	60600	1.05	1.05

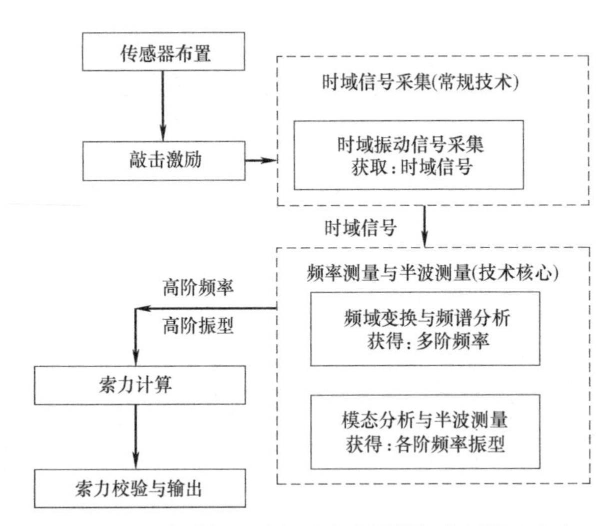

图 4.2-12 高阶振型波长法索力测量与分析技术方案

4）根据索不同测点振动信号进行模态识别，计算高阶振型曲线；

5）根据高阶振型曲线半波长和相应频率计算索力。

高阶振型波长法工作原理是将多跨拉索振动等效为一个任意约束边界拉索形式，再将其等效为一长度为 L_n、频率为 f_n 的单索振动形式，然后利用单索振动理论计算索力。高阶振型波长法的优点是：①方法适用性强，适于各种拉索形式；②原理简单，通过等效单索建立索力分析，避免复杂索的建模。技术实施的关键是高阶振型半波的测量。

4.2.2 高阶振型波长法模型试验

1. 试验目的

(1) 利用 Dasp 模态分析模块在实验室测量钢绞线的振型。

(2) 验证高阶振型波长法。

2. 试验仪器与数据处理设备

(1) 传感器：动测设备采用朗斯 LC0116T-2 低频 ICP 压电型单轴加速度传感器，响应频率为 0.05～300kHz，有效平稳响应频率 0.1～230kHz，自然频率为 3000kHz，非线性响应不大于 5%，重量为 220g。传感器灵敏度为 2.5V/g，大量程传感器灵敏度为 25mv/g。

(2) 信号采集设备：调理模块为传感器专用 cm4016 型调理模块，采集模块为朗斯 CBook2000-P 型专用动采仪，可同时接受 16 通道并行输入采集，有效分辨率为 16bit。

(3) 数据处理工具：数据分析软件采用北京东方振动与噪声技术研究所生产的 DASP-V10 工程版专用数据采集及分析软件。

3. 试验方案

试验支架为三角桁架，全长 16m，如图 4.2-13 所示。

试验选用公称直径为 15.2mm 钢绞线，两锚具之间的长度为 8m。钢绞线公称截面积

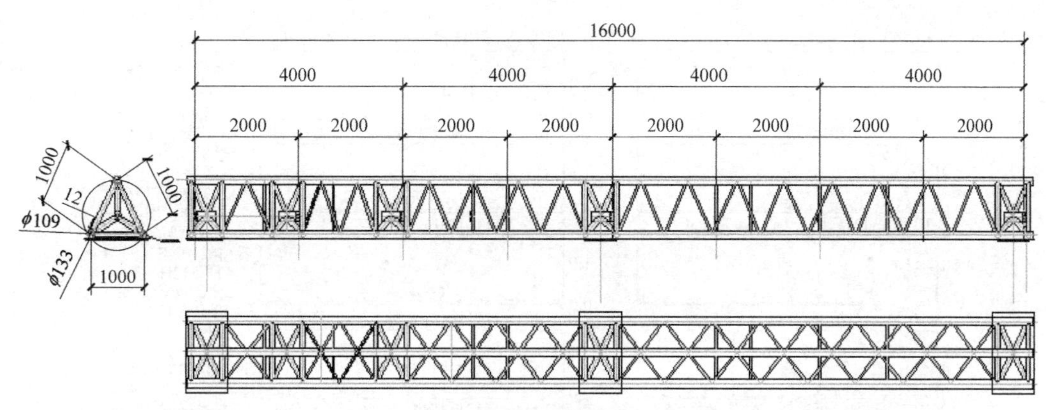

图 4.2-13　试验支架

为 139mm^2，1m 理论重量为 1.091kg，强度级别选用 1860MPa，最大负荷 259kN，屈服荷载 230kN，伸长率≥3.5%。根据现场实际的条件，钢绞线上布置 14 个传感器，如图 4.2-14 中 1～14 所示，各传感器的在钢绞线上的坐标见表 4.2-2。

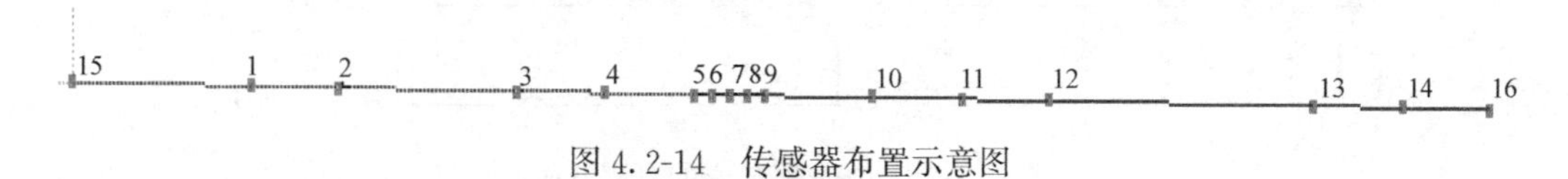

图 4.2-14　传感器布置示意图

传感器位置坐标　　**表 4.2-2**

传感器编号	传感器在钢绞线上的坐标(m)	传感器编号	传感器在钢绞线上的坐标(m)
1	1	8	3.8
2	1.5	9	3.9
3	2.5	10	4.5
4	3	11	5
5	3.5	12	5.5
6	3.6	13	6.5
7	3.7	14	7.0

传感器为朗斯 LC0116T-2 型，重 190g，布置 14 个传感器后索的每米理论重量为 1.4235kg。试验时，张拉力为 95kN，在环境激励下，测试各个传感器点的加速度响应。

4. 试验结果

（1）自谱分析

对各个加速度响应做自谱分析，如图 4.2-15 所示，频率结构见表 4.2-3。

频率结果　　**表 4.2-3**

阶次	1	2	3	4	5
频率(Hz)	14.13	30.75	43.63	58.38	72.50

（2）模态分析

1）数据转换

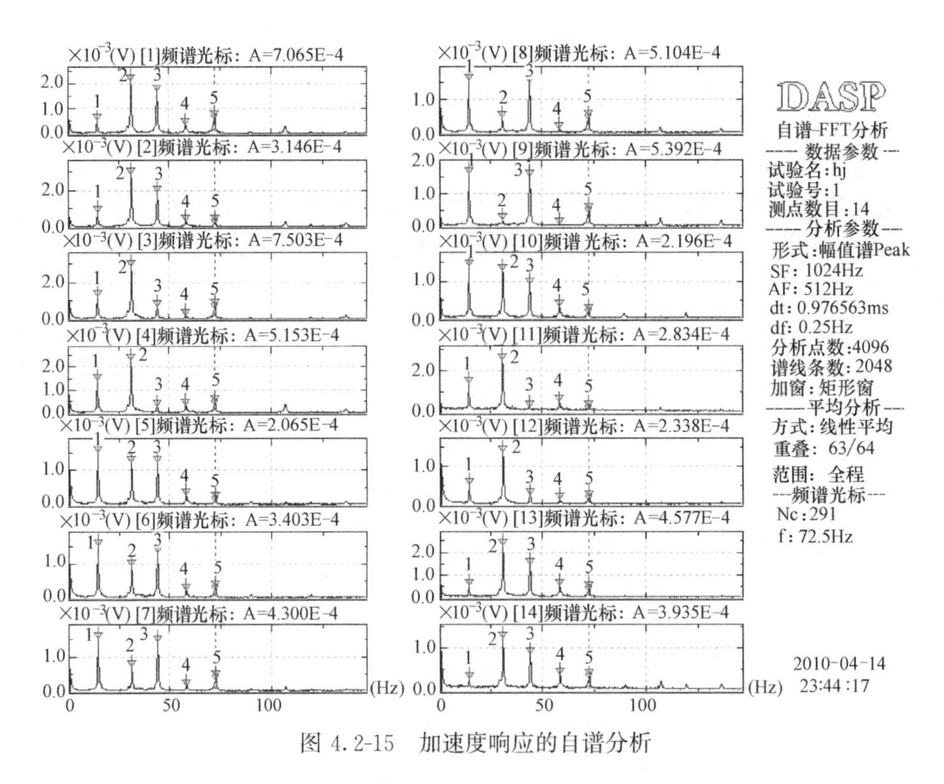

图 4.2-15　加速度响应的自谱分析

采样完成后进入 DASP 模块，将数据转换成 DASP 软件能识别的数据类型，保存时命名原则按照 DASP 默认格式进行：试验名试验号＃测点号 . ×××，即 modal1＃1. ×××。

2）响应传函分析

对采样数据进行传函分析。首先选择要调入的分析数据，输入信号为参考信号，输出信号为响应信号。本次试验参考信号为第 1 个传感器测得的信号，其余传感器的信号为响应信号。

设置完成后进行传函计算，完成选定点的传函分析，显示分析结果。按【自动分析】计算全部传函按钮，按测点号设置可以进行全部采样点的传函分析，分析完自动保存所有测点的传函计算结果。

3）模态分析

进入模态分析模块，首先新建模态文件，此时建立的模态文件的试验名、试验号和路径要与采样时设置的相同。使用结构生成，生成钢绞线的结构图，并且输入相对应的约束（对应的传递函数编号）。结构生成一定要在振型编辑之前完成。

采用集总平均的方法进行模态定阶，按开始模态定阶，显示集总平均后的结果，用鼠标分别点峰值点，收取该阶频率，依次收取前 9 阶峰值，按保存按钮存盘。如果收取有误可按清除按钮清除当前结果。

模态拟合采用复模态单自由度拟合方法，按开始模态拟合得到拟合，得到拟合结果。

质量归一和振型归一两种方式随各自需要任选，本试验选择振型归一，振型编辑时以原点导纳点振型为 1 确定振型。完成后显示：模态振型编辑完毕。

至此，模态分析已经完成，可以观察模态振型的动画显示。振型动画将显示收取的各阶模态的振型，根据每个对话框中的相应按钮可以进行动画控制，可更换显示阶数、显示轨迹；在视图选择中选取显示方式：单视图、多模态和三视图；改变显示色彩方式；振幅、速度和大小，以及几何位置等。

4）振型分析结果

利用 DASP 软件分析得到各个传感器的振动幅值，选取前 8 阶幅值图，如图 4.2-16 所示。

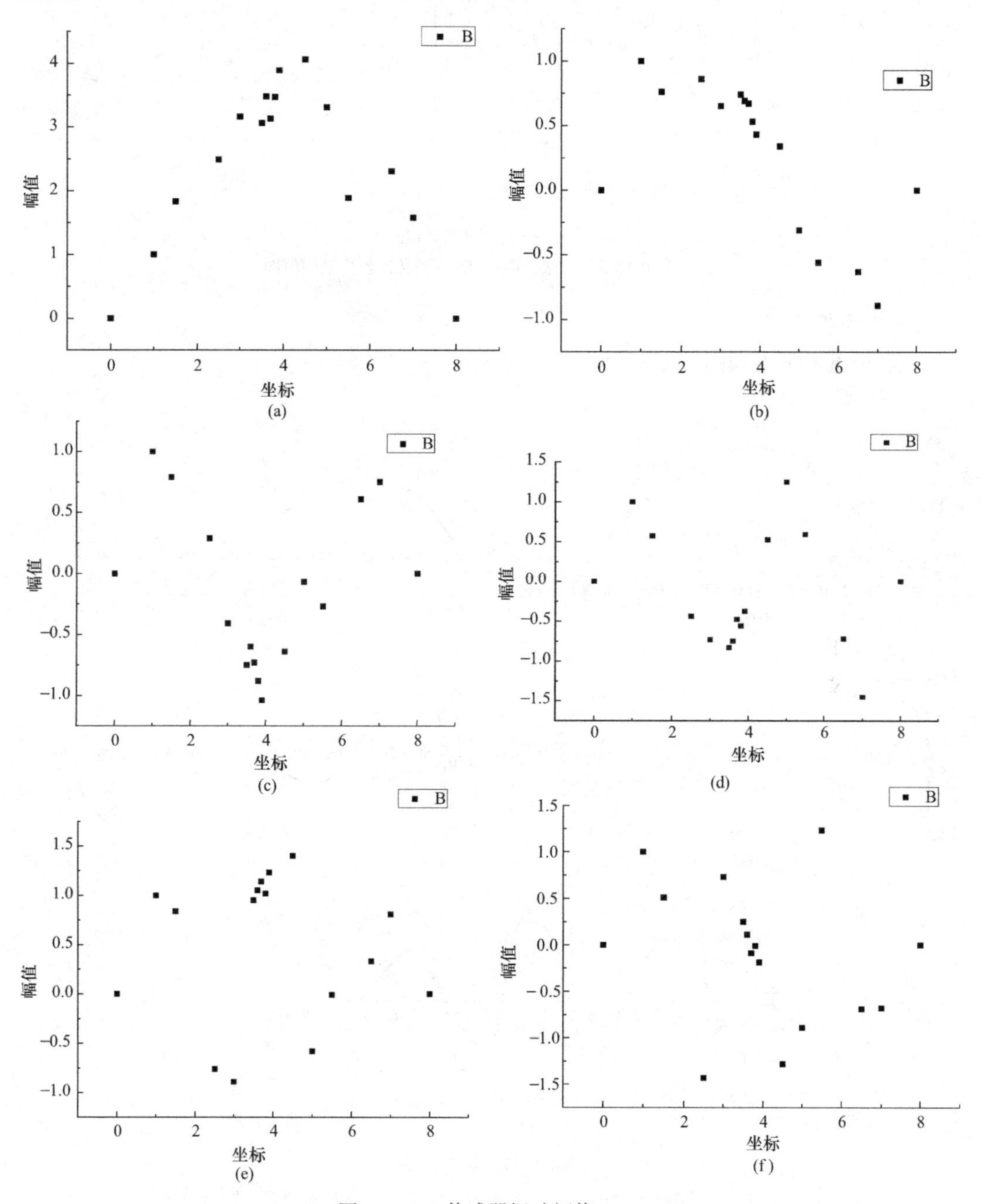

图 4.2-16　传感器振动幅值（一）

（a）1 阶传感器振动幅值图；（b）2 阶传感器振动幅值图；（c）3 阶传感器振动幅值图；（d）4 阶传感器振动幅值图；（e）5 阶传感器振动幅值图；（f）6 阶传感器振动幅值图

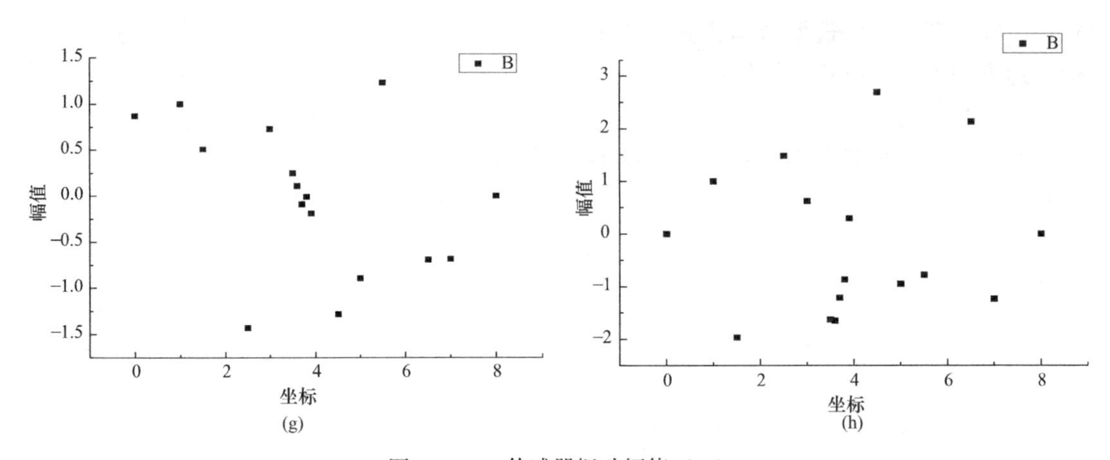

图 4.2-16 传感器振动幅值（二）

（g）7 阶传感器振动幅值图；（h）8 阶传感器振动幅值图

5）振型拟合

拟合前五阶振型如图 4.2-17 所示。

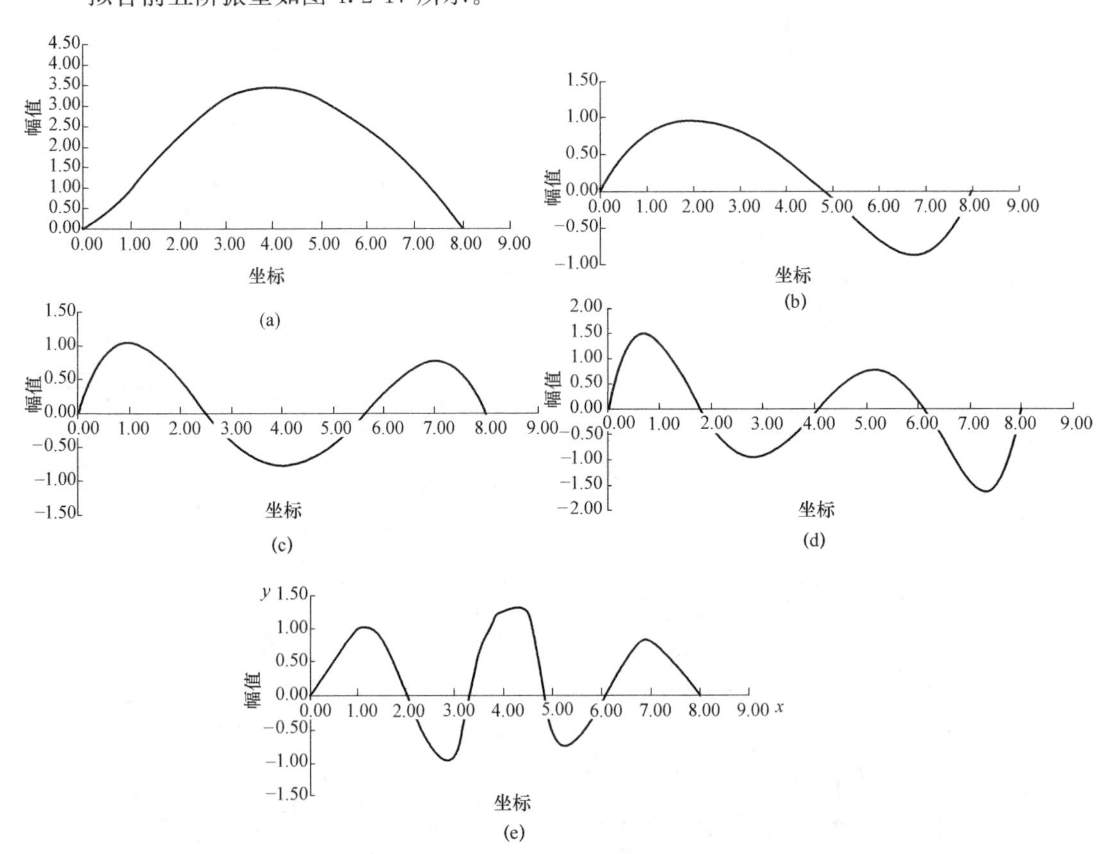

图 4.2-17 振型拟合

（a）1 阶振型拟合图；（b）2 阶振型拟合图；（c）3 阶振型拟合图；（d）4 阶振型拟合图；（e）5 阶振型拟合图

（3）高阶振型波长法索力计算

根据高阶振动振型半波长，由两端铰支单跨索索力的公式（2.1-24）

$$T=4mf_n^2L_n{}^2-\frac{EI\pi^2}{L_n{}^2}$$

得到索力见表 4.2-4。

高阶振型波长法索力计算结果　　　　表 4.2-4

阶次	半波次序	半波长(m)	频率值(Hz)	计算索力(kN)	实际索力(kN)	误差(%)
3	2	3.1	43.63	103.84	95	9.30
4	2	2.302	58.38	102.25		7.63
	3	2.114	58.38	86.03		9.44
5	2	1.817	72.75	101.31		6.64
	3	1.724	72.75	91.00		4.21
	4	1.833	72.75	103.13		8.56

本章提出用拉索高阶振动模态对应的振型半波长作为计算长度的索力分析方法。通过建立索高阶振动振型波形公式，计算出了高阶振型波长法索长误差。从算例中可以看出，如果能够测得索高阶振型（3 阶或以上），利用振型半波和相应的频率计算不同边界约束拉索索力，可以获得足够的精度。有限元数值计算结果和工程试验结果也证实了高阶振型波长法思想可用于多跨索索力的分析。

4.2.3　单跨拉索结构试验

本次试验采用大跨空间结构索力识别试验平台，该平台为螺栓球网架结构，长 9m、宽 6m、高 0.8m，由 158 个螺栓球节点和 560 根杆件组成，如图 4.2-18 所示。该平台具有稳定性好，整体重量轻，安装灵活方便等特点，可模拟多种空间结构类型。

(a)

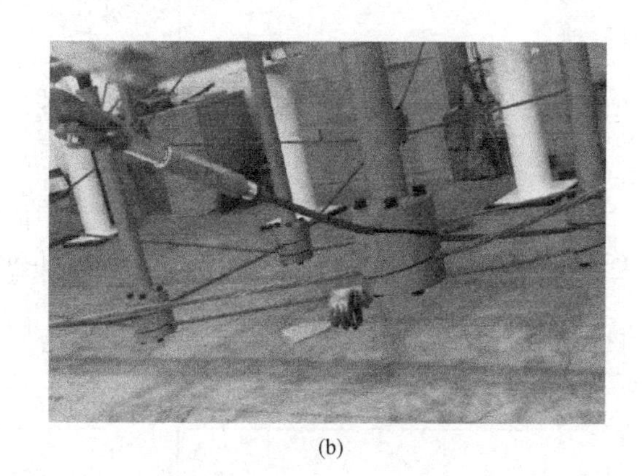

(b)

图 4.2-18　大跨空间结构索力识别试验平台

本次试验应用动测设备采用东方所 IEPE 型 INV9822 加速度传感器，信号采集设备为东方所 INV3065N2 数据采集系统，数据分析软件采用北京东方振动与噪声技术研究所生产的 DASP-V11 工程版专用数据采集及分析软件。试验模型结构和现场测试情况如图 4.2-19、图 4.2-20。索线密度取 1.4235kg/m；钢绞线索弯曲模量取 220.8Nm^2。拉索长度 7.2m，中间设置撑杆，每段长度 3.6m。根据试验条件，索边界条件按照铰接考虑。频率检测和索力识别结果见表 4.2-5 和图 4.2-21。

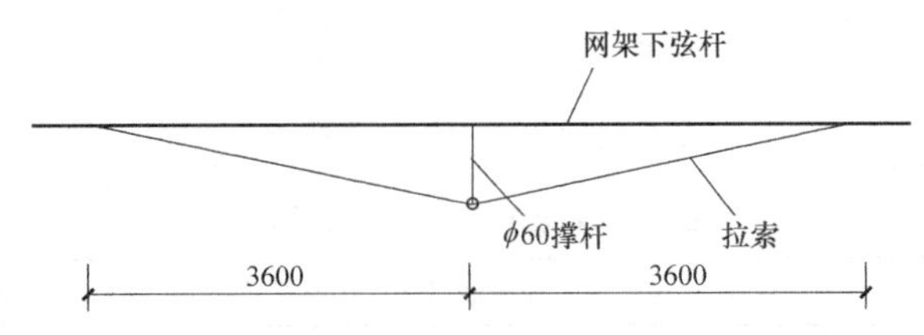

图 4.2-19　试验斜拉结构设计图

图 4.2-20　拉索结构现场频率测试

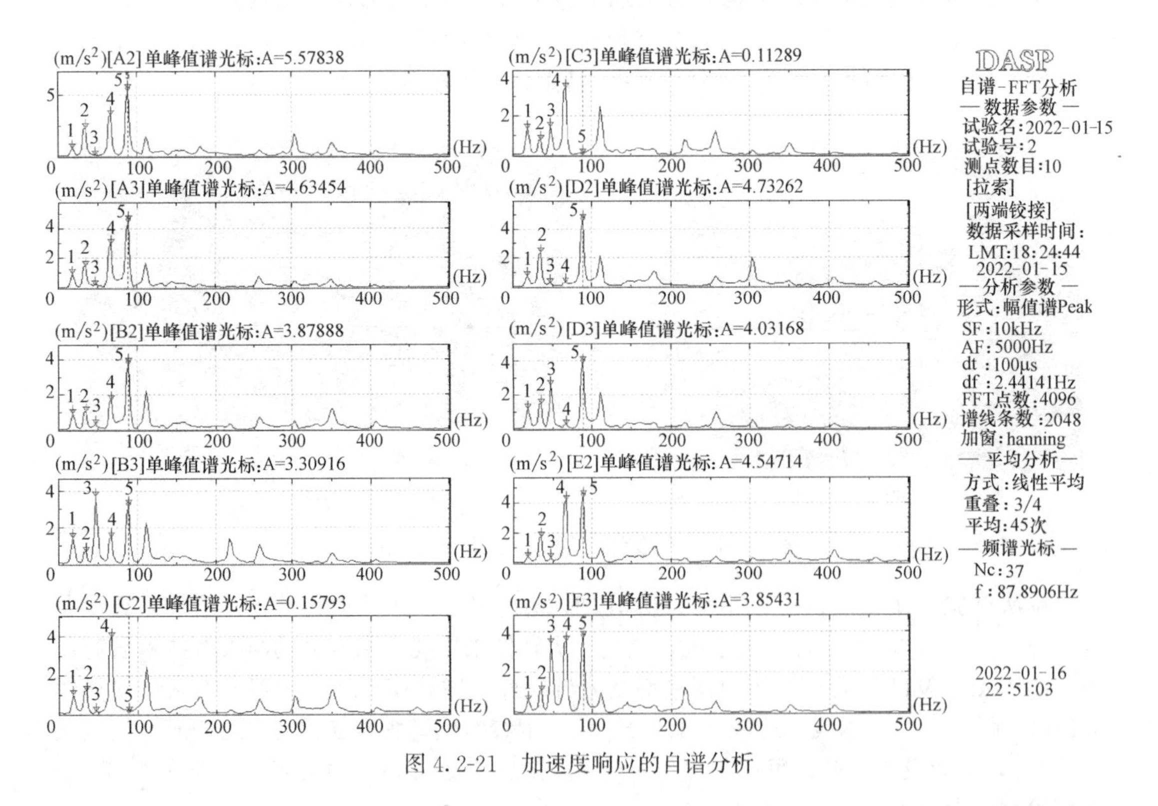

图 4.2-21　加速度响应的自谱分析

频率测试及索力计算结果　　表 4.2-5

计算次数	识别索力(kN)	实际索力值(kN)
1	21.385	20.35
2	20.881	
3	16.132	
4	17.355	
5	18.606	
检测频率(Hz)：$f(1)=17.0898$Hz；$f(2)=34.1797$Hz；$f(3)=46.3867$Hz；$f(4)=65.918$Hz；$f(5)=87.8906$Hz		

从试验检测结果可以看出，所得索力值与真实索力值吻合较好。

4.2.4　多跨拉索结构工程应用实例

1. 工程概况

全国农业展览馆位于北京市东三环北路农展桥东侧，农展馆新馆屋盖采用大跨度张弦桁架结构，长 152.5m，宽 86m，展厅面积 13000m^2，最高处达 15.6m，如图 4.2-22 所示。

图 4.2-22　农展馆外形图

屋顶张弦桁架跨度为 77m，采用预应力钢索规格为 $\phi5\times163$，裸索直径 d_0 为 70.6mm，钢索直径为 85mm，钢索线密度 m 为 26.9kg/m，钢索的抗弯刚度为：

$$EI=\frac{\pi d^4}{64}\times2.06\times10^{11}=\frac{\pi\times0.0706^4}{64}\times2.06\times10^{11}=251220.986\text{N/m}^2$$

初始预应力为 900kN，单榀张弦桁架结构结构如图 4.2-23 所示。

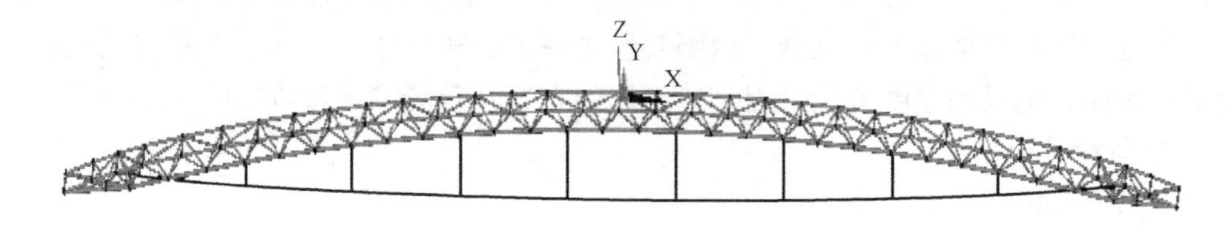

图 4.2-23　屋顶张弦梁结构

2. 测试仪器及设备

加速度时程采集的传感器及信号调理设备与黄河口模型试验厅相同。

图 4.2-24　锚索压力传感器

3. 测试方案

（1）用锚索压力传感器测定索力

农展馆屋顶张弦梁结构的下弦拉索为北京市建筑工程研究院施工的，其中在西侧第2根索上面装有锚索压力传感器。锚索压力传感器型号为基康为 BGK-4900，量程2000kN，现场用读数仪采集的锚索压力传感器索力值为 1056.919kN。

屋顶张弦梁结构，下弦索一共九跨，两边对称。拉索穿过张弦桁架的下弦杆，固定在桁架的两端如图 4.2-24 所示。

（2）传感器的布置

张弦梁结构示意图如图 4.2-25 所示。

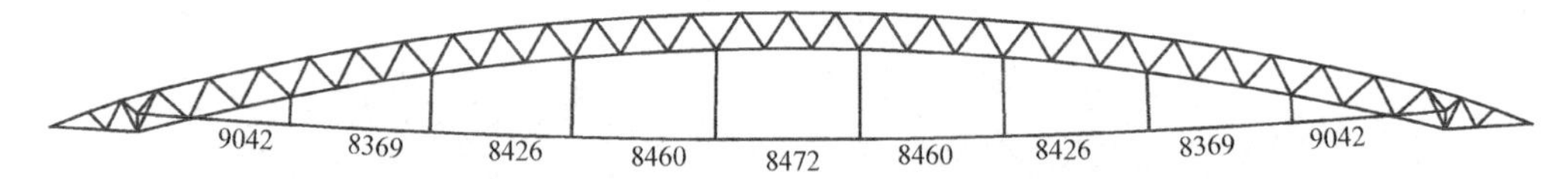

(a)

(b)

(c)

图 4.2-25　张弦梁结构示意图

（a）张弦桁架尺寸图；（b）索体示意图；（c）整体结构实物图

拉索从左到右四跨的长度为：9.042m、8.369m、8.428m、8.460m，中间跨的长度为 8.472m。分两次试验，第一次加速度传感器在第四跨布置，一共 12 个，第二次速度传感器在第五跨布置，也布置 12 个，两次的布置方向都为竖向，加速度布置时在计算的振型节点附近加密布设加速度传感器，用钢卷尺量一下加速度传感器在索上布置的位置。用皮锤敲击索体，记录加速度响应时程，传感器的布置及现场测试过程如图 4.2-26 所示。

4. 振型参数识别

（1）第四跨模态参数识别

利用互功率谱的幅值和相位，确定各响应传感器的振型参数，散点图如图 4.2-27 所示。

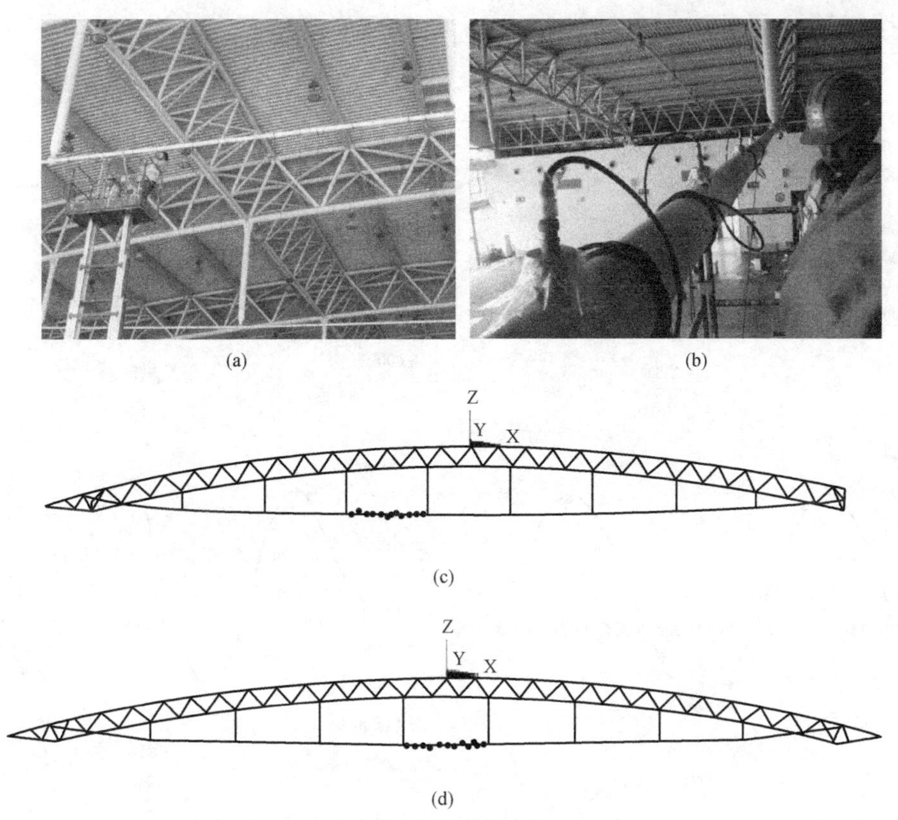

图 4.2-26　农展馆索力测试测点布置图

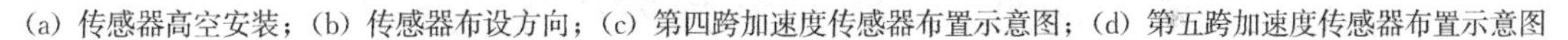
(a) 传感器高空安装；(b) 传感器布设方向；(c) 第四跨加速度传感器布置示意图；(d) 第五跨加速度传感器布置示意图

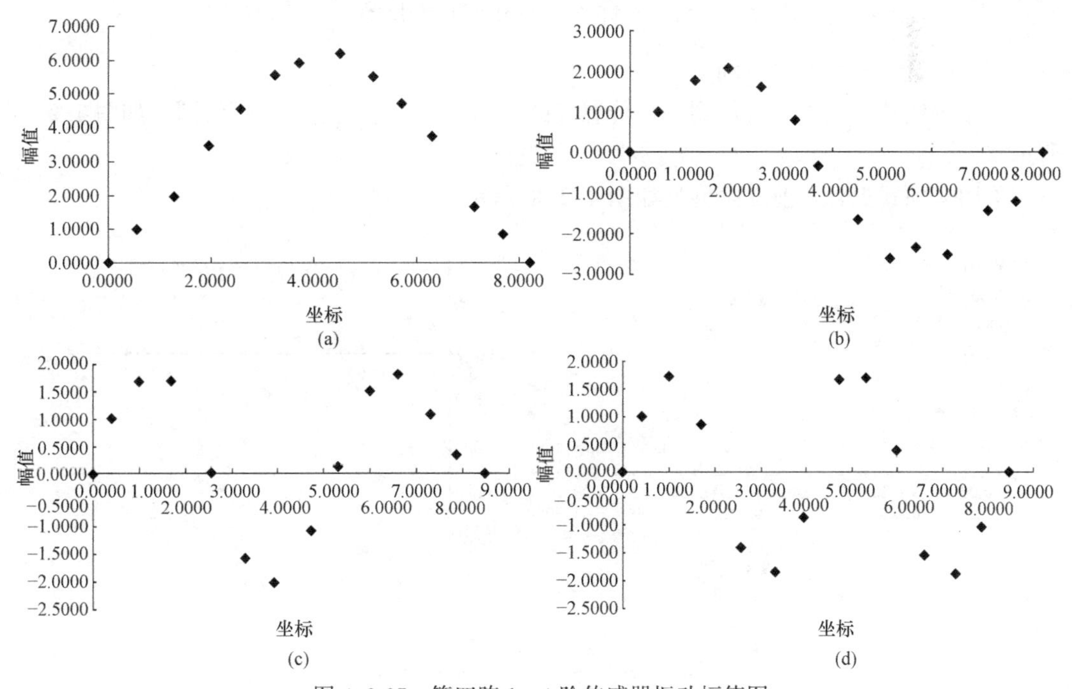

图 4.2-27　第四跨 1～4 阶传感器振动幅值图

(a) 1 阶振幅散点图；(b) 2 阶振幅散点图；(c) 3 阶振幅散点图；(d) 4 阶振幅散点图

采用多项式拟合，前四阶振型如图 4.2-28 所示。

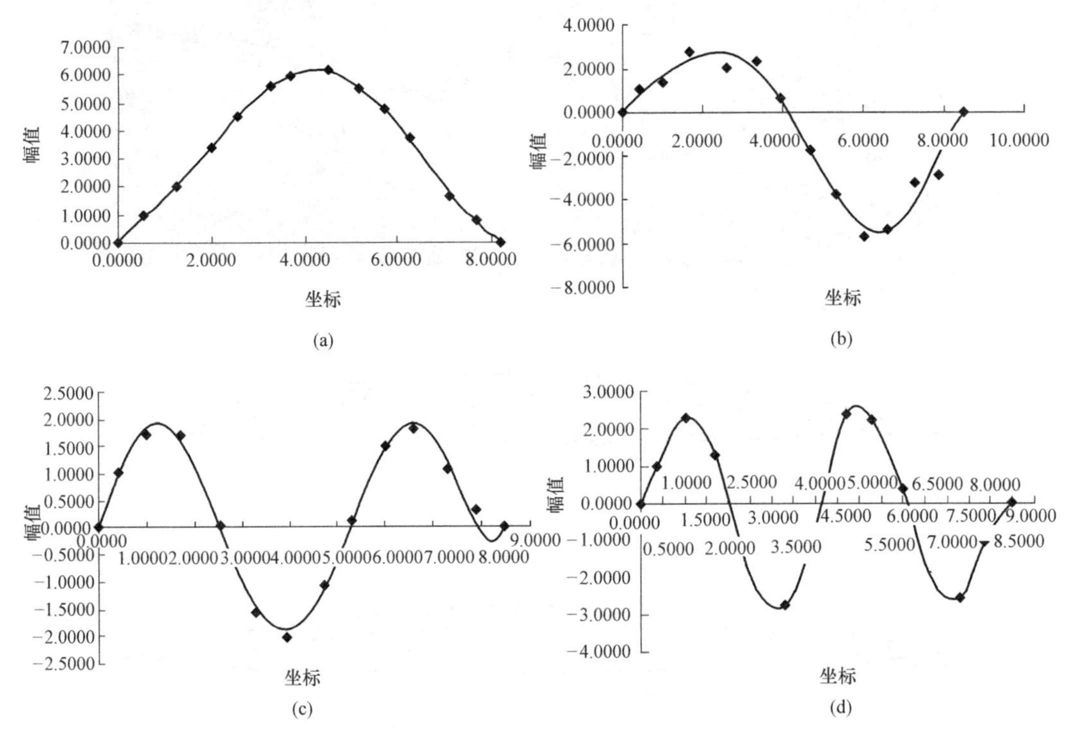

图 4.2-28　第四跨 1～4 阶振型拟合图

(a) 1 阶振型拟合图 (12.4375Hz)；(b) 2 阶振型拟合图 (25.6250Hz)；

(c) 3 阶振型拟合图 (43.4375Hz)；(d) 4 阶振型拟合图 (57.750Hz)

(2) 第五跨模态参数识别

利用响应频响函数分析得到各个传感器的振动幅值，选取前 5 阶幅值图，如图 4.2-29 所示。

采用多项式拟合，前 5 阶振型如图 4.2-30 所示。

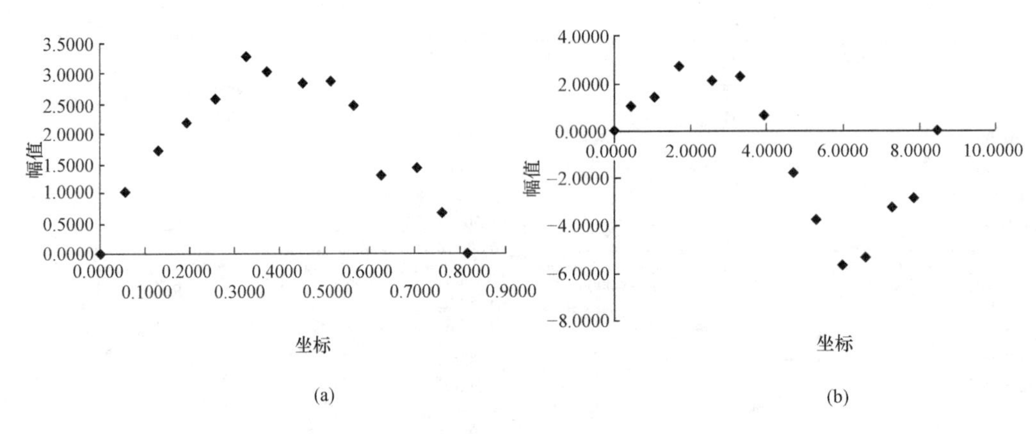

图 4.2-29　第五跨 1～5 阶振型拟合图（一）

(a) 1 阶振幅散点图；(b) 2 阶振幅散点图

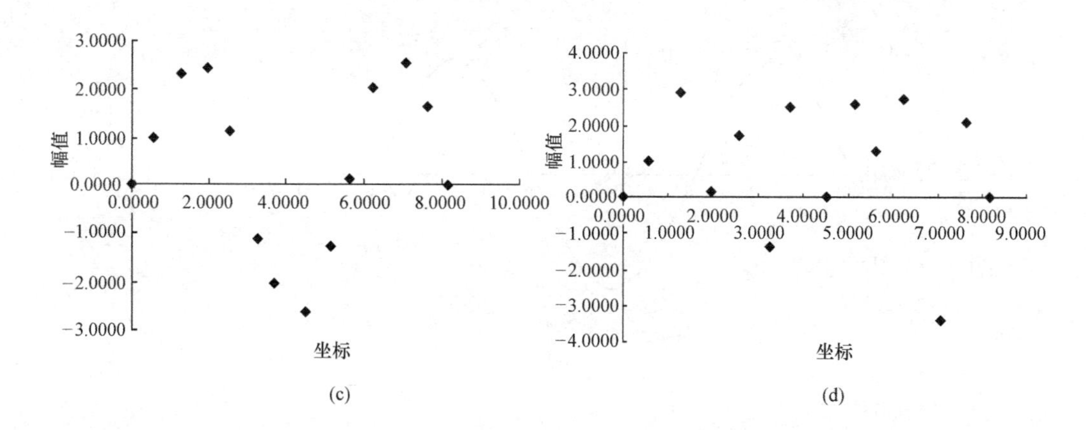

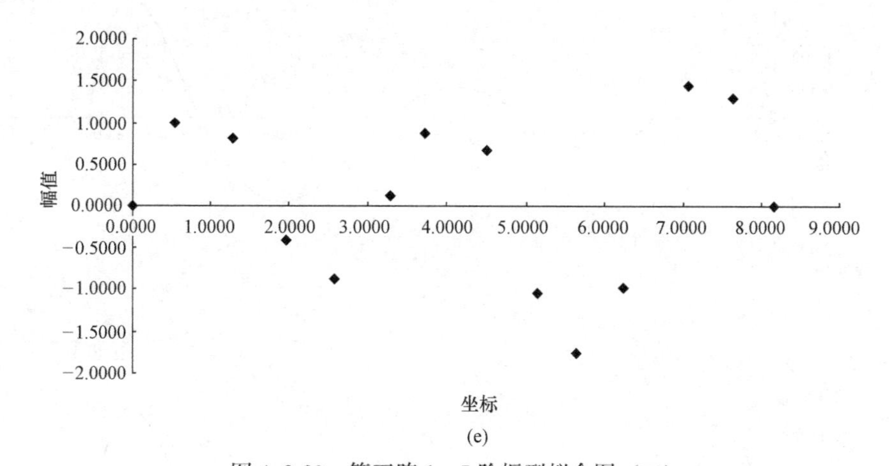

图 4.2-29　第五跨 1～5 阶振型拟合图（二）

（c）3 阶振幅散点图；（d）4 阶振幅散点图；（e）5 阶振幅散点图

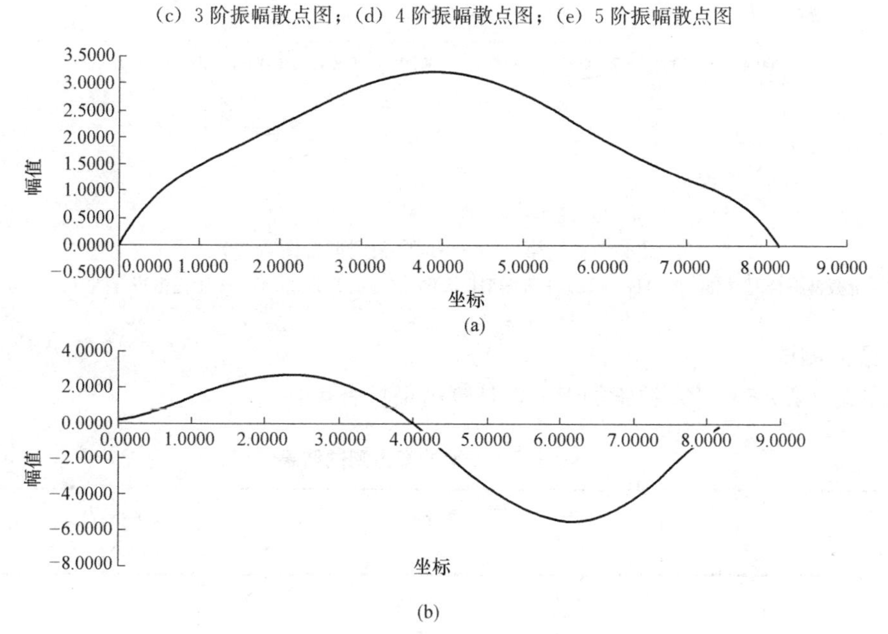

图 4.2-30　第五跨 1～5 阶振型拟合图（一）

（a）1 阶振型拟合图（12.4375Hz）；（b）2 阶振型拟合图（25.5625Hz）

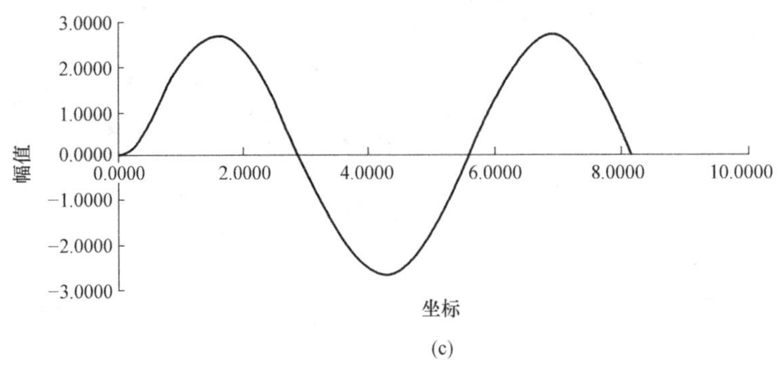

(c)

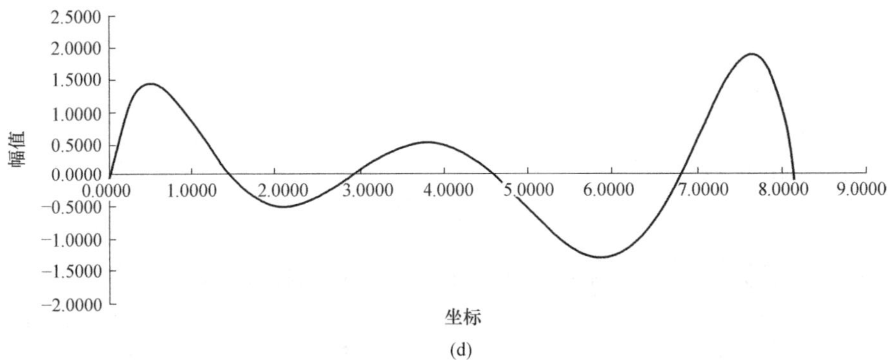

(d)

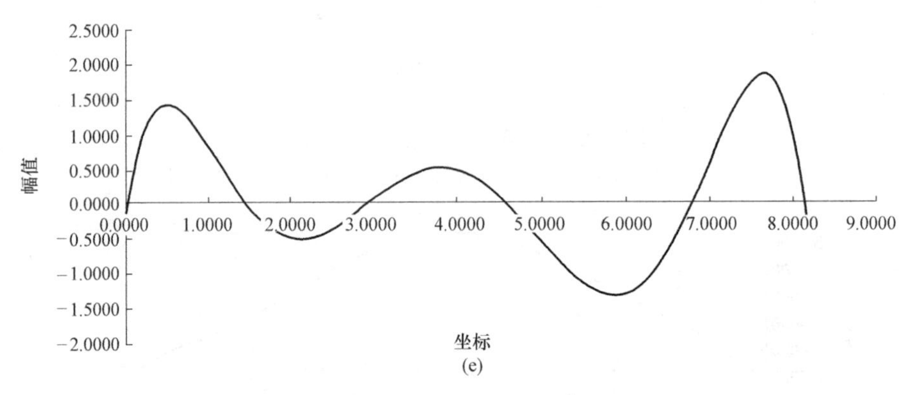

(e)

图 4.2-30　第五跨 1～5 阶振型拟合图（二）

(c) 3 阶振型拟合图（43.4375Hz）；(d) 4 阶振型拟合图（57.6875Hz）；(e) 5 阶振型拟合图（75.1500Hz）

5. 索力测试

利用式（4.2-5）计算拉索的索力，计算结果见表 4.2-6。

农展馆基于振型的索力测试结果　　**表 4.2-6**

索体	阶次	半波次序	半波长(m)	频率值(Hz)	计算索力值(kN)	实际索力(kN)	误差(%)
第四跨	3	2	2.6744	43.4375	1105.786	1056.919	4.62
	4	2	2.1381	57.7500	1098.660		3.95
		3	2.0890	57.7500	998.410		5.54

续表

索体	阶次	半波次序	半波长（m）	频率值（Hz）	计算索力值（kN）	实际索力（kN）	误差（%）
第五跨	3	2	2.6786	43.4375	1111.44	1056.919	5.16
	5	2	1.7644	76.297	1096.10		3.71
		3	1.7413	76.297	1025.64		2.96
		4	1.9700	76.297	1720.08		62.74

表 4.2-6 中，第五跨 5 阶对称振型对应的半波长计算索力值与锚索压力传感器的值最为接近，相差 2.96%，考虑到第五跨第 4 阶振型的实测值失真，故在计算中没有采用该阶的半波长。从农展馆的索力测试结果来看识别 3 阶以上的振型半波长，可以利用两端铰接的单跨索理论公式测试索力，识别的精度能够满足工程精度的要求。

另一方面，从实测结果以及索力的计算过程来看，半波长度是影响拉索索力识别精度的最主要因素，而目前振型只能依靠仅限的几个响应传感器的频谱幅值和相位决定，因此，振动测试的整个过程都必须严格按照前面测试理论的基本要求进行。目前对于跨度比较大的结构的振型参数识别，还停留在大概识别出整个振型的轮廓的阶段，要想真正地实现振型参数的精确识别，模态分析理论及测试技术方面还需进一步探索。

张弦桁架结构下弦拉索的振动特性比较复杂，既有拉索的局部振动，也有结构整体振动引起的拉索刚体振动。由于整体结构振动的复杂性，可以采用识别局部拉索振动的振型参数进行索力测试。

本章主要研究了利用高阶振动的振型半波长来测试张弦桁架结构拉索的索力。由于高阶振动的复杂性，本章通过试验研究及工程实测的方式识别拉索的 3 阶以上振型的半波长，利用两端铰接的单索索力计算公式，识别出拉索的索力。

通过试验研究，基于响应频响函数的频域法能够有效识别拉索的振型。由于频域法采用多次平均技术消除噪声，从而比时域法识别的结果更为准确，另一方面，时域法由于信号没有被窗函数截断，能够识别更高阶的频率。

通过全国农展馆单榀张弦桁架结构两跨拉索的振型测试，证明了基于高阶振动振型的半波长识别拉索索力理论的可行性和实际的可操作性。索力值的误差将随着振动阶次的提高而降低，但同时识别高阶振型波长的误差也随之增加，所以，要提高该索力测试的准确度，必须保证高阶振型的测试准确性。

4.3　索力识别系统开发

4.3.1　索力识别系统方案设计

拉索安全监测系统是现实预应力钢结构拉索施工过程索力有效监测和控制的系统，是支持预应力施工和索力张拉安全风险评估的数字化平台系统。

系统功能主要包括“振动信号采集”“采集数据分析”和“索力识别”三部分。

整体构成如图 4.3-1 所示。

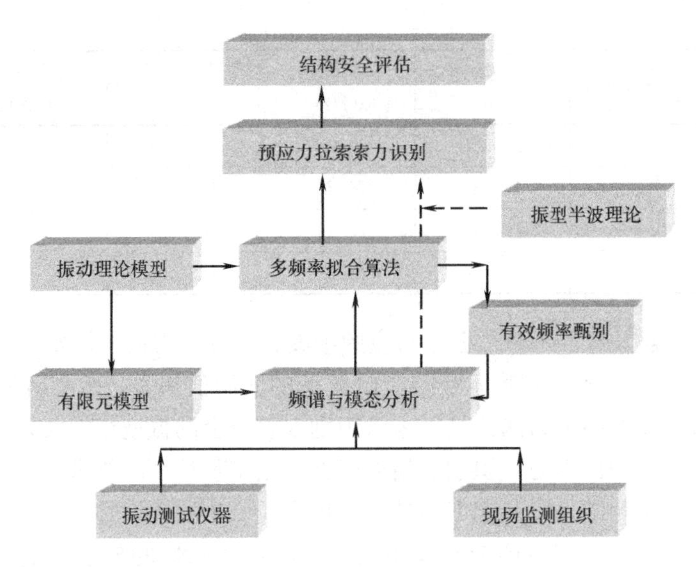

图 4.3-1　系统功能方案图
（虚线表示可选路径）

在预应力工程施工时，根据结构设计资料和现场测试数据进行结构动力特性的分析识别，并根据结构选择合适的方法进行索力计算，实时提供施工过程的索力控制风险评估。

4.3.2　索力识别系统硬件集成

拉索安全监测系统硬件系统主要由传感器、信号采集设备、数据处理工具和激励设备构成。

（1）传感器

1）仪器特性

动测设备采用朗斯 LC0116T-2 低频 ICP 压电型单轴加速度传感器，响应频率为 0.05～300kHz，有效平稳响应频率 0.1～230kHz，自然频率为 3000kHz，非线性响应不大于 5%，重量为 220g。传感器灵敏度为 2.5V/g，大量程传感器灵敏度为 25mv/g。

该系列内装 IC 压电加速度传感器是内装微型 IC 放大器的压电加速度传感器（图 4.3-2），它将传统的压电加速度传感器与电荷放大器集于一体，能直接与记录、显示和采集仪器连接，简化了测试系统，提高了测试精度和可靠性。广泛用于核爆炸、航空航天、铁路、桥梁、建筑、车船、机械、水利、电力、石油、地质、环保、地震等领域。其突出特点包括：低阻抗输出，抗干扰，噪声小，可进行长电缆传输；性能价格比高，安装方便，尤其适用于多点测量；稳定可靠、抗潮、抗粉尘、抗有害气体。其技术指标见表 4.3-1。

传感器技术指标　　　　**表 4.3-1**

指标名称	指标	指标名称	指标
电荷灵敏度	30pC/g	副值线性	500g(±10%)
频率范围	0.1～4000Hz(±10%)	重量	60g
安装谐振点	13kHz	使用温度范围	−40～+150℃
横向灵敏度	≤5%	安装螺纹	M5

图 4.3-2 振动传感器

2）仪器的安装和使用

安装时传感器与被测试件接触的表面要清洁、平滑，不平度应小于 0.01mm，安装螺孔轴线与测试方向一致。如安装表面较粗糙时，可在接触面上涂些清洁的硅脂，以改善耦合。测量冲击时，由于冲击脉冲具有很大的瞬态能量，故传感器与结构的连接必须十分可靠，最好用钢螺钉。如现场环境需单点接地，以避免地电回路噪声对测量的影响，请采取使加速度传感器与构件绝缘的安装措施，或选用能满足试验要求的其本身结构对地绝缘的加速度传感器。每只压电加速度传感器出厂时配有一只安装螺钉，用它将加速度传感器和被测试物体固定即可（图 4.3-3）。M5 安装螺钉推荐安装力矩 20kgf · cm。

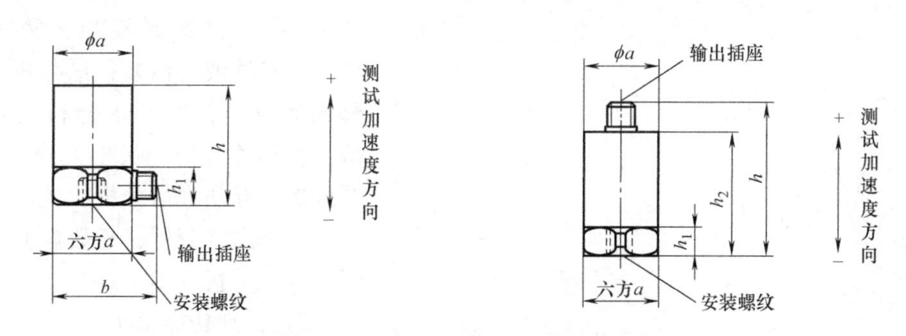

图 4.3-3 振动传感器顶端输出外形

安装完成后将传感器的输出同轴电缆连接到信号调理器的输入端。信号调理器的输出端可直接与各类记录、显示仪表相连，也可直接送入数据采集系统。打开信号调理器电源，预热 15min，然后即可对被测物体施加激励，进行测量或数据采集。为保证测量精度和信号质量，应监视信号调理器输出端信号，电压信号峰值不应超过 5V。

（2）信号采集设备

调理模块为传感器专用 cm4016 型调理模块，采集模块为朗斯 CBook2000-P 型专用动采仪，可同时接受 16 通道并行输入采集，有效分辨率为 16bit。

智能信号采集处理分析仪是盒式采集仪，与计算机和软件配套使用，可实现对大容量多通道数据进行采集、显示、示波、读数、波形分析、频谱分析、数字滤波、波形的积分和微分、计算分析、存储、打印、拷贝等过程的全自动化。可代替 50 多种模拟量测试设备和装置，是一个移动试验室。该仪器体积小、重量轻、使用可靠，广泛应用于振动、冲击和噪声的测量。分析仪的技术参数见表 4.3-2。

技术参数 **表 4.3-2**

输入方式	电压	量程	$\pm10V_p$
输入阻抗	>10MΩ	通道数目	32 通道
频率误差	0.01%	幅值误差	1%
A/D 精度	16 位	噪声	≤2mVrms
最高采样频率	200kHz/32CH	采集特性	16 通道并行无时差
传输方式	com 口传输	最大程控倍数	16
功耗	≈20W	重量	≈4.2kg
电源	交流：AC220V±10%，(50±1)Hz；直流：DC±12V	外形尺寸	宽×高×深=375mm×360mm×35mm

(3) 数据处理工具

数据分析软件采用北京东方振动与噪声技术研究所生产的 DASP-V10 工程版专用数据采集及分析软件。

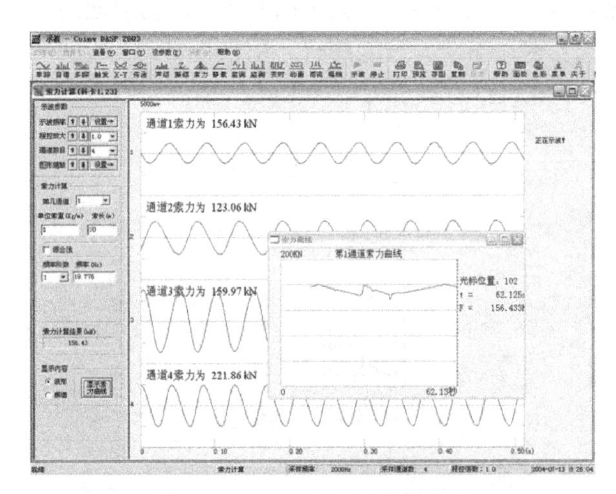

图 4.3-4 DASP 索力采集界面

1) 简要功能划分：

大容量信号示波采样、多踪时域分析、多踪自谱分析、虚拟信号发生器、5 种方式结果输出、变时基采样、编辑滤波、倍频程谱分析、波形公式运算、波形全景分析、概率分析、自相关分析、互相关分析、X-Y 图分析、互功率谱分析、传递函数分析、三维谱阵分析、长数据 LFFT 分析、幅域分析（图 4.3-4）。

2) 详细功能说明

① 信号示波和采样，多通道信号示波器和大容量数据连续采集仪。

a. 示波：含时域示波、频域示波和时频域双显示波，4 种频谱形式（单峰值幅值谱，有效值谱，功率谱和用于随机信号分析的功率谱密度），6 种坐标方式。

b. 超大容量连续采样（仅受硬盘大小限制），采样随启随停，也可暂停/继续，并设计有示波—采样—回放流程，有效避免误采样；3 种采样方式（随机、触发和多次触发），3 种触发方式（绝对值、上升沿和下降沿），支持定时自动采样。

c. 三思维采样：可一边采样、一边示波、一边进行频谱分析，示波采样分析同时进行。

② 时域波形分析（多踪）。

a. 波形浏览：可滚动回放，前向或后向滚动，多档滚动速度，可重叠对比滚动显示。

b. 波形快速定位：4 种方式快速定位到波形任何位置（按时间，按点号，按最大值和按最小值）。

c. 4 种纵尺度方式：按满量程的固定尺度、统一尺度、自动尺度，按基线。

d. 波形分析：自动搜索若干极值，列表、排序，自动搜索最大最小值等。

e. 时域指标统计：可统计最大最小值、均值、有效值、偏态因数、峰值因数等 17 种指标。

f. 微积分：波形可进行微分和积分，用于振动的加速度、速度和位移量之间的转换。

g. 波形压缩：根据波形长度，在可压缩范围内，任意压缩，并可设置峰值保持压缩方式。

h. 波形合成：若干路波形可分别乘以一个系数后相加，合成为新的信号。

③ 自谱分析（多踪）。

a. 波形瞬时滚动分析，在波形滚动同时进行频谱分析。

b. 三种频谱全程分析方法，适合各种信号的频谱分析。

(a) 线性或指数平均方法：线性或指数平均，适合于稳态信号或随机信号的全程平均。

(b) 峰值保持方法：平均过程中保持各谱线的最大值，适合于扫频信号或非稳态信号。

(c) 最大值保持：搜索信号中能量最大位置，进行频谱分析，适合非稳态信号或声学信号。

c. 4 种频谱形式：

(a) 单峰值幅值谱：反映信号中各频率成分的谐波单峰值，表示振幅大小。

(b) 有效值谱：反映信号中各频率成分的有效值，表示能量大小。

(c) 功率谱：反映信号中各频率成分的能量，适合于正弦或随机信号。

(d) 功率谱密度（PSD）：反映信号中各频率成分的能量分布，适合于随机信号分析。

d. 谱线条数：100，200，400，800，1600，3200，6400，12800 可任选；

e. 加窗函数：矩形、hanning、hamming、平顶等 11 种窗函数可选。

f. 重叠平均：0，1/2，…，127/128 等多档可选，提高平均计算的精度。

g. 多种频谱校正方法。由于 FFT 的泄漏等造成误差，可使用多种方法校正：加窗、INV 频率计和阻尼计、改变谱线条数进行细化等。

h. 其他功能：频谱平滑、一次微积分、二次微积分、全程波形图、多种尺度方式、频谱纵向放缩和横向放缩，自动收极值标注，频带内总有效值计算等。

④ 虚拟信号发生器。

能发生 30 余种各类信号，极其适合教学、科研使用，连接 D/A 卡可以输出为模拟信号。

a. 基本形式：随机信号（白噪声）、窄带随机、正弦波、方波、三角波和任意合成波。

b. 周期信号：正弦波、三角波和方波信号具有波形偏置功能，并可以进行频率调制和幅度调制，调制的形式和方向有线性单向、线性双向、对数单向、对数双向、分段单向、分段双向、单脉冲、半脉冲、阻尼衰减和猝发信号等。

c. 合成信号：多个上述各种信号可以分别乘以某个系数合成新的波形。

d. 参数可调：频率（起止频率）、幅值（起止幅值），初始相位、扫描方式、扫描周期、衰减阻尼比、猝发数目等。

⑤ 结果输出

a. 图形打印：直接将显示的图形通过打印机打印。

b. 图形存盘：将显示内容保存为 6 种图形格式文件（*.BMP，*.GIF，*.JPG，*.TIFF，*.PCX，*.TNG）。

c. 图形复制：将显示内容复制到 Windows 系统剪贴板中，可在其他软件中进行粘贴。

d. 数据导出：5 种格式（TXT、CSV、Excel 电子表格、Access 数据库和 Matlab 数据）。

e. 图文报告：直接将采样或分析结果的各种参数、设置、图形和数据以图文报告的方式输出为 3 种格式——Word 格式（*.doc）、网页格式（*.html）、文本格式（*.txt）。

（4）激振器

HEV 系列高能激振器是一种电磁激振器（图 4.3-5），可对试件提供激振力。经过改进设计的新一代高能激振器采用高磁能材料，制造精良，工艺考究，性能稳定，使用方便。与同量级的普通激振器相比，具有体积小，重量轻，有效输出力的频带宽等显著优点（表 4.3-3），广泛地应用于各种工程结构如火箭、导弹、飞机、船舶、机床、火车、汽车、摩托车、空调、洗衣机、房屋建筑、桥梁等结构的振动试验和零部件疲劳试验，也可用于振动时效处理，振动切削和地质勘探等。

高能激振器于 1994 年获得中国发明专利权，专利号：ZL92107587.1。先后获得国家发明奖一次，部省级科技进步奖多次。用户遍布全国 20 多个省、自治区和直辖市。

图 4.3-5　HEV 系列高能激振器

HEV 系列高能激振器主要性能和技术指标　　**表 4.3-3**

型号	HEV-20	HEV-50	HEV-200	HEV-500	HEV-1000
最大激振力(N)	20	50	200	500	1000
频宽(Hz)	5000	3000	2000	2000	800
最大振幅(mm)	±5	±5	±10	±10	±10

续表

力常数(N/A)	8	16	8	16	16
峰值电流(A)	2.5	3	25	32	64
重量(kg)	1	3.5	15.5	28	40
尺寸(mm×mm)	ϕ66×84	ϕ110×135	ϕ180×190	ϕ180×250	ϕ270×360
配用功放型号	HEA-20	HEA-50	HEA-200	HEA-500	HEA-1000

4.3.3 索力识别系统软件开发

基于 Microsoft Visual Studio .Net 平台，采用 C#语言进行索力分析工具的开发。

1. 软件功能设计方案

索力识别软件系统主要由单索索力分析模块和多跨索索力分析模块组成，依据本书研究的多阶频率拟合优化算法和索力计算公式开发（图 4.3-6）。

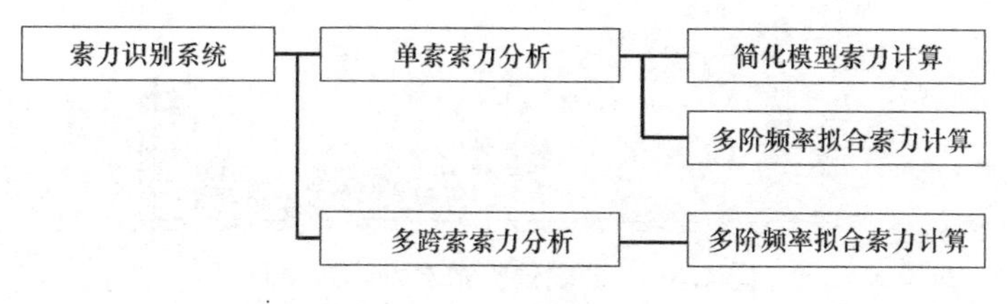

图 4.3-6 软件结构组织

2. 软件功能实现

（1）软件主界面

主界面是索力分析的开始，包含拉索安全监测系统软件的版本信息（图 4.3-7）。

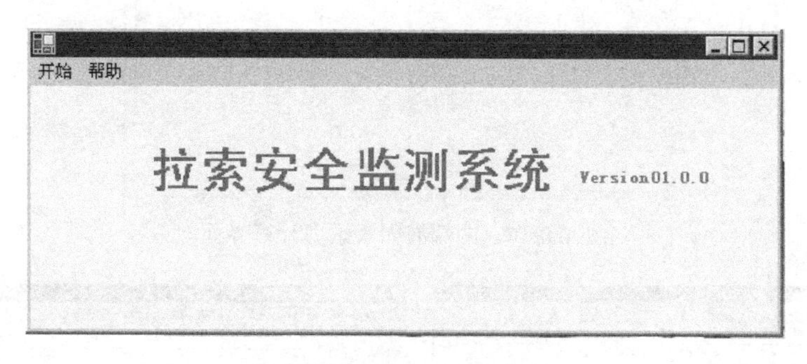

图 4.3-7 系统软件主界面

（2）单索分析模块

单索索力计算模块主要实现功能如下：

1）简化模型索力计算：理想铰支边界约束拉索索力；两端嵌固索索力；一端铰接一端嵌固拉索索力；

2）多阶频率拟合优化计算：任意边界拉索索力计算及约束刚度的识别。如图 4.3-8～图 4.3-14 所示。

图 4.3-8　简化模型索力计算模块

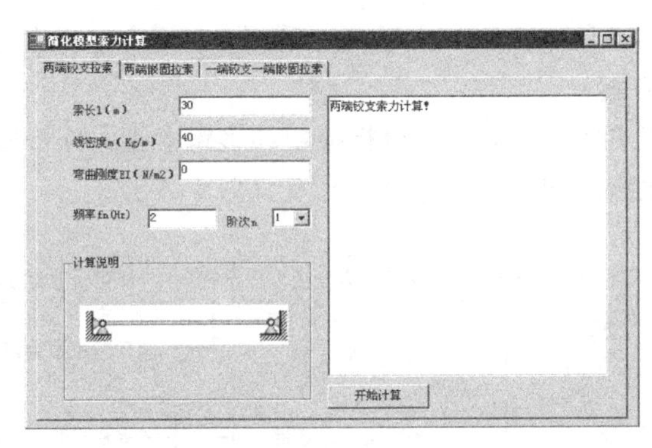

图 4.3-9　两端铰支索索力计算界面

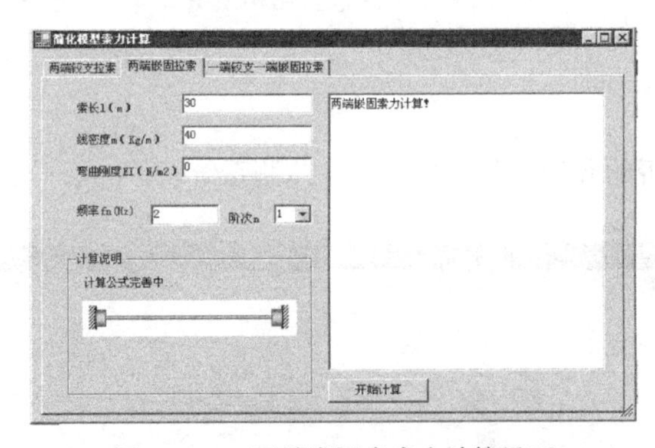

图 4.3-10　两端嵌固索索力计算界面

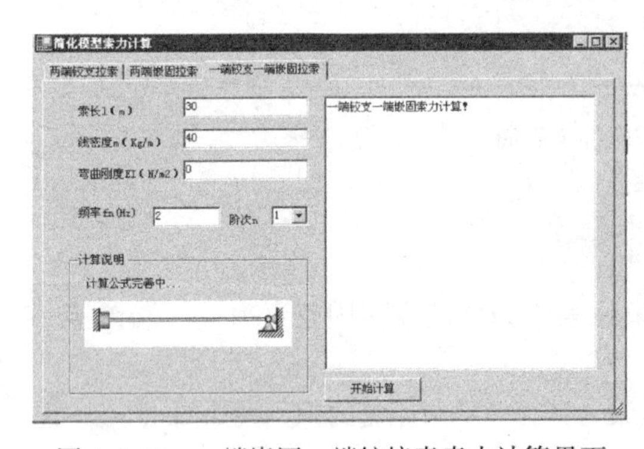

图 4.3-11　一端嵌固一端铰接索索力计算界面

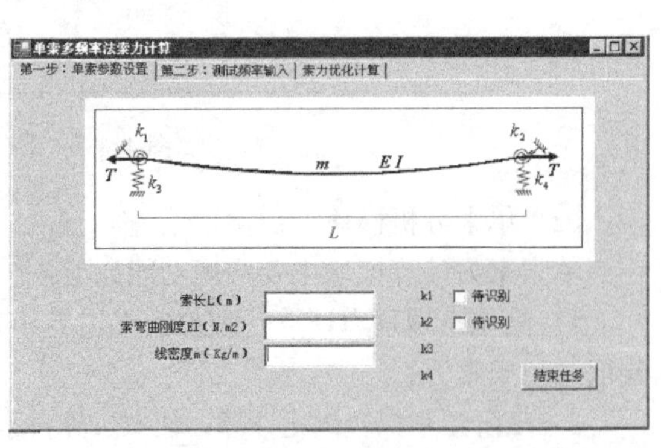

图 4.3-12　任意边界单索索力计算（索信息输入）界面

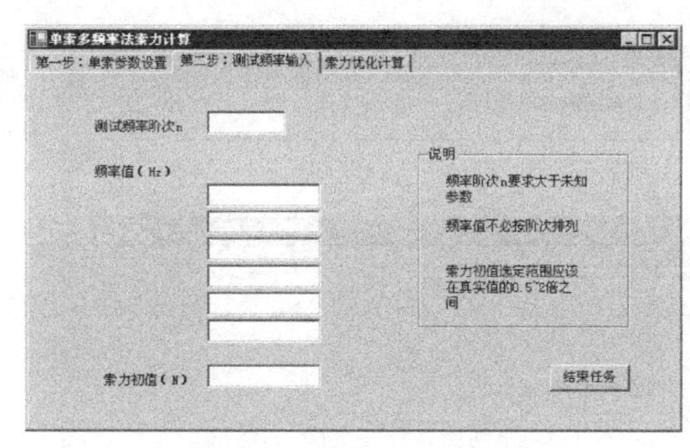

图 4.3-13　任意边界单索索力计算（测试频率信息输入）界面

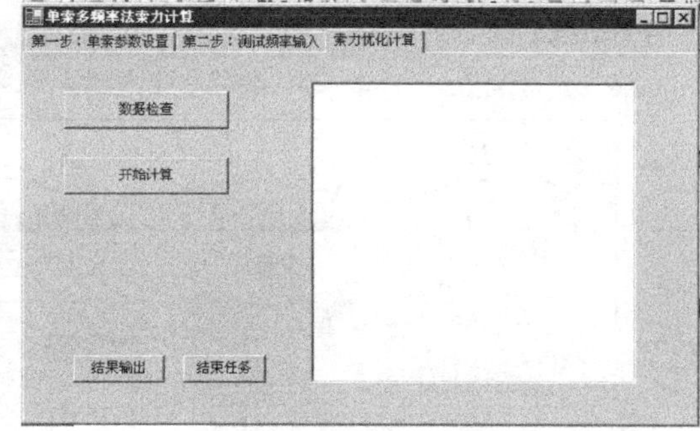

图 4.3-14　计算结果输出界面

(3) 多跨索分析模块

多跨索索力计算模块主要实现功能为：根据测试多阶频率参数计算复杂边界拉索索力，并识别索约束刚度。如图 4.3-15～图 4.3-19 所示。

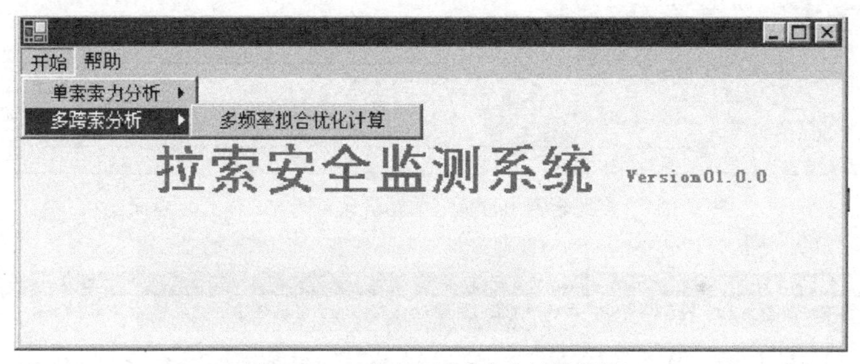

图 4.3-15　进入多跨索索力计算模块

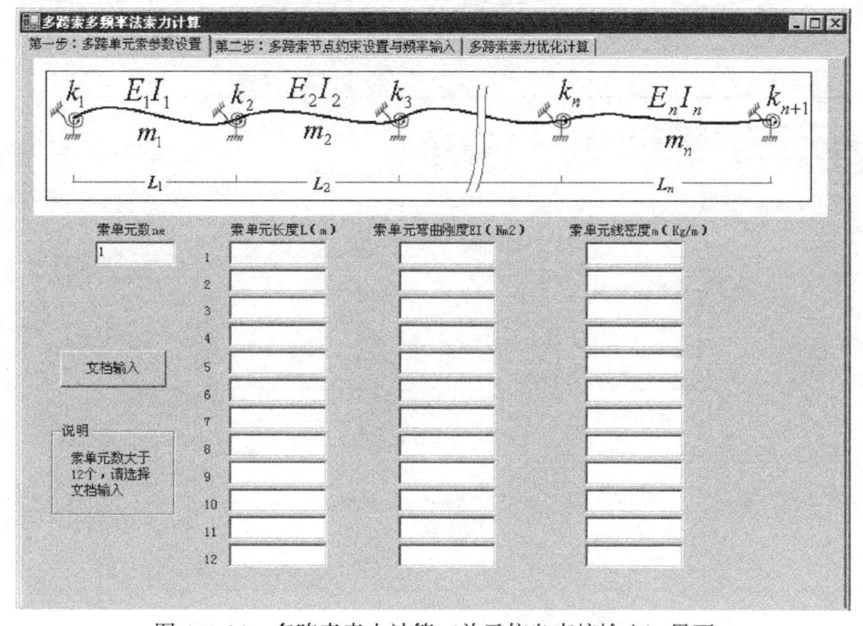

图 4.3-16　多跨索索力计算（单元信息直接输入）界面

图 4.3-17　多跨索索力计算（单元信息文档方式输入）界面

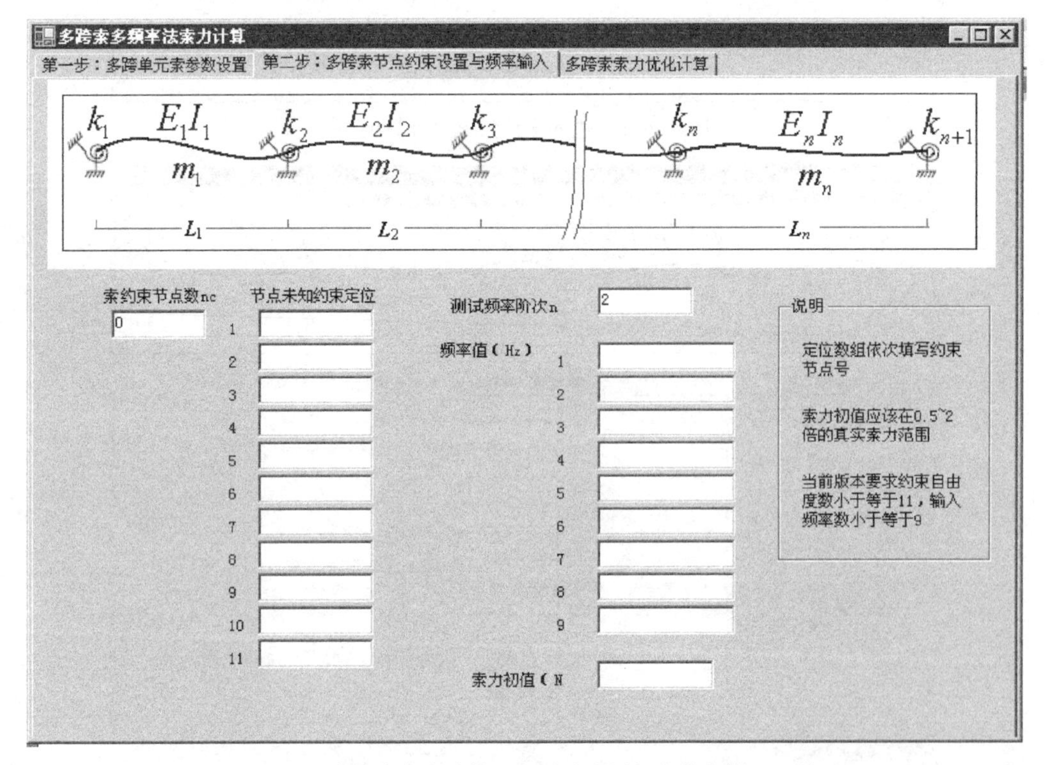

图 4.3-18　多跨索索力计算（边界及监测频率信息输入）界面

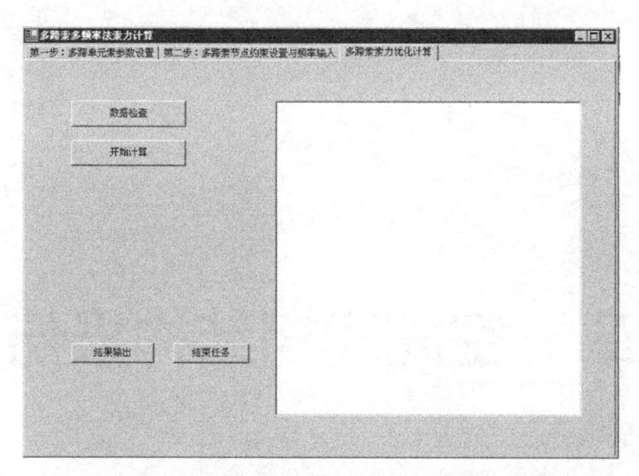

图 4.3-19　多跨索索力计算（结果输出）界面

4.4　本章小结

（1）本章在多跨索振动理论研究成果基础上，采用多阶频率进行拟合的方法建立了索力分析技术“多阶频率拟合法索力识别方法”，给出了优化算法及数值有限元基础的实现方案，通过工程试验验证了多阶频率拟合法在单跨索工程、多跨索工程索力测试中的适用性和测量的可靠性。

（2）提出用拉索高阶振动模态对应的振型半波长作为计算长度的“高阶振型波长法索力识别方法”。通过建立拉索高阶振动振型波形公式，计算出了波长法索长误差。从算例中可以看出，如果能够测得拉索高阶振型（3 阶或以上），利用振型半波和相应的频率计算不同边界约束拉索索力，可以获得足够的精度。有限元数值计算结果和工程试验结果也证实了高阶振型波长法索力识别方法可用于多跨索索力的分析。

（3）在索力测试理论研究成果的基础上，对建立的拉索安全监测系统方案进行了介绍。通过拉索振动理论、索力识别算法研究形成了拉索安全监测系统方案，在硬件集成和软件开发基础上，初步实现了拉索安全监测系统的研制。此硬件及软件系统已经对相关试验和工程进行了验证和应用，表明系统设计和开发方案是可行的，有一定的工程应用价值。

第五章　空间网格结构损伤识别

5.1　结构损伤识别方法

5.1.1　基于传统力学和数学方法的结构损伤识别

结构的损伤包含构件的损伤和节点的损伤，二者均引起结构刚度的改变，在假定损伤不引起结构质量改变的情况下，可以基于结构的静力和动力响应直接或迭代求解刚度变化，即损伤。

根据对结构有限元模型的依赖程度，基于传统数学方法的缺陷诊断可以分为模型修正法和动力指纹分析法。模型修正法的原理是，利用实测的结构模态参数或加速度时程数据，根据结构的有限元模型来分析结构的刚度分布，将修正刚度后的有限元模型的动力反应与实测数据比较，如此反复，直至二者基本吻合，则认为此组参数为结构的当前参数，进而根据有限元模型刚度的变化来实现对损伤的定位和程度的识别。模型修正中的常用方法有多约束最小缺陷法（正交性法）、灵敏度法、残余力法、矩阵摄动法等。动力指纹分析法的损伤识别原理是，结构在损伤前后其质量和刚度将发生变化，从而必将引起相应的动力指纹的变化，然后通过对损伤前后动力指纹的比较进行损伤识别。常用的动力指纹有：频率、振型、振型曲率、应变模态、频响函数、模态柔度矩阵、模态保正准则（MAC）和坐标模态保正准则（COMAC）等。

根据所强调和使用的结构反应参数，基于传统数学方法的损伤识别方法可分为基于频率的识别法、基于频率和振型的识别法、基于应变模态的识别法、基于频响函数的识别法和基于时域信息的识别法等。

1. 基于结构静力响应的损伤识别

静力测试数据相对于动力来说有较突出的优点，如求解静力方程简单、测量方便且结果精确、稳定等。只要测点布置合理、加载工况足够多，基于结构静态响应的参数识别结果可以达到足够的精度。也正因为如此，在条件可行的情况下，静力检测仍然是结构检测中的一种常用方法。

对于健康结构，静力响应分析的解析模型描述如下：

$$Ku=P \tag{5.1-1}$$

其中，K 是结构刚度矩阵，u 是施加静载荷矢量下的位移向量。利用该方法计算位移向量 u：

$$u=K^{-1}P \tag{5.1-2}$$

通常，结构的损伤会使刚度矩阵发生一个 ΔK 的变化，因此损伤结构的平衡方程可以表示为：

$$(K+\Delta K)u^{*}=P \tag{5.1-3}$$

位移向量 u^{*} 可以通过以下一阶近似求解：

$$u^{*}=(K+\Delta K)^{-1}P\approx(K^{-1}-K^{-1}\Delta KK^{-1})P \tag{5.1-4}$$

将现有损伤引起的位移变化可描述为：

$$\Delta u=u-u^{*}\approx K^{-1}\Delta KK^{-1}P \tag{5.1-5}$$

用静力反应来进行结构损伤识别有其无法克服的缺点：(1) 测量信息少，只有位移与应变；(2) 施加荷载工况有限，对于那些在某种工况下对结构刚度贡献小的构件，可能根本识别不出其损伤情况；(3) 对实际的建筑结构进行静力加载是很困难或不现实的。

2. 基于动力特性的损伤识别

(1) 基于频率的损伤识别

由于结构的频率相对振型来说更容易较准确测量，而且能够反映结构整体特征，使其成为结构损伤识别中的重要特征参数。

结构振动的特征值方程为：

$$([K]-\omega_i^2[M])\{\Phi_i\}=\{0\} \tag{5.1-6}$$

其中，$[K]$ 和 $[M]$ 分别是结构的理论整体刚度矩阵和质量矩阵，ω_i 与 $\{\Phi_i\}$ 分别是结构第 i 阶固有频率和正则化振型向量。设损伤使结构刚度矩阵、质量矩阵、频率及振型向量的变化分别为 $[\Delta K]$、$[\Delta M]$、$2\Delta\omega_i$ 和 $\{\Phi_i\}$，则有：

$$[([K]+[\Delta K])-(\omega_i^2+\Delta\omega_i^2)([M]+[\Delta M])](\{\Phi_i\}+\{\Delta\Phi_i\})=0 \tag{5.1-7}$$

一般来说，建筑结构的损伤对结构质量的影响很小，即可取 $[\Delta M]=0$。将上式左乘 $\{\Phi_i\}^{\mathrm{T}}$ 然后展开并忽略二阶项，则有：

$$\Delta\omega_i^2=\{\Phi_i\}^{\mathrm{T}}[\Delta K]\{\Phi_i\} \tag{5.1-8}$$

1) 通过优化方法直接利用实测频率变化进行结构损伤识别。结构整体刚度矩阵的改变 $[\Delta K]$ 可以分解为整体坐标系下单元刚度矩阵 $[k_j]$ 之和，j 为单元号。同时，对于杆系结构（只有轴向刚度），损伤使单元刚度的各个元素按同一比例变化，则有：

$$[\Delta K]=\sum_{j=1}^{NE}[\Delta k_j]=\sum_{j=1}^{NE}\alpha_j[k_j] \tag{5.1-9}$$

其中，NE 为结构单元总数，α_j 为第 j 单元刚度损伤修正系数，即单元刚度矩阵的损伤改变量与设计刚度之比，$-1\leqslant\alpha_j\leqslant 0$。将式 (5.1-9) 代入式 (5.1-8)，有：

$$\Delta\omega_i^2=\sum_{j=1}^{NE}\alpha_j\{\Phi_i\}^{\mathrm{T}}[k_j]\{\Phi_i\} \tag{5.1-10}$$

因此，对于实测频率改变向量有：

$$\{\Delta\omega^2\}=\sum_{j=1}^{NE}\alpha_j\{\Phi\}^{\mathrm{T}}[k_j]\{\Phi\}=[K_\Phi]\{\alpha\} \tag{5.1-11}$$

其中，Hearn 与 Testa $\{\Delta\omega^2\}=\{\Delta\omega_1^2,\Delta\omega_2^2,\cdots,\Delta\omega_m^2\}^{\mathrm{T}}$，$\{\alpha\}=\{\alpha_1,\alpha_2,\cdots,\alpha_{NE}\}^{\mathrm{T}}$，$[K_\Phi]$ 为 $m\times NE$ 阶矩阵，m 为实测模态总数。

采用最小二乘法，便可对式（5.1-11）中的 $\{\alpha\}$ 求解，从而实现只利用实测频率对结构损伤进行识别。

另外，做了如下推导。当结构为单损伤（如第 j 单元）时，式（5.1-10）可写为：

$$\Delta\omega_i^2=\alpha_j\{\Phi_i\}^{\mathrm{T}}[k_j]\{\Phi_i\} \tag{5.1-12}$$

而对于任意两阶频率平方的变化之比为：

$$\frac{\Delta\omega_i^2}{\Delta\omega_k^2}=\frac{\alpha_j\{\Phi_i\}^{\mathrm{T}}[k_j]\{\Phi_i\}}{\alpha_j\{\Phi_k\}^{\mathrm{T}}[k_j]\{\Phi_k\}}=\frac{\{\Phi_i\}^{\mathrm{T}}[k_j]\{\Phi_i\}}{\{\Phi_k\}^{\mathrm{T}}[k_j]\{\Phi_k\}} \tag{5.1-13}$$

式（5.1-12）说明频率平方的变化是损伤位置（第 j 单元）与损伤程度 α_j 的函数，而式（5.1-13）则说明，任意两阶频率平方的变化之比只是损伤位置的函数。因此，利用该式与分析所得各单元的一系列频率平方的变化之比相比较，那么，与实测频率平方的变化比相近的单元就是损伤单元，由此实现损伤定位。对于多损伤的情况，当各单元损伤程度相近时，式（5.1-13）仍成立。如果有若干个单元的频率平方变化比的值相近，则可按下式构造评价函数 E_j：

$$E_j=\frac{1}{Q}\sum_{i,k}\left[\left(\frac{\Delta\omega_i^2}{\Delta\omega_k^2}\right)-\left(\frac{\Delta\omega_i^2}{\Delta\omega_k^2}\right)_j^*\right]^2 \tag{5.1-14}$$

其中，Q 为参与求和的项数，$(\Delta\omega_i^2/\Delta\omega_k^2)$ 为实测的频率平方变化比，$(\Delta\omega_i^2/\Delta\omega_k^2)_j^*$ 为分析所得的单元 j 损伤时的频率平方变化比。求出各单元的 E_j 值，则对应最小 E_j 值的单元（单元 j）就是损伤单元。高芳清等利用上述关系式，对一个 13 杆平面桁架的单杆损伤进行了准确定位。

上述方法理论上很清晰，而且只需要前几阶频率。不过要在计算大量的各种损伤情况下的频率改变的基础上，才能比较出最可能的损伤位置。

2）利用测试频率变化的损伤定位保证准则法。对于单损伤情况，类似于模态保证准则（MAC），定义损伤定位保证准则（DLAC）为：

$$\mathrm{DLAC}(j)=\frac{|\{\Delta\omega\}^{\mathrm{T}}\cdot\{\delta\omega_j\}|^2}{(\{\Delta\omega\}^{\mathrm{T}}\cdot\{\Delta\omega\})\cdot(\{\delta\omega_j\}^{\mathrm{T}}\cdot\{\delta\omega_j\})} \tag{5.1-15}$$

其中，$\{\Delta\omega\}$ 为单损伤结构在损伤位置及程度均未知情况下频率改变向量的实测值，$\{\delta\omega_j\}$ 为结构中单元 j 损伤某一程度时频率改变向量的理论值。从上式可知，DLAC(j) 的值介于 0 和 1 之间，DLAC(j)=0 表示单元 j 与结构损伤不相关，DLAC(j)=1 表示单元 j 与结构损伤吻合。从统计的角度来看，实际计算中某单元的 DLAC 取值越高的单元就越可能是损伤单元。另外，使用频率的相对改变量会使得识别结果更精确，因为这样可以减小高阶频率绝对改变量大的影响。

将式（5.1-15）扩展便可用于多损伤情况。在假定结构损伤只引起刚度改变而不引起质量和阻尼等改变的情况下，当第 j 单元发生损伤时，结构第 k 阶频率的灵敏度可写为：

$$\frac{\partial\omega_k}{\partial D_j}=\frac{1}{8\pi^2\omega_k}\cdot\frac{\{\Phi_k\}^{\mathrm{T}}[k_j]\{\Phi_k\}}{\{\Phi_k\}^{\mathrm{T}}[M]\{\Phi_k\}} \tag{5.1-16}$$

其中，D_j 为 j 单元的刚度损伤系数，$D_j=1$ 表示单元无损伤，$D_j=0$ 表示单元100%损伤。假设结构频率改变可写为下列线性叠加的灵敏度方式：

$$\{\delta\omega\}=\begin{bmatrix}\frac{\partial\omega_1}{\partial D_1} & \cdots & \frac{\partial\omega_1}{\partial D_{NE}}\\ \cdots & \cdots & \cdots\\ \frac{\partial\omega_p}{\partial D_1} & \cdots & \frac{\partial\omega_p}{\partial D_{NE}}\end{bmatrix}\{\delta D\}=[S]\{\delta D\} \tag{5.1-17}$$

其中，p 为使用的频率阶数。

上式给出了单元刚度改变与频率改变的关系，将该式代入式（5.1-15），可以得出实测频率改变的统计相关性，并可定义为多损伤定位保证准则（MDLAC）：

$$\text{MDLAC}(\{\delta D\})=\frac{|\{\Delta\omega\}^{\mathrm{T}}\cdot\{\delta\omega(\{\delta D\})\}|^2}{(\{\Delta\omega\}^{\mathrm{T}}\cdot\{\Delta\omega\})\cdot(\{\delta\omega(\{\delta D\})\}^{\mathrm{T}}\cdot\{\delta\omega(\{\delta D\})\})} \tag{5.1-18}$$

与单损伤情况类似，搜索使得 MDLAC 取值最大的 $\{\delta D\}$ 向量即可得到最可能的损伤状态。不过，利用该式得到的 $\{\delta D\}$ 只是结构的相对损伤状态，因为 $\{\delta D\}$ 乘以一个常数后不会影响 MDLAC 的值。要得到结构的绝对损伤状态和损伤程度，则可利用实测的频率改变量采用一阶或二阶估计法得出。

（2）基于频率与振型的损伤识别

利用实测振型和频率进行损伤识别时，可采用多约束最小缺陷法、残余力法、缺陷系数法、模态保证准则（MAC）法、柔度法以及模态应变能法等。当实测振型参数完备时，可用各种方法直接求解。但是对于实际结构来说，要获取完备的振型参数是不现实的，这样在计算时必须将理论分析模型进行动力缩聚或将实测振型扩展。

1）多约束最小缺陷法。构造刚度缺陷矩阵：

$$[\Delta K]=[K_d]-[K] \tag{5.1-19}$$

并使其在满足正交条件和对称条件下的欧氏范数最小，即：

$$\begin{cases}\|[M^{-1/2}]([K_d]-[K])[M^{-1/2}]\|=\text{Min}\\ \text{满足}[\Phi_E]^{\mathrm{T}}[K_d][\Phi_E]=[\text{diag}\omega^2]\text{和}[K_d]=[K_d]^{\mathrm{T}}\text{、}[M]=[M]^{\mathrm{T}}\end{cases} \tag{5.1-20}$$

其中，$[K_d]$ 为结构修正后的刚度矩阵，即有损伤结构的刚度矩阵，$[\Phi_E]$ 为结构的实测振型。

根据 Lagrange 乘子法，可以推导出修正后的结构刚度矩阵：

$$\begin{aligned}[K_d]=&[K]-[K][\Phi_E][\Phi_E]^{\mathrm{T}}[M]+[M][\Phi_E][\text{diag}\omega^2][\Phi_E]^{\mathrm{T}}[M]\\ &-[M][\Phi_E][\Phi_E]^{\mathrm{T}}[K]+[M][\Phi_E][\Phi_E]^{\mathrm{T}}[K][\Phi_E][\Phi_E]^{\mathrm{T}}[M]\end{aligned} \tag{5.1-21}$$

将式（5.1-21）代入式（5.1-20）便可求得缺陷矩阵 $[\Delta K]$，从而确定结构的损伤位置和程度。该方法利用了刚度矩阵的正交条件，所以也称为正交性法。

2）残余力法。式（5.1-6）为无损结构的振动特征方程，对于有损结构有：

$$([K]-\omega_{Ei}^2[M])\{\Phi_{Ei}\}=\{R_i\} \tag{5.1-22}$$

其中，ω_{Ei} 和 $\{\Phi_{Ei}\}$ 分别为实测的结构第 i 阶频率与振型向量。在忽略测试误差的情况下，如果结构无损伤则有 $\{R_i\}=\{0\}$，否则 $\{R_i\}\neq\{0\}$。$\{R_i\}$ 具有力的量纲，因此称为残余力向量，其分量对应于结构的各个自由度。因此，可根据该向量判断结构的损伤部位。其具体方法为：$\{R_i\}$ 中某自由度对应的分量远大于其他分量，则表示在该自由度对应节点的相邻单元存在损伤。另外，该向量也可以定性地反映损伤的严重程度，即残余力越大说明实测模态参数与理论模态参数的偏差越远，损伤也就越严重。

Ricles 等对一榀平面桁架和一个具有 44 个节点 135 根杆件的空间桁架模型、周先雁等对一榀单层单跨混凝土框架模型进行了损伤识别，并进行了实验验证。他们都是在利用残余力法对损伤初步定位后，然后利用将结构振动模态参数一阶 Taylor 展开的迭代法对损伤程度进行识别。

3）缺陷系数法。引入缺陷系数来表示结构刚度的改变（同样的方法可以考虑质量的改变或质量与刚度同时改变的情况），即：

$$[K_d]=\sum_{j=1}^{NE}\beta_j[k_j] \tag{5.1-23}$$

其中，β_j 为第 j 单元刚度缺陷判定系数，$\beta_j=1$ 表示该单元无损伤。在不考虑结构质量缺陷时，将实测模态参数代入式（5.1-6）有：

$$\left(\sum_{j=1}^{NE}\beta_j[k_j]-\omega_{Ei}^2[M]\right)\{\Phi_{Ei}\}=\{0\} \tag{5.1-24}$$

显然该式将分析量与实测量联系在一起，且式中只有 β_j 是未知数。对于该方程组，当方程数大于节点数 NE 且系数矩阵的秩是 NE 时，可用 SVD（Singular Value Decomposition）法唯一求解。张毅刚等用一个平面框架算例表明，该方法简捷有效，只需要一个测量准确的特征对便可实现对结构多处损伤的识别。Chen 和 Bicanic 利用该方法并在仅使用一个特征对的情况下实现了对 72 个杆件的空间塔架的多杆件损伤识别。

4）基于实测振型的模态保证准则（MAC，Modal Assurance Criteria）法。根据相关性分析，定义模态保证准则 MAC 为：

$$\mathrm{MAC}(i,j)=\frac{(\{\Phi_i\}^{\mathrm{T}}\{\Phi_{Ej}\})^2}{(\{\Phi_i\}^{\mathrm{T}}\{\Phi_i\})(\{\Phi_{Ej}\}^{\mathrm{T}}\{\Phi_{Ej}\})} \tag{5.1-25}$$

同样可以定义坐标模态保证准则（COMAC，Co-Ordinate Modal Assurance Criteria）为：

$$\mathrm{COMAC}(j)=\frac{\left[\sum_{i=1}^{m}\Phi_i(j)\Phi_{Ei}(j)\right]^2}{\left[\sum_{i=1}^{m}\Phi_i^2(j)\right]\left[\sum_{i=1}^{m}\Phi_{Ei}^2(j)\right]} \tag{5.1-26}$$

MAC 可以明确地指示出实测振型与分析振型间的相关性，而 COMAC 则指示出各振型中每一测试自由度的相关性。虽然有人利用上述指标或其组合对结构进行损伤识别，但效率并不高。不过，MAC 有一个很重要的作用，那就是它可以指明哪一阶模态振型对损伤更敏感，从而可以进一步利用损伤敏感振型来实现损伤识别。

5）柔度法。由模态分析可知，结构刚度阵及柔度阵用模态参数表达为：

$$[K]=[M]\left(\sum_{i=1}^{m}\omega_i^2\{\Phi_i\}\{\Phi_i\}^{\mathrm{T}}\right)[M] \tag{5.1-27}$$

$$[F]=\sum_{i=1}^{m}\frac{1}{\omega_i^2}\{\Phi_i\}\{\Phi_i\}^{\mathrm{T}} \tag{5.1-28}$$

其中，m 为测试振动模态数。如果其中的频率与振型均为实测值，则计算出的 $[K]$ 和 $[F]$ 就是有损结构的刚度与柔度矩阵。由式（5.1-27）可见，模态参数对刚度矩阵的贡献与自振频率的平方成正比。因此，用试验模态参数较为精确地估计结构刚度矩阵，必须获得较高阶的模态参数。相反，由式（5.1-28）可知，模态参数对柔度矩阵的贡献与自振频率的平方成反比，模态试验中只需获得较低阶模态参数，就可较好地估计结构的柔度矩阵。由于测试误差的影响，往往只能准确地获得结构前几阶模态参数。因此得出，在获得相同的试验模态参数条件下，识别结构的柔度矩阵要比识别刚度矩阵更精确。

利用柔度法，綦宝晖等对一榀 22 节点 41 单元的平面桁架模型进行了较好的损伤识别，綦宝晖等和李国强等分别对弯剪型悬臂结构的损伤进行了识别，赵媛与唐小兵等通过柔度曲率法对梁的损伤进行了识别。另外，冯新提出了柔度投影法以及结合柔度法的混合方法。从上面的识别结果可以看出，在基于模型的识别方法中，对于建筑结构不易测取较高阶模态的特点，利用结构的柔度变化来识别损伤不失为一种比较好的方法。不过董聪指出，因为结构中的位移是累加值，所以某观测点位移值的改变并不一定意味着该点邻域内有损伤存在。

6）模态应变能法。史治宇等利用单元模态应变能变化对两个框架结构模型进行了损伤识别，并通过模型试验验证了方法的有效性。具体推导过程为，定义结构破损前后第 j 个单元关于第 i 阶模态的单元模态应变能（MSE，Modal Strain Energy）如下：

$$MSE_{ij}=\{\Phi_i\}^{\mathrm{T}}[k_j]\{\Phi_i\}\text{ 和 }MSE_{dij}=\{\Phi_{di}\}^{\mathrm{T}}[k_j]\{\Phi_{di}\} \tag{5.1-29}$$

其中，损伤前后 MSE 的计算均用无损时的单元刚度矩阵，一方面由于损伤后的单元刚度矩阵未知，另一方面这样可以使得损伤后的 MSE 的变化对损伤更敏感。结构破损前后的单元模态应变能变化（MSEC）为（略去高阶项）：

$$MSEC_{ij}=MSE_{dij}-MSE_{ij}=2\{\Phi_i\}^{\mathrm{T}}[k_j]\{\Delta\Phi_i\} \tag{5.1-30}$$

忽略损伤引起的结构质量改变，将式（5.1-7）展开并忽略高阶项有：

$$([K]-\omega_i^2[M])\{\Delta\Phi_i\}+([\Delta K]-\Delta\omega_i^2[M])(\{\Phi_i\}+\{\Delta\Phi_i\})=0 \tag{5.1-31}$$

将上式左乘 $\{\Phi_r\}^{\mathrm{T}}(r\neq i)$ 并注意 $\{\Phi_{\mathrm{r}}\}^{\mathrm{T}}[M]\{\Phi_i\}=0$，则上式可化为：

$$\{\Phi_r\}^{\mathrm{T}}[\Delta K]\{\Phi_i\}+\{\Phi_r\}^{\mathrm{T}}[K]\{\Delta\Phi_i\}-\omega_i^2\{\Phi_r\}^{\mathrm{T}}[M]\{\Delta\Phi_i\}=0 \tag{5.1-32}$$

由于 $\{\Phi_r\}^{\mathrm{T}}[K]=\omega_r^2\{\Phi_r\}^{\mathrm{T}}[M]$，所以上式又可进一步写为：

$$(\omega_r^2-\omega_i^2)\{\Phi_r\}^{\mathrm{T}}[M]\{\Delta\Phi_i\}=-\{\Phi_r\}^{\mathrm{T}}[\Delta K]\{\Phi_i\} \tag{5.1-33}$$

设振型改变量：

$$\{\Delta\Phi_i\}=\sum_{j=1}^{m}c_{ij}\{\Phi_j\} \tag{5.1-34}$$

并代入式（5.1-33）有：

$$c_{ir}=\frac{-\{\Phi_r\}^{\mathrm{T}}[\Delta K]\{\Phi_i\}}{\omega_r^2-\omega_i^2} \tag{5.1-35}$$

这样，振型改变量可写为：

$$\{\Delta\Phi_i\}=\sum_{\substack{r=1\\r\neq i}}^{m}\frac{-\{\Phi_r\}^{\mathrm{T}}[\Delta K]\{\Phi_i\}}{\omega_r^2-\omega_i^2}\{\Phi_r\} \tag{5.1-36}$$

因此，单元模态应变能变化为：

$$MSEC_{ij}=2\{\Phi_i\}^{\mathrm{T}}[k_j]\left(\sum_{\substack{r=1\\r\neq i}}^{m}\frac{-\{\Phi_r\}^{\mathrm{T}}[\Delta K]\{\Phi_i\}}{\omega_r^2-\omega_i^2}\{\Phi_r\}\right)\tag{5.1-37}$$

设第 p 单元损伤并将式（5.1-9）代入上式有：

$$MSEC_{ij}=-2\alpha_p\sum_{\substack{r=1\\r\neq i}}^{m}\frac{\{\Phi_r\}^{\mathrm{T}}[k_p]\{\Phi_i\}\{\Phi_i\}^{\mathrm{T}}[k_j]\{\Phi_r\}}{\omega_r^2-\omega_i^2}\tag{5.1-38}$$

其中，$\{\Phi_r\}^{\mathrm{T}}[k_p]$ 和 $[k_j]\{\Phi_r\}$ 分别为行向量和列向量，而且其中非零元素分别与第 p 单元和第 j 单元刚度矩阵的自由度相对应。因此，式（5.1-38）具有以下的性质：①当 $j=p$ 时，所选单元即为破损单元，则 $\{\Phi_r\}^{\mathrm{T}}[k_p]$ 和 $[k_j]\{\Phi_r\}$ 两个向量的非零元素一一对应，从而使单元模态应变能变化显著。②当 $j\neq p$ 时，如果第 j 与 p 单元相邻，则两个向量的非零元素部分对应，从而使单元模态应变能变化较小；如果第 j 与 p 单元不相邻，则两个向量的非零元素不对应，从而使单元模态应变能变化很小。因此，单元模态应变能变化 *MSEC* 可以用于结构损伤定位。进一步可利用单元模态应变能变化率 *MSECR* 来定位损伤：

$$MSECR_{ij}=\frac{|MSE_{dij}-MSE_{ij}|}{MSE_{ij}}=\frac{|MSEC_{ij}|}{MSE_{ij}}\tag{5.1-39}$$

为了降低试验模态振型随机噪声的影响，可同时用多阶模态振型来定位损伤：

$$MSECR_j=\frac{1}{m}\sum_{i=1}^{m}\frac{MSECR_{ij}}{MAX(MSECR_{ij})}\tag{5.1-40}$$

结构损伤定位之后可由式（5.1-9）和式（5.1-38）来确定损伤程度。

刘晖利用模态应变能耗散率对一梁和平面桁架算例进行了损伤识别。袁明利用模态应变能变化率对香港汀九斜拉桥进行了损伤模拟。王松平等基于模态应变能的变化对一个空间框架梁的裂纹位置进行了识别。

7）利用频率与振型的其他方法。利用频域信息，除上述方法之外，还有误差矩阵法（EMM）和灵敏度分析法以及数学优化中的单纯形法等。误差矩阵法（EMM）也是一种比较成熟的模型修正方法，Ewins 等对该方法的应用进行了简要回顾。Lam 等利用灵敏度分析法对框架结构的节点损伤进行了数值模拟和试验验证。Parloo 等以板类和桥梁结构为例将灵敏度法与模态保证准则等方法进行了比较。Gola 等对利用灵敏度法进行损伤识别中可识别的结构参数的数量等进行了研究。刘丰年等利用单纯形法对一个十层框架的损伤识别进行了数值模拟。

另外，张令弥提出了一种结构动力学模型修正的统一方法，将结构的损伤从不同角度用不同的残差量表示，残差可定义为由数学模型计算的动态参量和相应测试量、或其组合量之差。这样，将数学模型修正表述为推广的最小二乘或贝叶斯系统识别问题，并通过优化方法求解。针对不同的残差量，如特征值、特征向量、特征方程、正交型条件、系统输入、输出以及频率响应等，可导出不同的模型修正法。

（3）基于应变模态的损伤识别

结构的位移振型与频率可以说是结构固有属性的外在表现，而结构的应变模态则可以说是其较为内在的反应。因此，利用结构的应变模态进行损伤识别不能不说是又往深层走了一步。周先雁等和顾培英直接利用测试应变模态对混凝土框架结构和梁进行损伤定位，表明应变模态较位移模态对结构的损伤更加敏感。黄东梅等首先利用残余力向量初步损伤定位，然后根据杆端应变模态差实现损伤具体定位和程度识别的方法，对高耸钢塔架结构算例的损伤进行了识别。董聪在对结构故障诊断的基本原理和方法进行了研究的基础上得出，以应变类参数（应变、应变模态、曲率模态等）为基础的损伤定位方法明显优于以位移类参数（位移、位移模态、柔度矩阵等）为基础的损伤定位方法。

（4）基于频响函数的损伤识别

Imregun 和 Ewins 等提出了基于频响函数的模型修正方法，并对其中的求解方式进行了研究，通过梁和板结构的数值算例与试验模型验证了方法的有效性。Wang 等提出了基于频响函数摄动方程的结构损伤定位与程度识别方法，对一个三跨平面钢框架结构进行了数值分析与试验验证，并认为利用直接测取的频响函数信息比利用间接测取的模态参数更有利于提高损伤识别结果的精度。Maia 等将频响函数应用到基于振型的方法之中，提出了基于频响函数的振型曲率法和损伤指数法等，并通过对梁损伤的数值模拟与试验得出，该方法优越于传统的基于振型的各种方法。Park 等通过一个平面桁架算例和一个板的试验，对频率的选取、测试误差和频响函数测试不完备情况下结构损伤识别的问题进行了探讨。张东利等直接利用频响函数峰值的变化率对悬臂梁的损伤进行了定位。

（5）基于时域信息的损伤识别

除利用上述频域信息之外，很多学者直接利用时域信息对结构损伤识别进行了研究。在结构的输入输出信息已知的情况下，结构的损伤识别即成为对结构物理参数进行估计并建立与实测系统等价的数学模型的系统识别问题，可采用最小二乘估计、极大似然估计、贝叶斯估计和预报误差估计等方法；在结构的输入和输出信息均不完备的情况下，结构的物理参数识别要进行动力复合反演。张开银等在利用 ITD 法对时域应变模态进行分析的基础上，对一悬臂梁的裂纹进行了识别。李杰等对风荷载输入未知情况下高层结构物理参数进行了识别。李书进等通过将顶层加速度响应曲线进行 Hilbert-Huang 变换（HHT）的方法，对一个双层剪切型框架进行了损伤诊断。王晓燕等基于结构的部分响应测量数据利用缩减变量卡尔曼滤波法，对 6 自由度剪切框架模型的输入进行了反演，并对结构物理参数进行识别。

小波变换与傅氏变换相比具有多分辨率的特点，同时在时域和频域内具有良好的局部化性质，可以将分析的信号置于不同频段进行时—频分析，并且具有很强的处理非平稳过程的能力，因此已经越来越引起结构损伤识别研究者的注意。李洪泉等通过对三层钢筋混凝土框架模型振动台试验中测取的各层地震反应进行不同尺度的小波变换，获取了结构的损伤信息。Wang 和任宜春利用小波变换对梁的损伤进行了识别。李书进和 Kim 对小波变换在结构损伤识别中的应用作了综合论述。

5.1.2 基于智能算法的结构损伤识别

结构损伤识别问题在本质上是一个模式识别问题，通过对结构特征参数的提取，并且最小化测试特征参数和计算特征参数，可以得到较为准确的数值模型，达到识别结构损伤的目的。在基于振动的结构损伤识别方法中，最主要的工作是提取结构的敏感特征，通过这些敏感特征参数的变化以实现损伤识别。识别损伤的过程中，传统的方法主要以逆问题的形式进行求解，这个过程通常涉及矩阵求逆，这个时候矩阵的病态问题不可避免地会降低损伤识别的精度。随着计算技术的快速发展，智能算法（遗传算法、ANN、DL、计算机视觉等）也已被应用于结构损伤识别。

1. 基于人工神经网络的损伤识别

人工神经网络是在现代神经学、心理学以及数学等研究成果的基础上发展起来的一种智能化信息处理系统。由大量神经元相互连接组成人工神经网络，通过对样本的学习（或训练），可以形成输入与输出之间很强的、稳定的非线性映射关系，从而具有很强的模式分类能力。神经网络以其学习能力、非线性变换和高度的并行运算能力、对新输入的泛化能力以及对噪声的容错能力，而被广泛地应用于包括优化计算、模式分类、故障诊断以及控制等领域。神经网络用于结构损伤诊断，是利用其较强的模式分类能力，通过训练使其建立起结构的不同反应与结构的不同损伤情况状态之间的稳定映射关系，进而对未知的损伤做出预测。

人工神经网络是一个由大量神经元通过极其丰富和完善的联结而构成的自适应非线性动态系统。神经元是神经网络的基本处理单元，它一般是一个多输入单输出的非线性信息处理单元，如图5.1-1所示。其中x_1，x_2，…，x_n为输入信号，u_i为神经元内部状态，θ_i为阈值，s_i表示可以抑制内部状态u_i的外部输入信号，则上述模型可描述为：

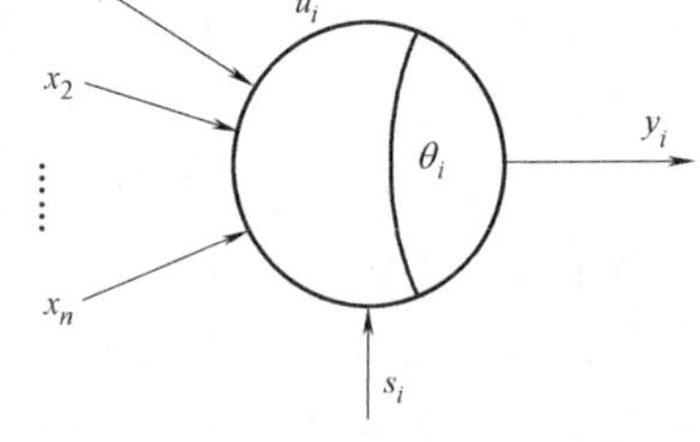

图5.1-1 人工神经元模型

$$net_i = \sum_{j=1}^{n} w_{ij} x_j + s_i - \theta_i \tag{5.1-41}$$

$$u_i = f(net_i) \tag{5.1-42}$$

$$y_i = g(u_i) \tag{5.1-43}$$

其中，w_{ij}为x_j到u_i的连接权值，f为神经元的激发函数即I/O特性。通常情况是没有外部输入信号s_i的，这样神经元的输出直接反映内部状态，即$net_i = \sum_{j=1}^{n} w_{ij} x_j - \theta_i$时，神经元的输出：

$$y_i = f\left(\sum_{j}^{n} w_{ij} x_j - \theta_i\right) \tag{5.1-44}$$

常用的激发函数有以下5种，见表5.1-1：

常用的激发函数及图示　　表5.1-1

函数名称	公式	图形
线性	$f(x)=ax$	+ $f(x)$ 0 x −1

续表

函数名称	公式	图形
阈值型Ⅰ	$f(x)=\begin{cases}1 & x>0\\0 & x\leqslant 0\end{cases}$	
阈值型Ⅱ	$f(x)=\begin{cases}1 & x>0\\-1 & x\leqslant 0\end{cases}$	
Log-Sigmoid 型	$f(x)=\dfrac{1}{1+e^{-x}}$	
Tan-Sigmoid 型	$f(x)=\dfrac{1-e^{-x}}{1+e^{-x}}$	

由大量神经元相互联结组成的人工神经网络将显示出人脑的某些基本特征：①信息分布存储记忆的联想性及容错性；②大规模并行处理能力；③自学习、自组织和自适应性；④大量基本单元的互藕性，使其具有复杂的非线性映射能力。正是由于神经网络的这些能力，使得它已经被应用到各个领域，包括优化计算、模式分类、故障诊断以及控制领域等等。

根据神经元之间采用不同的联结方式及算法，可以构成不同结构形态的神经网络模型，目前已经有数十种神经网络模型。按网络结构可分为前馈型网络（feed forward NNs）、反馈型网络（feed back NNs）和自组织网络（Self-organizing NNs）。按网络的性能分为连续性和离散性、确定性和随机性网络。按照学习方式可分为有导师学习、无导师学习和自组织学习等。

（1）误差反向传播神经网络（BP 网络）

误差反向传播神经网络（Error Back Propagation Neural Networks）简称 BP 网络，是一种有导师学习的前馈型网络，由于其理论上的完整性使它成为迄今为止应用最广泛的一种神经网络。具有一个隐含层的三层 BP 网络如图 5.1-2 所示。其中 x_i 为输入层第 i 节点的输入值，y_j 为输出层第 j 节点的输出值，W 和 V 分别是输入层和隐含层以及隐含

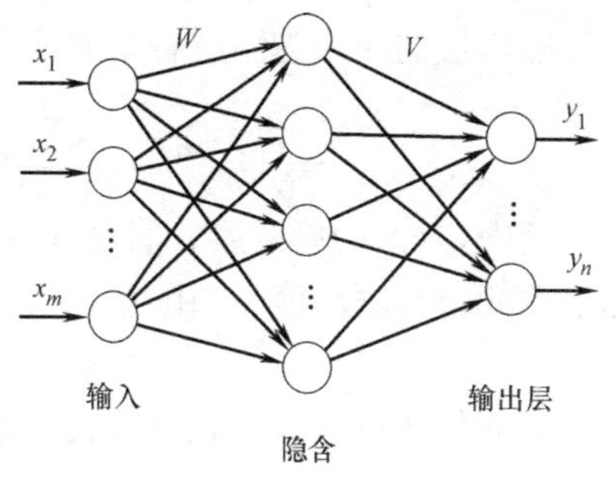

图 5.1-2　三层 BP 网络结构

层与输入层之间的权重系数矩阵。其算法的主要思想是把学习过程分为两个阶段：第一阶段（正向传播过程），输入信息从输入层经过隐含层逐层处理并计算出各单元的实际输出值；第二阶段（反向传播过程），若在输出层不能得到期望的输出，那么逐层计算实际输出与目标输出之差值（即误差），并据此差值调整权值，从后向前修正各层之间的联结权重系数。如此反复，直至网络的学习误差或学习次数达到给定的目标，结束训练过程。训练好的神经网络，便建立起了输入和输出之间的稳定的映射关系，即具有了对输入信息进行模式分类的能力。BP 网络的计算流程如图 5.1-3 所示。

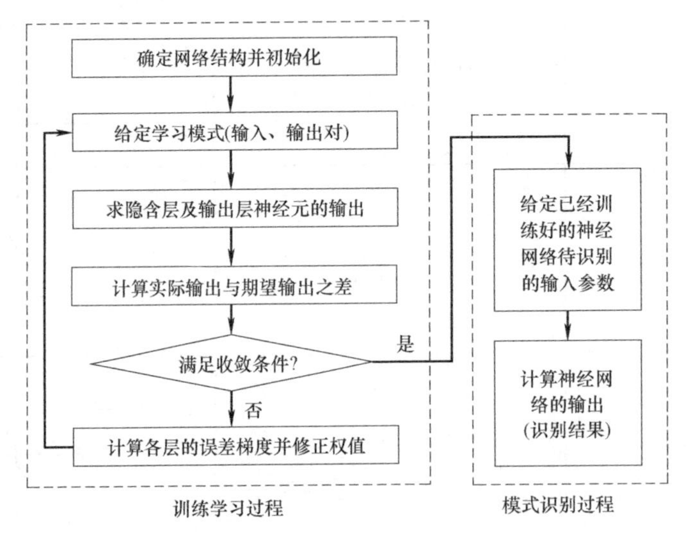

图 5.1-3　BP 网络的计算流程图

1）BP 算法的数学描述

BP 算法采用 delta(δ) 学习规则又称最小均方规则（LMS）。

正向传播过程：输入层单元 j 的输出值 o_j 等于其输入值 x_j，$j=1$，…，n，n 为输入层单元数；隐层中第 i 单元的输入值 net_i 为输入层各单元输出值的加权和：

$$net_i=\sum_{j=1}^{n}w_{ij}x_j-\theta_i \qquad (i=1,\cdots,p) \tag{5.1-45}$$

其中，w_{ij} 为输入层第 j 单元与隐层第 i 单元的连接权值，θ_i 为单元的阀值，p 为隐层单元数。输出值 a_i 由式（5.1-46）确定，f 为隐层的激活函数：

$$a_i=f(net_i) \qquad (i=1,\cdots,p) \tag{5.1-46}$$

输出层的输入为隐层各单元输出值的加权和：

$$net_k=\sum_{i=1}^{p}v_{ki}a_i-\theta_k \qquad (k=1,\cdots,m) \tag{5.1-47}$$

其中，v_{ki} 为隐层第 i 单元与输出层第 k 单元的连接权值，θ_k 为单元的阀值，m 为输出层单元数。输出值 y_k 由（5.1-48）式确定，g 为输出层的激活函数：

$$y_k=g(net_k) \qquad (k=1,\cdots,m) \tag{5.1-48}$$

反向传播过程（批处理方式，累计误差逆传播）：取网络全局误差函数 E 为：

$$E=\sum_{l=1}^{q}E_l=\frac{1}{2}\sum_{l=1}^{q}\sum_{k=1}^{m}(t_k^l-y_k^l)^2 \tag{5.1-49}$$

其中，q 为输入样本数，t_k^l 为输出层第 k 单元对应第 l 组输入样本的期望输出值，y_k^l 为实际输出值。则按梯度下降法修正输出层与隐层的连接权值：

$$\Delta v_{ki}=-\eta\frac{\partial E}{\partial v_{ki}}=-\eta\left(\sum_{l=1}^{q}\frac{\partial E_l}{\partial v_{ki}}\right) \tag{5.1-50}$$

其中，η 为学习率。同样方法修正隐层与输入层的连接权值：

$$\Delta w_{ij}=-\eta\frac{\partial E}{\partial w_{ij}}=-\eta\left(\sum_{l=1}^{q}\frac{\partial E_l}{\partial w_{ij}}\right) \tag{5.1-51}$$

以上述计算的修正值来修正连接权值 w_{ij} 与 v_{ki}，并重复正向与反向传播过程，直至误差收敛到规定的要求或达到给定的循环次数，完成网络的学习并保存已经训练好的权重，以备模式识别使用。

2）BP 网络的优缺点

BP 网络作为当今使用最广泛的一种神经网络，它具有结构简单、工作状态稳定、具有很强的非线性映射能力等，并在模式识别中具有很强的泛化能力（鲁棒性）。另外，1989 年 Hecht-Nilson 证明：对于在任何闭区间内的一个连续函数都能以任意精度用含有一个隐含层的 BP 网络来逼近，因此一个三层的 BP 网络可以完成任意的 n 维到 m 维空间的映射。这是 BP 网络较突出的特点。由于上述优点，BP 网络已经广泛应用于包括优化计算、模式分类、故障诊断以及控制等领域。

不过，BP 网络采用的是沿梯度下降的搜索求解算法，这样就不可避免地存在网络学习收敛速度慢以及容易陷入局部极小等问题，而且，学习率与隐含层节点数的不同也会直接影响网络的训练结果。

3）BP 网络性能的改进

针对 BP 网络的缺点，很多学者对其进行了不同方式的改进，主要有如下几个方面：

① 全局自适应的学习率。这可以通过给权值增加动量项或直接采用带有自适应性的学习率来实现。通过这种方式可以改变学习过程的收敛速度并一定程度上提高精度。增加动量项法是将权重的修正增加动量项。具体为将式（5.1-50）和（5.1-51）修改如下：

$$\Delta v_{ki}^{(t+1)}=-\eta\left(\sum_{l=1}^{q}\frac{\partial E_l}{\partial v_{ki}}\right)+\alpha\Delta v_{ki}^{(t)} \tag{5.1-52}$$

$$\Delta w_{ij}^{(t+1)}=-\eta\left(\sum_{l=1}^{q}\frac{\partial E_l}{\partial w_{ij}}\right)+\alpha\Delta w_{ij}^{(t)} \tag{5.1-53}$$

其中，α 为动量向（一般取 0.9），t 为学习次数。引入这个动量项之后，相当于在网络学习过程中改变 η 值，从而使得调节向着误差函数底部以变化的速率发展，在较陡处有较大的速率、在平坦处又不致产生大的摆动，即动量起到缓冲作用。

自适应的学习率是指，根据当前步计算出的误差与上一步误差的变化情况来修正学习率的大小。具体为，当新的误差小于上一步误差时，将学习率 η 乘以一个增大系数，反之，乘以一个减小系数。

② 选取合适的网络结构。BP 网络的结构，主要是隐含层的数量及其节点数。它们会直接影响学习的速度和精度。因为含有一个隐含层的三层 BP 网络能以任意精度完成任意的 n 维到 m 维空间的映射，所以从层数上选用只有一个隐含层的三层 BP 网络就可以满足使用。因此，这里仅介绍单隐层中节点数的确定方式，对这一问题的处理可分为两大类

方法。

a. 第一类方法是采用经验公式直接确定隐含层节点的数量。有如下三种常用方法：

方法一：隐层节点数由训练样本数和输入层节点数确定，并取用满足式（5.1-54）的最小值：

$$k < \sum_{i=0}^{n_1} C_{n_2}^{i} \tag{5.1-54}$$

其中，n_2 为隐层节点数，k 为训练样本数，n_1 为输入层节点数。C 为组合运算。

方法二：隐层节点数由输入和输出层节点数确定：

$$n_2 = \sqrt{n_1 + n_3} + a \tag{5.1-55}$$

其中，n_3 为输出层节点数，a 为 1～10 的常数。

方法三：隐层节点数直接由输入层节点数确定：

$$n_2 = 2n_1 + 1 \tag{5.1-56}$$

$$n_2 = \log_2 n_1 \tag{5.1-57}$$

$$(n_1 + n_3)/2 < n_2 \leqslant (n_1 + n_3) \tag{5.1-58}$$

上述经验公式都是在某些特定实验条件下总结出来的，而不是理论推导出来的。因此，不具备通用性，但是在实际确定隐含层节点数时具有很好的参考意义。

b. 第二类方法是采用动态变化的网络拓扑结构，即随着训练的进行随时改变隐含层的结点数。有如下三种方法：

方法一：逐渐减少隐层节点数。该方法是首先给定一个足够大的隐层节点数对网络进行训练，当某个隐层节点对所有样本的输出接近一个常量时，可在对输出层的阈值作一修改后将其删除，然后重复训练直至网络性能达到要求为止。

方法二：逐渐增加隐层节点数。该方法以网络输出的均方差的衰减率作为网络性能的评判标准，并由此来确定是否需要增加隐层节点数。首先给定一个较小的隐层节点数对网络进行训练，若干步后考察前后均方差的衰减率，如果衰减率大且大于给定的阈值，则保持原隐层节点数继续训练；反之，如果衰减率减小或新的衰减率小于某一阈值，则说明网络性能差，需要在隐含层中增加一个节点。如此训练下去，直至网络性能达到要求。

方法三：自适应调整隐含层节点数甚至隐含层数。同样以网络输出的均方差的衰减率作为网络性能的评判标准，并由此来确定是否需要增加或减少隐含层的节点数。

除上述几种方法外，还可以选用不同的激发函数和采用遗传算法等优化方法来优化其权值等方法，从而提高 BP 网络的性能。

另外，在改进网络学习效率的同时，增加网络识别结果的可靠性也是一个很重要的问题。首先，对输入参数进行预处理是必要的。一是将输入参数进行归一化处理，这样可以避免输入值较大时激发函数过于平缓、降低学习效率；二是在网络训练时将输入参数中加入适当水平的噪声，可以增强其泛化（Generalization）能力，即对训练集合以外样本也具有一定的识别能力。另外，也可以采用规则化调整法（Regularization）来提高网络的泛化能力。规则化调整方法是通过调整网络的性能函数来增强其泛化能力的，可以使网络的训练输出更加平滑。普通 BP 网络采用误差的均方和作为性能函数，如下式所示：

$$mse = \frac{1}{q}\sum_{l=1}^{q} E_l = \frac{1}{q}\sum_{l=1}^{q}\sum_{k=1}^{m}(t_k^l - y_k^l)^2 \tag{5.1-59}$$

其中，mse 为性能函数，其他参数同前。调整后的网络性能函数如下式所示：

$$msereg = \gamma mse + (1-\gamma) msw \tag{5.1-60}$$

其中，msw 为权值的均方和，γ 为性能参数，要确定该值是很困难的，好在 MATLAB 的工具箱中提供了自动设置最优性能参数的函数。

（2）概率神经网络

概率神经网络（probabilistic neural net-work，简称 PNN）是由 Specht D F 在 1990 年提出来的一种人工神经网络类型。概率神经网络采用的是前向传播算法，用指数函数来取代在神经网络中使用较多的 S 型函数，和其他反向算法中的试探法不同，它是基于统计原理的概率密度函数的估计法。概率神经网络是把具有 Parzen 窗口估计量的最小错误率贝叶斯决策放入神经网络框架中，基于贝叶斯决策算法来判断输入向量的类别状态。Parzen 窗口被用来估计核密度估计量的概率密度函数，其表达式如式（5.1-61）所示：

$$f_q(x) = \frac{1}{m(2\pi)^{p/2}\sigma^2}\sum_{i=1}^{m}\exp\left[\frac{(x-x_{qi})^{\mathrm{T}}(x-x_{qi})}{2\sigma^2}\right] \tag{5.1-61}$$

其中，m 是 q 类中的训练样本数量，p 是样本向量的维数，σ 为光滑系数，x 是输入的待检验样本向量，x_{qi} 是 q 类中第 i 个训练样本。

在实际应用中，尤其在解决分类问题的应用时，它的优势在于利用线性学习算法来完成非线性学习算法所做的工作，同时保持非线性算法的高精度特性。概率神经网络为四层前向网络，包括输入层、模式层、累加层和输出层，基本结构如图 5.1-4 所示。

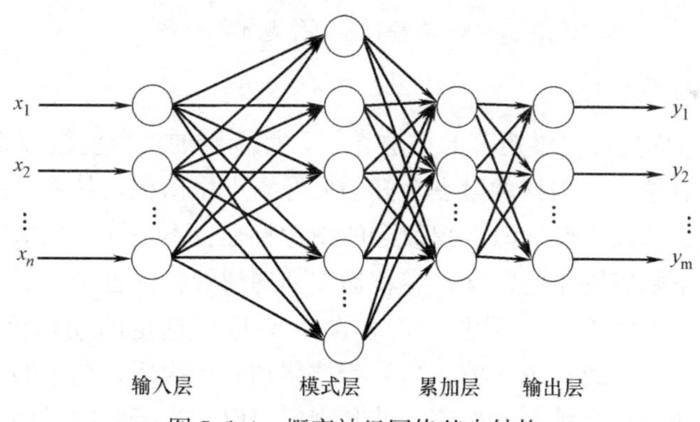

图 5.1-4　概率神经网络基本结构

PNN 神经网络能够比较准确地识别出损伤的具体位置，识别准确率达 97.0%，更适合于大跨度空间网格结构的损伤定位。因此后文利用 PNN 网络来确定杆件所在的子结构，且选择仅与损伤位置有关的参数—标准化的损伤信号指标 $NDSI_i(k)$ 作为输入参数，这样可以避开损伤程度的干扰、提高神经网络识别的效率，计算公式为：

$$DSI_i = \frac{\Delta\{\phi_i\}}{\Delta\{\omega_i^2\}} = \frac{\{\phi_{ui}\}-\{\phi_{di}\}}{\{\omega_{ui}^2\}-\{\omega_{di}^2\}} \tag{5.1-62}$$

$$NDSI_i(k) = \frac{DSI_i(k)}{\sum_{i=1}^{n}|DSI_i(k)|} \quad (i=1,2,\cdots,n) \tag{5.1-63}$$

其中，ω_{ui} 和 ω_{di} 分别为结构损伤前后的第 i 阶频率 u_i 和 d_i 分别为结构损伤前后的

第 i 阶振型；$NDSI_i(k)$ 为第 i 阶模态的损伤信号指标；n 为实测模态数；k 为实测模态矢量的位置。

基于概率神经网络进行结构损伤识别的基本思路是：首先对结构可能发生的损伤情况划分为若干种损伤模式，然后将从振动信号提取的损伤指标作为网络的输入向量，最后用识别出的损伤模式来判断结构发生损伤的位置。

（3）卷积神经网络

卷积神经网络（CNN）由 Fukushima 提出，LeCun 等进行改进而来，是目前图像处理任务中使用最多的深度神经网络，得益于其独特的卷积运算（Convolution）对于图像的特征提取有着非常好的效果。通过将卷积层、激活层、池化层不断反复堆叠、层层运算，得到图像特征图，再经由全连接层与根据最终任务选择的分类层或者是回归层，在选定的损失函数下，计算预测值与真实值的误差并通过反向传播算法更新权重参数（图 5.1-5）。

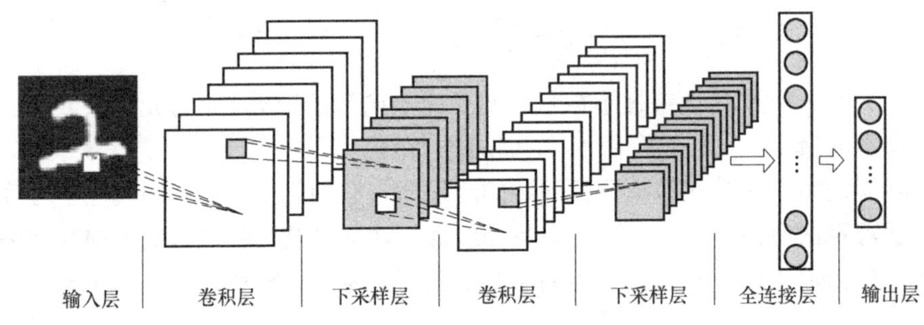

图 5.1-5　卷积神经网络基本结构图

1）卷积层

在 CNN 中的卷积是对二维矩阵的离散卷积，将选定的二维滤波器按照选定的步长到滑动二维图像上所有位置，与该像素点及其领域像素点做内积，从而实现对图像提取局部视觉特征。卷积核参数发生改变时，提取到的图像特征也不一样，例如边沿、线性、角等特征，且一般情况下随着网络的加深，卷积提取到的图像特征也越来越复杂。

卷积层重要的三个概念为：深度（通道数），一般由选定的卷积核数量决定；步长，表示卷积核滑动一次的距离；填充值，当卷积核移动若干次后，剩余的图片尺寸无法满足一次滑动，自动在图像边界填充 0 像素，使其刚好可以再进行一次滑动。卷积操作示意图见图 5.1-6，操作具体计算公式见式（5.1-64）：

$$a_{i,j}^{l+1}=f\left(\sum_{m=0}^{2}\sum_{n=0}^{2}w_{m,n}z_{i+m,j+n}^{l}+w_b\right) \tag{5.1-64}$$

式中　$z_{i,j}^{l}$——第 l 层图像的第 i 行第 j 列元素；

$w_{m,n}$——卷积核当中第 m 行第 n 列权重；

w_b——filter 的偏置项；

$a_{i,j}^{l+1}$——卷积得到的第 $l+1$ 层特征图的第 i 行第 j 列元素；

f——激活函数。

关于卷积操作前后图像尺寸变化，计算公式为：

$$H'=(H-F+2P)/S+1 \tag{5.1-65}$$

$$W'=(W-F+2P)/S+1 \tag{5.1-66}$$

式中　H、W——输入该层的图像高、宽；

H'、W'——特征图高、宽；

F——卷积核大小；

P——表示图像填充大小；

S——表示卷积核滑动步长。

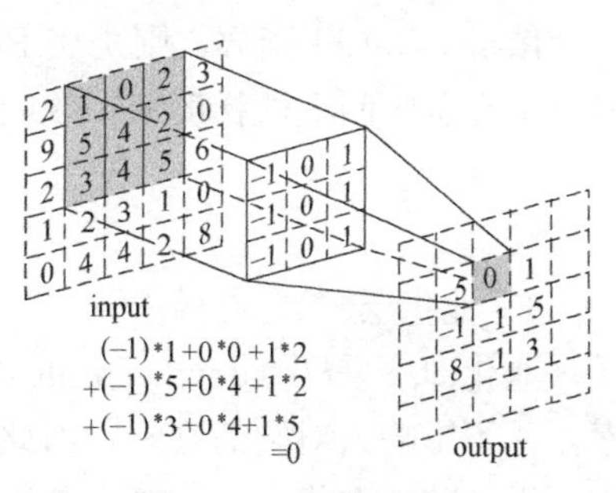

图 5.1-6　操作示意图

通过对卷积操作的运算过程了解，我们可以发现卷积操作的两个重要特点：局部连接以及权值共享。每个神经元只连接上一层神经元的一部分区域，这块局部区域称作感受野，并且对同一层的图像进行特征提取采用的卷积核是共享的。这两个特点使得 CNN 需要学习的参数大大减小，从而可以加深网络深度，提取更加复杂的特征。

2）激活层

卷积操作属于线性操作，为了增强网络的非线性能力，需要使用非线性的激活函数对卷积层线性变换后的输出进行非线性映射。

图 5.1-7 为激活函数工作原理示意图，用公式表示为：

$$x^{i+1}=f(w^{i}\otimes x^{i}+b^{i}) \tag{5.1-67}$$

常见的激活函数 Sigmoid 函数以及非线性修正单元 ReLU 函数，Leaky ReLU，tanh 函数等。Sigmoid 函数在卷积神经网络当中使用时，常常出现梯度消失的问题，因此一般优先选用修正线性单元 ReLU 函数，因为它具有速度快，求解梯度简单的优点，当 ReLU 函数失效时，可以考虑使用 Leaky ReLU 函数。ReLU 函数分布图像如图 5.1-8 所示，用公式表示为：

$$y=\max(0,x)=\begin{cases}x, x>0\\0, x<0\end{cases} \tag{5.1-68}$$

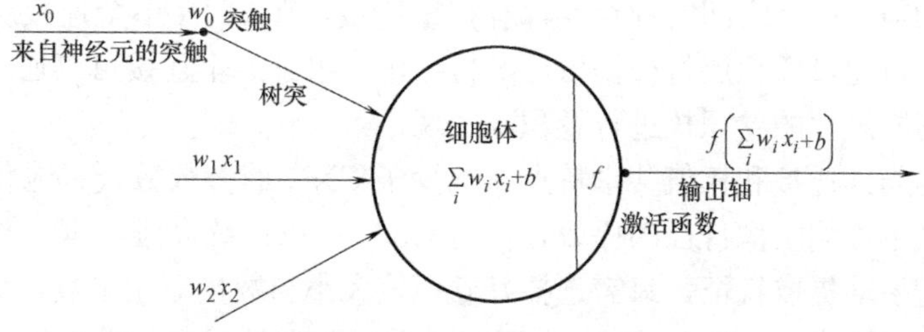

图 5.1-7　激活函数工作原理

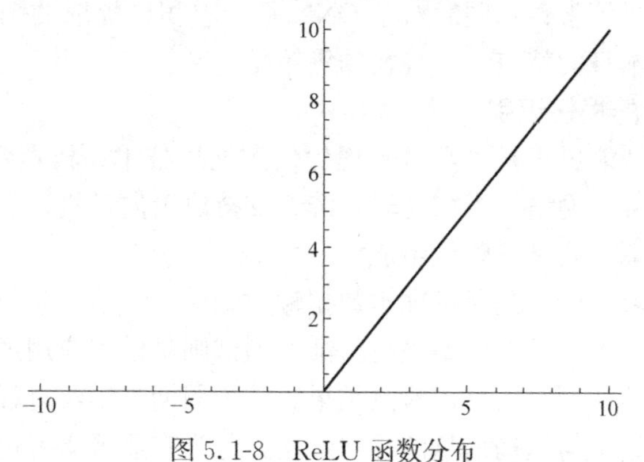

图 5.1-8　ReLU 函数分布

Leaky ReLU 函数，则是在 ReLU 负区间区段将 0 梯度改为 K 梯度，表达式如下，避免了在负区间上的梯度消失效应。

$$y=\max(0,x)=\begin{cases}x, x>0\\ kx, x<0\end{cases} \tag{5.1-69}$$

3）池化层

池化即下采样（downsamples），从人的视觉特性看，当一张图像删除相邻的一般像素，并不影响人对它的判断，因此产生了池化的概念，通常在卷积层之后，对图像进行降维采样，减小图像尺寸，减小参数数量，可以达到抑制过拟合现象的作用。池化方法有最大池化（Max pooling）、平均池化（average pooling）、高斯池化以及可训练池化，使用更多的是最大池化，即选取窗口内最大的元素代替整个窗口，示意图如图 5.1-9 所示：

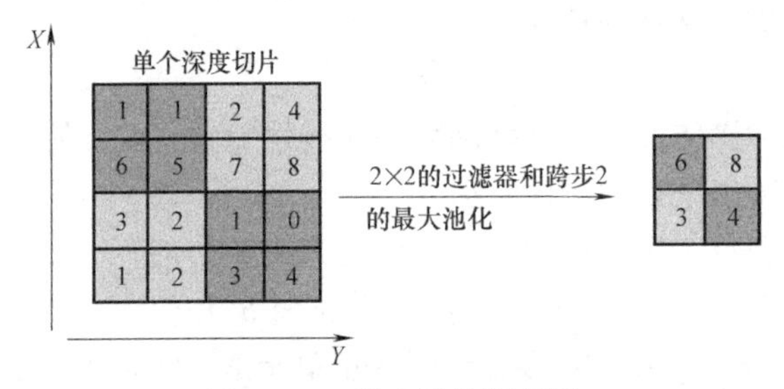

图 5.1-9 最大池化原理图

池化层需要关注的几个参数为滑动窗口的大小 F、滑动步长 S、填充值 P，池化操作前后图像尺寸变化，与卷积操作一致。池化层主要作用：减小图像维度，减少网络参数数量，减轻过拟合现象；能够保证图像特征的空间不变性。

4）全连接层

全连接层的前后两层之间的神经元都有权重连接，在 CNN 中全连接层通常在整个模型的尾部，用于对通过卷积层特征提取后的特征进行组合。全连接可以通过对前层的卷积层与输入特征图同尺寸的卷积核进行卷积来实现。

卷积操作的局部连接和权值共享特点，减少了 CNN 的参数数量，池化层可以对图像尺寸压缩同时又不影响图像特征的提取，使得 CNN 可以训练高维数据；与传统图像处理方法相比，无需手动提取特征，只需选择好卷积核大小与数量等超参数，训练结束后，即可得分类效果较好的模型。然而 CNN 在训练时需要调整学习率，批量学习数量，还需调整卷积核大小以及数量等参数；同时对于 CNN 每个卷积层提取的图像特征，我们无法得知，这也是神经网络本身的特点——神秘的黑箱子。

2. 基于深度学习的损伤识别

模式识别与人工智能思想是一类基于现代信息处理技术、机器学习、专家系统原理、人工智能的方法，如神经网络、模糊逻辑系统、支持决策向量机、卷积神经网络等。算法流程一般由训练、验证、测试三阶段组成。

训练阶段也是学习阶段，是通过样本数据输入到模型，不断学习的过程。验证则是通过另外一组样本集，对训练后的模型进行验证。测试则是模型应用过程，以输入一个未知样本集，根据训练好的模型给出损伤检测结果为一个周期。学习过程分为有监督学习与无监督学习，基于结构健康与损伤信息的学习过程，称为有监督学习过程；仅通过结构的健康信息学习过程则称为无监督的学习过程。有监督的学习过程可以检测到结构损伤，位置以及大小；无监督学习仅可以检测到损伤以及位置，两种方法各有优缺点。①有监督学习需要通过有限元模拟获得结构的损伤样本状态，无监督不需要；②有监督需要足够长时间的样本训练；③有监督学习能够监测到损伤、位置以及大小，而无监督只能检测到损伤以及位置，且精度不高。在人工智能领域，机器学习是一类应用广泛的算法，机器学习研究的是如何将人类大脑自主学习知识技能并持续更新的学习过程用计算机来实现。在机器学习算法中，BP 神经网络、支持向量机等模型属于浅层学习，浅层神经网络由于其本身的结构的局限性，存在训练时间过长、网络参数设置过于依赖专家经验以及容易陷入局部最优等问题，已经逐渐不能适应越来越大的样本数量和丰富的样本多样性。而相反，深度学习旨在对人脑抽象本质特征的数据解释过程进行深度模仿，建立同人脑的分析学习机制相似的深层次网络结构，通过逐层向上的学习机制表征数据多层抽象特征。深度学习的这种特征使得它更适于用来解决实际问题。2006 年，Hinton 教授提出了深度学习的概念以及典型结构的训练算法，为深度学习的发展奠定了基础。

深度学习是目前机器学习领域中最为热门的子领域，旨在构造一个可训练的深层模型用来模拟人脑处理和分析问题的过程。深度学习的概念来源于人工神经网络研究的深入，学习视觉系统分级处理的方式，解决了多层神经网络因层数过多引发的梯度消失问题。本节先对深度学习综述，然后引入深度学习方法进行结构损伤识别。为了将连续型数值预测问题转化为合理粒度的多分类问题，我们将损伤数值按合理粒度进行了离散化，将损伤识别简化为 401 类的多分类问题。在损伤值离散化的基础上，本章基于卷积神经网络和残差网构造了用于分类的网络模型，给出了训练和预测的完整过程。

深度学习包含了众多的机器学习算法及模型，按照此类算法和模型的利用方法，主要将深度学习归为下述三种：

(1) 生成性深度模型。此模型能够用以表述信息的高阶关联特征，或者获取信息以及对应类型的联合概率特征。

(2) 区分性深度模型。此模型主要实现了判别模式类型的功能，一般用以表述信息的后验分布。

(3) 混合性模型。此种模型仅适用于部分对象，一般来说，使用生成性模型的输出能够降低优化的难度。

生成深层模型即为借助于学习观测信息的高阶相关特性，或者观测信息与关联类型两者间的统计特性分布以对模式进行归类的一种深层模型。判别深层模型即为一种借助于直接学习各种类别间的区分表征特性对模式进行归类的深层模型。混合深层模型则是生成结构与判别结构两者融合而产生的深层模型。

1) 生成型深度结构

深层生成模型根据网络结构中是否存在方向性可以分为深层有向网络、深层无向网络以及深层混合网络 3 种。本文以 DBN 系统分析了生成深层结构。此种结构属于一种深层混合网络，如图 5.1-10 所示，其是将 RBM 视作基础单元以串联堆叠的方式而产生的。DBN 的主要训练步骤是：首先逐级训练 RBM，而后利用传统学习算法做出细微的调整。所以，在分析 DBN 之前，笔者首先将阐述 RBM 的组成、机理以及训练方式。

RBM 属于一种双层且无向的随机神经网络结构，其含有对称连接且没自反馈，层间

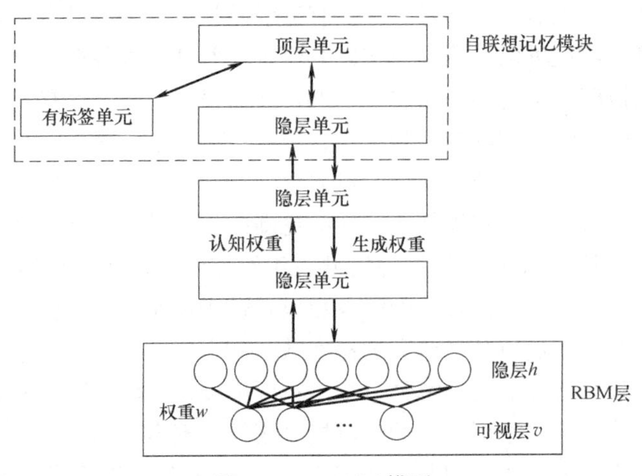

图 5.1-10　DBM 模型

全连接，层内无连接，如图 5.1-11 所示。

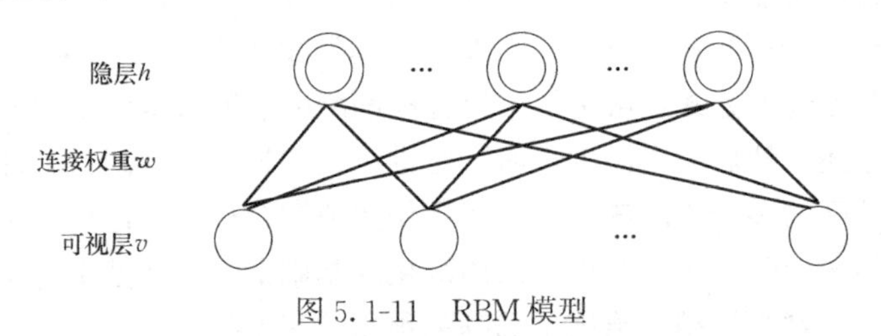

图 5.1-11　RBM 模型

2）区分性深度结构

常见的判别深层结构主要有卷积神经网络、深层堆叠网络等。本节主要以卷积神经网络（CNN）为代表详细介绍区分性神经网络。19 世纪 60 年代，生物学家 Hubel 等的生物学研究发现，视觉讯号是借助于激发多层的感受野（Receptive Field）自视网膜移动到人脑中的。1980 年，Fukushima 首次创建了一种以感受野为基础的理论模型 Neocognitron，该模型为一种自组织的多层神经网络，各个层的响应均源自其上一层的局部感受野激发，微小形变、位置以及尺度并不对模式的识别构成干扰。并且，此种模型所使用的无监督学习也是早期卷积神经网络领域最为常用的学习方式。

1998 年，Lecun 等提出的 LeNet-5 模型，通过梯度反向传播算法完成网络的有监督训练。训练之后的模型能够利用循环连接的卷积层以及下取样层，将原始图像转变为一系列的特征图，最后，利用全连接的神经网络对图像的特征表达进行分类。卷积层内的卷积核充当了感受野的角色，能够利用卷积核把低层的局部位置数据激发至高层。随着该模型在手写字符辨别方面的顺利应用，卷积神经网络逐渐变成了业内的探究热点。研究人员也开始尝试在人脸识别、语音识别、物体检测等领域分析与运用卷积神经网络。2012 年，Krizhevsky 等所设计的 AlexNex 在大型图像库 ImageNet 的分类大赛中，凭借超过亚军 11％的准确度位列第一，因此引发了业内对卷积神经网络的关注。随后又陆续涌现了大量的卷积神经网络结构。诸如微软的 ResNet、牛津大学的 VGG（Visual Geometry Group）、Google 的 GoogLeNet，此类模型不断创造了 ImageNet 大赛的新纪记录。

2016 年 1 月 28 日，《Nature》杂志以封面文章上刊登了由 Google 研发出的 AlphaGo

凭借五战五胜的成绩打败欧洲卫冕冠军的报道。同年3月，围棋大师、职业九段李世石与AlphaGo的人机大战打开帷幕，最终Alphago以五局四胜的成绩取胜；从2016年底到2017年初，AlphaGo在我国围棋站点上用“大师”（Master）为名进行注册，同中日韩三国共计10名围棋大师展开了快棋大战，创造了六十场零战败的记录；2017年5月，AlphaGo又在我国乌镇的围棋大会上，对决世界围棋冠军柯洁，最终以三战三胜的成绩取胜。因此，众多围棋大师惊呼AlphaGo现已超越了世界上一流的专业围棋大师，在站点GoRatings公开的全球职业围棋排位中，AlphaGo的分数一度超越了位列冠军的围棋大师柯洁。AlphaGo主要通过价值网络（value networks）以评价棋盘的分布，通过策略网络（policy networks）以选择下棋的策略，上述两类均属于深层神经网络结构，因此AlphaGo的成果反映了深度学习在人工智能领域的重大进步，同时也说明了深度学习具有强大的潜力。

以卷积神经网络为代表介绍区分性神经网络，分别从以下几方面进行介绍：

① 神经元

神经元是人工神经网络的最小处理单元，通常由多个输入和输出单元，其基本结构如图5.1-12所示：

其中，x_i 表示输入信号，n 个信号同时输入到神经元 j，w_{ij} 与 x_i 与神经元连接权重，b_j 为神经元内部状态，即偏置值，y_i 为神经元的输出，则输出与输入之间可以用如下公式表示：

$$y_i = f\left(\sum_{i=1}^{n} x_i \times w_{ij} + b_j\right) \quad (5.1\text{-}70)$$

$f()$ 为激励函数，一般有ReLU、Sigmoid、tanh(x)、径向基函数等。

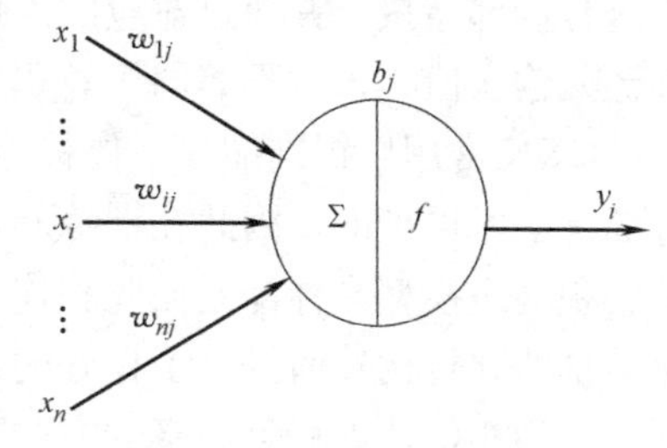

图5.1-12　神经元模型

② 多层感知器

多层感知器（Multilayer Perceptron，MLP）一般是由输入层、隐藏层（或多个）、输出层三部分组成，其结构如图5.1-13所示。

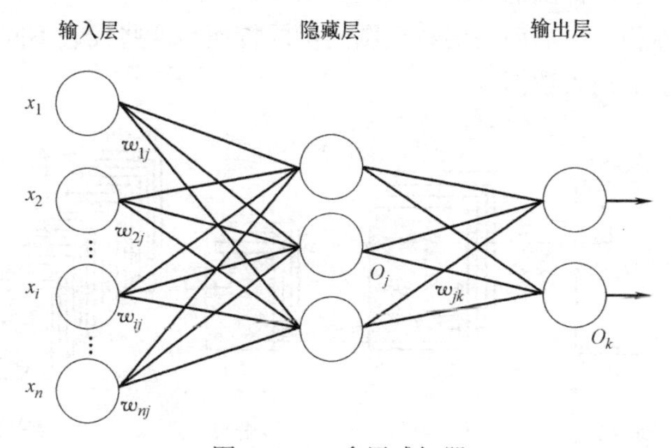

图5.1-13　多层感知器

假设 x_m^l 为MLP中第 l 层第 m 个神经单元的输入，y_m^l 与 b_m^l 为该神经元的输出值及偏置量，ω_{im}^{l-1} 为该神经元与第 $l-1$ 层第 i 个神经元的权重值，则：

$$x_m^l = b_m^l + \sum_{i=1}^{k} \omega_{im}^{l-1} \times y_m^{l-1} \tag{5.1-71}$$

$$y_m^l = f(x_m^l) \tag{5.1-72}$$

BP 算法可以分为两个阶段，一个阶段是前向传播，另一个阶段是反向传播，其反向传播由 MLP 的输出层开始，以图 5.3-13 为例，其损失函数为

$$L(y_1^l, y_2^l, y_3^l, \cdots, y_n^l) = \sum_j^h y_j^l - t_j \tag{5.1-73}$$

第 l 层为输出层，t_j 为输出层第 j 个神经元的期望输出，对损失函数求一阶偏导，则网格权值更新公式为：

$$\omega_{im}^l = \omega_{im}^{l-1} - \eta \times \frac{\partial L}{\partial \omega_{im}^{l-1}} \tag{5.1-74}$$

其中，η 为学习率。

③ CNN 基本结构

CNN 主要包含了输入层、池化层（pooling layer，又名取样层）、全连接层、卷积层（convolutional layer）和输出层。通常有多个卷积层和池化层，单个卷积层与单个池化层相连，池化层再与卷积层相连，交替进行。由于卷积层中输出特征面的每个神经元与其输入进行局部连接，并通过对应的连接权值与局部输入进行加权求和再加上偏置值，得到该神经元输入值，该过程等同于卷积过程，CNN 也由此而得名。

CNN 常用以识别缩放、位移等各种扭曲不变性的二维图像。因为其特征检测层是通过训练学习得到的，因此在训练 CNN 时，一般采用隐性的方式完成学习，这也集中体现了卷积网络模型与神经元彼此相连网络模型相比的一大优点。卷积神经模型凭借其局部权值共享的独特构造而具有了良好的语音识别与图像处理特性，它的构造与真实的生物神经网络极为相似，以权值共享的方式降低网络模型的复杂性，尤其是能够直接输入多维输入向量的图像，由此降低了特征值提取与分类过程中数据重建的复杂度。

④ 卷积层

卷积层中，前一层的特征图与一个可学习卷积核进行卷积运算，卷积结果经过激活函数后的输出形成下一层特征图的神经元，从而构成下一层对应某一种特征的特征图。使用不同的卷积核进行卷积可提取前一层特征图的不同特征，这些代表不同特征的特征图共同作为下一层子采样层的输入数据。

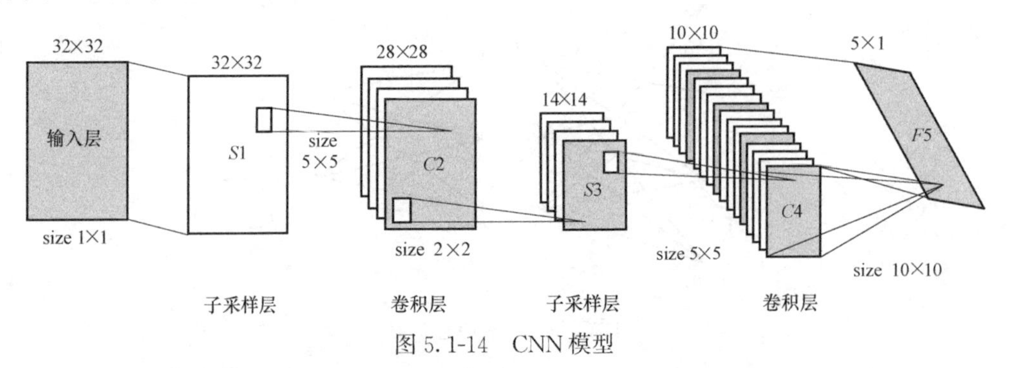

图 5.1-14　CNN 模型

如图 5.1-14 所示，卷积层为 C2 和 C4，卷积层与子采样层间隔出现，卷积层每一个输出特征图与前一层的特征图的卷积结果建立关系。一般的卷积层的计算方式为：

$$x_j^l = f(b_l + \sum_{mj} X^{n-1} \times Kernel_j^l) \tag{5.1-75}$$

其中，$Kernel$ 表示卷积核，每个特征图对应不同的卷积核，m_j 为输入特征图的一个选择，每一层有共享偏置量 b_j，$f()$ 为偏置函数

⑤ 池化层（Pooling）

池化层也称子采样层，其功能比较简单，通过提取局域野的特征来减小数据规模。子采样层的主要作用是降低网络的空间分辨率，从而实现畸变、位移鲁棒性。池化层上的神经元的计算公式为：

$$x_i^l = f[g_{mj}(x_j^{l-1}) + b_l] \tag{5.1-76}$$

$g()$ 表示定义在数据上的一种操作，可以定义取子区域的最大值、平均值等。即平均池化或最大池化。

⑥ 训练过程

CNN 本质上是一种输入到输出的非线性映射，它不需要输入和输出之间精确的数学表达关系，却能够有效地学习输入与输出之间的非线性映射关系，这正是判别模型的重要依据。CNN 通过用已知模式训练卷积网络，使得卷积网络获得输入与输出之间的映射关系。

传统的卷积神经网络采用有监督学习方法，训练模型的样本集形如（□□，□□□□），其中□为输入数据，□□□□为输出数据。开始训练前，所有数据都使用不同的小随机数进行初始化。“小随机数”用来约束网络不会因权值过大而陷入饱和状态；使用不同的随机数是为了约束网络，使其具备正常的学习能力。训练算法主要包括 4 个步骤，分为两个阶段。

第一阶段，前向传播阶段：

（1）从样本集取出一个样本（X，Y_i），将 X 输入网格；

（2）计算网格实际输出 O_i

在此阶段，信息从输入层开始前向逐层传播，直至输出层。在此过程中，网格执行如下计算：

$$O_i = f_n(\cdots\{f_2[f_1(X\omega_1)\omega_2]\}\omega_n) \tag{5.1-77}$$

$f_i()$，（$i=1$，2，…，n）表示 CNN 第 i 层的激活函数，$\omega_i()$，（$i=1$，2，…，n）表示 CNN 第 i 层的转换矩阵。

第二阶段，反向传播阶段：

（3）计算网络实际输出 O_i 与理想输出 y_i 的差

（4）按照极小化误差方法调整网络权值。

假设有 K 个训练样本，使用误差的二范数作为误差的测度，

$$Error_k = \frac{1}{2}\|Y_k - O_k\|^2 \tag{5.1-78}$$

$$\theta^* = \underset{\theta}{\operatorname{argmin}} \sum_{K-1}^{K} Error_k \tag{5.1-79}$$

其中，$\theta = \{\omega_i, b_i\}$，（$i=1$，2，…，$n$），$\omega_i$ 表示第 i 层权重，b_i 表示第 i 层偏置量，n 表示 CNN 层数。

3）混合型结构

混合深层结构属于一种主要包含了判别单元与生成单元的混合深层网络。该结构充分利用了生成单元良好的结构表征特性和判别单元高效的分类特性，由此能够大幅改善混合结构的判别性能。在估测非线性度较高的参量时，生成单元可以将近似最优解作为参数的初始值，有效控制结构的复杂度。在大部分混合深层结构的训练过程中，生成单元首先使用近似最优解完成参量初始化，随后通过判别单位细微调整网络，从而实现了对高度复杂问题的建模和应用。

3. 基于计算机视觉的损伤识别

近年来，人工智能领域研究不断取得突破性的进展，计算机视觉技术也给各行各业问题的解决提供了新思路，并且证明计算机视觉技术的优越性，如人脸识别、医学图像识别、无人驾驶汽车等。同时，随着科技发展，各类拥有摄像功能的设备变得容易获取，以及健康监测系统的不断发展完善，除了传统的荷载以及动力响应等信号数据以外，还可以收集到数量巨大的图像或者是视频信号，这些图像信号（视频可看作连续的图像）当中包含着丰富的结构信息，利用计算机视觉技术，对这些蕴含着丰富的结构信息的图像数据进行处理，得到我们想要了解的结构健康信息，已经成为推动土木工程结构损伤检测技术发展的重要途径。然而，由于拍摄设备参数的不同，拍摄距离有远有近，拍摄角度也不一致，以及拍摄时的光照、背景干扰等因素，最终得到的图像数据往往是充满噪声，并且质量参差不齐。如何利用这样的图片数据，通过计算机视觉技术进行结构损伤识别是一大难题。

计算机视觉属于人工智能的一个分支，它的核心思想是让算法不断地去观察图像学习相应的特征，进而判断出物体的类别与位置等信息。类似于局部损伤检测当中的人工检测方法，只不过用经过很多次学习的算法代替有经验的检测人员，极大地提高了检测的速度，又能够准确地识别出局部损伤的损伤区域。

计算机视觉技术主要包括：

（1）图像分类：判断输入到神经网络的图片所属类别，常用卷积神经网络（CNN）进行图像特征提取，再对于提取的特征进行评分，评分高的所属类别即为物体的类别；

（2）目标检测：使用选定的算法识别出图像中我们检测目标的位置区域，同时给出物体的类别；

（3）目标跟踪：在特定场景对特定对象进行实时跟踪，是目标检测的时空动态过程；

（4）语义分割：对图片的每一个像素进行分类；

（5）实例分割：可以理解为在目标检测的基础上再进行语义分割。

Je-Keun Oh 等（2009）提出了一种用于桥梁安全状态检测的机器人系统，用于收集准确的数据，记录两年一次的桥梁安全情况变化，并检查桥梁的安全状态，通过对实际桥梁裂缝检测的实验，验证了所提出的裂缝检测和跟踪算法的有效性；Lim 等利用高斯（LoG）的 Laplacian 算法检测裂纹，通过摄像机标定和机器人定位得到全局裂纹图；Yeum 等提出了一种基于视觉的视觉检测技术，该技术通过自动处理和分析大量采集的图像，利用多角度图像和对损伤典型外观和特征的先验知识，对钢结构螺栓附近的裂纹进行了图像识别。以上这些基于经典图像处理方法来进行的结构损伤识别研究，只针对图像中的底层像素和局部区域进行处理，无法提取高层次特征，并且需要预先人工设计滤波器来检测损伤，需要对裂缝的几何形状进行假设。为了解决传统图像处理方法无法提取高层次特征的局限性，提出了基于深度学习的算法。R. Oullette 等成功地将卷积神经网络（CNNs）应用于在线裂纹检测，采用标准遗传算法（GA）对 4－5×5 滤波器 CNN 的权值进行训练，避免陷入局部极小值；Konstantinos 等用两个卷积层和一个全连接层构造的浅层 CNN，实现了隧道裂缝检测；XUEFENG ZHAO 等通过微调 AlexNet 模型建立了一个用于裂纹检测的 CNN 模型，提出了一种基于众包的裂纹图像采集和裂纹检测方法；Fu-ChenChen 等提出了一种基于 CNN 和朴素贝叶斯数据融合方案深度学习框架，从每个视频帧中提取的信息来提高系统的整体性能和鲁棒性；Jonathan Masci 等提出了一种用于监督钢缺陷分类的最大池化卷积神经网络方法。在一个有 7 个缺陷的分类任务上，从一个真实的生产线上收集得到了 7%的错误率，该方法不但得到了较好的检测结果，而且直接用于检测和分割出钢缺陷的原始像素强度，避免了额外的时间消耗和难以优化的预处理；Butcher 等研究了两种神经网络方法的首次使用，以自动分析这些数据：回声状态网络（ESNs）和极限学习机（ELMs），其中快速和有效的训练程序允许网络训练和评估比传统神经网络方法在更短的时间；Cha 等提出了一种基于候选区域的快速卷积神经网络（Faster R-CNN）结构视觉检测方法，实现了对多种损伤的实时、同时检测。传统图像处理方法直接处理图像中的低层像素和局部区域，无法提取高层次特征，而各类深度学习神经网络虽然可以提供更高层次特征的表示，但是往往只是针对特定的损伤，如裂缝或脱落，特定的结构进行的研究，得到的损伤识别模型的适用性不高，模型泛化能力较差。

5.1.3　结构损伤识别的输入参数

利用神经网络进行结构损伤识别，理论上可以采用结构振动反应的各种信息作为结构损伤特征参数，如频率域分析的频率、振型、振型曲率、应变模态、阻尼、频响函数和传递函数以及时间域内加速度、位移和应变的时程响应等。陆秋海通过悬臂梁的模型实验对六种输入参数进行了分析，得出它们对损伤敏感程度的影响从低到高依次为：位移模态参数、固有振动频率参数、位移频响函数参数、曲率模态参数、应变模态参数以及应变频响函数参数。董聪对该问题进行了较为深入的理论研究，建立了结构应变矢量和结构应变模态矩阵、结构自振频率矩阵、结构位移模态矩阵三者之间的一阶变分关系，从理论上中揭示以应变类参数（应变、应变模态、曲率模态等）为基础的损伤定位方法明显优于以位移类参数（位移、位移模态、柔度矩阵等）为基础的损伤定位方法。同时，指出用于损伤直接定位的损伤特征参数最好是局域量，并应该对局部损伤敏感，而且是结构损伤的单调函数。振型曲率和应变模态对单个梁的损伤识别是敏感的，但不适于具有较多自由度的网格结构。另外，神经网络的输入参数是离散的，而离散后的频响函数、传递函数以及时程响应的数据量较多，会直接影响神经网络的训练和识别效率，因此不适于作为神经网络的输入。所以，下面只介绍基于频率和振型的变化导出的结构损伤特征参数。

1. 静力参数输入

利用静力测试数据相对于动力来说有较突出的优点，如求解静力方程简单、测量方便且结果精确、稳定等。许多学者基于结构的静力反应进行了结构损伤识别研究。如 Sanayei、Banan 和 Hjelmstad 等利用静力测试数据采用迭代法对桁架结构的杆件损伤进行了识别，针对测试数据相对于结构自由度不完备的情况采用了静力凝聚法。朱四荣利用灵敏度矩阵和非线性最小化过程的交错迭代方法，对框架结构损伤识别的逆分析问题进行了研究。崔飞针对用该法所建立的方程往往是一个病态的非线性方程这一特点，通过梯度法与 Gauss-Newton 法以及 Monte-Carlo 法的综合运用，利用灵敏度分析法成功地对一框架数值模型和一个桁架试验模型进行了损伤识别。邵金林及 Chou 等利用静力法的优点及遗传算法全局寻优的特点分别对一桁架结构和梁的缺陷进行了识别。以上结果均表明：只要测点布置合理、加载工况足够多，基于结构静态响应的参数识别结果可以达到足够的精度。因此，在条件可行的情况下，静力检测仍然是结构检测中的一种常用方法。但是用静力反应来进行结构损伤识别有其无法克服的缺点：①测量信息少，只有位移与应变；②施加荷载工况有限，对于那些在某种工况下对结构刚度贡献小的构件，可能根本识别不出其损伤情况；③对实际的建筑结构进行静力加载是很困难或不现实的。所以，为了克服这些缺点，有些学者综合运用静力与动力检测的结果来完成对结构损伤的识别。

2. 结构动力响应参数输入

结构动力反应存在现场不易准确测量的相对缺点，但是由于结构的缺陷作为结构的内在属性，必将在其动力特性（频域与时域）上得到反应，不仅可以反映结构局部的力学特性，而且更能反映结构的整体特性。另外，要获取结构的动力特性，不仅可以采用人工激励，而且也可以采用环境激励。所以，近些年来，随着检测手段及实验模态分析技术的提高，对结构损伤识别的研究绝大多数以结构的动力反应为前提。相对于静力反应来说，用动力反应测取的参数比较多（如频率、振型以及时程反应等），相应也就发展出来针对不同参数的多种识别方法。

利用动力反应进行结构损伤识别时，根据其采用的求解手段，可以分为基于传统数学方法的损伤识别与基于遗传算法或人工智能的损伤识别两大类。

结构健康监测（SHM）系统已经应用在空间网格结构状态评估中。SHM 数据（应变、位移和频率等）包含了随时间变化的结构健康状态信息、环境噪声信息和损伤变化规律，是时间序列数据。通过 SHM 系统中的传感器，可以获得监测数据。通过对监测数据处理和分析来评估结构健康状态。

随着人工智能（AI）深度学习技术的发展，为了更好地利用大量时序数据中的信息，研究人员开发了可以处理时序数据的循环神经网络（RNN），由于 SHM 数据也是时序数据，因此可以通过 RNN 来提取 SHM 数据中的信息来对结构健康状态进行预测和评估，可以极大地节省人力、物力和财力。

因为自振特性是结构的固有属性，且可以在环境激励下获得（已在 5.1.1 节中介绍），所以，结构动力响应被广泛应用于结构损伤识别。包括上文提的频率、振型以及阻尼比等，这些参数均是对实测数据进行模态分析后的数据。目前已有人采用直接实测的结构响应时程作为损伤识别的输入信息，并取得了较好的效果。

5.2 空间网格结构多步损伤识别法

目前，对于网格结构中杆件的损伤识别研究，均直接使用对应于各杆件损伤状态的状态向量作为神经网络的输出参数。当结构规模较大时，很多人采用了两步识别法，即首先识别损伤杆件的位置，然后识别其损伤程度。这在一定程度上提高了神经网络的损伤识别效率。但是，随着结构规模的增大，由于输出参数向量的维数等于结构中的杆件总数而使得输出向量的维数相应增大，从而导致经网络的结构庞大、复杂，效率降低并很难应用于实际工程。有研究者对高层结构或塔架结构采用多步识别方法来实现对复杂结构的损伤识别，即首先将损伤定位到结构中的局部区域，然后在该区域内实现对损伤具体位置和程度的识别。对于高层结构或塔架结构，从模型上可以用结构中的楼层作为局部区域，但是，对于网格结构尤其是空间网格结构，对局部区域的划分却不那么容易，而只能考虑其他方法。

借鉴上述结构损伤多步识别方法的思想，并针对网格结构的特点，本章提出网格结构损伤识别的三步法，通过三个步骤完成对网格结构的损伤位置和程度的识别。第一步，对损伤进行初步定位，以便减小神经网络输出向量的维数，并提高神经网络的模式识别效率。在此过程中，以网格结构中的节点作为局部区域，并将损伤初步定位到某些节点区域，因此称为面向节点的损伤初步定位方法。第二步，在损伤区域内将损伤具体定位到杆件。第三步，对损伤杆件的损伤程度进行识别。

5.2.1　面向节点的损伤识别法

面向节点的损伤定位方法，是以网格结构中与损伤杆件相关联的节点来表示其损伤位置，并作为神经网络的输出，而不是直接使用杆件的损伤状态，从而将损伤初步定位到节点区域上。

1. 用节点来定位损伤的依据

(1) 杆件单元物理位置的描述。网格结构离散为杆系有限元进行分析时，要对杆件和节点进行编号。这样，网格结构中杆件的位置可以通过杆件的编号来确定，同时也可以通过与其相关联的节点来确定。如在图 5.2-1 所示的网架剖面图中，第①号杆件可以由第 1 和 2 节点明确地指示出来。那么，当第①杆件发生损伤并导致刚度下降时，反映在节点上为第 1 和 2 节点处的刚度下降，即第 1 和 2 节点所在区域存在损伤。同样，相邻杆件构成的区域便可以用与其共同关联的一个节点来定位，如任意第②、③、④和⑤号杆件发生损伤时，均可以用第 4 节点区域存在损伤来表示。如果不采用有限元，而是把网架或网壳结构从结构整体和外形尺寸等宏观角度视为一块平板或壳体，并采用平板理论或壳体理论等连续化分析方法来计算时，仍然可以采用相应节点所在的区域来定位原网格结构中的杆件。因此，用节点的位置来定义网格结构中的局部区域并对损伤初步定位是可行的。

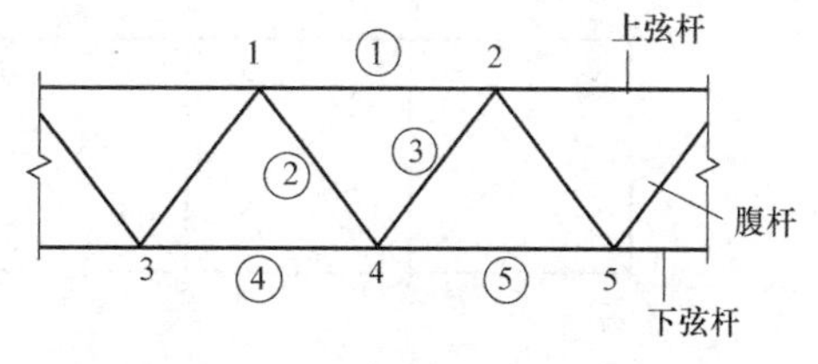

图 5.2-1　网架结构剖面示意图

(2) 单元刚度矩阵在结构整体刚度矩阵中的位置描述。结构的整体刚度矩阵可以按节点划分并写为如下分块矩阵的形式：

$$[K]=\begin{bmatrix}[k_{11}] & [k_{12}] & \cdots & [k_{1,NN}] \\ [k_{21}] & [k_{22}] & \cdots & [k_{2,NN}] \\ \vdots & \vdots & \ddots & \vdots \\ [k_{NN,1}] & [k_{NN,2}] & \cdots & [k_{NN,NN}]\end{bmatrix} \tag{5.2-1}$$

其中，NN 为结构的节点数，$[k_{ij}]$ 为对应于第 i 和第 j 节点的刚度子矩阵。从上式中可以看出，当结构损伤将导致其整体刚度矩阵改变时，一定表现在其中某些子矩阵的改变上。而某一子矩阵的改变，也必然意味着与该子矩阵所对应节点相关联的某根或某些杆件存在损伤。这样，根据矩阵分块的思想，将网格结构中杆件的损伤用与其关联的节点来定位是完全可行的。

根据上述两方面的分析可以认为，用相关联的节点来定位损伤杆件是可行并具有理论根据的。

对于有 NE 个杆件和 NN 个节点的网格结构，其节点数总是远小于杆件数。如在图 5.2-2 所示的平面桁架结构中，节点数与杆件数之比 $NN/NE=14/31=0.45$，小于 1/2。而在图 5-2-3 所示的正放四角锥网架中，节点数与杆件数之比 $NN/NE=74/240=0.31$，小于 1/3。其实，对任意目前应用最广泛的四角锥网架，设其横向及纵向网格数分别为 NX 和 NY，并设其节点数与杆件数之比为 R，则有

$$R=\frac{NN}{NE}=\frac{NX\cdot NY+(NX+1)\cdot(NY+1)}{8NX\cdot NY}=\frac{1}{4}+\frac{NX+NY+1}{8NX\cdot NY} \tag{5.2-2}$$

由上式可以看出，当结构规模越大、两个方向的网格越多时，节点数与杆件数的比值 R 越小，并趋于 1/4。这样，与使用杆件直接对损伤定位相比，采用面向节点的损伤定位方法，可以大大减少神经网络的输出节点数，即使得输出参数向量由 NE 维缩减到较小的 NN 维。利用神经网络对结构损伤进行识别，其实质是利用神经网络的模式分类能力来对结构的损伤状态进行分类。因为所要区分的模式种类越多，则边界越复杂，其识别效率自然要降低。本书所提出的面向节点的损伤定位方法，其实质是对同样的识别空间减少了模式的种类，因此，可以提高损伤识别的效率。

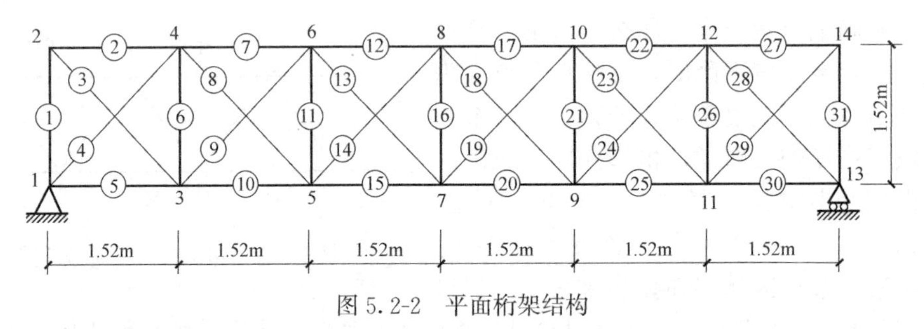

图 5.2-2　平面桁架结构

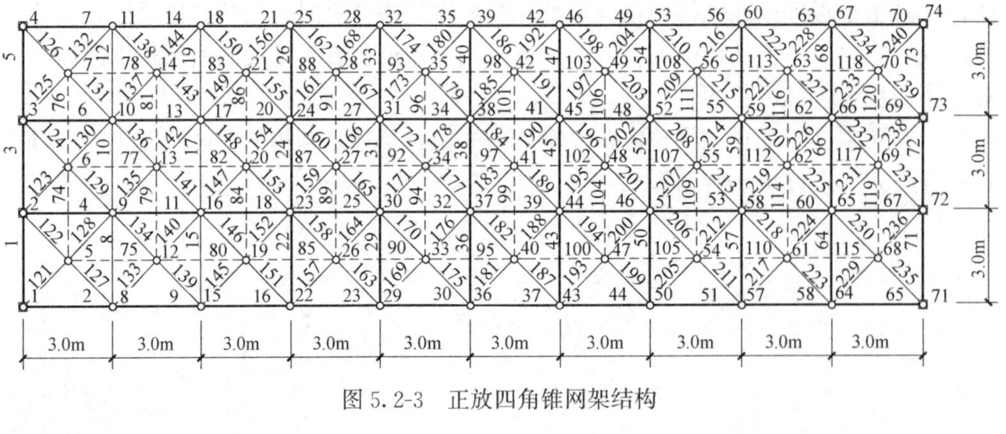

图 5.2-3　正放四角锥网架结构

2. 损伤初步定位的实现

（1）神经网络结构的确定。如前所述，采用三层的 BP 网络结构就能够满足对结构损伤识别的要求。输入层节点数 n_1 为所使用的输入参数的个数，利用 GSDS 构造输入参数。输出层节点数 n_3 等于结构本身的节点数 NN。

（2）输出参数的处理。用与结构中损伤杆件相关联的节点的损伤指数 DI 作为网络输出，如果 DI 接近 1.0 说明与该点相连的杆件中存在损伤，反之如果 DI 接近 0.0 则说明该点处无损伤。为了加快收敛，在目标向量中将损伤指数用 0.97 表示有损伤，用 0.03 表示无损伤。初步定位的结果只是结构中的局部区域，该区域从规模上已经远远小于结构本身，这就使得下一步具体损伤位置的识别变得很容易，本文把识别出的节点损伤指数 $DI \geqslant 0.5$ 时的情况视为该节点相连的杆件中可能存在损伤，并列为下一步损伤具体定位时考察的对象。

3. 网格结构损伤识别的三步法

在结构损伤识别中，损伤位置的识别比损伤程度的识别更困难，也更重要。一方面，它可以确定出结构有无损伤或损伤的大致位置，大大缩小后续具体损伤定位的范围、并使损伤程度的识别更容易；另一方面，对于建筑结构来说，在确定出损伤的大致位置后，可以采用较精密的无损检测设备对该区域进行局部检测。面向节点的损伤定位方法大大提高了结构损伤位置识别的效率，并克服了杆件众多带来的损伤位置识别的困难。因此，利用该方法的优点，可以采用三个步骤、构造三个神经网络来完成网格结构损伤识别的整个过程。

第一步，确定结构是否存在损伤及损伤的大致位置。采用面向节点的损伤初步定位法，以整个结构作为研究对象。考虑结构可能出现的各种损伤情况，利用 GSDS 作为神经网络的输入并形成训练样本，同时，以损伤杆件对应节点的损伤指数作为神经网络的输出形成目标向量，构造损伤初步定位神经网络，经训练后可将损伤初步定位到损伤杆件相关联的节点区域。

第二步，确定出损伤的具体杆件。以识别出的节点区域相关联的所有杆件作为研究对象，以该范围内可能出现的各种损伤情况下的结构反应按上述方法形成输入参数，以相应杆件的损伤指数（定义同节点损伤指数）作为神经网络的输出，构造损伤具体定位神经网络，可将损伤定位到具体杆件。

第三步，确定损伤程度。以识别出的损伤杆件为研究对象，以它们可能出现的不同损伤程度下的结构反应并按上述方法形成神经网络为输入参数，以相应杆件的损伤程度作为输出参数，构造损伤程度识别神经网络，将很容易地识别出杆件的具体损伤程度。通过如上所述三个神经网络，便可以完成对网格结构损伤的识别。

5.2.2　面向子结构的损伤识别法

现已有许多比较成熟的结构损伤识别方法，如损伤指标法、模型修正法、灵敏度分析法、神经网络法等。其中人工神经网络（简称 ANN）以其处理信息的并行性、自组织、自学习性、联想记忆功能以及强大的鲁棒性和容错性等优点，被广泛应用。然而，结构健康诊断的现有研究离大跨空间结构的工程应用尚有距离，原因在于空间网格结构的自由度太多，且能够获得的实际测试数据非常有限。基于不完备测试信息的情况，直接利用神经网络对整体结构的损伤判定几乎是不可能完成的，比如会出现模拟损伤样本组合“爆炸”的问题，因此降低 ANN 的计算量成为能否使用该方法的关键。于是有学者针对不同的结构类型提出了损伤的分阶段诊断方法，例如针对网格结构中杆件数量众多但节点数总是远小于杆件数的特点提出了面向节点的三步损伤定位方法（节点定位、损伤具体杆件定位、损伤程度的确定），但随着结构自由度的增多，仍旧会出现网络“爆炸”的问题。现有的这些方法对于数值模拟以及试验中的小模型（具有有限节点、杆件）损伤识别有效，尚不能从根本上解决实际工程的损伤诊断问题。在利用 ANN 进行识别时，分阶段识别的作用是减少待识别模式，直接表现为减少了网络输出数量。沿着这一思路，本章节在此基础上提出面向子结构的初步损伤定位算法，然后结合 5.2.1 节所提出的面向节点的三步损伤定位方法，最终找到适用于空间网格结构损伤定位的新方法——面向子结构的损伤识别法。

1. 方法案例

实际结构的损伤往往只发生在结构的局部，首先对空间网格结构的子结构进行损伤的初步定位，从而判定损伤发生的区域，称为面向子结构的损伤定位方法。以某单层柱面网壳振动台试验模型为例，其矢跨比为 1/4，纵向长度为 21.0m，宽度为 3.0m，矢高为 0.75m。注意到其纵向共有 7 个柱距，且每柱距间结构的杆件个数及类型相同或相似，因此可将该试验模型视为由 7 个子结构组成，如图 5.2-4 所示。螺栓球及杆件类别以第 2 个子结构为例，其他子结构与此相同或相似，如图 5.2-5 所示。杆件的类型及规格见表 5.2-1。螺栓球节点的型号为 BS180，根据螺栓孔的个数及大小将其分为不同的类别，如图 5.2-5 中的 A4～A10。螺栓球与节点连接处向内切削 10mm，假定荷载以集中质量的形式作用于节点上，节点质量为 23.96kg，其中 18.17kg 为节点附加质量。钢材类型为 Q235B，弹性模量为 2.1×10^{11}Pa，材料密度为 7850kg/m^3，泊松比为 0.3。采用 ANSYS 软件，利用 Beam44 单元模拟杆件，Mass21 单元模拟节点重量。选择 Block Lanczos 方法进行模态分析。

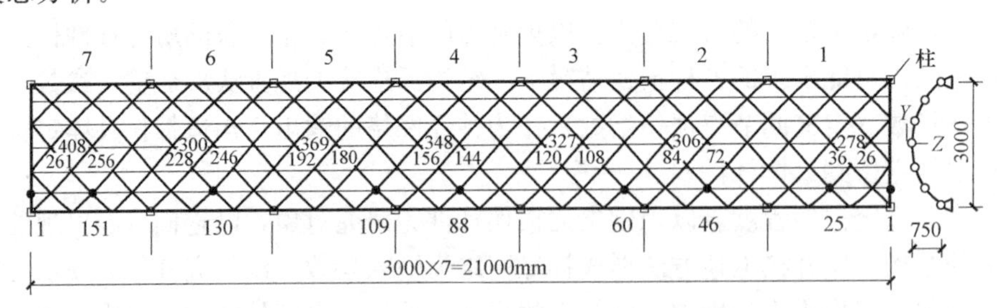

注：最上排数字为子结构编号；最下排数字为节点号；其余数字(除尺寸线标注外)为杆件单元号。

图 5.2-4　单层网壳实验模型

杆件类型及规格（mm）　　表 5.2-1

类型	1A	1B	1C	2A	3A	4A
规格	ϕ32×2.15			ϕ48×3.5	ϕ60×3.5	ϕ89×3.75

2. 训练样本及输入、输出参数的确定

杆件损伤前后的模态变化越大越容易识别，如果某根杆件的刚度变化对某阶频率的灵

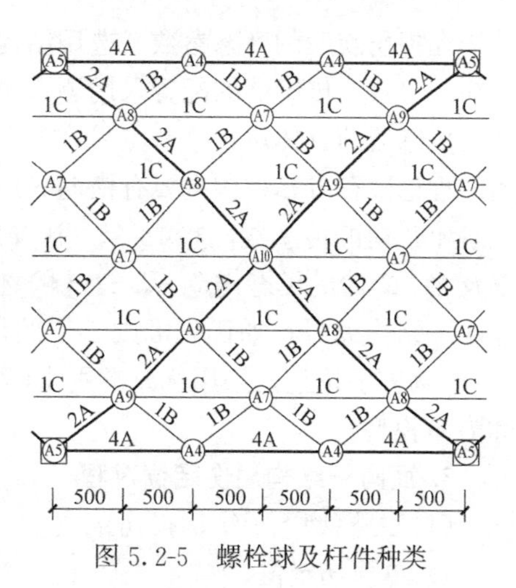

图 5.2-5　螺栓球及杆件种类

敏度很低，即使完全拆掉，结构前后的模态也没有明显变化，或者变化在测试的误差范围内，这样的杆件肯定无法通过动力测试识别。因此要想控制某个结构响应，通过调整对此响应灵敏度较大的杆件要比调整灵敏度较小的杆件有效。笔者对杆件进行了前 6 阶频率的灵敏度分析，第 1 阶灵敏度分析如图 5.2-6 所示。神经网络训练样本的选取原则兼顾灵敏度大小及所在子结构的位置两个因素，即选取灵敏度较大且位于子结构中心位置的杆件，使子结构相互之间的差距尽可能大，而子结构内部杆件数据的差异尽可能小。考虑到试验模型的杆件、节点众多，训练样本选择考虑以下优先准则：

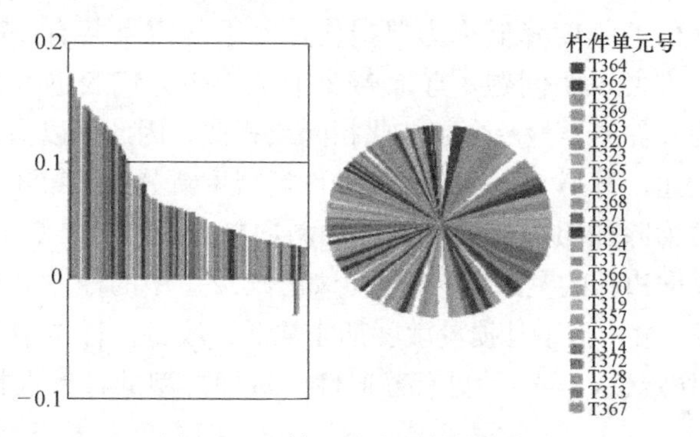

图 5.2-6　第 1 阶段灵敏度分析

（1）优先准则 1：每个子结构中选取 1 根杆件，兼顾灵敏度最大及位于子结构中心位置。

（2）优先准则 2：若每个子结构中杆件类型众多，则每类杆件类型选取 1 根杆件，兼顾在该类杆件中灵敏度最大及位于子结构中心位置（特别需要说明的是每个子结构中有 6 根纵向边杆，损伤识别训练样本中不考虑此类杆件，原因是它们的灵敏度都非常低）。

根据以上优先准则，选定的训练样本见表 5.2-2。

训练样本　　　　**表 5.2-2**

所在子结构	单元号(优先准则 1)	单元号(优先准则 2)	损伤程度
1	36	36,26,278	50%
2	72	72,84,306	50%
3	108	108,120,327	50%
4	144	144,156,348	50%
5	180	180,192,369	50%
6	216	216,228,390	50%
7	256	256,261,408	50%

杆件的损伤通过刚度的折减来模拟，而假定其质量不变，通过 ANSYS 计算得出了该

结构在损伤前后的模态参数。选用结构损伤前后的前 3 阶模态构造 $NDSI_i(k)$ 作为网络的输入参数，传感器的配置采用测点布置优先级综合排序方法，图 5.2-6 所示的黑色实心圆为传感器的具体位置，节点号在其下面标出（1，25，46 等共 9 个节点号），由试验模型的理论模态可知结构主要有横向（Y 向）和竖向（Z 向）的位移，因此每个位置处放置 Y 向和 Z 向的传感器，共 18 个。让杆件刚度分别损伤 50%后提取所有传感器的前 3 阶频率及 Y，Z 向的模态构造 $NDSI_i(k)$ 作为神经网络的输入，为 54×7 的矩阵。输出为对应的子结构编号，如优先准则 1 下的训练样本，第 1 个子结构输出为 $(-1,0,0,0,0,0,0)^T$。为方便论述，采用优先准则 1 建立的神经网络模型称为 A 模型，优先准则 2 建立的称为 B 模型。

3. 面向子结构损伤定位过程

（1）A 模型下子结构损伤定位

1）单损伤定位

结构中某一根杆件的刚度降低称为单损伤，鉴于此模型共有 157 个节点、414 根杆件，数目众多，为了方便说明问题，选取第 2 个子结构为代表进行论述，如图 5.2-7 所示。由于其他子结构杆件的类型及个数与此相同或相似，因此可以借此推广到其他的 6 个子结构。为了方便论述，对第 2 个子结构的杆件类型重新分类，第 1 类为图 5.2-7 中加粗标注的杆件；第 2 类为除加粗标注的杆件外的斜向杆，如图 5.2-7 中的杆件 77，75，88 等；第 3 类为除去纵向边杆的剩余纵向杆件，如图 5.2-7 中的杆件 309，302，300 等；第 4 类为纵向边杆，共 6 根，由于其损灵敏度都非常低，故目标样本中不考虑该类杆件。选取 12 根杆件进行损伤定位，为使其更有普遍性，每种类型的杆件选择 4 根，杆件编号分别为第 1 类：80，65，58，55；第 2 类：85，77，61，75；第 3 类：300，306，299，309。由于输入参数 $NDSI_i(k)$ 仅与损伤位置有关，而与损伤程度无关，因此训练样本原则上可以达到任意的损伤程度，这样可以提高网络的泛化能力。选择测试杆件分别损伤 80%作为测试样本，利用前 3 阶模态构造 $NDSI_i(k)$ 形成测试样本进行检验，鉴于此子结构沿纵向中轴线对称，因此可以将此识别结果推广到与之相对称的杆件。

需要特别注意的是第 3 类杆件 306，299，309，当它们分别损伤 80%时第 3 阶的频率变化率 $\Delta f_3=0$，由式（5.1-62）、式（5.1-63）可以看出此时分母为零，无意义，而第 4 阶的频率变化率 $\Delta f_4=0$，因此改为采用 1，2，4 阶模态构造 $NDSI_i(k)$，相应表 5.2-2 中的训练样本与此类似。测试样本的初步定位结果见表 5.2-2，表中“Ⅰ”代表测试及训练样本采用前 3 阶模态，“Ⅱ”代表采用 1，2，4 阶模态。无数据误差时，结构损伤很容易被识别，而存在由于模型误差、测量误差及环境因素而导致的数据误差时，很多识别方法都变得无效。神经网络的鲁棒性使得它能够处理具有随机误差的问题，因此容错性和鲁棒性优良与否是评价网络的重要指标。为考虑测量噪声的影响，在测试样本中叠加了不同程度的正态分布的随机白噪声，噪声的模拟公式为：

$$\tilde{\gamma}_i=\gamma_i(1+\varepsilon_i p) \tag{5.2-3}$$

其中，γ_i 和 $\tilde{\gamma}_i$ 分别为无噪声和有噪声的模态参数；ε_i 为正态分布的随机数（均值为 0，均方值为 1）；p 为在测试样本上所加噪声的大小。

为模拟实际情况，叠加 5%噪声进行分析，识别结果见表 5.2-3。

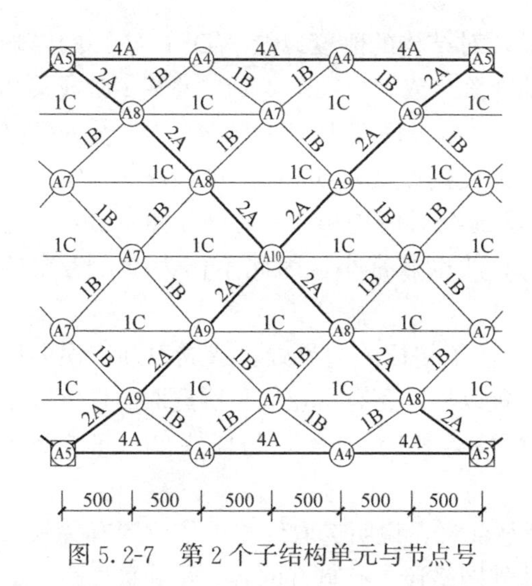

图 5.2-7　第 2 个子结构单元与节点号

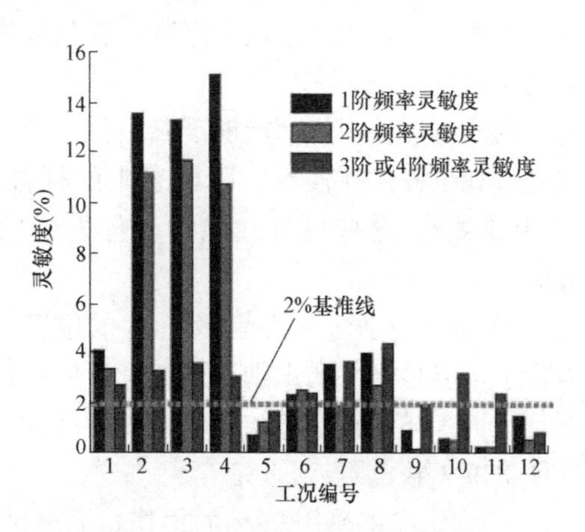

图 5.2-8　杆件灵敏度分析结果

单损伤测试样本初步定位结果　　　**表 5.2-3**

<table>
<tr><th colspan="2">损伤工况</th><th colspan="2">子结构定位结果</th></tr>
<tr><th>编号</th><th>杆件</th><th>损伤 80%(无噪声)</th><th>损伤 80(加噪声)</th></tr>
<tr><td>1</td><td>55</td><td rowspan="4">2(Ⅰ)</td><td rowspan="4">2(Ⅰ)</td></tr>
<tr><td>2</td><td>65</td></tr>
<tr><td>3</td><td>58</td></tr>
<tr><td>4</td><td>80</td></tr>
<tr><td>5</td><td>85</td><td>5(Ⅰ)</td><td>5(Ⅰ)</td></tr>
<tr><td>6</td><td>77</td><td rowspan="4">2(Ⅰ)</td><td rowspan="4">2(Ⅰ)</td></tr>
<tr><td>7</td><td>61</td></tr>
<tr><td>8</td><td>75</td></tr>
<tr><td>9</td><td>300</td></tr>
<tr><td>10</td><td>306</td><td rowspan="2">2(Ⅱ)</td><td rowspan="2">2(Ⅱ)</td></tr>
<tr><td>11</td><td>299</td></tr>
<tr><td>12</td><td>309</td><td>4(Ⅱ)</td><td>4(Ⅱ)</td></tr>
</table>

从表 5.2-3 中可以看出，上述 12 种损伤工况中仅杆件 85，309 出现了错误定位，其他杆件的初步定位可以准确识别，而且此子结构沿纵向中轴线对称，因此可以将此识别结果推广到与之相对称的杆件。现对上述前 3 阶（或者 1，2，4 阶）频率对 12 根杆件的灵敏度进行分析，如图 5.2-8 所示，其中工况编号 10，11，12 为 1，2，4 阶频率对杆件的灵敏度，其他均为前 3 阶。通过对表 5.2-3 和图 5.2-8 的综合分析可得出如下结论：

① 如表 5.2-2、表 5.2-3 所示，每个子结构仅采用 1 根杆件作为训练样本，输入参数仅用 18 个传感器前 3 阶（或者 1，2，4）模态的测试结果，从表 5.2-3 中可以看出，除杆件 85，309 外其他杆件的损伤都能够准确定位，说明此网络具有简单、准确率高的特点，有较高的工程应用价值。

② 杆件 85，309 错误定位，分析原因认为，在前 3 阶（或者 1，2，4 阶）模态中，

85，309 两杆件的灵敏度都非常小（均小于 2%），对结构的刚度以及 $NDSI_i(k)$ 的影响自然也非常小，由此造成了误判。在目标模态前 3 阶（或者 1，2，4 阶）的某 1 阶或某几阶的灵敏度大于 2%（仅杆件 300 例外，但是其第 3 阶灵敏度为 1.9078%，与 2%非常接近）的所有杆件损伤都能够准确定位，这些杆件刚度的改变较明显地引起 $NDSI_i(k)$ 的改变。如果杆件在任意一阶模态中的杆件灵敏度的绝对值均小于 2%（如图 5.2-8 中的 2%基准线），这些杆件对结构整体性能的影响必然也非常小，因此不作为重点考察的对象。

③ 需要特别注意的是杆件 85 的位置位于 2，3 子结构的边界处，造成识别错误的原因除了可能是网络的识别误差和其所处的特殊位置以外，还有一点就是所选取的训练数据不足（训练样本每个子结构仅取 1 根杆件），且杆件类型为第 1 类，与杆件 85（第 2 类）、杆件 309（第 3 类）不同。

④ 训练样本采用 50%的损伤，而测试样本为 80%，说明选取仅与损伤位置有关的参数 $NDSI_i(k)$，使网络具有良好的泛化能力，此外网络还具有良好的容错性和鲁棒性，即使是存在数据误差（最高达 10%）的情况下，仍可对大部分损伤位置进行较准确的识别。

2）同一子结构双损伤初步定位

与单损伤的定义类似，当有两根杆件同时发生损伤时，称之为双损伤。由于 PNN 网络的输入参数 $NDSI_i(k)$ 与损伤位置有关，而与损伤程度无关，因此训练只需为同一子结构的杆件损伤即可，仍采用第 2 节单层网壳模型的数值算例，以同一子结构双损伤为例进行说明。与单损伤类似，输入参数仍选取图 5.2-4 部分测点（黑色实心圆位置处）的前 3 阶模态构造的参数 $NDSI_i(k)$。与单损伤类似，选取第 2 个子结构为代表进行同一子结构的双损伤工况论述，训练样本与单损伤完全相同，如表 5.2-2 所示。为了验证其泛化能力，随机选取训练样本令其损伤，同时为检验网络的鲁棒性，此单损伤和双损伤工况均添加噪声 5% ，测试样本的识别结果如表 5.2-4 所示。从表 5.2-4 可以看出，上述 12 种损伤工况有 3 种杆件组合出现了错误定位，其他杆件的初步定位可以准确识别。通过对表 5.2-4 的综合分析可以得出如下结论：

① 每个子结构仅选用 1 根杆件作为训练样本，输入参数与单损伤相似，此网络具有简单、准确率较高的特点。与单损伤识别相比，同一子结构双损伤工况的识别精度略有下降，但其利用的训练样本较少，且在测试模态不完备的情况下只采用了前 3 阶模态，说明面向子结构的损伤初步诊断具有一定的工程实用价值。

② 从表 5.2-4 中可以看出，除杆件组合（75，304）、（297，300）、（ 305，299）（表中斜体加粗）外，其他杆件的损伤都能够准确定位。原因与单损伤类似：第 3 类杆件在前 3 阶的灵敏度都非常小（均小于 2%），对结构的刚度以及标准化的损伤信号指标 $NDSI_i(k)$ 的影响自然也非常小，在一定程度上造成了误判。

（2）B 模型下的子结构损伤定位

将图 5.2-6、图 5.2-7 的测试样本构造的 $NDSI_i(k)$ 输入到训练完毕的 B 网络，限于篇幅，仅将错误定位结果列出，见表 5.2-4。由表 5.2-4 可得出以下结论：

1）杆件 309 错误定位的原因是其灵敏度过低，杆件组合（305，299）的抗噪声能力差也与其杆件灵敏度低有密切关系。

2）杆件组合（69，75）出现了错位定位，这说明训练样本的选择并非样本越多精度就越高，因为训练样本增多的同时也会给模式识别带来干扰。

B网络定位结果 表5.2-4

单损伤工况					双损伤工况				
工况	杆件	损伤程度/%	子结构定位		工况	杆件	损伤程度/%	子结构定位	
			无噪声	加噪声5%				无噪声	加噪声5%
12	309	80	***1***	***1***	7	69,75	40,60	***1***	***1***
—	—	—	—	—	12	305,299	30,65	2	***1***

注：标注的“斜体加粗”为错误定位

（3）并集

见表5.2-4、表5.2-5，A，B模型的识别结果均有所遗漏，为了弥补二者单独定位时的不足，可采用二者损伤定位结果的并集，此时仅杆件309及加噪声5%时的杆件组合（69，75）出现了错误定位。如杆件组合（69，75）在A模型中定位为第2子结构，B模型中定位为第1子结构，最终确定损伤所在的子结构为1和2，此时再采取节点定位及无损检测技术可进一步确定具体的损伤杆件。按此思路，虽然定位时扩大了范围，但是避免遗漏的有效方法。单损伤及同一子结构双损伤的定位正确率：无噪声时为95.8%（仅杆件309出现了错误定位），加噪声5%时为91.7%。说明对于自由度众多的网格结构面向子结构的初步定位是可行的（限于篇幅，损伤位于不同子结构的识别工况有待进一步研究），同时也说明根据灵敏度分析结果及结构的构件类型建立不同的神经网络模型进行损伤诊断是必要的。

4. 小节结论

提出了面向子结构的空间网格结构损伤定位方法，通过单层柱面网壳试验模型损伤识别的数值算例，得出以下主要结论：

（1）通过同一子结构损伤及不同子结构双损伤的识别结果表明，本章提出的损伤定位方法是可行和有效的，另外此方法适合于不完备的模态数据，且只利用低阶模态数据即可准确识别出损伤位置与程度，具有较高的工程应用价值，但此方法仍需要试验的进一步验证。

（2）子结构初步定位表明，采用本章方法可以大大减少文献所提出的节点定位时训练样本的数量，从而可解决神经网络技术中的样本组合爆炸问题，使计算工作量大大减少，从而增强神经网络技术对空间网格结构进行损伤定位的适用性。

（3）分析结果表明，由于选取仅与损伤位置有关的参数$DNSI_i(k)$，因此训练样本理论上可以达到任意的损伤程度，这一特性使网络具有良好的泛化能力。

（4）识别结果表明，根据结构特点及灵敏度的分析结果，构建若干个神经网络模型是有必要的，通过选取模型识别结果的并集可最大限度地避免漏判。另外损伤杆件识别的成功与否与其灵敏度密切相关，当杆件的灵敏度过低时将无法通过动力测试的识别。

（5）需要特别指出的是，本章仅介绍了此方法的数值模拟应用，在实际工程检测时，需要基于实测模态数据对理论模型进行有限元模型修正，修正后的精确模型可以提供神经网络的训练样本，然后采用本章的方法即可判定实际结构的损伤。

5.3 算例分析与试验验证（安装模型分节）

针对 5.2 节损伤识别方法内容，本章节将补充相关实验以证明方法的实用性及可靠性。

5.3.1 面向节点的网壳结构损伤识别

双层柱面网壳结构试验模型如图 5.3-1 所示。计算简图及杆件和节点编号见图 5.3-2。该网壳由 192 根杆件和 59 个节点构成，其中杆件为 $\phi12\times1.5$ 钢管，上下弦节点分别采用直径为 200mm 和 100mm 的实心钢球，杆件与球为焊接连接。结构的损伤通过将模型中第 81、84、89 和 92 号杆件分别去掉来模拟。利用电磁激振器和 XD5 型超低频信号发生器与 XJ4630 慢扫描示波器，分别对该模型在有损伤和无损伤情况下的自振特性进行了测试。网壳的前 6 阶振型和频率的分析结果见图 5.3-3 和表 5.3-1。

图 5.3-1 双层柱面网壳结构试验模型

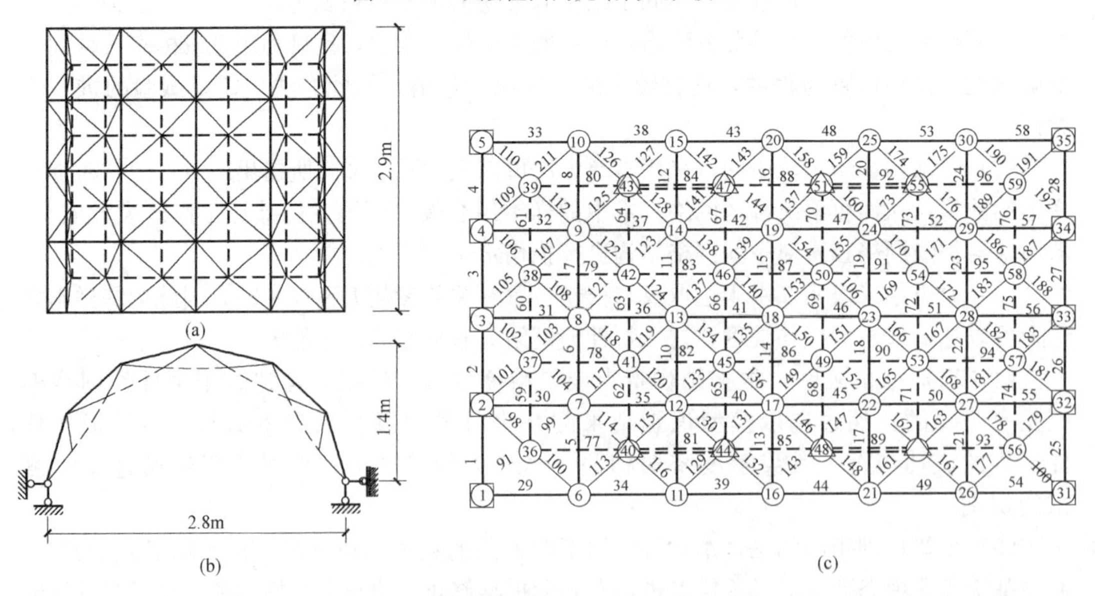

图 5.3-2 网壳计算简图与杆件和节点编号

(a) 平面图；(b) 剖面图；(c) 杆件和节点编号

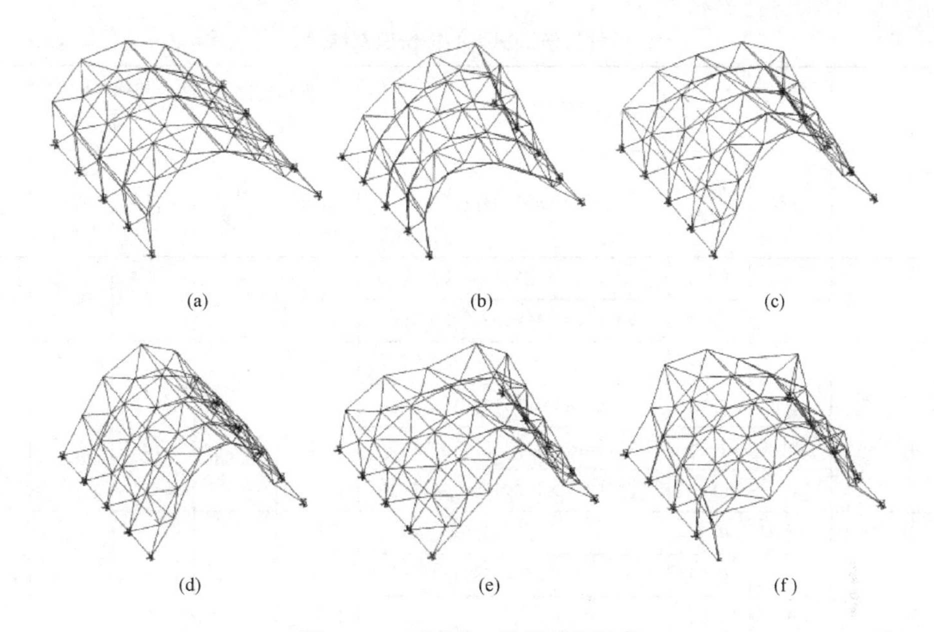

图 5.3-3　网壳前 6 阶振型和频率

(a) 1 阶 (f=10.22Hz); (b) 2 阶 (f=18.08Hz); (c) 3 阶 (f=21.50Hz);
(d) 4 阶 (f=27.62Hz); (e) 5 阶 (f=32.80Hz); (f) 6 阶 (f=34.00Hz)

各种情况下的前 4 阶频率实测值 (Hz)　　　**表 5.3-1**

损伤情况		1 阶	2 阶	3 阶	4 阶
无损伤		10.38	17.09	20.75	26.25
损伤情况 A	去掉 92 号杆	9.77	16.48	20.46	26.02
损伤情况 B	去掉 92 和 84 号杆	9.16	15.87	20.05	25.55
损伤情况 C	去掉 92、84 和 81 号杆	8.55	15.26	20.00	24.97
损伤情况 D	去掉 92、84、81 和 89 号杆	8.39	14.65	19.55	24.41

测点及振型分类的选取　　　**表 5.3-2**

实际选用的测点及振型分量	X 向(25 个)	16,10,26,30,11,15,21,25,7,9,27,29,16,20,12,14,22,24,8,28,17,19,13,23,18
	Z 向(12 个)	15,11,25,21,24,22,14,12,23,13,16,20

从中可以看出，第 1 阶模态为正对称整体水平振动，第 2 阶为反对称水平扭转振动，第 3、4 阶模态分别为反对称和正对称竖向振动，第 5、6 阶振型比较复杂。

从表 5.3-1 可以看出，各种损伤情况对第 1 阶频率影响较大，第 2、4 阶次之，对第 3 阶频率影响很小。因此在损伤识别中，结合单元模态应变能系数和有效独立法只选用第 1、2 和 4 阶模态中 25 个测点的 37 个振型分量（表 5.3-2）和前 4 阶频率变化率作为神经网络的输入。

利用上述方法对各种损伤情况分别构造损伤初步定位、损伤具体定位和损伤程度识别三个神经网络，以理论分析值形成神经网络的输入参数和训练样本，并对网络进行训练。为了增强神经网络的泛化能力，在训练样本和检验样本中分别加入 3%的噪声。经检验满足精度后，将四种损伤情况的实测结果输入神经网络进行识别，识别结果见表 5.3-3。

各种损伤情况下的损伤识别结果 表 5.3-3

<table>
<tr><th rowspan="2">损伤情况</th><th rowspan="2">相关节点</th><th colspan="3">损伤初步定位结果</th><th colspan="2">损伤具体定位结果</th><th colspan="2">损伤程度识别结果</th><th rowspan="2">误差(%)</th></tr>
<tr><th>节点</th><th>损伤指数</th><th>可能损伤杆件</th><th>杆件</th><th>损伤指数</th><th>杆件</th><th>损伤程度(%)</th></tr>
<tr><td rowspan="2">A</td><td rowspan="2">51,55</td><td>25</td><td>0.56</td><td>20,48,53,159,174</td><td rowspan="2">92</td><td rowspan="2">0.98</td><td rowspan="2">92</td><td rowspan="2">99.1</td><td rowspan="2">0.9</td></tr>
<tr><td>51</td><td>0.99</td><td>70,88,92,157,158,159,160</td></tr>
<tr><td rowspan="4">B</td><td rowspan="4">51,55,
43,47</td><td>43</td><td>0.01</td><td>—</td><td rowspan="4">84
92</td><td rowspan="4">0.87
0.98</td><td rowspan="4">84
92</td><td rowspan="4">98.0
98.5</td><td rowspan="4">2.0
1.5</td></tr>
<tr><td>47</td><td>0.96</td><td>67,84,88,141,142,143,144</td></tr>
<tr><td>51</td><td>1.00</td><td>70,88,92,157,158,159,160</td></tr>
<tr><td>55</td><td>0.99</td><td>73,92,96,173,174,175,176</td></tr>
<tr><td rowspan="10">C</td><td rowspan="10">51,55
43,47
40,44</td><td>12*</td><td>0.55</td><td>9,10,35,40,115,120,130,133</td><td rowspan="10">92
84
81
85
133
159</td><td rowspan="10">0.98
0.95
0.02
0.89
0.65
0.98</td><td rowspan="10">92
84
81
85
133
159</td><td rowspan="10">98.8
98.1
—
99.3
82.6
95.0</td><td rowspan="10">1.2
1.9
100.0
98.3
82.6
95.0</td></tr>
<tr><td>25*</td><td>0.85</td><td>20,48,53,159,174</td></tr>
<tr><td>40</td><td>0.00</td><td>—</td></tr>
<tr><td>43</td><td>0.87</td><td>64,80,84,125,126,127,128</td></tr>
<tr><td>44</td><td>0.96</td><td>65,81,85,129,130,131,132</td></tr>
<tr><td>45*</td><td>0.77</td><td>65,66,82,86,133,134,135,136</td></tr>
<tr><td>47</td><td>0.98</td><td>67,84,88,141,142,143,144</td></tr>
<tr><td>48*</td><td>0.82</td><td>68,85,89,145,146,147,148</td></tr>
<tr><td>51</td><td>0.98</td><td>70,88,92,157,158,159,160</td></tr>
<tr><td>55</td><td>0.32</td><td>—</td></tr>
<tr><td rowspan="10">D</td><td rowspan="10">51,55
43,47
40,44
48,52</td><td>11*</td><td>0.88</td><td>9,34,39,116,129,</td><td rowspan="10">92
84
89
81
85
146</td><td rowspan="10">0.99
0.96
0.96
0.08
0.89
0.97</td><td rowspan="10">92
84
89
81
85
159</td><td rowspan="10">98.5
100.0
100.0
—
86.1
89.5</td><td rowspan="10">1.5
0.0
0.0
100.0
86.1
89.5</td></tr>
<tr><td>25*</td><td>1.00</td><td>20,48,53,159,174</td></tr>
<tr><td>40</td><td>0.02</td><td>—</td></tr>
<tr><td>43</td><td>0.96</td><td>64,80,84,125,126,127,128</td></tr>
<tr><td>44</td><td>0.98</td><td>65,81,85,129,130,131,132</td></tr>
<tr><td>47</td><td>0.89</td><td>67,84,88,141,142,143,144</td></tr>
<tr><td>48</td><td>0.98</td><td>68,85,89,145,146,147,148</td></tr>
<tr><td>51</td><td>0.92</td><td>70,88,92,157,158,159,160</td></tr>
<tr><td>52</td><td>1.00</td><td>71,89,93,161,162,163,164</td></tr>
<tr><td>55</td><td>0.00</td><td>—</td></tr>
</table>

注：*表示损伤初步定位中识别出来的与损伤杆件不相关联的节点。

从上述神经网络的训练和识别结果可以看出：(1) 用理论分析值在加入一定水平的噪声后对神经网络进行训练是可行的，检验的结果很好，这也说明所使用的输入参数和网格结构损伤识别的三步法是有效的，完全可以用来进行结构损伤识别。(2) 将实测结果输入神经网络后，单杆和两杆损伤情况均可以准确地识别，多杆损伤时基本能够将大部分损伤进行定位，出现了部分损伤杆件遗漏和错误定位的现象。

分析原因认为，一方面是由于训练样本数量太多使得神经网络的识别误差增大；另一方面是由于结构模型误差和实测中存在误差，导致识别结果中出现了误定位。不过，遗漏和错误定位的杆件都在实际损伤杆件附近，这说明所训练的神经网络已经建立起了结构损伤和结构反应之间的较好的映射关系，能够识别出损伤所在的区域。从结构损伤的整个检测过程来看，应该包括整体损伤检测和局部损伤检测（如目前常用的无损探伤）两个过程，在对结构整体损伤定位和程度识别之后，还要利用更为精密的局部检测设备来确定损伤杆件中的具体损伤位置。这样，如果将识别出的损伤杆件仍然作为结构中可能存在损伤区域的代表，并在与其相邻的范围内进行局部检测，则可以将多损伤时的损伤杆件检测出来，因为遗漏的杆件在识别出的损伤杆件附近。

实验结论：

1）面向节点的损伤初步定位方法减小了神经网络的结构，克服了目前利用杆件直接对损伤定位的方法中由于神经网络规模过大所带来的识别困难，提高了结构损伤位置识别的效率。通过对双层柱面网壳结构模型实测结果的识别，证明了以低阶实测模态参数（频率和振型）并利用面向节点的损伤初步定位方法和网格结构损伤识别的三步法，对网格结构进行损伤识别是完全可行的。该方法可用于对大型复杂结构的损伤识别。

2）结构模型误差和实测误差对损伤识别结果的影响不容忽视。因此，在对实际结构的损伤识别中，应考虑将识别出的杆件视为结构中的损伤区域的代表，并对该区域内的杆件进行精确的局部检测。

5.3.2 面向子结构的网壳结构损伤识别

基于动力测试和人工神经网络技术的损伤识别理论与方法，近年来已成为一个重要研究领域，并吸引了众多的研究者。但是，目前在大型复杂网格结构杆件的损伤识别中直接利用神经网络进行损伤判定是很难能完成的，势必因神经网络的结构庞大、复杂，从而降低其诊断效率和可靠性。于是有学者针对不同的结构类型提出了损伤的分阶段诊断方法：针对网格结构中杆件数量众多，但节点数总是远小于杆件数的特点提出了面向节点的三步损伤定位方法（节点定位、损伤具体杆件定位、损伤程度的确定），同时设计了一个由192根杆件和59个节点构成的双层柱面网壳结构模型进行了试验验证，但随着结构自由度的增多，无法从根本上解决网络的“爆炸”问题；模态应变能与神经网络相结合的空间网架结构的两步损伤定位方法（损伤的可能位置、具体损伤杆件及程度），但模态应变能对模态观测的精度、阶次和自由度有较高要求；一种适合于网壳结构的损伤分区定位方法，利用损伤前后高阶振型的差值来定位损伤区域，并通过一个单层椭球面网壳结构模型的振动测试试验进行了验证，但实际工程中网格结构具有模态密集的特点，而且也仅能较准确地测取前几阶模态。另外，国内外学者针对框架结构、混凝土双跨板、桥梁结构提出了基于神经网络分步损伤诊断算法，即通过将结构被划分为多个子结构，将每个子结构单独进行损伤定位，且仅对损伤的子结构进行分析并最终确定结构损伤的位置及程度。此方法在一定程度上简化了神经网络，增强了其在相关领域的适用性。但这种方法并不适合结构庞大的空间网格结构，因为其即使被划分成不同的子结构，每个子结构中仍包含大量的节点与杆件，仍无法解决神经网络的计算量庞大的问题。因此对大跨空间网格结构进行损伤识别及安全评估方法的研究具有重要意义。

在空间网格结构损伤诊断中，损伤位置的诊断比损伤程度的诊断更困难，也更重要。

一方面，它可以确定出结构有无损伤或损伤的大致位置；另一方面，在确定出损伤的大致位置后，可以采用较精密的无损检测设备对该区域进行局部检测。对于大型结构，如空间网格结构，由于损伤区域未知，所有的结构部位都是待检测对象，无损检测的工作量可想而知；然而损伤可能仅仅发生在局部区域，如果能先将发生了损伤的区域确定，则可以使待检测的结构单元数量大大减少，从而降低无损检测的成本，并可提高识别精度。本章节沿着这一思路，针对大跨度空间网格结构所组成的形体一般均有多个对称轴或是由多个相类似重复部分的特点，利用一个大型试验模型实际测取的低阶不完备模态信息，提出以面向子结构的损伤初步定位为基础的空间网格结构损伤识别的三步法来实现对损伤的定位和损伤程度识别，并通过不同损伤工况下的识别结果对所用方法进行了试验验证。

1. 单层柱面网壳结构模型试验

（1）试验模型结构

试验原型为某纵边支承单层柱面网壳干煤棚，宽 45m，长 315m，矢跨比为 1/4，柱高 11.25m。按照结构模型设计原则，保证试验结构在整体尺寸上与原型成比例关系，并保证试验模型与原结构的自振特性相似，设计的试验模型结构为一按 1∶15 缩尺以后的单层三向网格型柱面网壳模型（以下简称试验网壳），如图 5.3-4 所示。网壳杆件材料采用 Q235 钢，考虑便于结构的安装，所有节点采用螺栓球节点，同时加大螺栓和套筒尺寸，以增加连接处的转动刚度。螺栓球节点的型号为 BS180，螺栓球与节点连接处向内切削 10mm。假定荷载以集中质量的形式作用于节点上，节点质量为 23.96kg，其中 18.17kg 为节点附加质量。钢材类型为 Q235B，弹性模量为 2.1×10^5MPa，材料密度为 7850kg/m^3，泊松比 0.3。网壳模型重 5.14t，支承钢梁重 5t，设计 8 个钢梁、16 个支座以保证振动台面与网壳结构的连接。杆件类型分 4 种，对应 4 种套筒类型，具体材料及尺寸见表 5.3-4。

杆件规格表 **表 5.3-4**

规格 Q235B	编号	下料长度 (mm)	焊接长度 (mm)	螺栓	无纹螺母 (对边/长度) (mm)	锥头 (外径×长度/底厚)	封板 (外径/厚度)	单重(kg)	根数	合重
ϕ32×2.15	1A	258	280	M16	27/30	—	42/14	0.5	6	0.209
	1B	522	544	M16	27/30		42/14	0.9	168	
	1C	758	780	M16	27/30		42/14	1.3	102	
ϕ48×3.5	2A	500	524	M24	41/40		48/16	1.9	84	0.161
ϕ60×3.5	3A	313	337	M24	41/40		60/16	1.5	12	0.018
ϕ89×3.75	4A	628	760	M27	46/40	89×70/20	—	4.9	42	0.207
杆件总数(根)	414	总重 t	0.676							

注意到该模型纵向共有 7 个柱距，且每柱距间结构杆件个数及类型相似，因此可将该试验网壳视为由 7 个子结构组成。杆件类型与节点如图 5.3-5、图 5.3-6 所示，在北京工业大学 8 个子振动台构成的台阵上进行试验，试验现场如图 5.3-7 所示，杆件及螺栓球种类以第 2 个子结构为例，其他子结构与此相同或相似，如图 5.3-8 所示。

（2）激振器和传感器布置

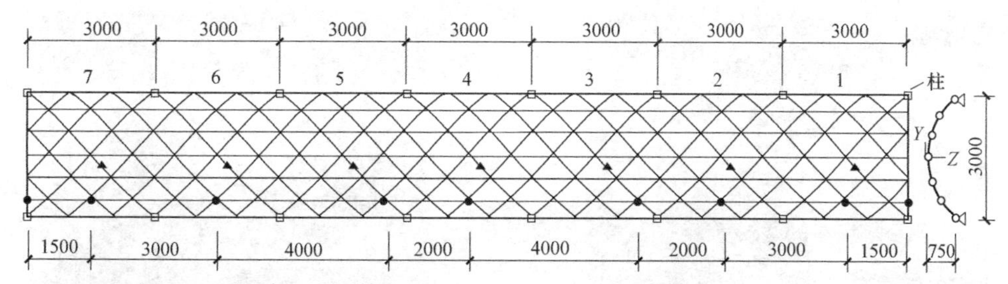

注:"●"代表节点，从右到左节点编号依次为:1、25、46、60、88、109、130、151、11；
"▲"代表杆件，从右到左杆件编号依次为:36、72、108、144、180、216、256。

图 5.3-4　单层柱面网壳试验模型

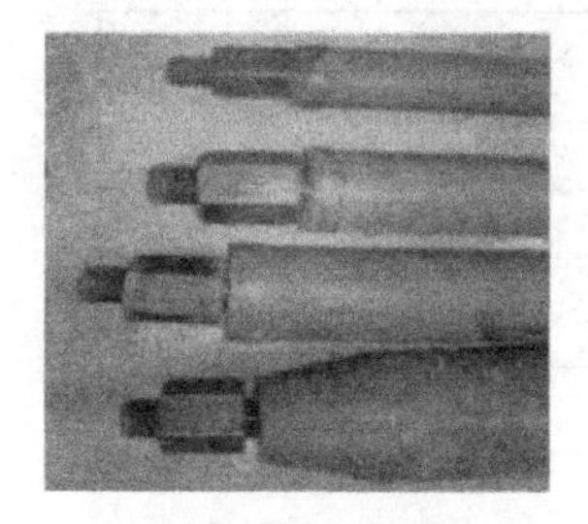

图 5.3-5　杆件

图 5.3-6　节点

图 5.3-7　试验现场

动力特性测试采用正弦激振法。以理论分析得到的结构前 3 阶振型状态为基础，激振器的激励点选取每阶振型中与振型状态保持一致方向的节点位移最大点。同时由于试验网壳较长，正弦波在传播的过程中会造成振幅衰减和相位变化，综合考虑结构特点和试验条件，选用两台 50N 出力的电磁激振器，激振器如图 5.3-9 所示。传感器的配置采用测点布置优先级综合排序方法，布置了 44 个加速度传感器。由理论振型图可得，节点主要有横向和竖向的振动，因此在节点处放置 Y 向和 Z 向（图 5.3-11）的传感器，其中 Y 向与 Z 向各 22 个，见图 5.3-9、图 5.3-10。利用中国地震局工程力学研究所制造的两台 KDJ-2 型 50N 出力的电磁激振器、DF1010 超低频信号发生器及 KD5701 功率放大器，分别对该模型在有、无损伤情况下的前 3 阶自振特性进行测试。

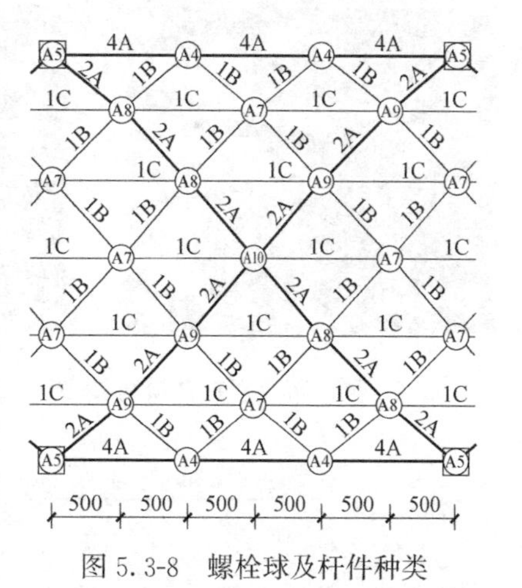

图 5.3-8　螺栓球及杆件种类

（3）试验方案

对此试验网壳进行了前 3 阶的灵敏度分析可知，即使是去除单根灵敏度较大的杆件其损伤前后模态的变化也在测试误差范围内。因此选取多根灵敏度较大杆件的组合，切断其截面作为损伤工况。共设计 5 种工况，损伤杆件照片如图 5.3-12、图 5.3-13 所示，测试信号采集如图 5.3-14 所示。损伤位置如图 5.3-15、图 5.3-16 所示（损伤杆件由红色粗线标出），损伤工况见表 5.3-5。每个损伤工况的测试信号采集完成后，将切割处重新焊接，以恢复初始无损伤状态，再进行下一工况测试。

图 5.3-9　50N 出力电磁激振器

图 5.3-10　加速度传感器

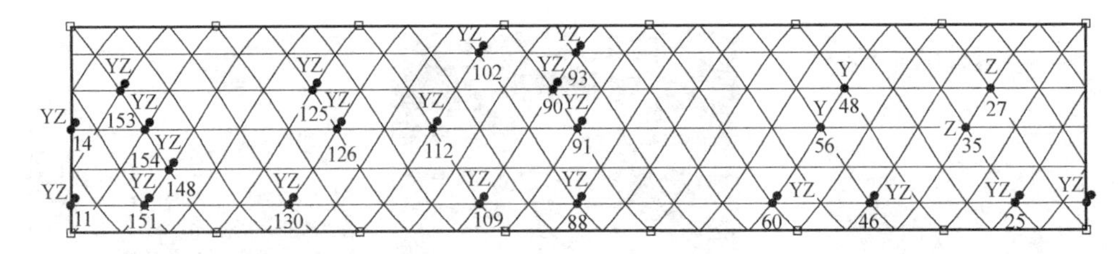

图 5.3-11　加速度传感器布置图

图 5.3-12　同一节点双杆件损伤

图 5.3-13　同一节点三杆件损伤

图 5.3-14　信号采集

图 5.3-15　第 2 子结构

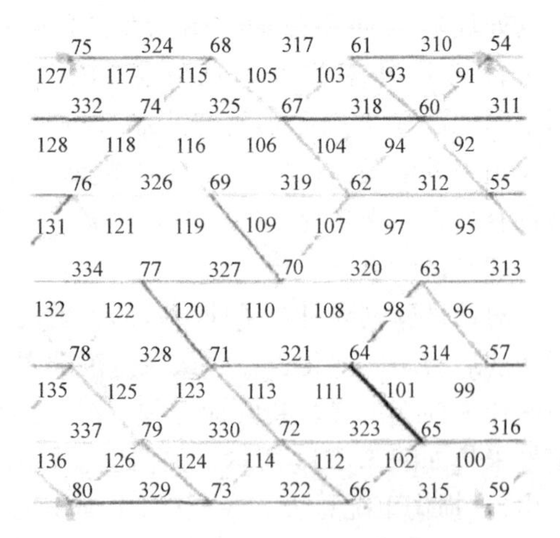

图 5.3-16　第 3 子结构

损伤工况汇总　　表 5.3-5

损伤工况	杆件号	对应节点	杆件类型	所在“子结构”	备注	
A	80,73	(53,48),(48,49)	2A,2A	2	同一子结构、同一节点、同类杆件	双损伤
B	80,73,83	(53,48),(48,49),(48,56)	2A,2A,1B	2	同一子结构、同一节点、两类杆件	三损伤
C	80,73,83,305	(53,48),(48,49),(48,56),(48,55)	2A,2A,1B,1C	2	同一子结构、同一节点、三类杆件	四损伤
D	80,65	(53,48),(43,44)	2A,2A	2	同一子结构、不同节点、同类杆件	双损伤
E	65,101	(43,44),(64,65)	2A,2A	2,3	不同子结构、不同节点、同类杆件	双损伤

2. 有限元建模与试验结果分析

(1) 精细化模型的建立

空间网格结构一般为钢杆系结构，而螺栓球节点是典型的半刚性节点，当杆件的几何尺寸及材料弹性参数可精确地获得时，其有限元模型是否精确的关键取决于杆件与螺栓球节点连接方式的计算假定。据此对该模型 4 种螺栓球节点进行了精细化建模，通过分析螺栓球转动刚度随弯矩的变化情况，获得了螺栓球连接的弯矩-转角（M-θ）曲线。并指出可以将节点连接简化为一段直杆节点单元，惯性矩 I 和原杆件相同，L 为球中心至切削面与套筒长度之和，如图 5.3-17 所示，依据所得曲线的初始线性段折减节点单元的弹性模量，来保证弹性阶段节点单元的抗弯刚度等效。得到了 $\phi32\times2.15$、$\phi48\times3.5$、$\phi60\times3.5$、$\phi89\times3.75$ 螺栓所对应的 4 种节点单元的刚度折减系数 a（节点单元与杆件单元的刚度比值）分别为：0.524、0.466、0.317、0.122。称此模型为基准模型，并作为后期神经网络训练样本的基础。

(2) 试验结果分析

利用 Beam44 单元模拟杆件，Mass21 单元模拟节点质量。选择 Block Lanczos 方法进行模态分析，得出该结构在损伤前后的模态参数。限于篇幅，仅将频率与完好状态下 1 阶 Z 向部分振型的测试结果列出，见表 5.3-6、表 5.3-7。由表 5.3-6、表 5.3-7 可得出以下结论：①完好状态下的频率与理论模型吻合较好，最大误差为 6.49%，表 4 的振型误差大多在 5%左右，进一步验证了精细化模型的合理性。5 种损伤工况中除工况 C 外其他 4 种工况效果较好，而误差的来源是多方面的，比如材料模型、法向刚度、摩擦系数、高强螺栓的预紧力都会存在误差，而在实际中也存在加工、安装精度等误差以及测试环境的干扰；②工况 C 测试误差较大，除了测试环境与仪器引起的误差外，还可能与以下因素有关：理论振型显示拆除 4 根杆后，剩余的两根杆件与螺栓球出现了“摆动”现象，即产生了局部振动；③值得注意的是，工况 D、E 的误差较 A、B 的大，这是因为 D、E 工况时将前几个工况损伤的部分杆件进行了焊接复原，导致了结构整体刚度的细微变化。

3. 损伤识别

(1) 面向子结构的损伤初步定位

采用面向子结构的损伤定位法，以整个结构作为研究对象，以仅与损伤位置有关的标准化的损伤信号指标 $NDSI_i(k)$ 作为输入参数，损伤杆件对应的子结构编号作为网络输出，采用分类能力强大的概率神经网络（简称 PNN）来确定杆件所在的子结构。

当有杆件发生在同一子结构损伤时，称之为同一子结构损伤，如试验工况 A、B、C、D；当杆件在不同子结构同时发生损伤时，称之为不同子结构损伤，如试验工况 E。为了提高网络的收敛速度及诊断精度，根据损伤所发生的位置建立两个不同的 PNN 网络。选用结构损伤前后的前 3 阶模态构造仅与损伤位置有关的 $NDSI_i(k)$ 作为网络的输入参数，

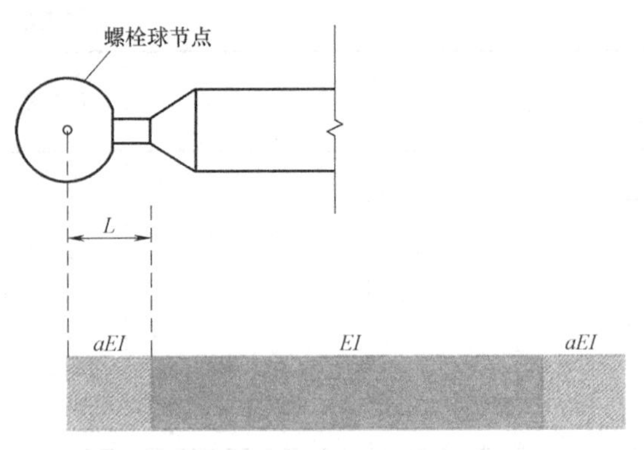

图 5.3-17　刚度可调的节点单元

选用图 5.3-11 中的部分传感器，即图 5.3-4 所示的黑色实心圆为传感器的具体位置，即 1、25、46 等 9 个节点，共 18 个传感器的数据。神经网络训练样本的选取原则兼顾灵敏度大小及所在子结构的位置两个因素，即选取灵敏度较大且位于子结构中心的位置，使子结构相互之间的差距尽可能大，而子结构内部杆件数据的差异尽可能小。按照此原则在每个子结构中选择 1 根杆件来构造训练样本，表 5.3-8、表 5.3-9 分别为同一子结构、不同子结构损伤时的训练样本。以表 5.3-9 为例，训练样本见图 5.3-4 中所示的 7 根杆件，即“▲”所代表的杆件。在基准模型中，将 7 根杆件的弹性模量分别损伤 50%后提取各传感器的前 3 阶频率及 Y、Z 向的振型构造 $NDSI_i(k)$，为 54×7 的矩阵，输出样本为一个 7 阶的单位矩阵，如损伤位于第 1 个子结构输出为 $[1,0,0,0,0,0,0]^T$。双损伤类别共 21 类，损伤程度均为 50%，PNN 网络输出为 [1，2…20，21]，“1”代表“1，2 子结构组合”，“2”代表“1，3 子结构组合”，其余以此类推。

各种工况频率测试结果　　**表 5.3-6**

理论、实测值及误差	第 1 阶	第 2 阶	第 3 阶	理论、实测值及误差	第 1 阶	第 2 阶	第 3 阶
理论值(完好)	6.52	7.97	10.8	理论值(*A*)	6.41	7.85	10.37
实测值(完好)	6.64	8.4	10.1	实测值(*A*)	6.49	8.11	9.98
误差(%)	1.53	5.35	−6.49	误差(%)	1.25	3.31	−3.76
理论值(*B*)	6.37	7.68	9.64	理论值(*C*)	5.17	6.52	7.90
实测值(*B*)	6.46	7.96	9.87	实测值(*C*)	5.75	7.38	9.13
误差(%)	1.41	3.65	2.39	误差(%)	11.2	13.2	15.56
理论值(*D*)	6.38	7.81	10.35	理论值(*E*)	6.35	7.78	10.46
实测值(*D*)	6.14	7.42	9.77	实测值(*E*)	6.08	7.34	9.92
误差(%)	−3.76	−4.99	−5.6	误差(%)	−4.25	−5.66	−5.16

无损结构第 1 阶 *Z* 向部分测点振型实测值　　**表 5.3-7**

测点	1	25	46	60	88	109	130	151	11
理论值	1	1.1954	1.3660	1.4012	1.5221	1.4378	1.3660	1.1954	1
实测值	1	1.2464	1.4076	1.4498	1.6490	1.3964	1.3964	1.2929	0.9654
误差(%)	—	4.09	2.97	3.35	4.69	−5.38	2.18	7.54	−3.59

各工况下的子结构初步定位结果见表 5.3-10，其中“Ⅰ”代表采用的同一子结构损伤

不同子结构损伤训练样本　　表 5.3-8

所在“子结构”	单元号	所在“子结构”	单元号
1,2	36、72	3,4	108、144
1,3	36、108	3,5	108、180
1,4	36、144	3,6	108、216
1,5	36、180	3,7	108、256
1,6	36、216	4,5	144、180
1,7	36、256	4,6	144、216
2,3	72、108	4,7	144、256
2,4	72、144	5,6	180、216
2,5	72、180	5,7	180、256
2,6	72、216	6,7	216、256
2,7	72、256	—	—

同一子结构训练样本　　表 5.3-9

所在“子结构”	单元号	损伤程度
1	36	50%
2	72	50%
3	108	50%
4	144	50%
5	180	50%
6	216	50%
7	256	50%

子结构初步定位结果　　表 5.3-10

损伤工况	网络类型	子结构定位结果
A	Ⅰ	2(√)
B	Ⅰ	2(√)
C	Ⅰ	3(×)
D	Ⅰ	2(√)
E	Ⅱ	2,3(√)

的 PNN 网络，“Ⅱ”代表采用的不同子结构损伤的 PNN 网络。综上所述可得出以下结论：

1）如表 5.3-6～表 5.3-8 所示，每个子结构仅选用 1 根杆件作为训练样本，输入参数仅用 9 个节点 18 个加速度传感器的前 3 阶模态测试结果，从表 5.3-10 中可以看出，除工况 C 外其他工况的损伤都能够准确定位，说明面向子结构的初步定位是可行的；

2）同一子结构损伤的 PNN 网络中，训练样本仅为单损伤，而测试样本选用了不同的杆件组合，说明输入参数选取仅与损伤位置有关的 $NDSI_i(k)$ 具有良好效果；

3）工况 C 的频率测试误差均大于 10%，由于出现了局部振动影响，振型偏差更甚，因此导致了所构造的输入参数 $NDSI_i(k)$ 与训练样本不再匹配，造成了错误定位。

(2) 面向节点的进一步定位

采用面向节点的损伤定位法，以整个子结构作为研究对象，以 $NDSI_i(k)$ 作为输入参数，损伤杆件对应的节点损伤指数（无损伤时输出“0”，反之输出“1”，当大于 0.5 时即认为出现了损伤）作为神经网络的输出，采用具有强大的非线性映射能力以及高度的容错性和鲁棒性的广义回归神经网络（简称 GRNN）将损伤位置定位到节点。与面向子结构类似，选用与其相同的传感器及结构损伤前后的前 3 阶模态构造 $NDSI_i(k)$，利用面向节点的损伤定位法构造节点损伤定位的神经网络，以有限元模型的理论分析值形成神经网络的输入参数和训练样本，并对 GRNN 网络进行训练，将 A、B、D、E 四种损伤情况的实测结果输入神经网络进行识别，识别结果见表 5.3-11。由表 5.3-11 看出，除工况 B 节。点定位有出入外其他工况节点均准确定位。与整个子结构相比，损伤初步定位出的可能损伤范围已经大大减小。这样，将损伤初步定位结果中节点损伤指数明显大于其他节点的区域，作为结构中可能存在损伤的区域，并进行后续损伤具体位置的识别，既可以避免损伤杆件的遗漏现象，又不会增加很多的工作。

节点定位识别结果 **表 5.3-11**

损伤工况	节点	损伤指数	节点定位可能损伤的杆件
A	53	0.96	79,80,81,82,304,311
	48	0.99	70,73,80,83,298,305
	49	0.98	71,72,73,74,299,306
B	53	0.98	70,73,80,83,298,305
	48	0.95	70,73,80,83,298,305
	49	0.96	71,72,73,74,299,306
	56	0.65	83,84,85,86,306,313
	41▲	0.72	58,61,68,71,291,298
D	53	0.84	79,80,81,82,304,311
	48	0.82	70,73,80,83,298,305
	43	0.86	62,65,72,75,293,300
	44	0.91	63,64,65,66,295,302
E	43	0.84	62,65,72,75,293,300
	44	0.89	63,64,65,66,295,302
	64	0.72	98,101,108,111,314,321
	65	0.66	99,100,101,102,316,323

注：表中上脚标为“▲”的点是节点定位中识别出来的与损伤杆件不相关联的节点。

(3) 杆件的精确定位及其损伤程度的确定

以识别出的节点区域相关联的所有杆件作为研究对象，仍采用 $NDSI_i(k)$ 作为输入参数，以杆件的损伤指数（无损伤时输出“0”，反之输出“1”，当大于 0.5 时即认为出现了损伤）作为神经网络的输出，采用 GRNN 网络将损伤定位到具体杆件；然后以诊断出的损伤杆件为研究对象，选择网格结构损伤特征参数 GSDS 作为神经网络的输入参数，以相应杆件的损伤程度作为输出参数，构造损伤程度诊断神经网络，准确地诊断出杆件的具体损伤程度。与上述两个步骤类似，选用与其相同的传感器及结构损伤前后的前 3 阶模态构造 $NDSI_i(k)$ 与 GSDS，分别构造杆件具体定位和损伤程度识别两个神经网络，以有限元模型的理论分析值形成神经网络的输入参数和训练样本，并对网络进行训练，将 A、B、D、E 四种损伤情况的实测结果输入神经网络进行识别，识别结果见表 5.3-12。由表 5.3-12 可得出，将实测结果输入神经网络后，各种损伤情况基本能够将大部分损伤进行定位，出现了部分损伤杆件遗漏和错误定位的现象，如 83 号杆件出现了遗漏。分析原因认为，一方面是由于训练样本数量较多使得神经网络的识别误差增大；另一方面是由于结构模型误差和实测中存在误差，导致识别结果中出现了错误定位。

杆件定位及损伤程度识别结果 **表 5.3-12**

损伤工况	损伤具体定位		损伤程度及误差(%)	
	杆件	损伤指数	损伤程度	误差
A	73	0.94	0.98	2
	80	0.96	0.95	5
B	73	0.91	0.94	6
	80	0.86	0.91	9
	83	0.13	—	100
	70*	0.75	0.88	88
D	80	0.81	0.92	8
	65	0.74	0.94	6
	63*	0.68	0.73	73
E	65	0.76	0.95	5
	101	0.72	0.96	4
	108*	0.56	0.83	83
	62*	0.64	0.76	76

注：表中上脚标为“*”的点事杆件定位中的不相关杆件。

(4) 空间网格结构损伤的三步定位法

为解决部分杆件遗漏问题（如工况 B 的 83 号杆件），从结构损伤的整个检测过程来看，应该包括整体损伤检测和局部损伤检测（如目前常用的无损探伤）两个过程，在对结构整体损伤定位和程度识别之后，还要利用更为精密的局部检测设备来确定损伤杆件中的具体损伤位置。这样，如果将识别出的损伤杆件仍然作为结构中可能存在损伤的区域的代表，并在与其相邻的范围内进行局部检测，则可以将多损伤时的损伤杆件检测出来，因为遗漏的杆件在识别出的损伤杆件附近。对于以上工况的损伤，利用实测的不完备模态数据对其进行损伤定位，部分工况虽不能准确地识别出具体损伤的杆件，但却能识别出结构损伤的邻近区域，该区域是在工程误差允许范围之内的，由此可见本节所提出的损伤识别算法用于工程实际也是可以接受的。综上分析，本节提出应用人工神经网络技术的 3 步损伤定位方法来完成空间网格结构损伤诊断的整个过程。通过增加第 1 步可显著减少第 2 步中损伤训练样本的数量，使计算工作量大大减少，从而增强神经网络技术对空间网格结构进行损伤定位的适用性。

步骤 1：采用面向子结构的损伤定位法确定结构是否存在损伤及损伤所在的子结构位置；

步骤 2：采用面向节点的损伤定位法确定子结构中损伤的大致位置；

步骤 3：确定出损伤的具体杆件及损伤程度。

4. 本节结论

本节通过对某纵边支承单层柱面网壳干煤棚缩尺模型杆件损伤定位的试验研究，得出以下主要结论：

（1）通过单层柱面网壳模型的试验结果表明，基于动力测试并采用面向子结构的损伤初步定位的空间网格结构损伤识别的三步法是可行和有效的，可以大大减少损伤精确定位时训练样本的数量，从而可解决神经网络技术中的样本组合“爆炸”问题。适合于不完备的模态数据，且只利用低阶模态数据即可大致识别出损伤的位置。

（2）计算结果表明，本文采用的 PNN 及 GRNN 网络具有良好的容错性和鲁棒性，即便是存在数据误差的情况下，仍可对结构损伤进行较准确的定位。

（3）结构模型误差和实测误差对损伤识别结果的影响不容忽视。因此，在对实际结构的损伤识别中，应考虑将识别出的杆件视为结构中的损伤区域的代表，并对该区域内的杆件进行精确的局部检测。

（4）需要特别说明的是，限于条件，本章节只进行了同一子结构损伤及不同子结构损伤的 5 种工况，对于更复杂的情况，如更多子结构中的杆件同时损伤时的识别问题需要进一步研究。

5.3.3 螺栓松动识别

在空间网格结构中节点是受力最集中的部位，对于整体结构的安全性至关重要，节点一旦失效，相连杆件将丧失部分或全部承载能力，造成传力路径改变、结构体系局部破坏，甚至引发整体结构的连续性破坏。由于螺栓球节点具有加工制作工艺简单，现场安装方便，技术要求较低，避免高空焊接作业等优点，被广泛应用于网格比较规则的中、小跨度的网架、双层网壳结构。螺栓球节点由于其空间定位方便准确，特别适用于复杂曲面的网格结构。空间网格结构中高强螺栓节点的失效形式属于脆性破坏。Ghasemi 等通过对双层网架结构的试验研究，发现螺栓的紧固程度对结构的刚度影响显著。工程中螺栓球节点存在假拧紧现象（图 5.3-18a），在设计和施工中很难控制。德国 Mero 体系将钢管开孔以检查螺栓是否拧紧到位，如图 5.3-18（b）所示，但开孔断面将影响球节点的承载能力。在大连电视塔工程中由螺母孔插入内窥镜，以检查螺栓是否拧紧到位，但此种措施会提高

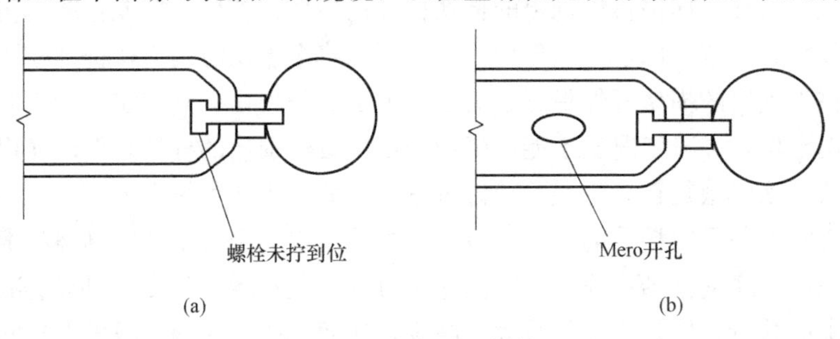

图 5.3-18 螺栓“假拧”

（a）螺栓未拧到位；（b）Mewo 开孔

施工成本，不适宜推广。因此对大跨网格结构螺栓球节点进行损伤识别及安全评估方法的研究具有重要意义。

对螺栓松动与脱落的损伤诊断研究，主要集中在输电线塔法兰连接节点、钢桁架及钢框架节点。而对空间网格结构损伤识别的研究大多集中为杆件的损伤定位，即采用降低杆件的弹性模量来模拟杆件的损伤，有关节点连接的损伤识别研究鲜见报道，而实际工程中螺栓松动损伤发生的概率要比杆件损伤大得多，因此很有必要寻求一种螺栓松动损伤识别的方法来解决这个问题。目前，人工神经网络(ANN)方法以其处理信息的并行性、自组织、自学习性、联想记忆功能以及很强的鲁棒性和容错性等优点，被广泛应用于损伤识别。然而由于空间网格结构的自由度较多，且能够获得的实测数据有限，而基于不完备测试信息直接利用神经网络对整体结构的损伤判定很难实现，会出现模拟损伤样本组合“爆炸”的问题，因此降低神经网络的计算量成为能否应用该方法的关键。基于此，本章建立适用于空间网格结构节点螺栓松动损伤定位分步识别的新方法：采用面向子结构的损伤定位，确定结构是否存在损伤及损伤的大致位置；采用面向节点的损伤定位，确定子结构中连接损伤的节点位置。以单层柱面网壳振动台试验模型为例，根据模型结构的构成规律，将其分成若干子结构。基于神经网络算法采用分步识别，通过数值模拟及模型试验对所提算法进行验证。

1. 空间网格结构节点螺栓松动损伤识别方法

(1) 螺栓球节点模型

为识别结构中螺栓松动损伤，需在分析模型中反映螺栓连接的影响，即采用某种单元反映连接的刚度，为此，本节采用刚性模型和半刚性模型进行模拟。

1) 刚性模型

通常单层网格结构中将球心到球心视为一根杆件，采用梁单元模拟，节点为刚接。如果不考虑节点刚度的影响，可以将节点从套筒端部到球心的长度视为一根杆件，采用梁单元模拟，亦称为节点单元。在结构设计中，将一根杆件划分为两个节点单元和一个杆件单元，认为它们之间为刚接，称其为刚性模型，见图 5.3-19、图 5.3-20。如果没有损伤发生，此模型的模态计算结果不变；如果螺栓有松动损伤，可以通过改变节点单元的刚度进行模拟。

2) 半刚性模型

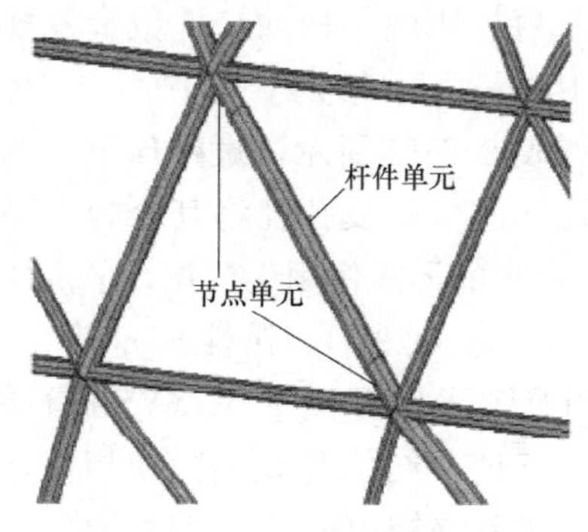

图 5.3-19　刚性模型

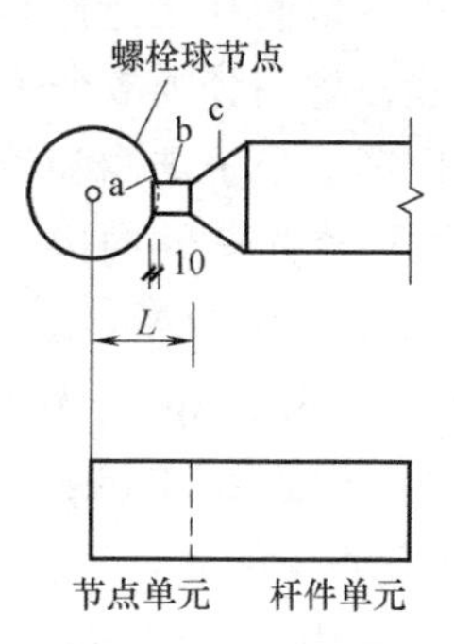

图 5.3-20　节点单元

a—切削面　b—套筒；c—锥头

对于半刚性球节点，螺栓球节点具备一定的转动刚度。对螺栓球节点进行了精细化建模，将连接简化为一段直杆，惯性矩I不变，L为球中心至切削面与套筒长度之和（图5.3-20）。通过分析螺栓球转动刚度随弯矩的变化情况，获得如图5.3-21所示的几种螺栓球节点的弯矩-转角（M-θ）曲线，并指出可以依据所得曲线折减节点单元的弹性模量，保证在弹性阶段球节点刚度等效，即反映半刚性特性，修正后的模型称其为半刚性模型。

（2）两步定位的损伤识别

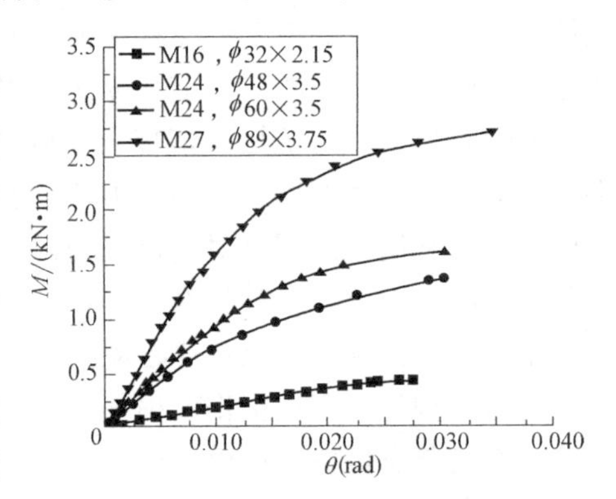

图5.3-21　螺栓球节点弯矩-转角曲线

在结构损伤识别中，损伤位置的诊断比损伤程度的诊断更困难。一方面，需确定结构有无损伤或损伤的大致位置；另一方面，可采用较精密的无损检测设备对该区域进行局部检测。为此，本文采用两步定位网格结构螺栓松动损伤的位置。

第1步，采用面向子结构的损伤定位，确定结构是否存在损伤及损伤的大致位置。以整体结构为研究对象，以仅与损伤位置有关的标准化的损伤信号指标$NDSI_i(k)$作为输入参数，损伤杆件对应的子结构编号作为网络输出，采用概率神经网络（简称PNN）方法确定损伤所在的子结构。此步中，由于仅要求识别到子结构，模式类别即为子结构个数，即如果划分n个子结构，输出$n\times1$阶的单位矩阵，计算量相对较小。

第2步，采用面向节点的损伤定位，确定子结构中损伤的节点位置。以子结构为研究对象，以$NDSI_i(k)$作为输入参数，损伤杆件对应的节点损伤系数作为神经网络的输出，采用具有强非线性映射能力以及高度容错性和鲁棒性的广义回归神经网络（简称GRNN）将损伤定位到节点。由于仅在n个子结构中的某个子结构内进行节点定位，计算量为直接采用节点定位时的$1/n$。

2. 有限元分析

（1）模型建立

以一矢跨比为1/4的单层柱面网壳振动台试验模型为例，纵向长度为21.0m，宽度为3.0m，矢高为0.75m，如图5.3-22所示。试验模型采用螺栓球节点，通过加大螺栓与套筒的尺寸，以尽量使其接近刚接。纵向柱距7个，且每柱距间结构的杆件数量及规格相似，将该试验模型划分为7个子结构，如图5.3-22中的子结构编号1，2，…，7。螺栓球和杆件类型以第2个子结构为例，杆件编号及规格如表5.3-13所示，螺栓球节点的型号为BS180，与节点连接处向内切削10mm。根据螺栓孔的数量及孔径将其分为不同的类别，如图5.3-23中的“A4～A10”。假定荷载以集中质量的形式作用于节点，节点质量为23.96kg，其中18.17kg为节点附加质量。钢材类型为Q235B，弹性模量为2.06×105MPa，材料密度为7850kg/m，泊松比0.3。采用有限元分析软件ANSYS进行模拟，杆件采用BEAM44单元，节点采用MASS21单元。其他子结构与此相同或相似，如图5.3-23所示。采用BlockLanczos方法进行模态分析，得到该结构在损伤前后的模态参数。采用刚性模型进行模拟分析，结构中某根杆件若一端螺栓松动则称其为单损伤工况。试验模型中螺栓球的节点单元长度L均为100mm，减小其截面面积来模拟节点螺栓松动的损

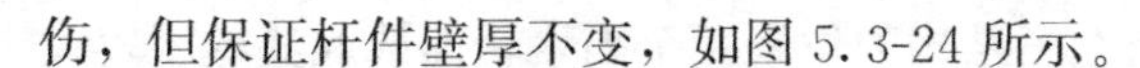
伤，但保证杆件壁厚不变，如图 5.3-24 所示。

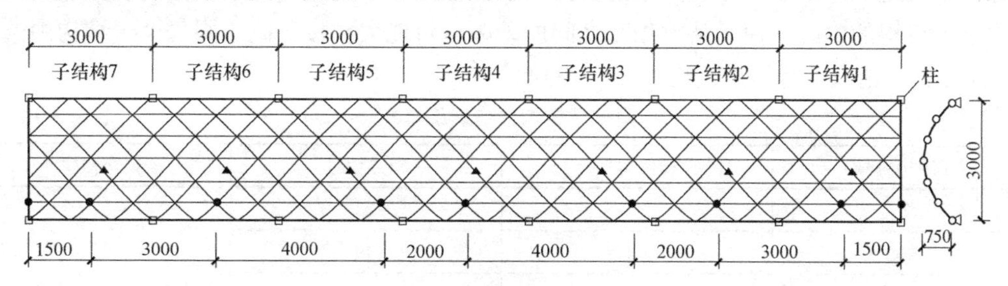

注："●"代表节点，从右到左节点编号依次为：1、25、46、60、88、109、130、151、11；
"▲"代表杆件，从右到左杆件编号依次为：36、72、108、144、180、216、256。

图 5.3-22　单层柱面网壳试验模型

杆件类型及规格　　**表 5.3-13**

编号	1A	1B	1C	2A	3A	4A
规格	ϕ32×2.15			ϕ48×3.5	ϕ60×3.5	ϕ89×3.75

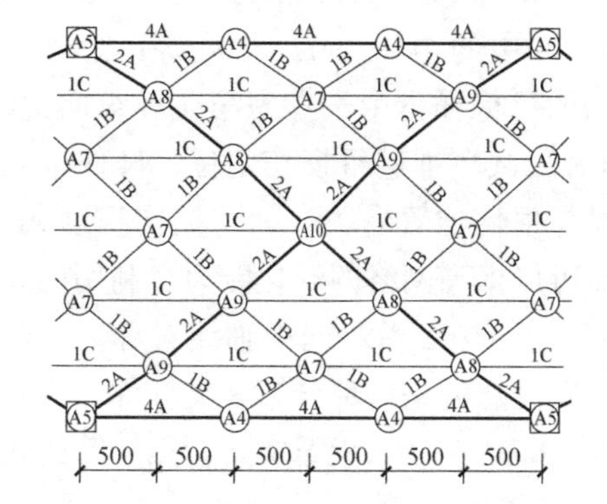

图 5.3-23　子结构 2 的螺栓球及杆件种类

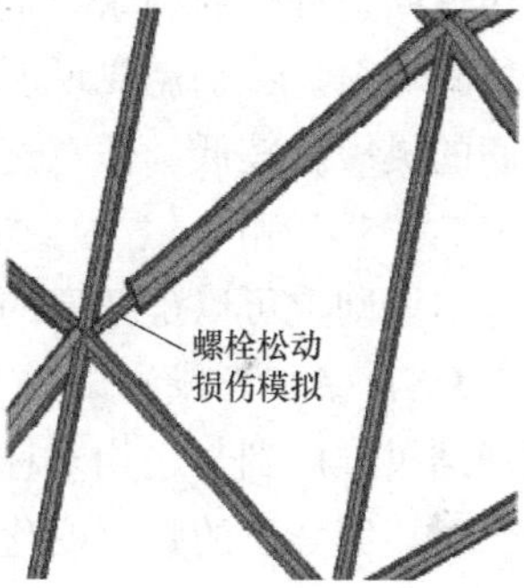

螺栓松动
损伤模拟

图 5.3-24　螺栓松动损伤模拟

（2）面向子结构的初步损伤定位

选用结构损伤前后的前 3 阶模态构造的 $NDSI_i(k)$ 作为网络的输入参数，同时兼顾每个子结构至少有一个位置布置加速度传感器，目的是使子结构相互之间的模态差值尽可能大，如图 5.3-23 所示的"•"为加速度传感器的具体位置，即节点编号为 1、25、46 等共 9 个位置。在每个节点处布置 Y 向和 Z 向加速度传感器，共 18 个。输出为子结构编号 1、2、…、7，识别损伤发生的部位，神经网络的输出样本为一个 7×1 阶的单位矩阵，如第 1 个子结构输出为 $[1, 0, 0, 0, 0, 0, 0]^T$。试验模型共有 157 个节点、414 根杆件，为便于分析，本文选取子结构 2 为代表，其节点号（红色数字）与单元号如图 5.3-25 所示，其他子结构杆件的类型及数量与此相同。神经网络

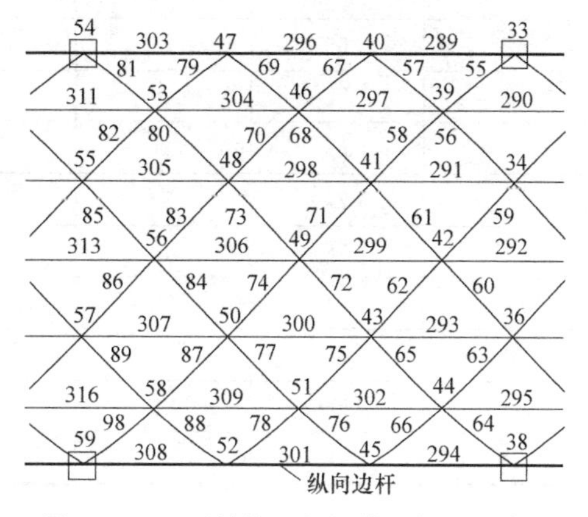

图 5.3-25　子结构 2 的杆单元与节点编号

训练样本的选取原则主要考虑灵敏度及其所在子结构的位置两个因素，即选取灵敏度较大且位于子结构的中心，使子结构相互之间的差距尽可能大。按照此原则每个子结构中选择1根杆件。所选取训练样本杆件见表5.3-14。

同一子结构损伤训练样本　　表5.3-14

子结构编号	杆件编号	节点编号	损伤程度
1	36	28	节点单元直径减小15mm
2	72	49	
3	108	70	
4	144	91	
5	180	112	
6	216	133	
7	256	154	

为便于分析，对子结构2的杆件类型重新分类，第1类为图5.3-25中红色加粗标注的杆件；第2类为除加粗标注的杆件外的所有斜向杆，如图5.3-28中的77、75、88等；第3类为除纵向边杆外的剩余纵向杆件，如图5.3-28中的309、302、300等；第4类为纵向边杆，共6根。特别需要说明的是，损伤识别的目标样本中不考虑第4类纵向边杆，原因是它们的灵敏度较低。任意选取10根杆件作为测试样本进行损伤定位，杆件单元号与种类见表5.3-15。由于输入参数$NDSI_i(k)$仅与损伤位置有关，而与损伤程度无关，因此训练样本原则上可以是任意的损伤程度，从而可以提高网络的泛化能力。利用前3阶模态构造$NDSI_i(k)$形成测试样本进行检验，鉴于子结构2沿纵向中轴线对称，因此可以将此识别结果推广到与之相对称的杆件。需要特别注意的是，部分第3类杆件，当其螺栓松动损伤时，第3阶的频率变化率$\Delta f_3=0$，此时$NDSI_i(k)$无意义，但第4阶的频率变化率$\Delta f_4\neq0$，因此改为采用1、2、4阶模态构造$NDSI_i(k)$。

螺栓松动单损伤测试样本子结构定位结果　　表5.3-15

工况	杆件编号	节点编号	损伤程度/mm	模态类别	损伤定位	
					0	5%
1	80	48	12	Ⅰ	子结构2	子结构2
2	65	44	8	Ⅰ	子结构2	子结构2
3	74	49	9	Ⅰ	子结构2	子结构2
4	58	41	10	Ⅰ	子结构2	子结构2
5	77	51	10	Ⅰ	子结构2	子结构2
6	75	43	12	Ⅰ	子结构2	子结构2
7	84	56	11	Ⅰ	子结构2	子结构2
8	85	55	8	Ⅰ	子结构4	子结构4
9	299	42	12	Ⅱ	子结构2	子结构1
10	305	48	12	Ⅱ	子结构1	子结构1

由于模型建立、测量及环境等因素而导致的数据误差，损伤识别方法的精度会因此而

降低。容错性和鲁棒性优良与否是评价网络的重要指标，噪声模拟公式按式（5.2-3）。

测试样本的初步定位结果如表5.3-15所示，表中“Ⅰ”代表测试及训练样本采用前3阶模态，“Ⅱ”代表采用的为1、2、4阶模态；0和5%分别代表无噪声和叠加5%的噪声。

从表5.3-15中可以看出，无噪声时10种损伤工况中仅85(55)、305(48)错误定位，叠加5%噪声时85（55）、299（42）、305（48）错误定位，其他工况均准确识别出损伤在子结构2，而且此子结构沿纵向中轴线对称，因此可以将此识别结果推广到与之相对称的杆件。

由表5.3-15可见，每个子结构仅采用1根杆件的一端螺栓松动作为训练样本，仅用18个传感器前3阶（1、2、4阶）模态的测试结果构造输入参数$NDSI_i(k)$，无噪声时除杆件85、305外其他杆件的损伤都能够准确定位，说明此网络具有简单、准确率高的特点。

为分析杆件85、305对应节点错误定位的原因，可对上述10根杆件的前3阶（1、2、4阶）模态的灵敏度进行分析，结果列于表5.3-16。在前3阶（1、2、4阶）模态中，杆件85、305的灵敏度都非常小（均小于2%），即对结构的刚度以及$NDSI_i(k)$的影响也较小，由此造成了误判。

由表5.3-16还可得知，在目标模态前3阶（1、2、4阶）的某一阶或某几阶中的灵敏度系数大于2%的所有杆件损伤都能够准确定位，原因是这些杆件刚度的改变较明显地引起$NDSI_i(k)$的改变。如果杆件在任意一阶模态中的杆件灵敏度的绝对值均小于2%，则这些杆件对结构整体性能的影响也较小，因此不作为重点考察对象。

需要特别注意的是，杆件85对应节点位于子结构2、3的交界处，造成识别错误的原因除了网络的识别误差和其所处的特殊位置外，还与所选取的训练数据不足有关（训练样本每个子结构仅取1根杆件，且杆件类型为第1类与杆件85（第2类）、杆件305（第3类）不同）。

此例的模拟分析中，训练样本采用松动程度为15mm的损伤，而测试样本为任意程度的损伤，说明选取仅与损伤位置有关的参数$NDSI_i(k)$，使网络具有良好的泛化能力。叠加5%的噪声时，仅杆件299对应节点出现错误定位，说明网络具有良好的容错性和鲁棒性，即使存在数据误差的情况下，仍可对大部分损伤位置进行准确识别。

综上所述，此算例仅采用7个训练样本，除灵敏度小于2%的杆件外，均能正确定位到所在的子结构，说明对于自由度众多的网格结构，面向子结构的初步损伤定位是可行的。

（3）面向节点的损伤定位

以上计算已定位损伤发生在子结构2，该子结构共有60个杆件，25个节点，采用面向节点损伤定位可使模式类别大为减少，同时螺栓松动也只需定位到节点。由上述子结构损伤定位结果可得：灵敏度较小的杆件的螺栓松动损伤不能被准确定位，因此，只选取前3阶（或1、2、4阶）（即当$\Delta f_3=0$，$\Delta f_4\neq0$时，下同）模态灵敏度中至少有1阶大于2%的杆件作为考察对象，共30根杆件，60个螺栓松动损伤工况，25种模式类别。采用GRNN网络，输入参数仍选用仅与位置有关的参数$NDSI_i(k)$，传感器测点布置与前述相同，输出为节点的损伤系数（无损伤时输出“0”，反之输出“1”，大于0.5即认为出现了损伤）。对该子结构中满足以上条件的节点单元直径同时减少10mm作为训练样本，同时为模拟实际工程应用，测试样本叠加5%的白噪声，单损伤的测试样本工况为“A，B，…，H”，见表5.3-

17，其中工况A代表杆件80相连节点48出现螺栓松动损伤，损伤程度为节点单元直径减小15mm，工况B～H与此类似，节点定位结果见表5.3-17。需要特别指出的是，除杆件299、节点42采用1、2、4阶模态外，其他7种工况均采用1、2、3阶模态。

从表5.3-17中可以看出，各工况下的螺栓松动损伤均准确定位到相应的节点，且GRNN网络具有良好的泛化能力及鲁棒性，具有一定的工程实用价值。

杆件灵敏度分析结果 **表5.3-16**

模态	灵敏度(%)									
	杆件80	杆件65	杆件74	杆件58	杆件77	杆件75	杆件84	杆件85	杆件299	杆件305
1阶	15.106	13.584	5.048	13.283	2.310	3.959	0.660	0.725	0.242	0.290
2阶	10.774	11.185	4.094	11.694	2.490	2.694	0.456	1.234	0.228	1.492
3阶	3.054	3.267	2.236	3.557	2.370	4.372	2.660	1.653	—	—
4阶	—	—	—	—	—	—	—	—	2.376	0.235

各种损伤情况下的节点识别结果 **表5.3-17**

节点定位				定位结果
工况	节点	杆件	损伤程度(mm)	
A	48	80	15	48
B	44	65	9	44
C	49	74	11	49
D	41	58	12	41
E	51	77	8	51
F	43	75	6	43
G	84	56	7	84
H	42	299	8	42

3. 单层柱面网壳结构模型试验

（1）试验概况

单层柱面网壳结构试验现场如图5.3-26所示，该网壳由157个节点、414根杆件构成，试验简图、螺栓球节点及杆件类别见图5.3-22、图5.3-23及表5.3-13。结构螺栓松动仅考虑损伤位置，不考虑其损伤程度，损伤位置位于子结构7的节点4，即将节点4的螺栓松动（损伤单元为991、992），如图5.3-27（为方便后续分析将子结构7部分测点重新编号，图中数字为对应的节点编号）、图5.3-28所示。根据有限元分析结果中单层柱面网壳模态的振型情况，布置了44个加速度传感器，其中Y向与Z向各22个，具体布置见图5.3-29。动力特性测试采用正弦激振法，考虑结构特点和试验条件利用2台KDJ2型10kg激振器、DF1010超低频信号发生器和KD5701功率放大器，分别对该模型在有无损伤情况下的前3阶自振特性进行了测试，频率测试结果如表5.3-18所示。从表5.3-18中可以看出，刚性模型与实测结果偏差较大，而半刚性模型吻合较好，完好及损伤状态的最大误差分别为6.49%、6.94%，表明半刚性模型的合理性。以下螺栓松动的损伤定位均基于半刚性模型。

图 5.3-26 试验现场

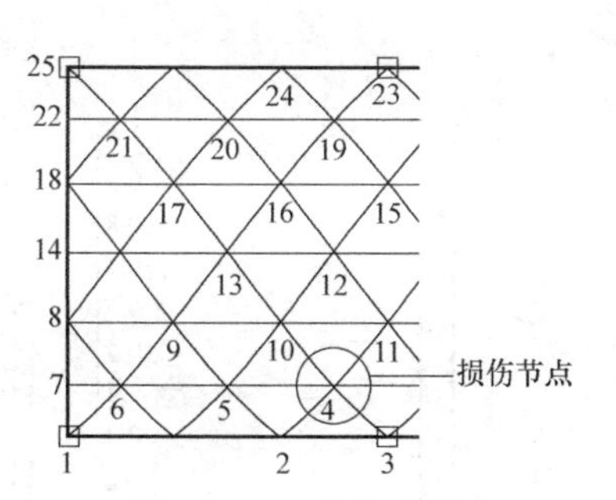

图 5.3-27 损伤位置

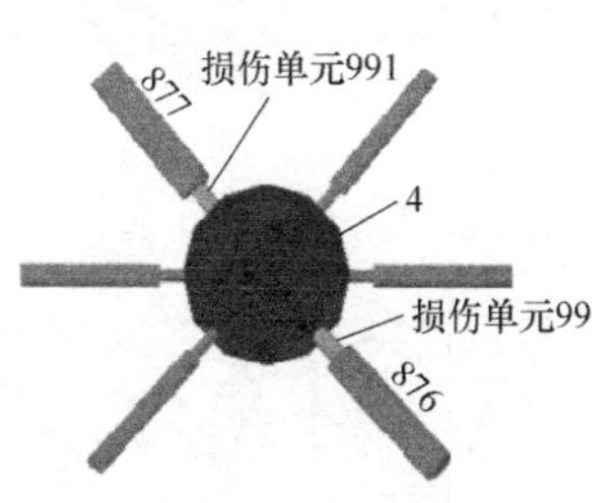

图 5.3-28 节点 4 损伤单元

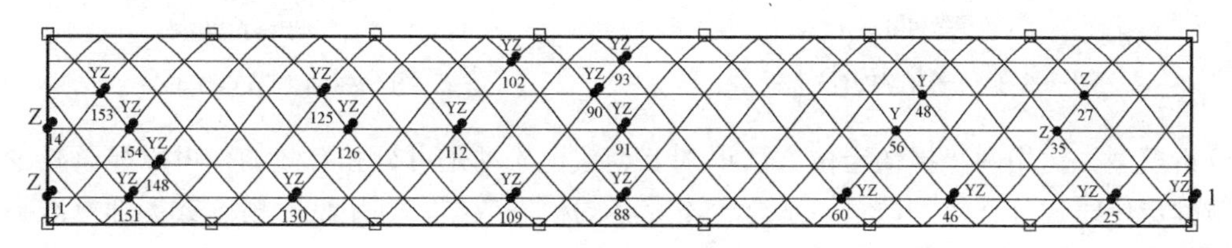
图 5.3-29 加速度传感器布置

频率测试结果 **表 5.3-18**

模态	完好状态(Hz)			损伤状态频率(Hz)	
	实测值	计算值		实测值	计算值
		刚性模型[误差(%)]	半刚性模型[误差(%)]		半刚性模型[误差(%)]
1 阶	6.62	7.86[−15.83]	6.52[1.53]	6.48	6.03[6.94]
2 阶	8.40	9.79[−14.22]	7.97[5.35]	7.92	7.95[−0.38]
3 阶	10.1	13.18[−23.37]	10.80[−6.49]	10.78	10.48[2.86]

误差来源主要有：材料本构模型，套筒、高强螺栓和螺栓球三者之间接触计算中的法向刚度以及摩擦系数，高强螺栓的预紧力等，而在实际中也存在加工、安装精度等误差以及测试环境的干扰。

(2) 子结构及其节点损伤定位

采用半刚性模型提供训练样本，选取原则及构造标准化损伤信号指标与原刚性模型相同，采用螺栓松动损伤前后实测 1、2、3 阶模态数据构造 $NDSI_i(k)$，其构造方式与有限元模拟的相同。由分析结果可知，当杆件的前 3 阶（1、2、4 阶）模态灵敏度均小于 2% 时，子结构定位会造成判，因此节点定位所考虑的杆件前 3 阶中至少有 1 阶大于 2%，子结构 7 中满足此条件的杆件 26 根，如图 5.3-28 所示的红色标注杆件，与此相关联的节点 25 个。子结构与节点损伤定位结果如图 5.3-30、图 5.3-31 所示，由图可知，二者的损伤系数均大于 0.5，损伤定位到子结构 7，节点 4，二者均能正确定位，而且仅采用较少量的传感器与训练样本。确定了损伤子结构与其节点后，可以再重点对这个小区域内的所有杆件对应的节点进行排查。

4. 本节结论

(1) 单层柱面网壳模型的数值模拟结果表明，基于本章建立的能够反映节点刚度影响

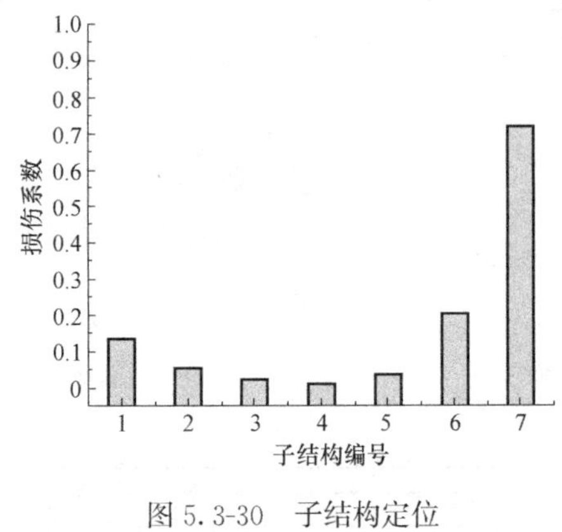

图 5.3-30　子结构定位

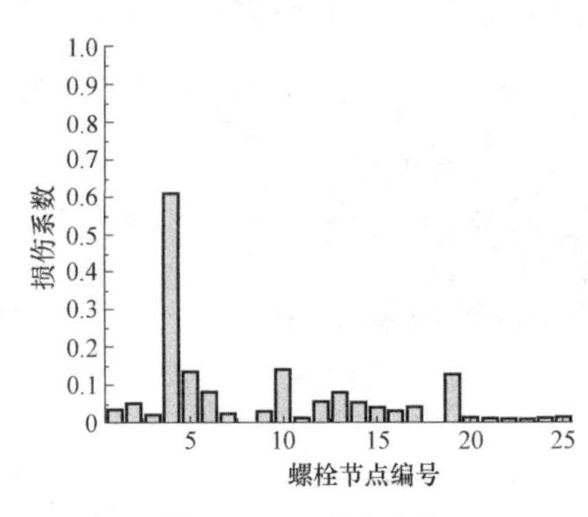

图 5.3-31　节点定位

的分析模型，运用两步损伤定位方法识别节点螺栓松动是可行和有效的，可以显著减少损伤精确定位时训练样本的数量，适合于不完备的模态数据，利用低阶模态数据即可准确识别损伤的子结构与节点位置。

（2）利用本章方法进行损伤识别的成功率与杆件灵敏度密切相关，为了保证识别结果准确性，其灵敏度要达到 2%以上才能准确识别。

（3）模型试验中节点螺栓松动损伤所在的子结构与节点均能准确定位，验证了本章所提方法的可行性。

5.4　本章小结

（1）本章列举了传统的静力响应损伤识别与动力特性损伤识别，针对基于频率损伤识别方法与基于频率与振型损伤识别方法列举出了理论表达式，并对其余传统方法做了系统性总结；介绍了基于人工神经网络的损伤识别、基于深度学习的损伤识别与基于计算机视觉的损伤识别算法，并对经典的算法进行了归纳，如 BP 神经网络算法、概率神经网络、卷积神经网络等。

（2）提出了面向节点的损伤识别“三步法”，包括确定结构是否存在损伤及损伤的大致位置、确定出损伤的具体杆件和确定损伤程度，可以采用三个步骤、构造三个神经网络来完成网格结构损伤识别的整个过程，大大提高结构损伤位置识别的效率，并克服了杆件众多带来的损伤位置识别的困难。采用双层柱面网壳结构模型试验进行了实验验证，证明了以低阶实测模态参数（频率和振型）并利用面向节点的损伤初步定位方法和网格结构损伤识别的三步法，对网格结构进行损伤识别是完全可行的，可用于对大型复杂结构的损伤识别。

（3）对于空间结构而言，随着结构自由度的增多，损伤识别计算会出现网络“爆炸”的问题，在“三步法”基础上进行进一步改进，提出面向子结构的损伤识别方法，采用单层柱面网壳结构模型试验验证。并针对螺栓球网格结构中螺栓松动的问题，以单层柱面网壳振动台试验模型为例，基于神经网络算法采用分步识别，通过数值模拟及模型试验对所提算法进行验证，结果表明，运用面向子结构与面向节点“三步法”相结合的损伤定位方法识别节点螺栓松动是可行和有效的，模型试验中节点螺栓松动损伤所在的子结构与节点均能准确定位，验证了所提方法的可行性。

参考文献

[1] 张毅刚. 大跨空间结构（第2版）[M]. 北京：机械工业出版社，2014.

[2] 沈祖炎，陈扬骥. 网架与网壳 [M]. 上海：同济大学出版社，1997.

[3] 沈世钊，徐崇宝，赵臣. 悬索结构设计 [M]. 北京：中国建筑工业出版社，1997.

[4] 董石麟. 空间结构 [M]. 北京：中国计划出版社. 2003.

[5] 刘锡良. 现代空间结构 [M]. 天津：天津大学出版社，2003.

[6] 朱明亮. 弦支叉筒网壳结构体系研究 [M]. 南京：东南大学出版社，2015.

[7] 杜新喜. 大跨空间结构设计与分析 [M]. 北京：中国建筑工业出版社，2014.

[8] 黄斌，毛文筠. 新星空间钢结构设计与实例 [M]. 北京：机械工业出版社，2010.

[9] 曹资，薛素铎. 空间结构抗震理论分析与设计 [M]. 北京：科学出版社，2005.

[10] 钱若军，杨联萍. 张力结构的分析、设计与施工 [M]. 南京：东南大学出版社，2003.

[11] 完海鹰，黄炳生. 大跨空间结构 [M]. 北京：中国建筑工业出版社，2004.

[12] 曹资，朱志达. 建筑抗震理论与设计方法 [M]. 北京：北京工业大学出版社，1998.

[13] 沈世钊，陈昕. 网架结构稳定性 [M]. 北京：科学出版社，1999.

[14] 薛素铎，赵均，高向宇. 建筑抗震设计 [M]. 北京：科学出版社，2003.

[15] 李杰，李国强. 地震工程学导论 [M]. 北京：地震出版社，1992

[16] 王松涛，曹资. 现代抗震设计方法 [M]. 北京：中国建筑工业出版社，1997.

[17] 俞载道. 结构动力学基础 [M]. 上海：同济大学出版社，1987.

[18] 蓝天，张毅刚. 大跨度屋盖结构抗震设计 [M]. 北京：中国建筑工业出版社，2000.

[19] 董石麟. 空间结构的发展历史、创新、形式分类与实践应用 [J]. 空间结构，2009，15（3）：22-43.

[20] 李亚明，贾水钟，肖魁. 大跨空间结构技术创新与实践 [J]. 建筑结构，2021，51（17）：98-105.

[21] 范重，彭翼，胡纯炀，等. 开合屋盖结构设计关键技术研究 [J]. 建筑结构学报，2010，31（6）：132-144.

[22] 范重，赵长军，李丽，等. 国内外开合屋盖的应用现状与实践 [J]. 施工技术，2010，39（8）：1-7.

[23] 周海洋，钟声，周家文，等. 玻璃天窗开合屋盖结构拼装定位控制及施工监测研究 [J]. 土木建筑与环境工程，2014，36（S1）：24-29.

[24] 张峥，葛迪，周旋，等. 开合屋盖结构体系在游泳馆建筑中的应用与关键问题分析 [J]. 建筑结构学报，2020，41（S2）：340-348.

[25] 李植伟，耿民，贺锋，等. 开合屋盖支承结构的抗震性能分析研究与设计 [J]. 四川建筑科学研究，2021，47（2）：12-18.

[26] 晏班夫，陈泽楚，朱子纲. 基于非接触摄影测量的拉索索力测试 [J]. 湖南大学学报（自然科学版），2015，42（11）：105-110.

[27] 王秀枝. 国家体育馆双向张弦桁架施工技术研究 [J]. 建筑技术，2010，41（7）：592-594.

[28] 郭明渊，陈志华，刘红波，等. 拉索索力测试技术与抗弯刚度研究进展 [J]. 空间结构，2016，22（3）：34-43.

[29] 蒲黔辉，洪彧，王高新，等. 快速特征系统实现算法用于环境激励下的结构模态参数识别 [J]. 振动与冲击，2018，37（6）：55-60.

[30] 黄永玖，邹易清，植磊，等. 三种实用型桥梁拉索减振器实索减振试验研究 [J]. 桂林航天工业学院学报，2017，22（1）：26-30.

[31] 魏剑峰. 大跨度高速铁路桥梁模态参数频域识别方法研究与应用 [J]. 铁道建筑，2019，59（9）：5-8.

[32] 宋慧敏. 索穹顶形态确定的研究 [D]. 南京理工大学，2008.

[33] 卓丰莲. 地震作用下张弦梁结构优化分析 [D]. 哈尔滨工程大学，2007.

[34] 陈玲. 多频率拟合法测在役预应力空间结构拉索索力的研究 [D]. 辽宁工程技术大学，2014.

[35] 韩凤波. 大跨空间结构地震响应与温度效应分析 [D]. 兰州理工大学，2013.

[36] 鞠英杰. 基于半波法的张弦梁结构索力测试的试验及理论研究 [D]. 辽宁工程技术大学，2015.

[37] 李泳龙. 斜坡式码头趸船系泊缆绳载荷测量技术与监测预警系统研究 [D]. 重庆交通大学，2014.
[38] 李庭波. 索力测试频率法的研究及其工程应用 [D]. 长沙理工大学，2007.
[39] 谢晓峰. 索的抗弯刚度识别方法研究 [D]. 中南大学，2012.
[40] 陈庆志. 考虑减振器影响的斜拉索索力测试研究 [D]. 湖南大学，2010.
[41] 樊泽民. 基于自由振动法的颤振导数识别及其识别精度研究 [D]. 西南交通大学，2014.
[42] 姚云龙. 具有内外环桁架的新型张弦网壳结构理论分析与试验研究 [D]. 浙江大学，2014.
[43] 童若飞. 空间结构模态识别与实测方法研究 [D]. 浙江大学，2011.
[44] 王振华. 索穹顶与单层网壳组合的新型空间结构理论分析与试验研究 [D]. 浙江大学，2009.
[45] 李佳. 球面巨型网格结构的动力特性及其风荷载响应研究 [D]. 湖南大学，2007.
[46] 夏祥麟. 环境激励模态分析方法的比较 [D]. 中南大学，2013.
[47] 刘亚娟. 基于频域响应的模态约束分解和识别方法 [D]. 大连理工大学，2021.
[48] 王雪涛. 大跨斜拉网格结构中斜拉索参数振动理论分析及其试验研究 [D]. 哈尔滨工业大学，2008.
[49] 万磊. 拉索索力识别方法的研究分析 [D]. 武汉理工大学，2012.
[50] 刘思岑. 空间网格结构的损伤识别方法对比研究 [D]. 南昌大学，2017.
[51] 谭林. 基于动力指纹的结构损伤识别可靠度方法研究 [D]. 华南理工大学，2010.
[52] 朱保兵. 拉索振动主动控制理论与试验研究 [D]. 同济大学，2007.
[53] 崔胜红. 大跨度空间网格结构损伤识别方法研究 [D]. 青岛理工大学，2013.
[54] 陈水生. 大跨度斜拉桥拉索的振动及被动、半主动控制 [D]. 浙江大学，2002.
[55] 薛明玉. 遗传算法和神经网络在结构损伤识别中的应用 [D]. 大连理工大学，2010.
[56] 陆赐麟，尹思明，刘锡良. 现代预应力钢结构 [M]. 北京：人民交通出版社，2003.
[57] 林元培. 斜拉桥 [M]. 北京：人民交通出版社，1994.
[58] 王文涛. 斜拉桥换索工程 [M]. 北京：人民交通出版社，1997.
[59] 张虎. 电阻式应变传感器及其在多个力传感器测试技术中的应用 [J]. 实用测试技术，2001，5：23-24.
[60] 张心斌，纪强，张莉. 振弦式应变传感器特性研究 [J]. 传感器世界，2003 (8)：19-21.
[61] 张戌社，杜彦良，孙宝臣，等. 光纤光栅压力传感器在斜拉索索力监测中的应用研究 [J]. 铁道学报，2002 (6)：47-49.
[62] K. J. Kroneberger-stanton，B. R. Hartsough. A monitor for indirect measurement of cable vibration frequency and tension [J]. Transactiong of the ASAE 35，341-346，1992.
[63] Casas，J. R. A Combined Method for Measuring Cable Forces：the Cable-Stayed Alamillo Bridge，Spain [J]. Structural Engineering International，Vol. 124，pp. 1067-1072，1998.
[64] Russell，J. C. and Lardner，T. J. experimental Determination of frequencies and Tension for Elastic Cables [J]. Journal of Engineering Mechanics，ASCE，Vol. 124，pp. 1067-1072，1998.
[65] 王俊，汪凤泉，周星德. 基于波动法的斜拉桥索力测试研究 [J]. 应用科学学报，2005 (1)：90-93.
[66] 姚文斌，程赫明. 钢丝绳抗弯刚度的测定 [J]. 力学与实践，1998 (2)：44-46.
[67] 陈鲁，张其林，吴明儿. 索结构中拉索张力测量的原理与方法 [J]. 工业建筑，2006 (S1)：368-371.
[68] 郝超，裴岷山，强士中. 斜拉桥索力测试新方法—磁通量法 [J]. 公路，2000 (11)：30-31.
[69] Wang，M. L. Monitoring of cable forces using magneto-elastic sensors [J]. 2nd U. S. China Symposium workshop on Recent Developments and Future trends of computational mechanics in structural engineering，May 25-28，1998，Dalian，PRC.
[70] Irvine，H. M. and Caughey，T. K. The linear theory of a suspended cable [J]. Proc. RoyalSoe. London，Endland，SeriesA，Vol. 341，1974.
[71] Irvine，H. M. Cablestructures [M]. The MIT Press，Cambridge，1981.
[72] Byeong Hwa Kima，Taehyo Parkb，Estimation of cable tension force using the frequency-based system identification method [J]. Journal of Sound and Vibration 304 (2007) 660-676.
[73] 乔陶鹏，严普强，邓焱，等. 斜拉索索力估算中振动信号处理方法的改进 [J]. 清华大学学报（自然科学版），2003 (5)：644-647.

[74] Hiroshi Zui. Tohru Shinke, Yoshio Namita. Praetical Formulas for Estimation of CableTension by Vibration Method [J]. Journal of Structure Engineering, 1996, 122 (6): 651-656.

[75] 方志，张智勇. 斜拉桥的索力测试 [J]. 中国公路学报，1997 (1): 51-58.

[76] 王卫锋，韩大建. 斜拉桥的索力测试及其参数识别 [J]. 华南理工大学学报（自然科学版），2001 (1): 18-21.

[77] 侯俊明，彭晓彬，叶力才. 斜拉索索力的温度敏感性 [J]. 长安大学学报: 自科学版，2002，22 (4): 34-36.

[78] 蔡敏，蔡键，李彬，等. 环境因素对斜拉桥斜索自振频率的影响 [J]. 合肥工业大学学报（自然科学版），1999 (5): 36-39.

[79] 张宏跃，田石柱. 提高斜拉索索力估算精度的方法 [J]. 地震工程与工程振动，2004 (4): 148-151.

[80] 段波，曾德荣，卢江. 关于斜拉桥索力测定的分析 [J]. 重庆交通学院学报，2005 (4): 6-12.

[81] 张宇鑫，李国强，刘海成. 静定张弦梁结构索力识别的静力平衡法 [J]. 空间结构，2007 (1): 26-28.

[82] 陈志华，乔文涛. 大跨弦支梁结构索力监测方法探讨 [J]. 工业建筑，2008.

[83] 李廉锟. 结构力学（下册）[M]. 北京: 高等教育出版社，2002.

[84] 宋一凡，贺拴海，吴小平. 固端刚性拉索索力分析能量法 [J]. 西安公路交通大学学报，2001 (1): 55-57.